北京高等教育精品教材
国家电工电子教学基地系列教材

微机原理与接口技术

（第3版）

戴胜华　付文秀　黄赞武　于振宇　崔　勇　编著

扫码获取相关教学资源

清华大学出版社
北京交通大学出版社
·北京·

内 容 简 介

本书是国家电工电子教学基地系列教材之一，参照国家教育部关于高等学校工科非计算机专业计算机技术基础课程教学内容的基本要求编写。全书将微型计算机原理、汇编语言程序设计和微机接口技术整合在一起，以 Intel 80x86 系列微处理器为背景，系统地介绍了微型计算机概述、16 位/32 位/64 位微处理器的结构、指令系统、汇编语言程序设计、存储器、中断技术、I/O 接口技术、D/A 与 A/D 转换器接口、微机总线和人机交互接口。

本书可作为高等学校非计算机电子信息类专业及其他相关专业的本科生或大专生学习计算机的基础教材或参考书，也可供工程技术人员学习参考。

图书在版编目（CIP）数据

微机原理与接口技术 / 戴胜华等编著. — 3 版. — 北京：北京交通大学出版社：清华大学出版社，2019.10（2023.9 重印）

ISBN 978-7-5121-4079-0

Ⅰ. ① 微… Ⅱ. ① 戴… Ⅲ. ① 微型计算机-理论 ② 微型计算机-接口技术

Ⅳ. ① TP36

中国版本图书馆 CIP 数据核字（2019）第 227134 号

微机原理与接口技术
WEIJI YUANLI YU JIEKOU JISHU

责任编辑：张利军
出版发行：清华大学出版社　　　　邮编：100084　　电话：010-62776969　　http://www.tup.com.cn
　　　　　北京交通大学出版社　　邮编：100044　　电话：010-51686414　　http://www.bjtup.com.cn
印 刷 者：北京时代华都印刷有限公司
经　　销：全国新华书店
开　　本：185 mm×260 mm　　印张：24.25　　字数：605 千字
版 印 次：2019 年 10 月第 3 版　　2023 年 9 月第 3 次印刷
印　　数：6 001～8 000 册　　定价：59.00 元

本书如有质量问题，请向北京交通大学出版社质监组反映。对您的意见和批评，我们表示欢迎和感谢。
投诉电话：010-51686043，51686008；传真：010-62225406；E-mail：press@bjtu.edu.cn。

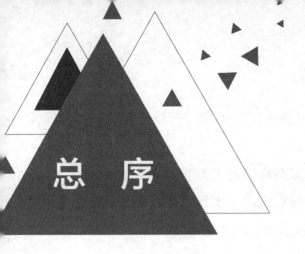

总　序

当今，信息科学技术日新月异，以通信技术为代表的电子信息类专业知识的更新尤为迅猛。培养具有国际竞争能力的高水平信息技术人才，促进我国信息产业发展和国家信息化水平的提高，均对电子信息类专业创新人才的培养、课程体系的改革、课程内容的更新提出了富有时代特色的要求。近年来，国家电工电子教学基地对电子信息类专业的技术基础课程群进行了改革与实践，探索了各课程的认知规律，确定了科学的教育思想，理顺了课程体系，更新了课程内容，融合了现代教学方法，取得了良好的效果。为总结和推广这些改革成果，在借鉴国内外同类有影响的教材的基础上，决定出版一套以电子信息类专业的技术基础课程为基础的"国家电工电子教学基地系列教材"。

本系列教材具有以下特色。

● 在教育思想上，符合学生的认知规律，使教材不仅是教学内容的载体，也是思维方法和认知过程的载体。

● 在体系上，建立了较完整的课程体系，突出了各课程的内在联系及课程群内各课程的相互关系，体现微观与宏观、局部与整体的辩证统一。

● 在内容上，体现现代与经典、数字与模拟、软件与硬件的辩证关系，反映当今信息科学与技术的新概念和新理论，内容阐述深入浅出，详略得当；增加工程性习题、设计性习题和综合性习题，培养学生分析问题和解决问题的素质与能力。

● 在辅助工具上，注重计算机软件工具的运用，使学生从单纯的习题计算转移到基本概念、基本原理和基本方法的理解和应用，提高了学习效率和效果。

本系列教材包括：《基础电路分析》《现代电路分析》《模拟集成电路基础》《信号与系统》《电子测量技术》《微机原理与接口技术》《电路基础实验》《电子

电路实验及仿真》《数字实验一体化教程》《数字信号处理综合设计实验》《电路基本理论》《现代电子线路（上、下册）》等。

  本系列教材的编写和出版得到了教育部高等教育司的指导、北京交通大学教务处及电子与信息工程学院的支持，在教育思想、课程体系、教学内容、教学方法等方面获得了国内同行们的帮助，在此表示衷心的感谢。

北京交通大学

"国家电工电子教学基地系列教材"

编审委员会主任

2010 年 9 月

前　言

本书第 1 版自 2003 年 10 月出版以来，得到广大读者和同行的认可。2010 年 9 月本书推出第 2 版，被列入北京高等教育精品教材、中国大学 MOOC 国家级精品课程主讲教材。当今，信息化时代正在实现全面的"数字化、智能化"，微机是信息化的基础技术。本书第 3 版结合新时代的发展，阐述微机的基本原理及使其实现数字化、智能化的接口技术，是数年来老师们教学经验的结晶。

本书第 3 版紧跟时代步伐，以二维码的形式在书中提供最新的数字资源（含音频、视频、图像等），帮助学生理解重点及难点内容。本书架构清晰，在内容上增加了以培养文化自信、科学思维与科学素质为目标的教学案例，更加贴近数字化教学目标。

本书的主要内容包括微型计算机概述、16 位/32 位/64 位微处理器的结构、80x86 的指令系统、汇编语言程序设计、存储器、中断技术、I/O 接口技术、A/D 与 D/A 转换器接口、微机总线、人机交互接口等。本书的各章均给出教学目标，通过对知识点的概述和典型例题分析来阐述问题，并配有 OBE 典型设计开发案例，还提供与教学内容紧密结合的习题，有利于读者参考学习。本书由浅入深地介绍微处理器的结构及通用接口芯片的应用，在表述上更加通俗易懂，章节编排也更加合理。

本书结构清晰、实例丰富、学以致用，既可作为普通高等院校相关课程的教材，也可作为各类工程技术人员和其他自学者的参考书。本书的教学参考学时为 64～80 学时。

本书改变了传统教材的静态属性，以二维码的形式动态地向读者提供相关的教学资源，读者可先扫描封底上的防盗码获得资源读取权限，然后再根据自身的学习需求，通过扫描每章开始处的二维码，在线观看与本章教学内容相关的视频讲解并获取和使用本章其他的教学资源；通过扫描扉页上的二维码，下载并使用其他相关的教学资源。

本书由戴胜华、付文秀、黄赞武、于振宇、崔勇编著。在本书的编写过程中，我们得到了北京交通大学电子信息工程学院领导和老师们的大力支持与帮助，在此表示感谢。

限于水平，书中错误及不妥之处在所难免，恳请读者批评指正。

编　者

2019 年 10 月

目 录

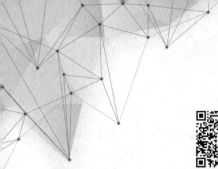

本章教学资源

第 1 章
微型计算机系统概述

提要： 本章首先从微处理器发展的视角简要介绍微型计算机的发展概况，并对微型计算机中数的表示和编码方法做了描述，同时也列出了几种常用的逻辑电路。微型计算机的硬件结构、软件系统及性能指标使我们进一步了解微型计算机系统，不断发展的先进技术使微型计算机的性能日益提高。微型计算机的数据表示方法及编码、硬件结构和性能指标构成本章的重点内容。

微型计算机是通用计算机的一个重要发展分支，自 1981 年美国 IBM 公司推出第一代商用微型计算机以来，微型计算机迅速进入社会各个领域，且技术不断更新、产品快速换代，已成为人们工作和生活中不可缺少的基本工具。

1.1 微型计算机的发展概况

1.1.1 引言

计算机的设计思想由来已久，到了 19 世纪已经日渐成熟。英国皇家学会会员、剑桥大学数学教授查尔斯·巴贝奇（Charles Babbage，1792—1871）最早提出，人类可以制造出通用的计算机来代替大脑计算复杂的数学问题。查尔斯·巴贝奇将他设想的通用计算机命名为"分析机"。当时并没有电子技术的应用，于是查尔斯·巴贝奇的设想就架构在当时日趋成熟的机械技术上。

"分析机"的思想过于超前，研究工作历经千辛万苦，甚至被世人耻笑。英国著名诗人拜伦的女儿爱达·拉芙拉斯伯爵夫人是当时唯一能理解查尔斯·巴贝奇的人。她也是世界计算机先驱中的第一位女性。她帮助查尔斯·巴贝奇研究"分析机"，建议用二进制数代替原来的十进制数。她还指出，分析机可以像雅各织布机一样编程，并发现了编程的要素。她还为某些计算开发了一些指令，并预言计算机总有一天会演奏音乐。

由于当时的技术水平实在是低弱，"分析机"最终没能成功，但是计算机的思想及二进制计算的雏形得到现代科学家的普遍认同。1981 年，美国国防部花了 10 年的时间，研制了一种计算机全功能混合语言，并成为军方数千种计算机的标准。为了纪念爱达·拉夫拉斯伯爵夫人，这种语言被正式命名为 Ada 语言，并赞誉她是"世界上第一位软件工程师"。

查尔斯·巴贝奇逝世 75 年之后，1946 年 2 月 15 日第一台用于弹道计算的军事用途的计算机 ENIAC（埃尼阿克）在美国宾夕法尼亚大学问世。在这以后几十年的迅猛发展中，计算机经历了电子管时代、晶体管时代、集成电路时代、大规模及超大规模集成电路时代、超大规模及超高速集成电路时代。

通用计算机按其规模、速度和功能等可分为巨型机（超级计算机）、大型机、中型机、小型机、微型机及单片机。这些类型之间的基本区别通常在于其体积大小、结构复杂程度、功率消耗、性能指标、数据存储容量、指令系统和设备、软件配置等的不同。

一般来说，巨型计算机的运算速度很高，数据存储容量很大，规模大，结构复杂，价格昂贵，主要用于大型科学计算。它也是衡量国家科学实力的重要标志之一。单片计算机则只由一片集成电路制成，其体积小，重量轻，结构十分简单。性能介于巨型机和单片机之间的就是大型机、中型机、小型机和微型机，它们的性能指标和结构规模则相应地依次递减。

微型计算机是通用计算机的一个重要的发展分支。

1.1.2 微处理器的发展历史

电子计算机的诞生、发展和应用普及是 20 世纪科学技术的卓越成就。计算机技术对其他科学技术发展的推动作用，以及对整个人类生活的影响是前所未有的。在当今的信息化、网络化时代，计算机已成为人们工作和生活中不可缺少的基本工具。

在计算机中，人们接触最多的是微型计算机。微型计算机诞生于 20 世纪 70 年代，是计算机向微型化发展的一个重要分支。它的发展是以微处理器的发展为主要标志的。

1. 第一代微处理器（1971—1973）

1971 年 Intel 公司的工程师霍夫发明了世界上第一个商用微处理器 4004。这一发明被当作具有全球 IT 界里程碑意义的事件而永远地载入了史册，标志着第一代微处理器问世，微处理器和微机时代从此开始。

4004 当时只有 2 300 只晶体管，是个 4 位系统，时钟频率为 108 kHz，每秒执行 60 000 条指令（0.06 MIPS）。其功能比较弱，且计算速度较慢，只能用在 Busicom 计算器上。

紧接着，又发明了微处理器 8008。8008 可一次处理 8 位二进制数据，寻址内存空间为 16 KB（1 KB=2^{10} B=1 024 B，1 B=8 b，即 1 字节），共有 48 条指令。

2. 第二代微处理器（1974—1977）

典型的第二代微处理器有 Intel 公司的 8080/8085、Zilog 公司的 Z80 和 Motorola 公司的 M6800。

与第一代微处理器相比，它们采用 NMOS 工艺，集成度提高了 1～4 倍，集成度达 9 000 只晶体管以上，时钟频率达 1～4 MHz，执行指令的速度达 0.5 MIPS 以上，运算速度比第一代微处理器提高了 10～15 倍。用它构成的微型计算机已具备典型的计算机体系结构，有中断和直接存储器存取方式（DMA）等功能；软件上除配备了汇编语言外，还有 BASIC、FORTRAN 等语言和简单的操作系统，如 CP/M（control program/monitor）。

3. 第三代微处理器（1978—1984）

第三代微处理器也称 16 位微处理器。1978 年 6 月，Intel 公司推出 4.77 MHz 的 8086

微处理器，标志着第三代微处理器问世。其集成度为 29 000 只晶体管以上，数据总线宽度为 16 位，地址总线为 20 位，可寻址内存空间达 1 MB（1 MB=2^{20} B）。它还支持指令高速缓存或队列，可以在执行指令前预取几条指令，运算速度比 8 位机快 2～5 倍。

第三代微处理器是随着超大规模集成电路（VLSI）的研制成功而出现的。这一代微处理器采用 HMOS 工艺，集成度更高，扩充了指令系统，指令功能大大加强；采用多级中断技术增强了中断功能；采用流水线技术，处理速度加快；寻址方式增多，寻址范围增大（1～16 MB）；配备了磁盘操作系统、数据库管理系统和多种高级语言。例如，IBM 公司启用 Intel 80286 微处理器研制了 PC/AT 机，时钟频率为 25 MHz，有 24 位地址线，可寻址内存空间达 16 MB（2^{24} B），有存储器管理和保护方式，并支持虚拟存储器体系。

4. 第四代微处理器（1985—1992）

第四代微处理器也称 32 位微机处理器。1985 年 10 月 17 日，Intel 公司划时代的产品 80386DX 正式发布。80386DX 的内部和外部数据总线是 32 位，地址总线也是 32 位，可以寻址到 4 GB 的内存，并可以管理 64 TB 的虚拟存储空间。它的运算模式除了具有实地址模式（简称实模式）和保护虚拟地址模式（简称保护模式）以外，还增加了一种虚拟 8086 模式（简称 V86 模式），可以通过同时模拟多个 8086 微处理器来提供多任务能力。

Intel 公司 80386 微处理器采用 CHMOS 工艺，集成度达 15 万～50 万只晶体管，时钟频率为 16～33 MHz。它是一种与 8086 向上兼容的 32 位处理器，具有 32 位的数据线和 32 位的地址线，寻址能力达 4 GB（1 GB=2^{30} B），提供了容量更大的虚拟存储，其执行速度达 3～4 MIPS。

80486 微处理器比 80386 微处理器性能更高，集成度达 120 万只晶体管，采用 64 位的内部数据总线，增加了片内协处理器和一个 8 KB 容量的高速缓冲存储器（cache）。它还采用了 RISC（reduced instruction set computing，精简指令集计算）技术，这使它的处理速度大大提高，在相同时钟频率下处理速度比 80386 微处理器快了 2～3 倍。

5. 第五代微处理器（1993—2005）

第五代微处理器也称奔腾（Pentium）系列微处理器，典型产品是 Intel 公司的奔腾系列芯片及与之兼容的微处理器芯片。其内部采用了超标量指令流水线结构，并具有相互独立的指令和数据高速缓存。随着 MMX（multi-media extension）微处理器的出现，使微型计算机的发展在网络化、多媒体化和智能化等方面跨上了更高的台阶。

1993 年，Intel 公司推出了全新的 32 位微处理器 Pentium 586。它采用亚微米的 CMOS 技术设计，集成度高达 330 万只晶体管，主频为 60～166 MHz，处理速度达 110 MIPS。

Pentium 系列微处理器采用了全新的体系结构，其内核中采用了 RISC 技术，并运用超标量流水线设计。Pentium 系列微处理器共有 3 个执行部件：浮点执行部件和 U、V 两个流水线型的整数执行部件，Pentium 系列微处理器具有 64 位数据总线，但仅有 32 位地址总线，内部主要的寄存器也是 32 位，所以仍称其为 32 位微处理器。同时期推出的第五代微处理器还有 IBM、Apple 和 Motorola 三家联盟的 Power PC，以及 AMD 公司的 K5 和 Cyrix 公司的 M1 等。

6. 第六代微处理器（2005 年至今）

第六代微处理器即酷睿（Core）系列微处理器。"酷睿"是一款领先节能的新型微架构，设计的出发点是提供卓然出众的性能和能效，提高每瓦特性能，也就是所谓的能效比。

2006 年 8 月，Intel 公司正式发布了 Core 架构的微处理器，产品命名也正式更改，并且第一次采用移动、桌面、服务器三大平台同核心架构的模式。

2010 年 6 月，Intel 公司再次发布革命性的处理器：第二代 Core i3/i5/i7。第二代产品全部基于全新的 Sandy Bridge 微架构，相比第一代产品主要带来 5 点重要革新：① 采用全新的 32 nm 的 Sandy Bridge 微架构，功耗更低，性能更强；② 内置高性能 GPU（核心显卡），视频编码、图形性能更强；③ 采用睿频加速技术 2.0，更智能，效能更高；④ 引入全新环形架构，带来了更高的带宽与更低的延迟；⑤ 采用全新的 AVX、AES 指令集，加强了浮点运算与加密解密运算。

2012 年 4 月，Intel 公司正式发布了第三代智能英特尔酷睿处理器 Ivy Bridge（IVB）。22 nm 的 Ivy Bridge 将执行单元的数量翻了一番，最多达到 24 个，自然带来了性能上的进一步跃进。Ivy Bridge 加入对 DX11 支持的集成显卡。另外，新加入的 XHCI USB 3.0 控制器则共享其中的 4 条通道，从而提供 4 个 USB 3.0，并支持原生 USB 3.0。CPU 的制作采用 3D 晶体管技术，其耗电量会减少一半。

2013 年 6 月，Intel 公司推出的使用酷睿技术的第四代处理器 Haswell，对应 8 系列主板，基于 Ivy Bridge 的架构进行改进，采用了 22 nm 制程技术与 3D 晶体管技术，CPU 性能同频率比 Ivy Bridge 提升 10%左右，CPU 电池效率是 Sandy Bridge 的 20 倍，集成了更强悍的核心显卡，并采用了全新的包装。

2015 年 1 月，Intel 公司在 CES 上发布 14 nm 的 Broadwell 架构的 CPU，作为第五代智能英特尔酷睿处理器正式亮相。相比前几代处理器，新产品可显著提升系统和显卡的性能，提供更自然、更逼真的用户体验，以及更持久的电池续航能力。

2015 年 8 月，Intel 公司正式发布了 Skylake。Skylake 是 Intel 公司的第六代酷睿微处理器架构，Skylake 采用 14 nm 制程技术，是 Haswell 微架构及其改进版 Broadwell 微架构的继任者。

2016 年 8 月，Intel 公司正式发布了第七代酷睿处理器。这一代处理器的微架构代号为 Kaby Lake，也采用 14 nm 制程，主要用来代替上一代的 Skylake 微架构。

2017 年 8 月，Intel 公司第八代酷睿处理器发布，依然分为 Core i7、Core i5 和 Core i3 三个系列。率先公布的为低电压 U 系列处理器。此系列处理器采用优化的 14 nm 工艺（14 nm++）的 Kaby Lake Refresh 架构，性能卓越，在 15 W 散热设计功耗下，拥有高达 4 核 8 线程的处理内核。随后在 9 月份又发布了桌面处理器 Coffee Lake。其中，Core i5 和 Core i7 都拥有 6 个物理核心，Core i7 配备 12 MB 三级缓存和超线程技术，Core i5 拥有 9 MB 三级缓存。

2018 年 10 月，Intel 公司推出第九代酷睿桌面处理器。其核心型号 i9-9900K 采用 8 核 16 线程，基本频率为 3.6 GHz，可以提升至 5.0 GHz，三级缓存 16 MB，号称"地表最强游戏处理器"。遗憾的是，10 nm 依然难产，第九代酷睿处理器仍然基于 14 nm++工艺。但是，Intel 公司终于在该处理器上用上了钎焊散热，因此提供了更多的超频空间。

在此不得不提一下，与 Intel 公司的初创团队同出一门（美国仙童半导体公司）的 AMD 公司，只比 Intel 公司晚一年成立（1969 年）。AMD 公司成立之初，在经历了短暂的合作之后，就与 Intel 公司在微处理器市场上展开竞争，虽然一直被 Intel 公司压着一头，但是正是由于这种竞争，对于整个微处理器的技术进步起着非常大的促进作用。

从另一个方面来看，随着微型计算机性能的不断提高，微处理器的设计结构也不断发展和进步。为了满足浮点数的快速运算，设计了浮点处理器（float point unit，FPU）。FPU刚开始作为独立的芯片设计，后来集成到CPU中。为了提高视频图像的处理速度，设计了图形处理器（graphics processing unit，GPU），承担输出显示图形的任务，并拥有2D或3D图形加速功能。CPU和GPU相互取长补短、走向融合，发展出加速处理器（accelerated processing unit，APU）。APU将通用运算x86架构CPU核心和可编程矢量处理引擎相融合，将CPU擅长的精密标量运算与传统上只有GPU才具备的大规模并行矢量运算结合起来。APU第一次将CPU和GPU做在一个晶片上，同时具有高性能处理器和独立显卡的处理性能，大幅提升了微型计算机的运行效率。

在嵌入式移动终端处理器应用领域，为了在终端上即时快速处理人工智能（artificial intelligence，AI）的算法，满足语音录入、图像识别等功能需求，神经网络处理器（neural processing unit，NPU）作为独立的处理模块集成在CPU中，能够用更少的能耗更快地完成更多的任务，大幅提升芯片的运算效率。NPU采用数据驱动并行计算架构，颠覆了传统的冯·诺依曼计算机架构，大大提升了计算能力与功耗的比率，特别擅长处理海量的视频、图像类多媒体数据，使得AI在嵌入式机器视觉应用中大显身手。

Google公司于2016年5月提出的一个针对Tensorflow平台的可编程AI加速器（tensor processing unit，TPU），即张量处理器。TPU是一款专用于机器学习的芯片，其内部的指令集在Tensorflow程序变化或者算法更新时也可以运行。TPU可以提供高吞吐量的低精度计算，用于模型的前向运算，功耗大大降低。

1.1.3　我国微处理器的发展

随着智能时代的到来，电子芯片产品的市场需求量急剧增加，从小小的玩具到北斗导航卫星，都需要电子芯片的支持。我国已经是全球最大的芯片需求市场，但是由于各种原因，我国的芯片产业和技术与发达国家相比，还有较大的差距。据统计，我国2018年进口芯片的总额高达2.06万亿元，远远超过石油等战略物资的进口额。

事实上，我国自主研制芯片的工作，尤其是自主微处理器的研发工作很早就已经启动。多年以来，虽然经历了诸多坎坷，也取得了一些可喜的成果。

早在20世纪70年代初期，国防科工委（国防科学技术工业委员会，现已撤销）下达文件，由中国科学院计算所主持，国防科工委、电子工业部的研究所及清华大学组成研究分析组，对大规模集成电路技术的必要性和重要性，以及对我国发展大规模集成电路及微处理器、微型计算机提出建议。

1973年，第四机械工业部决定由清华大学、安徽无线电厂、第四机械工业部电子技术推广应用研究所（六所）组成联合设计组，参考Intel 8008，研制DJS 050微型计算机。1977年，联合设计组成功研制出样机，并通过了国家计算机工业总局主持的鉴定。DJS 050的字长为8位，基本指令为64条，时钟主频为150 kHz，拥有2 KB的ROM空间，配有小键盘（54个干簧键）、小打印机（64种字符，每行24个字符，重7.5 kg）。在此基础上，以电子工业部六所为主研发了长城0520计算机。1978年、1980年又率先研制

成功 μ8085A 微处理器、8086 微处理器，分别获得电子工业部一等奖。1984 年，《中国计算机工业概览》将 DJS 050 列为我国自制的第一台微型计算机。

20 世纪 80 年代初期，上海元件五厂等单位对 Intel 8080 进行仿制，生产出名为 5G8080 的微处理器，属于大规模集成电路，约 4 000 只晶体管，这是我国仿制的第一块严格意义上的 CPU。

进入 21 世纪后，我国自主的 CPU 品牌主要有龙芯、申威、飞腾，被业界称为国产 CPU 的"三驾马车"。2018 年，三家公司的产品已经被列入了中国政府采购名录。

龙芯是中国科学院计算所自主研发的 MIPS 架构的通用高性能 CPU。2001 年开始研制，2010 年正式成立龙芯中科技术有限公司，目前已经推出多个系列的龙芯处理器。最新的龙芯处理器采用自主高性能处理器核架构 GS464E，以及自主指令集 LoongISA，具有自主知识产权。龙芯处理器主要用于政府办公、军事设备、航空航天等。北斗卫星导航系统采用的就是龙芯处理器。

申威（SW）处理器源自于 DEC 的 Alpha 架构，由江南计算机所在国家"核高基"重大专项支持下研制，采用自主指令集，具有完全自主知识产权。申威处理器的第一代产品 SW-1 于 2006 年研制成功，现已形成系列产品线，主要用于我国的超级计算机系统中。世界上首台运算速度超过 10 亿亿次的超级计算机"神威·太湖之光"就搭载了 40 960 块申威 26010 高性能处理器。

2004 年，由国防科技大学主导研制的"银河飞腾"高性能 32 位浮点数字信号处理器通过国家鉴定。这对提高我国的国家安全有着重要的意义，有利于改善我国经济信息系统及国防领域在应用高端 DSP 芯片时产生的安全和保密问题。"银河"系列巨型机的相继问世，使我国成为世界上少数几个能发布 5～7 日中长期数值天气预报的国家。

除了"三驾马车"之外，还有其他一些品牌也聚焦于我国自主知识产权 CPU 的研发。2013 年上海国资委与我国台湾地区的威盛电子（VIA）合作成立"兆芯"，获得 x86 架构授权，研发 ZX 系列通用高性能 CPU，并开始应用在台式机（联想开天 M6100）和商用笔记本电脑（联想昭阳 CF03）上。2016 年，天津海光与美国 CPU 巨头 AMD 公司合作，开始研发基于 x86-64 架构的微处理器，并与 2018 年取得 AMD 公司最先进的 x86 Zen（"禅"）架构的授权。2013 年，中晟宏芯引进 IBM 公司的 Power 架构，在 2015 年发布了第一款 IBM 公司授权的 Power 架构的服务器芯片产品 CP1，并于 2016 年拿到 IBM 公司服务器处理器芯片 Power 8 芯片架构和指令系统的永久授权。

另外，基于 ARM 架构，在移动通信芯片领域，华为海思、紫光展讯、小米松果等自主品牌也都在构建自己的核心处理器平台，在某些方面甚至已经取得了国际领先的研发成果。

还有其他很多的企业在各自的细分领域研发自主知识产权的微处理器。当前，国产品牌基本上都是基于架构授权进行自主内核设计，在总体综合性能上和国际最先进的微处理器还有明显的差距。然而，随着国家和相关企业在自主微处理器上的持续发力，在不久的未来，我国自主知识产权的微处理器在性能上一定能够获得大幅度提升，满足我国军事、航天、民用等领域的需求，完全摆脱对国外核心厂商的依赖。

目前，我国国产 CPU 的主要品牌如表 1-1 所示。

表 1－1　我国国产 CPU 的主要品牌

CPU 品牌	设计架构	起始时间	生产厂家	典型型号	典型应用
龙芯	MIPS	2001 年	中国科学院计算所	LS3A1000、LS7A1000	北斗卫星导航系统
申威	Alpha	2006 年	江南计算机所	SW26010	超级计算机"神威·太湖之光"
飞腾	DSP	2004 年	国防科技大学	FT－2000	"银河"系列巨型机
魂芯	DSP	2012 年	中国电子科技集团公司	魂芯二号 A	雷达
兆芯	x86	2013 年	上海兆芯集成电路有限公司、台湾威盛电子	开先 KX－5000 系列	联想开天 M6100
海光	x86－64	2016 年	天津海光、美国 AMD 公司	HYGON 3000	商用服务器（曙光服务器）
中晟宏芯	Power	2013 年	苏州中晟宏芯	CP 系列	商用服务器
麒麟	ARM	2004 年	华为海思	Kirin 980	通信设备

1.1.4　新型微处理器简介

现代计算机发展所遵循的基本结构形式始终是冯·诺依曼机结构。这种结构的特点是：程序存储，共享数据，顺序执行。这种结构需要 CPU 从存储器取出指令和数据进行相应的计算，因此 CPU 与共享存储器间信息交换的速度成为影响系统性能的主要因素和瓶颈，而信息交换速度的提高又受制于存储元件的速度、存储器的性能和结构等诸多条件。

传统计算机在数值处理方面已经到达较高的速度和精度，而随着非数值处理应用领域对计算机性能的要求越来越高，传统体系结构的计算机已经难以达到这些要求，所以需要寻求新的体系结构来解决问题。

1. 光子计算机

现有的计算机是由电流来传递和处理信息的。电流在导线中传播的速度虽然比我们看到的任何运载工具运动的速度都快，但是从发展高速率计算机来说，采用电流做输运信息的载体还不能满足快的要求，而且在提高计算机运算速度方面也明显表现出能力有限。而光子计算机以光子作为传递信息的载体，以光互连代替导线互连，以光硬件代替电子硬件，以光运算代替电运算，利用激光来传送信号，并由光导纤维与各种光学元件等构成集成光路，从而进行数据运算、传输和存储。在光子计算机中，不同波长、频率、偏振态及相位的光代表不同的数据，这远胜于电子计算机中通过 0 和 1 的状态变化进行的二进制运算，可以对复杂度高、计算量大的任务实现快速的并行处理。光子计算机将使运算速度呈指数级上升。

光子计算机是一种由光信号进行数字运算、逻辑操作、信息存储和处理的新型计算机。它由激光器、光学反射镜、透镜、滤波器等光学元件和设备构成，靠激光束进入反射镜和透镜组成的阵列进行信息处理。光的并行、高速天然地决定了光子计算机的并行处理能力很强，具有超高的运算速度。光子计算机还具有与人脑相似的容错性，系统中某一元件损坏或出错时，并不影响最终的计算结果。光子在光介质中传输所造成的信息畸变和失真极小，光传输、转换时能量消耗和热量散发极低，而且对环境条件的要求比电子计算机低得多。

1990 年初，美国贝尔实验室制成了世界上第一台光子计算机。它采用砷化镓光学开关，运算速度达每秒 10 亿次。然而，科学家们虽然可以实现这样的装置，但是所需的条件如温度等仍较为苛刻，尚难以进入实用阶段。

1999 年 5 月，在美国西北大学工作的新加坡科学家何盛中领导的一个有 20 多人的研究小组利用纳米级的半导体激光器研制出世界上最小的光子定向耦合器，可以在宽度仅 0.2～0.4 μm 的半导体层中对光进行分解和控制。

许多国家都投入巨资进行光子计算机的研究。随着现代光学与计算机技术、微电子技术相结合，在不久的将来，光子计算机将成为人类普遍的工具。

2．量子计算机

不同于传统二进制位的非 0 即 1，量子位理论上可以表达无穷个状态。

顾名思义，量子计算机就是实现量子计算的机器，是一种使用量子逻辑进行通用计算的设备。不同于电子计算机，量子计算机用来存储数据的对象是量子比特，它使用量子算法来进行数据操作。

20 世纪 80 年代，一系列的研究使得量子计算机的理论变得丰富起来。1982 年，理查德·费曼在一个著名的演讲中提出利用量子体系实现通用计算的想法。可他发现当模拟量子现象时，因为庞大的希尔伯特空间使资料量也变得庞大，一个完好的模拟所需的运算时间变得相当可观，甚至是不切实际的天文数字。理查德·费曼当时就想到，如果用量子系统构成的计算机来模拟量子现象，则运算时间可大幅度减少，量子计算机的概念从此诞生。紧接着，大卫·杜斯在 1985 年提出了量子图灵机模型。

量子计算机在 20 世纪 80 年代多处于理论推导的纸上谈兵状态。一直到 1994 年彼得·秀尔（Peter Shor）提出量子质因子分解算法后，因其对通行于银行及网络等处的 RSA 加密算法的破解而构成威胁后，量子计算机变成了热门的话题。除了理论之外，也有不少学者着力于利用各种量子系统来实现量子计算机。

2007 年，加拿大的 D-Wave System Inc 展示了全球首台量子计算机 Orion（猎户座）。它利用了量子退火效应来实现量子计算。

2013 年 5 月，D-Wave System Inc 宣称 NASA 和 Google 公司共同预定了一台采用 512 量子位的 D-Wave Two 量子计算机。

2013 年 6 月，由中国科学技术大学潘建伟院士领衔的量子光学和量子信息团队的陆朝阳、刘乃乐研究小组，在国际上首次成功实现用量子计算机求解线性方程组的实验。

2014 年 1 月 3 日，美国国家安全局（NSA）着手研发一款用于破解加密技术的量子计算机，希望能够破解几乎所有类型的加密技术。

中国科学技术大学的潘建伟院士于 2017 年 5 月 3 日在上海宣布，我国科研团队成功构建的光量子计算机首次演示了超越早期经典计算机的量子计算能力。实验测试表明，该原型机的取样速度比国际同行类似的实验加快至少 24 000 倍；通过和经典算法比较，也比人类历史上第一台电子管计算机和第一台晶体管计算机的运行速度快 10 倍至 100 倍。这台光量子计算机标志着我国在基于光子的量子计算机研究方面取得突破性进展，为最终实现超越经典计算能力的量子计算奠定了坚实的基础。

迄今为止，世界上还没有真正意义上的量子计算机。但是，世界各地的许多实验室正在以巨大的热情追寻着这个梦想。如何实现量子计算，方案并不少，问题是在实验中实现对微观量子态的操纵确实太困难了。已经提出的方案主要利用了原子和光腔相互作用、冷阱束缚离子、电子或核自旋共振、量子点操纵、超导量子干涉等。还很难说哪一种方案更有前景，只是量子点方案和超导约瑟夫森结方案更适合集成化和小型化。将来也许现有的方案都派不上用场，最后脱颖而出的是一种全新的设计，而这种全新的设计又是以某种新材料为基础，就像半导体材料对于电子计算机一样。研究量子计算机的目的不是要用它来取代现有的计算机。量子计算机使计算的概念焕然一新，这是量子计算机与其他计算机（如光子计算机和生物计算机等）的不同之处。量子计算机的作用远不止是解决一些经典计算机无法解决的问题。

1.2　微型计算机中的数据表示与编码

1.2.1　数和数制

数制也称计数制，是用一组固定的符号和统一的规则来表示数值的方法。任何一种数制都包含两个基本要素：基数和位权。

基数表示数制所使用数码的个数。例如，二进制的基数为 2，十进制的基数为 10。

位权表示数制中某一位上的 1 所表示数值的大小，例如：十进制中的 123，1 的位权是 100，2 的位权是 10，3 的位权是 1；二进制中的 1011，第一个 1 的位权是 8（2^3），0 的位权是 4（2^2），第二个 1 的位权是 2（2^1），第三个 1 的位权是 1（2^0）。

在日常生活和科学研究中，人们使用最多的数制是进位计数制。常用的进位计数制有二进制（B，binary）、八进制（O，octal）、十进制（D，decimal）、十六进制（H，hexadecimal）。

1．二进制

二进制是计算技术中广泛采用的一种数制。二进制数字是用 0 和 1 两个数码来表示的数。它的基数为 2，进位规则是"逢二进一"，借位规则是"借一当二"。二进制由德国数理哲学大师莱布尼兹发明。

当前的计算机系统使用的基本上是二进制系统。例如：

$$(10010101.11)_2=1\times2^7+0\times2^6+0\times2^5+1\times2^4+0\times2^3+1\times2^2+0\times2^1+1\times2^0+1\times2^{-1}+1\times2^{-2}=$$

$$(149.75)_{10}$$

2．八进制

八进制是一种以 8 为基数的计数法，采用 0、1、2、3、4、5、6、7 八个数字，逢八进一。

3．十进制

十进制数码为 0、1、2、3、4、5、6、7、8、9，共 10 个，权为 10 的幂，逢十进一，借一当十。

4．十六进制

十六进制数码为 0、1、2、3、4、5、6、7、8、9、A、B、C、D、E、F，共 16 个，权为 16 的幂，即逢十六进一，借一当十六。其中，A、B、C、D、E、F 分别表示十进制的 10、11、12、13、14、15。例如：

$$(A5.B)_{16}= 10×16^1+5×16^0+11×16^{-1}=(165.75)_{10}$$

5. 数制转换

同一个数据可以用不同的数制进行描述。不同数制之间是可以互相转换的，而且这种转换是等价的，并不改变数的大小。

基本数据数制转换表如表1-2所示。

表1-2　基本数据数制转换表

二进制	0000	0001	0010	0011	0100	0101	0110	0111	1000	1001	1010	1011	1100	1101	1110	1111
八进制	0	1	2	3	4	5	6	7	10	11	12	13	14	15	16	17
十进制	0	1	2	3	4	5	6	7	8	9	10	11	12	13	14	15
十六进制	0	1	2	3	4	5	6	7	8	9	A	B	C	D	E	F

1.2.2　计算机中数的表示方法

1. 机器数与真值

数据是计算机进行运算的基础。在计算机中，数据是如何描述的呢？

在实际生活中，人们习惯于使用十进制描述一个数据，而计算机则使用只包含0和1两个数值的二进制来描述所有数据。0和1可由二值器件的两个不同稳态来表示，数的符号也只能用这两种不同稳态来表示。一般情况下，在数的最高位之前增设一个符号位，符号位为0表示正数，符号位为1表示负数。这种符号数值化的数称为机器数。真值则是它在现实中的实际数值。

机器内部设备一次能表示的二进制位数称为机器的字长。一台机器的字长是固定的。字长8位为一个字节（byte）。机器字长一般都是字节的整数倍，如8位、16位、32位、64位。

机器数的特点如下。

（1）符号数值化：0代表正，1代表负。通常将符号的代码放在数据的最高位。

（2）小数点是隐藏的，不占用存储空间。

（3）每个机器数所占据的二进制位数受机器硬件条件的限制，与机器字长有关，超过机器字长的数值要舍去。

（4）因为机器数的长度是由机器的硬件规定的，所以机器数表示的数值是不连续的。

2. 机器数的原码、反码和补码

1）原码表示法

原码表示法是一种最简单的机器数表示法，用最高位表示符号位，符号位为0表示该数为正数，符号位为1表示该数为负数。数值部分就是原来的数值。

设定点整数字长为n，则原码为：

$$[X]_原=\begin{cases} X & 0\leqslant X<2^{n-1} \\ 2^{n-1}-X & -2^{n-1}<X\leqslant0 \end{cases}$$

例如：若$X=+1101001$，则$[X]_原=X=01101001$；若$X=-1101001$，则$[X]_原=2^{n-1}-X=2^{8-1}-(-1101001)=10000000+1101001=11101001$。

在原码表示法中，真值 0 有两种不同的表示形式：

$$[+0]_\text{原}=0,00\cdots0$$

$$[-0]_\text{原}=1,00\cdots0$$

原码表示法的特点是：直观易懂，机器数和真值间的相互转换很容易，用原码实现乘、除运算的规则很简单。当两个原码数相乘或相除时，积或商的数值部分和符号分别计算：积或商的数值部分为两个原码数值部分的积或商，积或商的符号位为两个原码数符号的"异或"。

例如，设$[X]_\text{原}$ =00000100B，$[Y]_\text{原}$=10000010B，求 $X×Y$。

解：

$$积的数值=0000100×0000010=0001000B$$
$$积的符号=0\oplus1=1$$

所以，$X×Y$=1,0001000B

2）反码表示法

在反码表示法中，正数的反码就等于真值，负数的反码是把其原码除符号位以外的各位按位取反。

设定点整数字长为 n，则反码为：

$$[X]_\text{反}=\begin{cases} X & 0\leqslant X<2^{n-1} \\ (2^n-1)+X & -2^{n-1}<X\leqslant0 \end{cases}$$

例如：若 X=+1101001，则$[X]_\text{反}$=X=01101001；若 X=−1101001，则$[X]_\text{反}$=$2^n-1+X=2^8-1+$（−1101001）=11111111−1101001=10010110。

在反码表示法中，真值 0 也有两种不同的表示形式：

$$[+0]_\text{反}=0,00\cdots0$$

$$[-0]_\text{反}=1,11\cdots1$$

求负数的反码一般也从原码入手。

3）补码表示法

为了便于进行加、减运算，简化机器的硬件结构，目前微机系统都采用补码表示数据，即通常所说的补码机。

设定点整数字长为 n，则补码为：

$$[X]_\text{补}=\begin{cases} X & 0\leqslant X<2^{n-1} \\ 2^n+X & -2^{n-1}\leqslant X<0 \end{cases}$$

例如：若 X=+1101001，则$[X]_\text{补}$=X=01101001；若 X=−1101001，则$[X]_\text{补}$=$2^n+X=2^8+$（−1101001）=100000000−1101001=10010111。

在补码表示法中，真值 0 的表示形式是唯一的：

$$[+0]_\text{补}=[-0]_\text{补}=000\cdots0B$$

补码表示法的特点是：码和数据一一对应，不会出现 0 对应两种码的情况；符号位参加运算，从而简化了加、减法的规则，使减法运算转换为加法运算，简化了机器运算器的电路。

补码加、减法的规则是：$[X+Y]_{补}=[X]_{补}+[Y]_{补}$；$[X-Y]_{补}=[X]_{补}+[-Y]_{补}$。

例如，设$[X]_{补}=00000100$，$[Y]_{补}=11110010$，求$[X+Y]_{补}$和$[X-Y]_{补}$。

解：

$$[X+Y]_{补}=[X]_{补}+[Y]_{补}=00000100+11110010=11110110（-10\ 的补码）$$
$$[X-Y]_{补}=[X]_{补}+[-Y]_{补}=00000100+00001110=00010010（18\ 的补码）$$

验证：由$[X]_{补}$和$[Y]_{补}$求得$X=4$，$Y=-14$，所得结果正确。

3. 有符号数与无符号数

计算机中字长是一定的，因此在表示有符号数与无符号数时数值范围是有区别的。如果表示的是无符号数，则机器字长的所有位都参与表示数值；如果表示的是有符号数，则要留出机器字长的最高位做符号位，其余位表示数值。例如，对于一个 8 位的二进制数据，当它为无符号数时，表示格式如图 1-1（a）所示，其表示的范围为 0~255；当它为有符号数时，表示格式如图 1-1（b）所示，其表示的范围为-128~+127（负数用补码表示）。

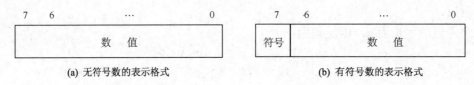

(a) 无符号数的表示格式　　　　　　　　(b) 有符号数的表示格式

图 1-1　数据存储格式

需要注意的是，微型计算机中的数是用补码来描述的，运算器进行运算时，只是进行指令设定的二进制运算，并不区分有符号数和无符号数；一个数据到底是有符号数还是无符号数由系统或者程序员设定。例如数据 10000001，如果当作无符号数表示 129，如果当作有符号数，则表示-127。

在计算机中，地址码的运算和逻辑数的运算均看作无符号数。

1.2.3　定点数与浮点数

在计算机中，对小数点的处理有两种，分别称为定点数和浮点数。

1. 定点数

所谓定点数，即约定机器中所有数据的小数点的位置是固定不变的。

常用的定点数有两种：① 纯小数——小数点固定在符号位之后，如 1.1010111；② 纯整数——小数点固定在最低位之后，如 11010111.。定点数的表示方法如图 1-2 所示。

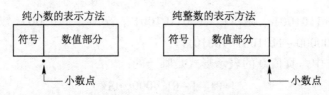

图 1-2　定点数的表示方法

图 1-2 中所标示的小数点在机器中是不表示出来的，而是事先约定在固定的位置。对

于一台计算机而言，一旦确定了小数点的位置，就不再改变。

假设用 n 位来表示一个定点数 $x=x_0x_1x_2\cdots x_{n-1}$，其中 x_0 用来表示数的符号位，通常放在最左边的位置，并用数值 0 和 1 分别表示正号和负号，其余位数表示它的量值。如果定点数 x 表示纯整数，则小数点位于最低位 x_{n-1} 的右边，数值范围是 $0\leqslant|x|\leqslant 2^{n-1}-1$，且 $x=(-1)^{x_0}(2^0x_{n-1}+2^1x_{n-2}+\cdots+2^{n-2}x_1)$。例如，1111 表示 -7。如果定点数 x 表示纯小数，则小数点位于 x_0 和 x_1 之间，数值范围是 $0\leqslant|x|\leqslant 1-2^{-(n-1)}$，且 $x=(-1)^{x_0}(2^{-1}x_1+2^{-2}x_2+\cdots+2^{-(n-1)}x_{n-1})$。例如，1111 表示 -0.875。

定点数表示法的缺点在于其形式过于僵硬，固定的小数点位置决定了固定位数的整数部分和小数部分，不利于同时表达特别大或特别小的数。因此，因其难以避免的局限性（表示范围和精度是一对矛盾体），定点数表示法已经被现代计算机系统（如 x86）摒弃不用，绝大多数计算机系统采用浮点数表达方式。

2. 浮点数

浮点数的存储格式一般按照 IEEE 754 标准执行。在 IEEE 754 标准中，浮点数是将特定长度的连续字节的所有二进制位分割为特定宽度的符号域、指数域和尾数域这三个域，域中的值分别用于表示给定二进制浮点数中的符号、指数和尾数。这样，通过尾数和可以调节的指数就能够表达给定的数值了。浮点数利用指数达到了浮动小数点的效果，从而可以灵活地表示更大范围的实数。小数点的位置漂浮不定，这就是浮点数名字的由来。

浮点数的表示形式为：$\pm M \times 2^E$。

不用惧怕它的表示形式，它也是一串亲切的 0、1 数字序列。IEEE 754 标准从逻辑上用三元组 {S，E，M} 表示一个浮点数 N。

共有两种基本的浮点数格式：单精度格式和双精度格式。其中，单精度格式具有 24 位有效数字（即尾数）精度，总共占用 32 位；双精度格式具有 53 位有效数字（即尾数）精度，总共占用 64 位。

共有两种浮点数扩展格式：单精度扩展格式和双精度扩展格式。此标准并未规定这些格式的准确精度和大小，但指定了最小精度和大小。例如，IEEE 754 中的双精度扩展格式必须至少具有 64 位有效数字精度，并总共占用至少 79 位。

表 1–3 所示为 4 字节单精度浮点型数据的表示形式。

表 1–3　4 字节单精度浮点型数据的表示形式

符号（sign，S）	指数（exponent，E）		尾数（mantissa，M）	
1 bit	8 bits		23 bits	
31	30　…	23	22　…	0

S 表示该浮点数 N 的符号位，0 代表正，1 代表负；E 为阶码，表示 N 的指数位，用一个字节表示（8 位）；M 为尾数，表示小数部分，该部分决定了浮点型数据的有效数字或精度。

0~22 位包含 23 位小数 M，其中第 0 位是小数的最低有效位，第 22 位是小数的最高有效位。IEEE 754 标准要求浮点数必须是规范的，这意味着尾数的小数点左侧必须为 1。

因此，在保存尾数时，可以省略小数点前面的 1，从而腾出一个二进制位来保存更多的尾数。这样，实际上用 23 位长的尾数域表示了 24 位的尾数，所以可以表达的最大尾数为 16 777 215（$2^{24}-1$）。因此，单精度浮点数可以表达的十进制数值中，真正有效的数字不高于 8 位。

23～30 位包含 8 位偏置指数 E，第 23 位是偏置指数的最低有效位，第 30 位是偏置指数的最高有效位。8 位的指数可以表达 0～255 之间的 256 个指数值。指数可以为正数，也可以为负数。为了处理负指数的情况，实际的指数值按要求需要加上一个偏置值（bias）作为保存在指数域中的值，单精度浮点数的偏置值为 127（2^7-1）。例如，单精度的实际指数值 0 在指数域中保存为 127（即 0+127），单精度的实际指数值 −63 在指数域中保存为 64（即 −63+127）。偏置值的引入，使得单精度数实际可以表达的指数值的范围变为 [−127，+128]，其中指数值 −127（保存为全 0）及 +128（保存为全 1）保留用作特殊值的处理。如果分别用 e_{min} 和 e_{max} 来表达其他常规指数值范围的边界，即最小指数和最大指数分别用 e_{min} 和 e_{max} 来表示，即 −126 和 127，则保留的特殊指数值可以分别表达为 $e_{min}-1$ 和 $e_{max}+1$。

最高的第 31 位包含符号位 S，S 为 0 表示数值为正数，S 为 1 表示数值为负数。

下面来看一下如何按该格式将一个浮点型实数存储为二进制。

以小数 3.25 为例：首先可以得到符号位 S=0，然后将 3.25 转化为二进制数 11.01，进而变化为 1.101×2^1，那么阶码即为 1+bias=1+127=128（单精度浮点数的偏移值为 127）。所以：

$$E=10000000$$

尾数为省去默认的小数点左边的 1 后剩下的数，即 101，这也就是为什么 23 位的尾数可以表示 24 位精度的缘故。所以：

$$M=10100000000000000000000$$

所以，3.25 的二进制数为：

$$0,10000000,10100000000000000000000$$

反过来，已知二进制数，也可以转化为浮点数。

比如，二进制形式：1 01111010 11000000000000000000000。

首先符号位为 1，表示该数据为负。

E=01111010，转换为十进制为 122，则阶码为 −5（122−127）。

又已知 M=11000000000000000000000，所以该数为（后边的 0 可以省略）：

$$1.11000000000000000000000 * 2^{-5} = 0.0000111B$$

转化为十进制：0.054 687 5。

3. 规范化浮点数

同样的数值可以有多种浮点数表示方式，比如 123.45 可以表达为 12.345×10^1、$0.123 45 \times 10^3$ 或 $1.234 5 \times 10^2$。正是因为这种多样性，所以有必要对其加以规范化，以达到统一表达的目的。

规范的浮点数表达方式为：

$$\pm d.dd...d \times \beta^e$$

其中，d.dd...d 为尾数，β 为基数，e 为指数。尾数中数字的个数称为精度，用 p 来表示；每个数字 d 介于 0 和基数之间，包括 0；小数点左侧的数字不为 0。

基于规范表达的浮点数对应的具体值可由下面的表达式计算得到：

$$\pm(d_0 + d_1\beta^{-1} + ... + d_{p-1}\beta^{-(p-1)})\beta^e，（0 \leq d_i < \beta）$$

对于十进制的浮点数（即基数 β 等于 10 的浮点数）而言，上面的表达式非常容易理解，也很直白。计算机内部的数值表达是基于二进制的，从上面的表达式可以知道，二进制数同样可以有小数点，也同样具有类似于十进制的表达方式，只是此时 β 等于 2，而每个数字 d 只能在 0 和 1 之间取值。比如，二进制数 1001.101 相当于 $1 \times 2^3 + 0 \times 2^2 + 0 \times 2^1 + 1 \times 2^0 + 1 \times 2^{-1} + 0 \times 2^{-2} + 1 \times 2^{-3}$，对应于十进制的 9.625，其规范的浮点数表达为 1.001101×2^3。

4．特殊值

1）NaN

当指数为 128（指数域全 1）且尾数域不等于 0 时，该浮点数即为 NaN。

由于 IEEE 754 标准没有要求具体的尾数域，所以 NaN 实际上不是一个，而是一族。

比较操作符 <、<=、>、>= 在任一操作数为 NaN 时均返回 false；等于操作符 == 在任一操作数为 NaN 时均返回 false，即使是两个具有相同位模式的 NaN 也一样；而操作符 != 则在任一操作数为 NaN 时均返回 true。这个规则的一个有趣的结果是 x!=x，当 x 为 NaN 时竟然为真。

用特殊的 NaN 来表达上述运算错误的意义在于：避免了因这些错误而导致运算的不必要的终止。比如，对于一个被循环调用的浮点运算方法而言，可能由于输入的参数问题而导致发生这些错误，NaN 使得即使某次循环发生了这样的错误，也可以简单地继续执行循环以进行那些没有错误的运算。

众所周知，Java 有异常处理机制，也许可以通过捕获并忽略异常达到相同的效果。但是，IEEE 754 标准不是仅仅为 Java 而制定的。各种语言处理异常的机制不尽相同，这将使得代码的迁移变得更加困难。何况，不是所有语言都有类似的异常或者信号（signal）处理机制。

2）无穷

当指数为 128（指数域全 1）且尾数域等于 0 时，该浮点数即为无穷大，用符号位来确定是正无穷大还是负无穷大。

无穷用于表达计算中产生的上溢（overflow）。比如两个极大的数相乘时，尽管两个操作数本身可以保存为浮点数，但其结果可能大到无法保存为浮点数，而必须进行舍入。根据 IEEE 754 标准，此时不是将结果舍入为可以保存的最大的浮点数（因为这个数可能离实际的结果相差太远而毫无意义），而是将其舍入为无穷。对于负数结果也是如此，只不过此时舍入为负无穷，也就是符号域为 1 的无穷。有了 NaN 的经验便不难理解，特殊值无穷使得计算中发生的上溢错误不必以终止运算为结果。

无穷和除 NaN 以外的其他浮点数一样是有序的，从小到大依次为负无穷、负的有穷非零值、正负零、正的有穷非零值及正无穷。除 NaN 以外的任何非零值除以零，结果都将是无穷，而符号则由作为除数的零的符号决定。

回顾对 NaN 的介绍，当零除以零时得到的结果不是无穷而是 NaN。原因不难理解，当除数和被除数都逼近于零时，其商可能为任何值，所以 IEEE 754 标准决定此时用 NaN 作为商比较合适。

3）有符号零

因为在 IEEE 754 标准的浮点数格式中，小数点左侧的 1 是隐藏的，而零显然需要尾数必须为零，所以零也就无法直接用这种格式表达而只能做特殊处理。

当指数为 -127（指数域全 0）且尾数域等于 0 时，该浮点数即为零。考虑到符号域的作用，所以存在两个零，即 +0 和 -0。不同于正负无穷之间是有序的，IEEE 754 标准规定正负零是相等的。

零有正负之分，的确非常容易让人困惑。这一点是基于数值分析的多种考虑，经利弊权衡后形成的结果。有符号的零可以避免运算中（特别是涉及无穷的运算中）符号信息的丢失。例如，如果零无符号，则等式 $1/(1/x)=x$ 在 $x=\pm\infty$ 时不再成立。其原因是，如果零无符号，1 和正负无穷的比值为同一个零，然后 1 与 0 的比值为正无穷，符号就没有了。为了解决这个问题，除非无穷也没有符号，但是无穷的符号表达了上溢发生在数轴的哪一侧，这个信息显然是不能不要的，因此零有符号。

5. 非规范化的浮点数

下面关于数的定义和有符号零一样，不过尾数不能为 0，用于小出范围的数。

下面来考察浮点数的一个特殊情况。选择两个绝对值极小的浮点数，以单精度的二进制浮点数为例，比如 1.001×2^{-125} 和 1.0001×2^{-125} 这两个数（分别对应于十进制的 $2.644\,862\,3\times10^{-38}$ 和 $2.497\,925\,5\times10^{-38}$）。显然，它们都是普通的浮点数（指数为 -125，大于允许的最小值 -126；尾数更没问题），按照 IEEE 754 可以分别保存为 0 00000010 0010000000000000000000（0x1100000）和 0 00000010 0001000000000000000000000（0x1080000）。

现在来看这两个浮点数的差值。不难得出，该差值为 $0.000\,1\times2^{-125}$，表达为规范浮点数则为 1.0×2^{-129}。问题在于其指数小于允许的最小指数值，所以无法保存为规范浮点数，最终只能近似为零（flush to zero）。这种特殊情况意味着下面本来十分可靠的代码可能会出现问题：

```
if(x!=y)
{
  z=1/(x-y);
}
```

正如精心选择的两个浮点数展现的问题一样，即使 x 不等于 y，x 和 y 的差值仍然可能绝对值过小，而近似为零，导致除以 0 的情况发生。

为了解决此类问题，IEEE 754 标准中引入了非规范浮点数，规定当浮点数的指数为允许的最小指数值（即 e_{min}）时，尾数不必是规范化的。比如，上面例子中的差值可以表达为非规范浮点数 0.001×2^{-126}，其中指数 -126 等于 e_{min}。为了保存非规范浮点数，IEEE 754 标准采用了类似处理特殊值零时所采用的办法，即用特殊的指数域值 $e_{min}-1$ 加以标记。当然，此时的尾数域不能为零。这样，上面例子中的差值可以保存为 0000000000010 0000000000000000000（0x100000），没有隐含的尾数位。

有了非规范浮点数，去掉了隐含的尾数位的制约，可以保存绝对值更小的浮点数。而且，由于不再受到隐含尾数域的制约，上述关于极小差值的问题也不存在了，因为所有可以保存的浮点数之间的差值同样可以保存。

需要注意的是，规定的是"不必"，这也就意味着"可以"，因此当浮点数实际的指数

为 e_{min} 时，该浮点数仍是规范的。也就是说，保存时隐含着一个隐藏的尾数位。

1.2.4　数的编码

计算机采用的是二进制数，因此在计算机中表示的数、字母、符号等都以特定的二进制码来表示，这就是二进制编码。二进制编码是以若干位二进制位的不同组合来表示一组数、字母及符号的方法。

1. BCD 码——十进制数的二进制编码

BCD（binary coded decimal）码以 4 位二进制编码的不同组合表示十进制数 0～9。常用的 BCD 码为 8421 BCD 码，即每位十进制数码用 4 位二进制数来表示，4 位二进制数从高到低的权值分别为 2^3、2^2、2^1、2^0，即 8421。由于它们与二进制数的位权一样，故又称为自然的 BCD 码（NBCD）。

BCD 码与十进制数 0～9 的对应关系如表 1-4 所示。用 10 个 4 位二进制数编码 0000～1001 对应表示 10 个十进制数 0～9。剩余的 6 个二进制数编码 1010～1111 在 BCD 码中不能使用，为非法码。

表 1-4　BCD 码与十进制数的对应关系

十进制数	0	1	2	3	4	5	6	7	8	9
BCD 码	0000	0001	0010	0011	0100	0101	0110	0111	1000	1001

BCD 码在计算机中有两种存储格式：一种为压缩（或组合）型，用一个字节存放 2 位 BCD 码，高 4 位表示十进制数的十位数，低 4 位表示十进制数的个位数；另一种为非压缩（或拆开）型，用一个字节的低 4 位存放 1 位 BCD 码，高 4 位可以为 0 或任意数。例如十进制数 56，若用压缩型表示，则对应的 BCD 码为 01010110B；若用非压缩型表示，则对应的 BCD 码为 00000101 00000110B。

BCD 码主要用于十进制数的运算及二进制数与十进制数之间的转换。

2. ASCII 码

ASCII（American Standard Code for Information Interchange）码又称美国信息交换标准码，是 7 位二进制编码，总共可表示 128 个符号，包括 26 个大写英文字母、26 个小写英文字母、0～9 共 10 个数字、32 个通用控制字符和 34 个专用字符。

ASCII 码的字符编码如表 1-5 所示。行表示字符的低 4 位二进制编码，列表示字符的高 3 位二进制编码。

在计算机中用一个字节存放字符编码，这就需要在 ASCII 码的最高位补 0，因此 ASCII 码可表示为 8 位二进制或 2 位十六进制数。例如，字母 B 的 ASCII 码为 01000010B；若用 16 进制表示，则字母 B 的 ASCII 码为 42H。同理，符号$的 ASCII 码为 0100100B 或 24H。英文大写字母 A～Z 的 ASCII 码为 41H～5AH；小写英文字母 a～z 的 ASCII 码为 61H～7AH。ASCII 码字符编码中的一些符号是作为计算机控制字符使用的，这些控制符号有专门的用途。例如，回车符 CR 的 ASCII 码为 0DH，换行符 LF 的 ASCII 码为 0AH。

表 1-5　ASCII 码的字符编码

高3位＼低4位	0 0000	1 0001	2 0010	3 0011	4 0100	5 0101	6 0110	7 0111	8 1000	9 1001	A 1011	B 1011	C 1100	D 1101	E 1110	F 1111
0 0000	NUL	SOH	STX	ETX	EOT	ENQ	ACK	BEL	BS	HT	LF	VT	FF	CR	SO	SI
1 0001	DLE	DC1	DC2	DC3	DC4	NAK	SYN	ETB	CAN	EM	SUB	ESC	FS	GS	RS	US
2 0010	SP	!	"	#	$	%	&	'	(	)	*	+	,	_€	.	/
3 0011	0	1	2	3	4	5	6	7	8	9	:	;	<	=	>	?
4 0100	@	A	B	C	D	E	F	G	H	I	J	K	L	M	N	O
5 0101	P	Q	R	S	T	U	V	W	X	Y	Z	[	\	]	↑	←
6 0110	`	a	b	c	d	e	f	g	h	i	j	k	l	m	n	o
7 0111	p	q	r	s	t	u	v	w	x	y	z	{	|	}	~	DEL

3. 汉字编码

我国是使用汉字的国家，要在我国推广使用计算机，汉字的使用和处理成为十分重要的问题。1981 年公布的国家标准《信息交换用汉字编码》（GB 2312—1980）规定了汉字的编码，即国标码。该标准编码字符集共收录汉字 6 783 个，其中一级汉字 3 775 个，二级汉字 3 008 个。另外，还定义了 700 多个西文字母、数字和图形符号。

国标码规定，每个汉字由两个字节的编码表示，每个字节用 7 位二进制码，最高位为 0。其编码格式如表 1-6 所示。例如，字符"大"的国标码为 00110100 01110011B。

表 1-6　汉字的编码格式

b7	b6	b5	b4	b3	b2	b1	b0	b7	b6	b5	b4	b3	b2	b1	b0
0	x	x	x	x	x	x	x	0	x	x	x	x	x	x	x

为了使汉字编码和常用的 ASCII 码相区别，汉字编码在机器内的表示与国标码不同，形成汉字的内码。一种机器常用若干种汉字输入方法，但其内码是统一的。内码通常是由国标码的两个字节的最高位置 1 构成的，格式如表 1-7 所示。例如，汉字"大"的内码为 10110100　11110011B，即 B4H、F3H。

表 1-7　汉字的内码格式

b7	b6	b5	b4	b3	b2	b1	b0	b7	b6	b5	b4	b3	b2	b1	b0
1	x	x	x	x	x	x	x	1	x	x	x	x	x	x	x

1.3　微型计算机的逻辑电路基础

1.3.1　触发器和锁存器

电路系统中有两种电路：一种是组合逻辑（combinational logic），其输出只是当前输入的函数，与之前的状态无关，无存储功能；另一种是时序逻辑（sequential logic），能够存储数据供以后使用。锁存器（latch）和触发器（flip-flop，简称 FF 电路）就是能够实现存储功能的两种逻辑单元电路。

锁存器是构成各种时序逻辑电路的基本元件。它的特点是具有 0 和 1 两种稳定的状态，一旦状态被确定，就能自行保持，即长期存储一位二进制码，直到有外部信号作用时才有可能改变。

触发器由逻辑门电路构成，具有记忆功能，能够存储一位二进制码。触发器均由 RS 锁存器派生而来。触发器可以处理输入、输出信号和时钟频率之间的相互影响，广泛应用于计数器、运算器、存储器等电子部件。

锁存器是一种对脉冲电平（也就是 0 或者 1）敏感的存储电路，而触发器是一种对脉冲边沿（即上升沿或者下降沿）敏感的存储电路。广义的触发器包括锁存器。

触发器按逻辑功能分为 RS 触发器、JK 触发器、D 触发器、T 触发器和 T'触发器等多种类型；按其电路结构分为主从型触发器和维持阻塞型触发器等。

74LS373 为典型的三态输出 8D 透明锁存器，其对应的 74LS374 为 8D 触发器。

74LS373 的引脚图如图 1-3 所示。

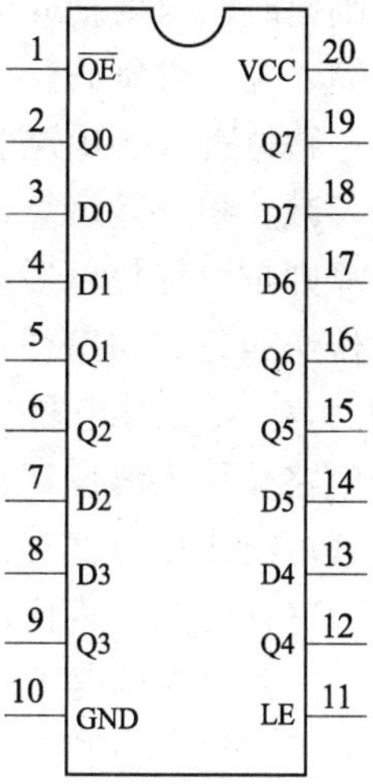

其中，D0～D7 为数据输入端；$\overline{OE}$ 为三态允许控制端（低电平有效）；Q0～Q7 为输出端；LE 为锁存允许端，高电平有效。当 LE 为高电平时，Q 随数据 D 而变；当 LE 为低电平时，D 被锁存在已建立的数据电平。当 $\overline{OE}$ 为低电平时，Q0～Q7 为正常逻辑状态，可用来驱动负载或总线；当 $\overline{OE}$ 为高电平时，Q0～Q7 呈高阻态，既不驱动总线，也不为总线的负载，但锁存器内部的逻辑操作不受影响。

图 1-3　74LS373 的引脚图

74LS373 的真值表如表 1-8 所示。

表 1-8　74LS373 的真值表

Dn	LE	$\overline{OE}$	Qn
H	H	L	H
L	H	L	L
X	L	L	Q0
X	X	H	Z

注：H——高电平，L——低电平，X——不定电平（任何电平状态都可能），Q0——建立稳态前 Qn 的电平（即锁存的电平），Z——高阻态。

1.3.2 寄存器

任何现代的数字电路系统，特别是一些大型的数字处理系统，往往不可能一次性地把所有的数据都处理好，因此在处理的过程中都必须把需要处理的某些数据、代码先寄存起来，以便在需要的时候随时取用。

在数字电路系统工作过程中，把正在处理的二进制数据或代码暂时存储起来的操作叫作寄存。实现寄存功能的电路称为寄存器。寄存器是一种最基本的时序逻辑电路，在各种数字电路系统中几乎是无所不在，使用非常广泛。常用的集成电路寄存器按寄存数据的位数来命名，如 4 位寄存器、8 位寄存器、16 位寄存器、32 位寄存器、64 位寄存器等。

寄存器电路是数字逻辑电路的基础模块。寄存器用于寄存一组二值代码，它被广泛地用于各类数字系统和数字计算机中。由于一个触发器能够存储一位二值代码，所以用 N 个触发器能够存储 N 位二值代码。对于寄存器中的触发器，只要求它们具有置高电平 1、置低电平 0 的功能就可以了。因此，无论是用同步 RS 结构的触发器，还是用主从结构或边沿触发结构的触发器，都可以组成寄存器电路。

寄存器的基本单元是 D 触发器，按照其用途分为基本寄存器和移位寄存器。

基本寄存器是由触发器组成的，一个触发器可以储存一位二进制码。需要存储 4 位二进制码时，只要把 4 个触发器并联起来，就可以组成一个 4 位二进制寄存器，它能接收和存储 4 位二进制码。

移位寄存器电路和锁存器电路一样，都是暂时存放数据的部件。数字电路中常要进行加、减、乘、除运算，加法和减法运算通常是用加法器和减法器来完成的，而乘法和除法运算则是用移位以后再加、减的方法完成的。数字信号在传送时，将数码一位一位地按顺序传送的方式叫串行传送，将几位数码同时传送的方式叫并行传送。因此，对于寄存器电路而言，除要求它能接收、存储和传送数码外，有时还要求它把数码进行移位，这种寄存器电路被称为移位寄存器电路。在计算机 CPU 中，为配合全加器的算术运算，N 个触发器串联可组成移位寄存器。

寄存器又分为内部寄存器与外部寄存器。

内部寄存器是 CPU 内的高速存储部件，可用来暂存指令、数据和地址，包括通用寄存器、专用寄存器和控制寄存器。寄存器拥有非常高的读写速度，所以内部寄存器之间的数据传送非常快，是系统获得操作数据最快速的途径。8086 有 14 个 16 位内部寄存器。这 14 个内部寄存器按其用途可分为：通用寄存器、指令指针寄存器、标志寄存器、段寄存器。内部寄存器的功能十分重要，CPU 对存储器中的数据进行处理时，往往先把数据从存储器取到内部寄存器中，而后再做处理。

外部寄存器是计算机中其他一些部件上（比如中断接口、I/O 接口等）用于暂存数据的寄存器，它与 CPU 之间通过"端口"交换数据。外部寄存器具有寄存器和内存储器双重特点。有些时候人们常把外部寄存器称为"端口"，这种说法虽不太严谨，但口头上经常这样说。外部寄存器虽然也用于存放数据，但是它保存的数据具有特殊的用途。比如，某些寄存器中各个位的 0、1 状态反映了外部设备的工作状态或方式（称为状态寄存器或工作方式寄存器）；还有一些寄存器中的各个位可对外部设备进行控制（控制寄存器）；也有一些端口作为 CPU 同外部设备交换数据的通路。所以说，外部寄存器（"端口"）是 CPU 和外部设备之间的联系桥梁。

1.3.3　译码器

译码器是一个将 n 个输入变为 2^n 个输出的多输入多输出端的组合逻辑电路（器件）。

其中，输入变化的所有组合中，每个输出为 1 的情况仅一次。由于最小项在真值表中仅有一次为 1，所以输出端为输入变量的最小项的组合。因此，译码器又可以称为最小项发生器电路。

译码器有 2－4 译码器、3－8 译码器、4－16 译码器等。

74LS139 为两个 2－4 译码器。芯片内的每个 2－4 译码器可对 2 位高位地址进行译码，产生 4 个片选信号，最多可外接 4 个芯片。图 1－4 为 74LS139 的引脚图。

各引脚的定义如下：A、B 为译码地址输入端，含 1A、1B、2A、2B；G 为选通端，低电平有效，含 $\overline{1G}$、$\overline{2G}$；Y0～Y3 为译码输出端，低电平有效，含 $\overline{1Y0}$～$\overline{1Y3}$、$\overline{2Y0}$～$\overline{2Y3}$；VCC 为电源正；GND 为电源地。

74LS139 的真值表如表 1－9 所示。

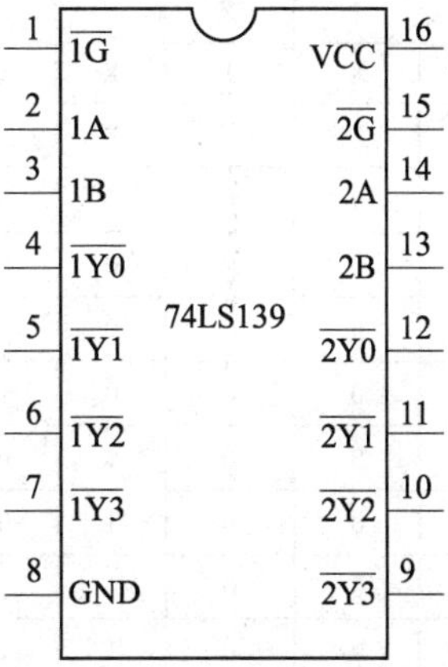

图 1－4　74LS139 的引脚图

表 1－9　74LS139 的真值表

输入			输出			
$\overline{G}$	B	A	$\overline{Y0}$	$\overline{Y1}$	$\overline{Y2}$	$\overline{Y3}$
H	X	X	H	H	H	H
L	L	L	L	H	H	H
L	L	H	H	L	H	H
L	H	L	H	H	L	H
L	H	H	H	H	H	L

注：H——高电平，L——低电平，X——不定电平。

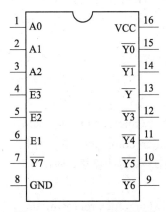

图 1－5　74LS138 的引脚图

74LS138 是一种典型的常用 3－8 译码器，其引脚图如图 1－5 所示。

各引脚的定义如下：A0～A2 为地址输入端；E1 为选通端；$\overline{E2}$、$\overline{E3}$ 为选通端，低电平有效；$\overline{Y0}$～$\overline{Y7}$ 为输出端，低电平有效；VCC 为电源正；GND 为电源地。

这种译码器设有 3 个使能输入端，当 $\overline{E2}$ 与 $\overline{E3}$ 均为 0 且 E1 为 1 时，译码器处于工作状态，输出低电平。当译码器被禁止时，输出高电平。三个输入端 A2、A1、A0 共有 8 种状态组合（000～111），可译出 8 个输出信号 $\overline{Y0}$～$\overline{Y7}$，输出信号可以分别作为其他器件的片选信号使用。

74LS138 的真值表如表 1-10 所示。

表 1-10　74LS138 的真值表

输入						输出							
E1	$\overline{E2}$	$\overline{E3}$	A2	A1	A0	$\overline{Y0}$	$\overline{Y1}$	$\overline{Y2}$	$\overline{Y3}$	$\overline{Y4}$	$\overline{Y5}$	$\overline{Y6}$	$\overline{Y7}$
X	1	X	X	X	X	1	1	1	1	1	1	1	1
X	X	1	X	X	X	1	1	1	1	1	1	1	1
0	X	X	X	X	X	1	1	1	1	1	1	1	1
1	0	0	0	0	0	0	1	1	1	1	1	1	1
1	0	0	0	0	1	1	0	1	1	1	1	1	1
1	0	0	0	1	0	1	1	0	1	1	1	1	1
1	0	0	0	1	1	1	1	1	0	1	1	1	1
1	0	0	1	0	0	1	1	1	1	0	1	1	1
1	0	0	1	0	1	1	1	1	1	1	0	1	1
1	0	0	1	1	0	1	1	1	1	1	1	0	1
1	0	0	1	1	1	1	1	1	1	1	1	1	0

1.4　微型计算机系统

1.4.1　微型计算机系统的基本概念

微型计算机系统包括硬件系统和软件系统两大部分。

按照冯·诺依曼的微型计算机体系结构，硬件系统由运算器、控制器、存储器、输入设备和输出设备组成。运算器和控制器合称微处理器单元（microprocessor unit，MPU），也称为中央处理器单元（central processing unit，CPU）。存储器含内存、外存和缓存等。输入设备和输出设备需要通过接口电路与系统连接。

软件系统包括系统软件和应用软件。系统软件指管理、监控和维护计算机资源（包括硬件和软件）的软件，主要是操作系统。用户只有通过操作系统才能完成对计算机的各种操作。应用软件是为某种特定应用目的而编制的计算机程序，如文字处理软件、图形图像处理软件、网络通信软件、财务管理软件、CAD 软件等。

微型计算机系统从局部到全局存在 3 个层次：微处理器（CPU）、微型计算机、微型计算机系统。单纯的微处理器和单纯的微型计算机都不能独立工作，只有微型计算机系统才是完整的信息处理系统，才具有实用意义。

容易引起误解的是很多人把微处理器单元等同于微控制器单元（microcontroller unit，MCU）。实际上，微控制器单元又称单片微型计算机（single chip microcomputer）或单片机，其定义侧重于将 CPU 和外围接口电路集成到单一芯片上，形成芯片级的计算机，应用于一些小型且简单的控制场合。

随着技术的发展，CPU 的概念也在不断延伸，比如：图形处理器（graphic processing unit，

GPU）将显卡处理器和 CPU 集成在一个芯片上，专为执行图形渲染所必需的复杂数学和几何计算而设计；加速处理器（accelerated processing unit，APU）比 GPU 更进一步，将 CPU 核心和可编程矢量处理引擎相融合，为软件开发者带来前所未有的灵活性，能够任意采用最适合的方式开发新的应用。

1.4.2　微型计算机系统的硬件系统

虽然微型计算机发展迅速，但迄今为止微型计算机的硬件结构体系仍采用冯·诺依曼建立的经典结构。这种结构的微型计算机系统由五大部分组成，如图 1-6 所示。这五部分分别是运算器、控制器、存储器、输入设备和输出设备。其中，运算器和控制器合称微处理器（MPU 或 CPU）。输入/输出设备由多个 I/O 接口和外部设备组成。微处理器是微型计算机的核心部分，运算器用于对信息进行处理和运算，控制器根据程序的要求发出各种控制命令，协调各部件之间的工作。存储器的作用是存储程序、数据和运算的结果。输入设备和输出设备用于微型计算机与外部交换信息。

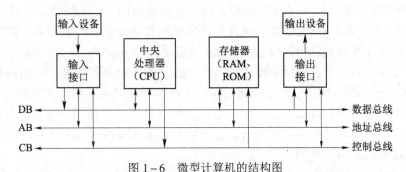

图 1-6　微型计算机的结构图

总线是一组导线，用于上述各部分之间的信息传输。微型计算机的各组成部分通过总线连接起来。总线包括地址总线（address bus，AB）、数据总线（data bus，DB）和控制总线（control bus，CB）。人们将微型计算机的这种系统结构称为三总线结构，简称总线结构。数据总线用来传送数据信息，由于数据信息可在微处理器和存储器、I/O 设备之间相互传送，故为双向总线。地址总线用于传送微处理器发出的地址信息，是单向总线。微型计算机中存储单元和 I/O 设备都有地址，在交换信息前，微处理器先通过传送地址信息寻找所需交换信息的存储器和 I/O 设备，然后经数据总线进行信息交换。控制总线用来传送控制信号、时序信号和状态信号。由于有的信号由微处理器发向存储器和 I/O 设备、有的信号由存储器和 I/O 设备发向微处理器，故控制总线从整体上看是双向的。

1.4.3　微型计算机系统的软件系统

计算机是可编程序的机器。随着电子计算机的诞生，程序和程序设计语言也开始相继出现。第一个真正可以编写程序的电子计算机系统是通过重新连接线路实现编程的，因此在计算机系统发展的早期，产生了用于控制计算机的计算机语言。第一种这样的语言叫作机器语言，是由多个 1 和 0 组成的二进制代码。以指令组的形式存储在计算机系统中的二进制代码称为程序。这种方法比通过重新连接机器线路进行编程的方法有效，但是开发程序仍然非常耗费时间，因为编程要涉及许多代码。

数学家冯·诺依曼首先开发了接受指令并且可将指令存储到存储器中的系统，为了纪念他，计算机常常被称为冯·诺依曼机器。

20 世纪 50 年代初期，随着计算机系统投入使用，人们发明了汇编语言。汇编语言简化了以二进制代码为计算机输入指令的烦琐工作。汇编语言允许程序员用助记符代替二进制码，例如，用 ADD 表示加法，代替二进制码 01000111。虽然汇编语言可以帮助人们进行程序设计，但是编程仍然很不容易，直到 1957 年 Grace Hopper 开发了名为 FLOW-MATIG 的第一种高级程序设计语言。接着 IBM 公司为它的计算机系统开发了 FORTRAN 语言。FORTRAN 语言允许程序员开发程序时使用公式解决数学问题。至今，一些科学家仍然还使用 FORTRAN 语言。比 FORTRAN 语言晚一年出现的另一种类似的语言是 ALGOL，主要用于科学计算。第一个真正成功并广泛用于商业的程序设计语言是 COBAL，它是一种面向商业计算机的算法语言。尽管近几年 COBAL 语言的使用减少了，但是在许多大的商业系统中它仍然发挥着重要作用。另外一种相当通用的商业语言是 RPG，它允许通过规范的输入、输出和运算的格式进行程序设计。

在这些早期的程序设计语言之后，更多的语言相继出现了，比较普及的是 BASIC、C、C/C++、Pascal 和 Ada。BASIC 和 Pascal 被设计成为教学用语言，但实际它们已超越了教室，而用在许多计算机系统中。而且，BASIC 的新版本 Visual Basic 的出现使 Windows 环境下的程序设计更容易了。在科学界，C/C++、Pascal 通常用于控制程序。这两种语言，特别是 C/C++，允许程序员几乎完全控制程序设计环境和计算机系统。许多情况下，C/C++ 正在替代汇编语言，但即使如此，汇编语言在程序设计中仍然扮演着重要的角色。为 PC 机写的视频游戏程序几乎只用汇编语言。为了更有效地实现机器控制功能，汇编语言也经常与 C/C++ 和 Pascal 混合使用。

随着程序设计语言的发展，软件系统也得到了迅速的发展。以操作系统为例，PC 机最初使用的是 DOS 操作系统。随着 PC 机的升级，DOS 操作系统已由 1981 年的 DOS 1.0 版本升级到 1995 年的 DOS 7.1 版本。DOS 操作系统虽然有很大的改进，但它仍是一种采用命令行接口的单任务、单用户操作系统。和 DOS 操作系统相比，图形操作系统 Windows 具有更大的优越性。Windows 操作系统提供了一个具有图形功能的用户操作环境，使用户使用起来更方便，因此得到了广泛的应用。随着计算机硬件和软件的不断升级，Windows 操作系统也在不断升级，从 16 位、32 位再到 64 位，系统版本从最初的 Windows 1.0 到大家熟知的 Windows 95、Windows 98、Windows ME、Windows 2000、Windows 2003、Windows XP、Windows Vista、Windows 7、Windows 8、Windows 8.1、Windows 10 和 Windows Server，一直在持续不断地更新。

实际上，除了 Windows 操作系统之外，还有很多非常优秀的操作系统，比如 MAC OS、MVX、UNIX、Linux、NetWare、VxWorks、XENIX 等。这些操作系统虽然没有 Windows 在个人计算机上那么普及，但是在一些特殊场合（比如实时性控制系统、军工系统等）应用广泛，而且在稳定性、安全性、实时性等方面都有突出的优点。

另外，我国国内的科研机构和公司也开发了一些操作系统，比如 SPGnux、深度 Linux、红旗 Linux、银河麒麟、中标普华 Linux、YLMF OS、凝思磐石安全操作系统、共创 Linux 桌面操作系统等。这些操作系统一般都用于某个专业领域的开发或在国家安全部门中使用，是日常生活中很少见到的国产操作系统。

1.4.4　微型计算机系统的性能指标

1. 字长

字长指的是 CPU 一次能并行处理的二进制数的位数。

字长与计算机的功能和用途有很大的关系，是计算机的一个重要技术指标。字长直接反映了一台计算机的计算精度。为适应不同的要求及协调运算精度和硬件造价之间的关系，大多数计算机均支持变字长运算，即机内可实现半字长、全字长（或单字长）和双倍字长运算。在其他指标相同时，字长越大，计算机处理数据的速度就越快。字长总是 8 的整数倍。早期的微型计算机的字长一般是 8 位和 16 位，386 及更高的微处理器大多是 32 位，目前计算机的微处理器大部分已达到 64 位。

字长由微处理器对外数据通路的数据总线条数决定。

2. 存储器容量

存储器容量是衡量微型计算机系统存储二进制信息量大小的一个重要指标。微型计算机系统的最小单位为位（bit），一般以小写字母 b 表示；存储器容量通常以字节（byte）为单位来表示，一般以大写字母 B 表示。

我们需要熟悉如下基本的存储器容量单位：1 KB=2^{10} B=1 024 B，1 MB=2^{20} B=1 024 KB，1 GB=2^{30} B=1 024 MB，1 TB=2^{40} B=1 024 GB。

随着存储信息量的增大，以后需要更大的单位来表示存储器容量，如：1 PB=2^{50} B=1 024 TB，1 EB=2^{60} B=1 024 PB，1 ZB=2^{70} B=1 024 EB，1 YB=2^{80} B=1 024 ZB。

可以形象地理解存储器容量与实际生活的关系：一份电报为 100 B，一张低分辨率照片为 100 KB，一部微型小说为 1 MB，一部电影为 1 GB，NASA EOS 对地观测系统的三年数据量为 1 000 TB，全世界所有的印刷材料为 200 PB，全人类说过的所有的话为 5 EB。

我们注意到，新购买的存储器，格式化之后显示的存储容量与设备上实际标称的存储容量并不符合。其主要原因是：设备上的标称容量是厂商用十进制给出的，而计算机内部实际上是用二进制来表示存储容量的，例如 1 KB=1 024 B、1 MB=1 048 576 B 等。如果用 MB 来表示磁盘存储器的容量，则磁盘的标称容量与实际显示的容量之间有近 5% 的误差；如果用 GB 来表示，则有 7.4% 的误差；如果用 TB 表示，则误差高达 10%。

用来描述微型计算机系统性能指标的存储器容量，从内到外包含 CPU 内部的高速缓存（cache）、内存（memory）、硬盘（disk）等设备的容量。其中，CPU 缓存对系统性能的影响很大，可以分为一级缓存（level 1 cache）、二级缓存（level 2 cache），部分高端 CPU 还具有三级缓存（level 3 cache），主要是为了解决 CPU 运算速度与内存读写速度不匹配的矛盾。

3. 运算速度

微型计算机的运算速度通常用每秒处理的百万级的机器语言指令数（million instructions per second，MIPS）来描述。这是衡量 CPU 速度的一个指标，一般采用主频来描述运算速度，主频越高，运算速度就越快。

4. 扩展能力

扩展能力主要指微型计算机系统配置各种外部设备的可能性、适应性和兼容性。扩展能力主要包括内存扩展能力、显示接口扩展能力、USB 接口扩展能力、通信接口扩展能力、外部存储器扩展能力等。

5. 软件配置情况

计算机是由硬件和软件组成的，没有软件的支持，计算机是不能正常工作的。最主要的软件配置是操作系统软件，它控制和管理计算机的软硬件资源。我们常说的 64 位微型计算机实际上不仅要求 CPU 字长为 64 位，而且要求操作系统也是 64 位的。

微型计算机的性能指标并不局限于以上的参数，系统功耗、外形设计、系统可靠性、操作方便性等都可以作为衡量指标。

1.5 微型计算机系统采用的先进技术

微型计算机发展至今，已成为性价比很高的超级微型机（super micro computer）。当前，微型计算机采用了许多先进技术，本节将做简要的介绍。

1.5.1 流水线技术

流水线（pipeline）技术指在程序执行时多条指令重叠进行操作的一种准并行处理实现技术。流水线的工作方式就像工业生产上的装配流水线，将一条指令分解为几个流程来实现，每个周期可以同时执行几个流程，看起来像是并行处理。

采用流水线技术后，并没有加速单条指令的执行，每条指令的操作步骤也没有减少，只是多条指令同时执行，因而从总体上看加快了指令执行的速度。

流水线技术是 Intel 公司首次在 80486 芯片中开始使用的。80486 采用 6 级流水线结构，即同时有 6 条指令并行操作。若每条指令需要 6 个步骤：取指、译码、计算操作数地址、取操作数、执行指令、写操作数，则每个步骤需要一个时钟周期的时间，经过 6 个时钟周期后，每个时钟周期就有一条指令执行完毕。

1. 超级流水线（super pipeline）

基准 CPU 的流水线为 4 级：指令预取、译码、执行、写回结果。超级流水线指某种类型的 CPU 内部的流水线具有 6 级以上。超级流水线又叫作深度流水线，它是提高 CPU 速度通常采取的一种技术。

CPU 处理指令是通过时钟脉冲来驱动的，每个时钟脉冲完成一级流水线操作。每个时钟脉冲所做的操作越少，需要的时间就越短；时间越短，频率就可以提得越高。超级流水线就是将 CPU 处理的指令进一步细分，通过增加流水线级数来提高频率。

一般来说，流水线级数越多，重叠执行的指令就越多，那么发生竞争冲突的可能性就越大，对流水线性能有一定的影响。

2. 超标量流水线（super scalar pipeline）

超标量流水线指 CPU 内有多条流水线，这些流水线能够并行处理。在单流水线结构中，指令虽然能够重叠执行，但仍然是有顺序的。超标量流水线结构的 CPU 支持指令级并行，每个周期可以发射多条指令（2～4 条居多），可以使得 CPU 的 IPC（instruction per clock）大于 1，从而提高 CPU 的处理速度。超标量流水线同时对若干条指令进行译码，将可以并行执行的指令送往不同的执行部件；在程序运行期间，由硬件来完成指令调度。超标量流水线结构主要是借助硬件资源重复（例如有两套译码器和 ALU 等）来实现空间的并行操作，实际上就是用空间换取时间。

Pentium 系列微处理器采用由"U"和"V"两条并行指令流水线构成的超标量流水线结构，可大大提高指令的执行速度。

很多 CPU 都是将超标量和超级流水线技术一起使用，例如 Pentium 4，流水线达到 20 级，频率最快已经超过 3 GHz。

1.5.2　高速缓冲存储器技术

在微型计算机中，主存储器（内存）的存取速度和 CPU 的速度相比慢很多，一般内存颗粒（芯片）的存取速度标称为几纳秒（5 ns 左右），内存模组（内存条）的访问速度标称为几十纳秒（50～80 ns）。这样，在 CPU 执行指令的过程中，高速的 CPU 有大量的时间处于"空等"的状态，大大降低了整个系统的执行效率。

同时，绝大部分的程序采用顺序执行的方式，所需的数据也都是顺序排列，程序运行时大部分时间内对程序的访问局限在一个较小的区域内，这就是程序的局部性原理。

利用程序的局部性原理，可以在 CPU 和主存储器之间设计一种高速的小容量存储器（即高速缓冲存储器），以提高程序和数据读取的速度。不同于主存储器的 DRAM 动态存储技术，高速缓冲存储器（cache）采用静态存储芯片（SRAM），其存取速度比主存储器要快一个数量级，大体和 CPU 的处理速度相当。

程序中相关数据块一般都按顺序存放，并且大都存于相邻的存储单元，而程序常常重复使用同一代码和数据块。利用程序执行的这些重要特征，可采用高速缓冲存储器保存这些经常重复使用或当前将要使用的指令和数据。CPU 在对一条指令或一个操作数寻址时，首先到高速缓冲存储器中去查找。在一般正常情况下，CPU 对高速缓冲存储器的存取命中率可达 95%以上，从而大大提高了程序的执行速度。

高速缓冲存储器在 386 以后的微型计算机中逐步得到应用。随着半导体集成技术的发展，小容量的高速缓冲存储器可以集成到 CPU 内部，因此可以形成多级高速缓冲存储器系统。目前，大部分主流微处理器都有一级缓存和二级缓存，少量高端的微处理器还集成了三级缓存。

一级缓存都内置在 CPU 内部并与 CPU 同速运行，可以有效地提高 CPU 的运行效率。一级缓存越大，CPU 的运行效率越高。但由于受到 CPU 内部结构的限制，一级缓存的容量都很小。

二级缓存比一级缓存速度要慢，但容量更大，主要就是作为一级缓存和内存之间数据临时交换的地方使用。实际上，现在 Intel 公司和 AMD 公司的微处理器在一级缓存的逻辑结构设计上有所不同，所以二级缓存对 CPU 性能的影响也不尽相同。

三级缓存是为读取二级缓存后未命中的数据设计的一种缓存。在拥有三级缓存的 CPU 中，只有约 5%的数据需要从内存中调用，这进一步提高了 CPU 的效率。其运作原理在于使用较快速的存储装置保留一份从慢速存储装置中读取的数据且进行拷贝，当有需要再从较慢的存储体中读写数据时，缓存能够使得读写的动作先在快速的存储装置上完成，如此便会使系统的响应较为快速。

高速缓冲存储器和与它配合的高速缓冲控制器都由硬件实现。80486 中将高速缓冲存储器和高速缓冲控制器 82385 集成在 CPU 芯片中，因此对用户来说是透明的，不需要用户自己去控制或操作。

1.5.3 虚拟存储器技术

虚拟存储技术是在内存储器和外存储器（软盘、硬盘或光盘）之间增加一定的硬件和软件支持，使内存和外存形成一个有机的整体。操作时，将程序预先存放在外存储器中，由系统软件（操作系统）统一管理和调度，按某种置换算法将外存的内容依次调入内存中被 CPU 执行。这样，对使用者说，从 CPU 看到的是一个速度接近内存而容量却与外存相当的假想存储器，称为虚拟存储器。虚拟存储器使编程人员在编写程序时可以不考虑内存容量的限制。在采用虚拟存储器的微型计算机系统中，存在虚地址空间和实地址空间两个不同的地址空间。虚地址空间是程序可用的空间，而实地址空间是 CPU 可访问的内存空间。在 80486 中，实地址空间为 4 GB（2^{32} B），而虚地址空间为 64 TB（2^{46} B）。

1.5.4 RISC 技术

精简指令集计算（reduced instruction set computing，RISC）技术简称 RISC 技术，其主导思想是精简 CPU 芯片中指令的数目，简化芯片的复杂程度，使指令的执行速度更快。

传统的计算机都采用 CISC（complex instruction set computing）处理器。例如现在常用的 Intel 80x86，其指令集中有许多指令非常复杂。用编译器对程序编译，结果证明，大多数复杂的指令很少被使用，编译器生成的总代码的 90%以上是只占 CISC 指令集中不足 10%的指令。设计更好的编译器，证明是困难的；而构筑一种简单的计算机，使它只有少数的指令、大的寄存器阵列、对主存储器的简单装入/存储访问，并且大多数指令的执行只需要一个时钟周期，这就是 RISC 处理器组成的计算机。

RISC 处理器的主要特征表现在下列方面：① 采用统一的指令长度，以简化相应的逻辑电路；② 全 64 位实现，具有高流水线执行单元及很高的内部时钟速度（＞200 MHz）；③ 内置高性能浮点运算部件和大容量指令/数据 cache；④ 采用调入/存储体系结构，将内存中的数据预先调入内部寄存器以减少访问内存的指令数；⑤ 支持多媒体和 DSP 的新指令。

RISC 处理器的优点早就为人所知，但其执行中需要大容量的存储器和昂贵的 cache，因此 RISC 技术的推广遇到了很大的阻力。目前，RISC 技术已逐渐在消费者和商业领域获得认同和应用。

采用 CISC 技术的微处理器架构主要是 x86 和 x86−64，采用 RISC 技术的微处理器架构主要有 ARM、MIPS、Power、Alpha 等。本书讨论的微处理器为 x86 架构，属于 CISC 处理器。

1.5.5 多核技术

多内核（multi-core）指在一枚处理器中集成两个或多个完整的计算引擎（内核）。

根据摩尔定律，CPU 的速度和性能每隔 18～24 个月就提高一倍。在过去的几十年中，CPU 的速度一直符合摩尔定律的发展规律。然而，从 1996 年开始，尤其是 2002 年后，由于功耗和工艺限制，CPU 的速度和性能的上升速度明显慢了下来。工程师们开始认识到，仅提高单核芯片的速度会产生过多的热量且无法带来相应的性能改善，多核技术因此应运而生。

在多核处理器平台上，操作系统会利用所有相关的资源，将它的每个执行内核作为分立的逻辑处理器。通过在多个执行内核之间划分任务，多核处理器可在特定的时钟周期内执行更多的任务。多核架构能够使软件更出色地运行，并创建一个促进软件编写更趋完善的架构。

第一个多核处理器是 2001 年由 IBM 公司推出的双核 RISC 处理器 Power 4，后续于 2004 年又推出了 Power 5，并在双核的基础上引入多线程技术。从 2005 年开始，多核技术得到全面发展，AMD 公司迅速推出面向服务器的支持 x86 指令集的双核 Opteron 处理器，而 Intel 公司则推出面向桌面系统的双核 CPU——Pentium D。至此，微机处理器世界进入多核的快速发展轨道，比如 Core i9 – 7980XE 集成了 18 个内核。

1.5.6　超线程技术

超线程（hyper-threading）是一项允许一个 CPU 执行多个控制流的技术。超线程技术可以把一个物理 CPU 变成两个逻辑 CPU，而这两个逻辑 CPU 对操作系统来说是透明的，跟物理 CPU 并没有什么区别。因此，操作系统会把工作线程分派给这两个逻辑 CPU 去执行，让应用程序的多个线程能够同时在同一个 CPU 上被执行。因此，超线程技术实际上就是对物理 CPU 的逻辑化、虚拟化。

超线程技术不仅需要 CPU 的支持，同时也需要操作系统、主板芯片组、主板 BIOS 和应用软件的支持。否则，超线程技术不仅不能提高系统性能，反而会拖累整个系统。

超线程技术未来的发展方向是提升处理器的逻辑线程。Intel 公司于 2019 年商用的 Core i9 – 9900K，片内集成了 8 个内核，加上超线程技术，则可以同时处理 16 个逻辑线程。

 习题

1. 将下列十进制数分别转换为二进制数、八进制数、十六进制数。

128　　1024　　0.47　　625　　67.544

2. 将下列二进制数转换成十进制数。

10110.001B　　11000.0101B

3. 将下列二进制数分别转换为八进制数、十六进制数。

1100010B　　101110.1001B　　0.1011101B

4. 写出下列用补码表示的二进制数的真值。

01110011B　　00011101B　　10010101B　　11111110B　　10000001B

5. 将十进制数 125.8 和 2.5 表示成二进制规格化浮点数。（尾数取 6 位，阶码取 3 位）

6. 写出下列十进制数的 BCD 码表示形式。

456　　789　　123

7. 试用 8 位二进制数表示下列用 ASCII 码表示的字符。

R　　S　　V　　6

8. 什么叫机器数？什么叫真值？有符号数和无符号数的机器数主要有哪些表示方法？

9. 计算机中为什么要用补码形式存储数据？当计算机的字长为 16 位时，它的数据表示范围是多少？

10. 设字长 $n=8$，求下列各数的原码、反码和补码。

（1）$X=+1101001B$　　（2）$X=+1111000B$

（3）$X=-1000110B$　　（4）$X=-1101011B$

11. 设 $X=+0010010$ B，$Y=-0001001$ B，求 $[X+Y]_补$ 和 $[X-Y]_补$。

12. 简述计算机中数的几种编码方法。

 研究型教学讨论题

1. 试查询世界范围内超级计算机的历史、现状和发展方向，并对其具体作用和科学意义进行论述。

2. 通过查阅文献，阐述我国 CPU 的发展情况，并对我国 CPU 技术处于落后状态的原因进行分析。

第 2 章
微型计算机基础

本章教学资源

提要： 微型计算机系统分为硬件系统和软件系统两大部分。硬件系统主要由中央处理器、存储器、输入输出控制系统和各种外部设备组成。软件系统包括系统软件、支撑软件和应用软件。本章介绍 x86 硬件系统中央处理单元的基本组成原理，包括内部结构、寄存器、存储器分段管理及引脚功能和读写时序、总线周期。以 16 位的 8086、32 位的 80386、64 位的酷睿微处理器芯片的功能结构原理、内部寄存器、存储器的分段分页管理方式为例，进一步学习和掌握微处理器的基本原理，了解整个微处理器这一核心芯片的发展趋势。

2.1 16 位微处理器的结构

微处理器的历史可追溯到 1971 年，从 Intel 公司的世界上第一台微处理器 4004 开始，微处理器的发展日新月异。Intel 公司分别在 1978 和 1979 年推出了 8086 和 8088 芯片，它们都是 16 位微处理器，开创了全新的微机时代。Intel 公司在 1982 年和 1985 年推出了 80286、80386 芯片。80386 是 80x86 系列中第一种 32 位微处理器。Intel 公司在 1989 年推出了 80486 芯片。80486 将 80386 和数值协处理器 80387 及一个 8 KB 的高速缓存集成在一个芯片内，并且在 80x86 系列中首次采用了 RISC 技术，可以在一个时钟周期内执行一条指令。80486 还采用了突发总线方式，大大提高了与内存的数据交换速度。微处理器的出现是一次伟大的工业革命，从 1971 年到 1999 年，在短短的近 30 年内，可以说，人类的其他发明都没有微处理器发展得那么神速、那么影响深远。

2.1.1 8086/8088 微处理器的内部结构

8086/8088 微处理器是由 Intel 公司于 1978 年设计的 16 位微处理器芯片，是 x86 架构的鼻祖。它采用 HMOS 工艺制造，双列直插，有 40 个引脚。电源为单一 5 V，主时钟频率为 5～10 MHz。

8086 微处理器在内部采用执行部件和总线接口并行的流水线结构，可以提高 CPU 的利用率和处理速度。

8086 微处理器支持多处理器系统，可以与数值协处理器 8087 或其他协处理器相连，构成多处理器系统，从而提升系统的数据处理能力。8086 微处理器还具有一个功能相对完善的指令系统，能对多种类型的数据进行处理，使程序设计更加方便、灵活。

8086/8088 微处理器的运算器、寄存器和内部数据总线都是 16 位的,有 20 条地址总线,可寻址 1 MB 的存储空间。8086 微处理器对外的数据总线接口为 16 位,而 8088 微处理器对外的数据总线接口为 8 位。

8086/8088 微处理器的内部结构如图 2−1 所示,由执行单元(execution unit,EU)和总线接口单元(bus interface unit,BIU)组成。

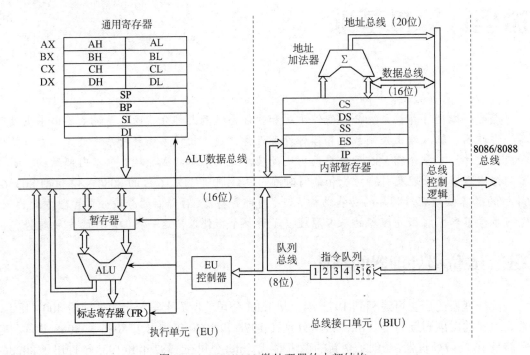

图 2−1　8086/8088 微处理器的内部结构

1. EU

EU 的功能就是负责指令的执行。

EU 包括下列几个部分。

(1)算术逻辑单元(ALU):ALU 完成 8 位或 16 位的二进制数的算术逻辑运算,绝大部分指令的执行都由 ALU 完成。在运算时,数据先传送至 16 位的暂存寄存器中,经 ALU 处理后,运算结果可通过内部总线送入通用寄存器或由 BIU 存入存储器。

(2)标志寄存器(FR):它用来反映 CPU 最近一次运算结果的状态特征或存放控制标志。FR 为 16 位,其中有 7 位未用。

(3)通用寄存器:它包括 4 个数据寄存器,即 AX、BX、CX、DX,其中 AX 又称累加器;4 个专用寄存器,即基址寄存器(BP)、堆栈指针(SP)、源变址寄存器(SI)和目的变址寄存器(DI)。

(4)EU 控制器:它接收从 BIU 中的指令队列取来的指令,经过指令译码形成各种定时控制信号,向 EU 内各功能部件发送相应的控制命令,以完成每条指令所规定的操作。

2. BIU

BIU 是 CPU 与存储器及 I/O 端口的接口,负责与外部存储器和 I/O 端口进行数据交换。

BIU 由下列各部分组成。

（1）4 个 16 位段地址寄存器：即代码段寄存器（CS）、数据段寄存器（DS）、附加段寄存器（ES）和堆栈段寄存器（SS）。它们分别用于存放当前代码段、数据段、附加段和堆栈段的段基址。段基址表示 20 位段起始地址的高 16 位，段起始地址的低 4 位固定为 0。

（2）16 位指令指针（IP）：IP 用于存放下一条要执行的指令的有效地址（effective address，EA，即偏移地址）。IP 的内容由 BIU 自动修改，通常是进行加 1 修改。当执行转移指令、调用指令时，BIU 装入 IP 中的是转移目的地址。

偏移地址表示距离段起始地址之间的距离，用字节数表示。例如，偏移地址为 0032H，表示该地址距离段起始地址有 50 个字节；偏移地址为 0，表示该地址为段起始地址。

段基址（段寄存器的内容）和偏移地址共同构成了存储器的逻辑地址，如 CS:IP=2050:1FFFH、CS:IP=1200:2020H 等都是逻辑地址。

（3）20 位物理地址加法器：地址加法器用于将逻辑地址变换成读/写存储器所需的 20 位物理地址，即完成地址的加法操作。方法是将某一段寄存器的内容（代表段基址）左移 4 位（相当于乘 16）再加上 16 位偏移地址以形成 20 位物理地址。

（4）6 字节的指令队列：当 EU 正在执行指令且不需要占用总线时，BIU 会自动进行预取下一条或几条指令的操作，并按先后次序存入指令队列中排队，由 EU 按顺序取指执行。

（5）总线控制逻辑：总线控制逻辑用于产生并发出总线控制信号，以实现对存储器和 I/O 端口的读/写控制。它将 CPU 的内部总线与 16 位的外部总线相连，从而完成 CPU 与外部设备之间的读/写操作。

3. BIU 和 EU 的工作原理

BIU 从内存取指令，并送到指令队列。取指令时的地址由 CS 中的 16 位段基址的最低位后补 4 个 0，再与 IP 中的 16 位偏移地址在地址加法器中相加得到 20 位的物理地址，然后通过总线控制逻辑发出存储器读命令 $\overline{RD}$，从而启动存储器，从存储器中取出指令并送入指令队列供 EU 执行。

BIU 必须保证指令队列始终有指令可供执行。指令队列允许预取指令代码，当指令队列有 2 个字节的空余时，BIU 将自动取指令到指令队列。EU 是直接从 BIU 的指令队列中取指令执行，由于指令队列中至少有一个字节的指令，EU 就不必因取指令而等待。

在 EU 执行指令过程中需要取操作数或存结果时，先向 BIU 发出请求，并提供操作数的有效地址，BIU 将根据 EU 的请求和提供的有效地址，形成 20 位的物理地址并执行一个总线周期去访问存储器或 I/O 端口，从指定存储器或 I/O 端口取出操作数送 EU 执行或将结果存入指定的存储器或 I/O 端口。如果 BIU 已准备好取指令但同时又收到 EU 的申请，则 BIU 先完成取指令的操作，然后进行操作数的读写。

当 EU 执行转移、调用和返回指令时，BIU 先自动清除指令队列，再按 EU 提供的新地址取指令。BIU 新取得的第一条指令将直接送到 EU 中去执行。然后，BIU 将随后取得的指令重新填入指令队列。

在 8086/8088 微处理器中，由于 EU 和 BIU 两部分是按流水线方式并行工作的，在 EU 执行指令的过程中，BIU 可以取出多条指令，放进指令流队列中排队；EU 仅仅从 BIU 的指令队列中不断地取指令并执行指令，因而省去了访问内存取指令的时间，加快了程序运行速度，可以实现在一个时钟周期内执行一条或多条指令的操作。图 2-2 所示为 EU 和 BIU 的指令执行过程。采用流水线技术后并没有减少每条指令的执行时间，每条指令的执行步骤也没有改变，只是多条指令同时执行，从而在整体上加快了每条指令的执行速度。

图 2-2　EU 和 BIU 的指令执行过程

2.1.2　8086/8088 微处理器的寄存器结构

8086/8088 微处理器的寄存器结构如图 2-3 所示。

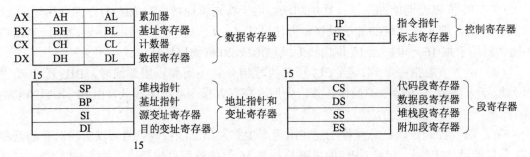

图 2-3　8086/8088 微处理器的寄存器结构

8086 微处理器内部有 14 个 16 位寄存器，可以分为以下 3 组。

1. 通用寄存器

通用寄存器可以分为两组：数据寄存器及地址指针和变址寄存器。

（1）数据寄存器。数据寄存器包括 AX（累加器）、BX（基址寄存器）、CX（计数器）、DX（数据寄存器）等 4 个 16 位寄存器，主要用来保存算术、逻辑运算的操作数、中间结果和地址。它们既可以作为 16 位寄存器使用，也可以将每个寄存器的高字节和低字节分开作为两个独立的 8 位寄存器使用。8 位寄存器（AL、BL、CL、DL、AH、BH、CH、DH）只能用于存放数据。

（2）地址指针和变址寄存器。地址指针和变址寄存器包括 SP（堆栈指针）、BP（基址指针）、SI（源变址寄存器）、DI（目的变址寄存器）等 4 个 16 位寄存器。它们主要是用来存放操作数或指示操作数的偏移地址。

SP 中存放的是当前堆栈段中栈顶的偏移地址。堆栈操作指令 PUSH 和 POP 就是从 SP 中得到操作数的段内偏移地址的。

BP 是访问堆栈时的基址指针。BP 中存放的是堆栈中某一存储单元的偏移地址。SP、BP 通常和 SS 联用。

SI 和 DI 称为变址寄存器。它们通常与 DS 联用，为程序访问当前数据段提供操作数的段内偏移地址。除作为一般的变址寄存器外，在串操作指令中，SI 规定用作存放源操作数（源串）的偏移地址，故称之为源变址寄存器；DI 规定用作存放目的操作数（目的串）的偏移地址，故称之为目的变址寄存器。SI 和 DI 不能混用。由于串操作指令规定源字符串必须位于 DS 中，目的串必须位于 ES 中，所以 SI 和 DI 中的内容分别是当前数据段和当前附加段中某一存储单元的偏移地址。

当 SI、DI、BX 和 BP 不作指针和变址寄存器使用时，也可将它们当作一般数据寄存器使用，存放操作数或运算结果。

以上 8 个 16 位通用寄存器在一般情况下都具有通用性。但是，为了缩短指令代码的长度，某些通用寄存器又规定了专门的用途。例如，在字符串处理指令中约定必须用 CX 作为计数器存放串的长度。这样，在指令中就不必给出 CX 的名称，缩短了指令长度，简化了指令的书写形式。这种使用方法称为隐含寻址。隐含寻址实际上就是在指令中隐含地使用了一些通用寄存器，而这些通用寄存器不直接在指令中表现出来。表 2－1 列出了 8086 微处理器中通用寄存器的特殊用途。

表 2－1　8086 微处理器中通用寄存器的特殊用途

通用寄存器	特殊用途	隐含寻址
AX、AL	在输入输出指令中作数据寄存器用	不能隐含
	在乘法指令中存放被乘数和乘积，在除法指令中存放被除数和商	隐含
AL	在 XLAT 指令中作累加器用	隐含
	在十进制运算指令中作累加器用	隐含
AH	在 LAHF、SAHF 指令中分别作目标寄存器、源寄存器用	隐含
BX	在间接寻址中作基址寄存器用	不能隐含
	在 XLAT 指令中作基址寄存器用	隐含
CX	在串操作指令和 LOOP 指令中作计数器用	隐含
CL	在移位/循环移位指令中作移位次数计数器用	不能隐含
DX	在字乘法/除法指令中存放乘积高位或被除数高位或余数	隐含
	在间接寻址的输入输出指令中作端口地址寄存器用	不能隐含
SI	在字符串运算指令中作源变址寄存器用	隐含
	在间接寻址中作变址寄存器用	不能隐含
DI	在字符串运算指令中作目的寄存器用	隐含
	在间接寻址中作变址寄存器用	不能隐含
BP	在间接寻址中作基址指针用	不能隐含
SP	在堆栈操作中作堆栈指针用	隐含

2. 段寄存器

段寄存器包括 CS（代码段寄存器）、DS（数据段寄存器）、SS（堆栈段寄存器）、ES（或 FS、GS，附加段寄存器），均为 16 位寄存器，分别用于存储代码段、数据段、堆栈段、附加段的段基址。

3. 控制寄存器组

（1）指令指针（IP）：用来存放将要执行的下一条指令在现行代码段中的偏移地址。

在 BIU 中设置了一个 16 位的 IP。程序运行中，IP 的内容由 BIU 自动修改，使 IP 始终指向下一条将要执行的指令地址。因此，IP 实际上起着控制指令流的执行顺序的作用，是一个十分重要的控制寄存器。正常情况下，程序是不能直接访问（修改）IP 的内容的，但当需要改变程序执行顺序时，如遇到中断指令或调用指令时，IP 中的内容将被自动修改。

（2）标志寄存器（FR）：用于反映处理器的状态及算术、逻辑运算结果的某些特征。

标志寄存器也称程序状态字寄存器（简写为 PSW）。8086 微处理器中设置了一个 16 位标志寄存器，位于 EU 中。标志寄存器用了 9 位，其中 6 位为运算结果状态标志，3 位为状态控制标志。标志寄存器的具体格式如图 2-4 所示。

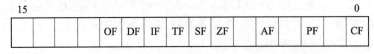

图 2-4　标志寄存器的具体格式

状态标志：状态标志位有 6 个，由 CPU 在进行算术、逻辑运算过程中自动置位或清零，用来表示运算结果的特征。除 CF 标志外，其余 5 个状态标志一般不能直接设置或改变。

① CF（carry flag）——进位/借位标志。当算术运算结果使最高位（对字节操作是 D7 位，对字操作是 D15 位）产生进位或借位时，则 CF=1，否则 CF=0。执行循环移位指令时也会影响此标志。

② PF（parity flag）——奇偶标志。若本次运算结果中的低 8 位含有偶数个 1，则 PF=1，否则 PF=0。

③ AF（auxiliary carry flag）——辅助进位标志。若本次运算过程中 D3 位有进位或借位时，AF=1，否则 AF=0。该标志用于 BCD 码运算中的十进制调整。

④ ZF（zero flag）——零标志。若本次运算结果为 0，则 ZF=1，否则 ZF=0。

⑤ SF（sign flag）——符号标志。它总是与运算结果的最高有效位相同，用来表示带符号数本次运算的结果是正还是负。

⑥ OF（overflow flag）——溢出标志。当带符号数进行补码运算且结果超出了机器所能表达的范围时，就会产生溢出，这时溢出标志位 OF=1。具体来说，就是当带符号数字节运算的结果超出了 –128~+127 的范围，或者字运算的结果超出了 –32 768~+32 767 的范围，称为溢出。

控制标志：控制标志位有 3 个，用来控制 CPU 的工作方式或工作状态。用户可以使用指令设置或清除。

① IF（interrupt flag）——中断允许标志。它是控制可屏蔽中断的标志：当 IF=1 时，允许 CPU 响应可屏蔽中断；当 IF=0 时，即使外设有中断申请，CPU 也不响应，即禁止中断。

② DF（direction flag）——方向标志。该标志用来控制串操作指令中地址指针的变化方向。在串操作指令中，若 DF=0，地址指针自动增量，即由低地址向高地址进行串操作；若 DF=1，地址指针自动减量，即由高地址向低地址进行串操作。

③ TF（trap flag）——单步标志（陷阱标志）。TF=1 时，CPU 为单步方式，即每执行完一条指令就自动产生一个内部中断，使用户可逐条跟踪程序进行调试；TF=0 时，CPU 正常执行程序。

2.2　8086/8088 微处理器的存储器组织结构

2.2.1　8086/8088 微处理器的存储器组织

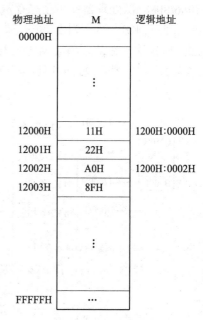

图 2-5　内存字节单元示意图

　　8086/8088 有 20 条地址线,可直接对 2^{20} 个存储单元进行访问。每个存储单元存放一个字节型数据,且每个存储单元都有一个 20 位的地址,2^{20} 个存储单元对应的地址为 00000H~FFFFFH,如图 2-5 所示。

　　一个存储单元中存放的信息称为该存储单元的内容。如图 2-5 所示,12000H 单元的内容为 11H,记为:(12000H)=11H。若存放的是字型数据(16 位二进制数),则将字的低字节存放在低地址单元,高字节存放在高地址单元。如从地址 12001H 开始的两个连续单元中存放一个字型数据,则该数据为 0A022H,记为:(12001H)=0A022H。

　　若存放的是双字型数据(32 位二进制数),这种数一般作为地址指针,其低位字是被寻址地址的偏移量,高位字是被寻址地址所在段的段地址。这种类型的数据要占用连续的 4 个存储单元。同样,低字节存放在低地址单元,高字节存放在高地址单元。在图 2-5 中,如果从地址 12000H 开始的连续 4 个存储单元中存放了一个双字型数据,则该数据为 8FA02211H,记为:(12000H)=8FA02211H。

2.2.2　存储器的段结构

1. 基本概念

　　物理地址是由 8086 微处理器的地址引线送出的 20 位地址码。这 20 位地址码送到存储器,经过译码,最终选定一个存储单元进行读/写。物理地址可写成 5 位的十六进制数。物理地址是在 CPU 芯片地址信号引脚上出现的地址,所以它的大小由 CPU 的地址总线数决定。

　　逻辑地址是程序访问存储器时由指令指明地址的一种表示方法,由某段的段地址和段内偏移地址组成,其格式为:段地址:偏移地址。

　　偏移地址(effective address,EA,也称作有效地址/偏移量)是内存分段后,段内某一地址相对于段首地址的偏移量,例如 2000H:0080H。

　　对存储器寻址起作用的是物理地址,8086 微处理器对外有 20 位地址线,因此存储器的可寻址范围为 1 MB(2^{20} B)。存储器地址分段的具体做法是:把 1 MB 的存储器空间分成若干段,每段的容量最大为 64 KB,这样段内地址就可以用 16 位来表示。实际上,可以根据编程的需要来确定段的大小,它可以是 64 KB 范围内的任意多个字节。

　　8086 微处理器规定:从 0 地址开始,每 16 个字节为一小节,段的起始地址必须从任一小节的首地址开始。也就是说,段基地址表示成 20 位的二进制地址码,其最低 4 位必须是 0。

2. 存储器的段结构管理方法

8086/8088 微处理器可直接寻址 1 MB 的内存空间，直接寻址时需要 20 位地址码。8086/8088 微处理器中可用来存放地址的寄存器（如 IP、SP 等）都是 16 位的，故只能直接寻址 64 KB。为了对 2^{20} 个存储单元进行管理，8086/8088 采用了段结构的存储器管理方法来解决这一矛盾，将 1 MB 的存储空间分为许多逻辑段，每个逻辑段的容量小于或等于 64 KB，各个逻辑段之间可以紧密相连，也可以互相重叠，如图 2-6 所示。

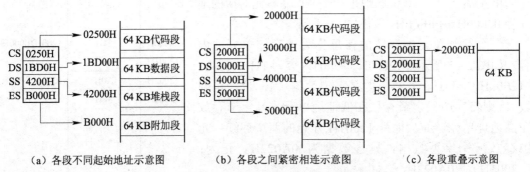

(a) 各段不同起始地址示意图　　　(b) 各段之间紧密相连示意图　　　(c) 各段重叠示意图

图 2-6　段寄存器与存储器分段的对应关系示意图

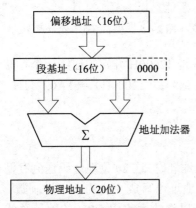

图 2-7　20 位物理地址形成示意图

这些逻辑段可在整个 1 MB 的存储空间内浮动，但是段的起始地址必须能被 16 整除。这样，对于 20 位的段起始地址而言，其低 4 位为 0，高 16 位地址放于 16 位的段寄存器中。在形成 20 位物理地址时，段寄存器中的 16 位数会自动左移 4 位形成低 4 位为 0 的段起始地址，然后与操作数所在单元的 16 位偏移量相加，如图 2-7 所示。

3. 段寄存器选取

段寄存器选取取决于 CPU 做何操作。

（1）对于取指操作，则段基址来源于 CS，偏移地址来源于 IP。20 位指令地址是将当前 CS 中的内容左移 4 位（相当乘以 16）+IP 的内容。

（2）对于从存储器读/写操作数，则段基址通常由 DS 提供（必要时可通过指令前缀实现段超越，将段地址指定为由 CS、ES 或 SS 提供），偏移地址则要根据指令中所给出的寻址方式确定。这时，偏移地址通常由 BX、SI、DI 及立即数等提供。这类偏移地址也被称为有效地址。如果操作数是通过 BP 寻址的，则此时操作数所在段的段基址由 SS 提供（必要时也可指定为由 CS、SS 或 ES 提供。

因此，20 位的物理地址=DS 中的段基址左移 4 位+16 位 EA（偏移地址由 BX、SI、DI 提供），或 20 位的物理地址=SS 中的段基址左移 4 位+16 位 EA（偏移地址由 BP 提供）。

（3）对于使用堆栈操作指令（PUSH 或 POP）进行进栈或出栈操作，以保护断点或现场，则段基址来源于 SS，偏移地址来源于 SP。

20 位的物理地址=SS 中的段基址左移 4 位+（SP）

（4）若执行的是字符串操作指令，则源字符串所在段的段基址由 DS 提供（必要时可指定为由 CS、ES 或 SS 提供），偏移地址由 SI 提供；目的字符串所在段的段基址由 ES 提供，偏移地址由 DI 提供。

目的字符串的物理地址=ES 中的段基址左移 4 位+（DI）

源字符串的物理地址=DS 中的段基址左移 4 位+（SI）

以上这些存储器操作时段基址和偏移地址的约定是在系统设计时事先已规定好的，编写程序时必须遵守这些约定。

除了段寄存器隐含约定之外，8086 微处理器允许部分使用段超越前缀，改变隐含约定搭配。若存取数据的段为数据段，但可以使用段超越前缀改变为代码段、附加段或堆栈段，即数据不仅可在数据段，还可在代码段、附加段和堆栈段中，这种情况称为段超越。8086 微处理器的段寄存器约定和允许的段超越如表 2-2 所示。

表 2-2　8086 微处理器的段寄存器约定和允许的段超越

CPU 执行的操作	约定的段寄存器	允许修改的段	偏移地址
取指令	CS	无	IP
压栈、弹栈	SS	无	SP
源字符串	DS	CS、ES、SS	SI
目的字符串	ES	无	DI
通用数据读写	DS	CS、ES、SS	EA（有效地址）
BP 作间接寻址寄存器	SS	CS、DS、ES	EA（有效地址）

注：表中的"无"表示不允许修改。

2.2.3　逻辑地址与物理地址

1. 逻辑地址

由于采用了存储器分段管理方式，8080/8088 微处理器在对存储器进行访问时，根据当前的操作类型（取指令或存取操作数）及读取操作数时指令所给出的寻址方式，就可确定要访问的存储单元所在段的段基址及该单元在本段内的偏移地址，如表 2-2 所示。用段地址和偏移地址表示的存储单元的地址称为逻辑地址，记为：段地址:偏移地址。如图 2-5 所示，1200H:0002H 表示存储单元内容为 0A0H 的逻辑地址。

2. 物理地址

CPU 在对存储单元进行访问时，必须在 20 位的地址总线上提供一个 20 位的地址信息，以便选中所要访问的存储单元。CPU 对存储器进行访问时实际寻址所使用的 20 位地址称为物理地址。

3. 逻辑地址与物理地址之间的关系

物理地址是由 CPU 内部 BIU 中的地址加法器根据逻辑地址产生的。由逻辑地址形成 20 位物理地址的方法为：段基址×10H+偏移地址。其形成过程如图 2-7 所示。其公式为：

20 位物理地址=段基址（DS、SS、ES、CS 的内容）×16＋16 位的偏移地址内存字节单元地址如何计算，即 20 位物理地址如何得到，取决于究竟是取哪一个段寄存器的内容作段基址和偏移地址。段寄存器的选取取决于 CPU 做何操作和存储器操作时段地址和偏移地址的约定，偏移地址取决于指令的寻址方式。

图 2-6（a）给出了存储器的分段示意图。如果当前的（IP）=1000H，那么下一条要读取的指令所在存储单元的物理地址为：

$$（CS）×10H+（IP）=0250H×10H+1000H=03500H$$

如果某操作数在数据段内的偏移地址为 8000H，则该操作数所在存储单元的物理地址为：

$$（DS）×10H+8000H=1BD0H×10H+8000H=23D00H$$

2.2.4 堆栈操作

1. 堆栈的概念

堆栈是一个特定的存储区，主要用于数据的暂存、子程序调用和中断响应过程中断点和现场的保护。堆栈的数据结构特点是：后进先出（LIFO），即最后存入堆栈的数据最先从堆栈中弹出。

可以用段定义语句在存储器中定义一个堆栈段，在实模式下其容量最大为 64 KB。堆栈段由 SS 给出段基址，由 SP 给出偏移地址。SP 总是指向当前栈顶的位置；当堆栈置空时，SP 指向的位置称为栈底。

堆栈的目的主要有以下两点。

（1）存放指令中的操作数（变量）。此时，对操作数进行访问时，段地址由 SS 来提供，操作数在该段内的偏移地址由 BP 来提供。

（2）保护断点和现场。此为堆栈的主要功能。

2. 堆栈的操作

堆栈的操作有两个：进栈操作和弹出操作。

（1）进栈操作（PUSH）是将数据压入堆栈。进栈操作时，先将（SP）-2 送 SP，再将数据压栈。

（2）弹出操作（POP）是将数据从堆栈的顶部弹出。弹出操作时，先将 SP 指定的栈顶数据出栈，然后修改堆栈指针（SP）+2 送 SP。

堆栈以字为单位进行操作，每次访问堆栈能压入或弹出一个字的数据。

2.3 32 位微处理器的结构

Intel 公司在推出 16 位微处理器 8086 之后，相继推出了 80286、80386、80486 及 Pentium 系列微处理器。由于具有向上的兼容性，使得 80286 之后的微处理器尽管在结构和功能上与 8086 相比发生了很大的变化，但从基本概念、结构乃至指令系统来讲仍然是 8086 的延续和扩展。本节是在前面已学习 8086 微处理器的基础上，从发展的角度，介绍 80386 微处理器的体系结构、寄存器、工作方式，并较为详细地叙述在虚拟存储管理中虚拟地址转换为物理地址的整个过程。

2.3.1　80386 微处理器概述

1985 年 10 月，Intel 公司推出了与 8086、80286 微处理器相兼容的高性能 32 位微处理器 80386。80386 微处理器针对多用户和多任务的应用而设计，是具有片内集成的存储管理部件和保护机构的全 32 位微处理器。该芯片上共集成了 27.5 万只晶体管，具有 132 个引脚，并以网格阵列方式封装，采用 32 位地址线和 32 位数据线，内部寄存器也扩充至 32 位。其最初的时钟频率为 16 MHz，不久 Intel 公司又推出了 25 MHz、33 MHz 等时钟频率的微处理器。在 16 MHz 的主频下，CPU 的运算速度可达 3～4 MIPS（百万条指令每秒），其速度可与 10 年前的大型机相比。80386 微处理器是在 16 位微处理器的基础上发展的，所以 8086、80286 系统上运行的目标程序可在 80386 系统上运行。

与 8086 微处理器相比，80386 微处理器主要有以下 4 方面的显著改进。

（1）由于地址线的增加，使其内存容量提高。8086 微处理器有 20 条地址线，只能寻址 1 MB 的内存空间，而 80386 微处理器增加到 32 条地址线，可寻址 4 GB（2^{32} B）的内存空间。

（2）时钟频率提高，使得处理速度加快。80386 微处理器将 8086 微处理器的 2 级流水线体系结构增加到 6 级，并首次引入指令流水线的设计思想。

（3）增强了存储器管理部件的功能。80386 微处理器可模拟 64 TB（2^{46} B）的虚拟内存，且可进行段式及段页式存储管理。

（4）增加了实模式和保护模式等工作方式。8086 微处理器只有实模式。在实模式下，80386 微处理器和 8086 微处理器一样在 1 MB 的内存空间下执行程序，只是速度提高了，相当于是一个快速的 8086 微处理器。在保护模式下，80386 微处理器提供 32 位地址线访问物理地址空间，并首次应用了"虚拟存储器"和"虚拟内存"的概念。所谓"虚拟存储器"，就是系统中有一个速度较快但容量较小的内存，还有一个速度较慢但容量很大的外存，通过存储器管理机制，利用外存来模拟内存。这样，从程序员的角度看，系统中似乎有一个容量非常大的、速度也相当快的主存储器，但它并不是真正的物理内存，故称之为虚拟存储器。80386 微处理器可模拟 64 TB（2^{46} B）的虚拟内存。

（5）增加了 V86 模式，可同时运行多个任务，使得多个 DOS 程序可同时运行，即 80386 微处理器可模拟多个 8086 微处理器来执行多任务。多任务是通过多任务硬件机构使处理器在各种任务之间快速而方便地切换。

2.3.2　80386 微处理器的内部结构

80386 微处理器的内部结构如图 2-8 所示。80386 微处理器主要由中央处理单元、总线接口单元、存储器管理单元组成，即总线控制部件、指令预取部件（instruction prefetch unit，IPU）、指令译码部件（instruction decode unit，IDU）、执行部件（execution unit，EU）、分段部件（segment unit，SU）和分页部件（paging unit，PU）。这 6 个部件可以并行地工作，构成一个 6 级流水线体系结构。

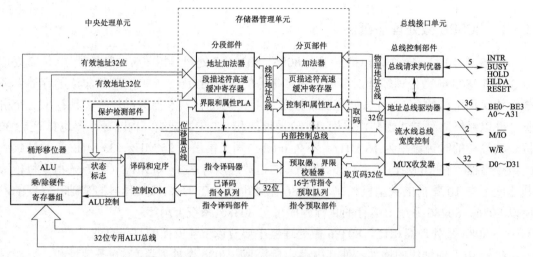

图 2-8 80386 微处理器的内部结构

1. 总线接口单元

总线接口单元由总线请求判优器、地址总线驱动器、流水线总线宽度控制、MUX 收发器组成，主要负责微处理器内部单元与外部数据总线之间的信息交换（如取指令、数据传送等），并产生相应的总线周期控制信号。

总线接口单元的功能包括以下 3 个方面。

（1）32 位地址总线的锁存和驱动。

（2）32 位 MUX 收发器和产生有关信号的控制逻辑，完成指令预取部件从存储器中取指令，完成执行部件要存取的操作数或输出的偏移地址。

（3）当多个总线请求同时发生时，可由总线请求判优器完成优先数据传输请求。只有当不执行数据传输操作时，总线接口单元可满足预取代码的请求。

2. 中央处理单元

中央处理单元由指令单元和执行单元组成。指令单元中的 IPU 由一个 16 字节长的指令预取队列和预取器组成。预取器用来通过 PU 生成的物理地址向 BIU 发出指令预取请求，如此时 BIU 处于空闲状态，则会响应此请求，并从存储器中取指令，以填充指令预取队列。IDU 包括译码器和能容纳 3 条已译码指令队列两部分。只要已译码指令队列有剩余空间，而且预取队列中有指令字节，指令译码部件便以一个时钟周期译码一个指令字节的速度进行译码。指令译码部件从预取队列中取出指令并译码，然后将其转换成对其他部件进行控制的信号。译码过程分为两步：首先确定指令执行时是否需要访问存储器，若需要则立即产生总线访问周期，使存储器操作数在指令译码后能够准备好；然后产生对其他处理部件的控制信号。

EU 由控制逻辑部件、数据处理部件组成。控制逻辑部件采用了指令流水线技术，提供了两条指令重叠执行的控制回路，即可将一条访问存储器的指令和前一条指令的执行重叠起来，使两条指令并行执行。数据处理部件包括算术逻辑部件（ALU）、8 个 32 位的通用寄存器、1 个 64 位的桶形移位器和乘/除硬件（典型的 32 位乘法在 1 μs 内完成），主要用于在控制部件控制下执行数据操作和处理。

3. 存储器管理部件

存储器管理部件（memory management unit，MMU）由分段部件、分页部件、保护测试部件组成，用于实现存储器保护和虚拟存储器管理。

所谓虚拟存储器管理，是指具有请求调入功能和页面置换功能，能从逻辑上对内存容量加以扩充的一种存储系统。其逻辑容量由内存和外存容量之和决定，速度介于内存和外存之间。是一种性能非常优越的存储器管理技术。

虚拟存储系统是在内存和外存之间，通过存储器管理单元，进行虚地址和实地址的自动转换而实现的，对用户程序是透明的。

分段部件由地址加法器、段描述符高速缓冲寄存器和界限和属性可编程逻辑阵列（PLA）组成，用来完成对逻辑地址空间的管理。将 48 位的逻辑地址（16 位的段选择符和 32 位的偏移地址）转换为 32 位的线性地址，并对照所规定的该段的界限和属性进行检验存取。线性地址与总线周期操作信息一起发送给分页部件，如不需要分页，则由分段部件计算出来的线性地址就是物理地址。

分页部件由地址加法器、页描述符高速缓冲寄存器和控制和属性可编程逻辑阵列（PLA）组成，用来完成对物理地址空间的管理，将分段部件产生的 32 位线性地址转换为 32 位物理地址。从线性地址到物理地址的转换实际上是将线性地址表示的存储空间进行再分页。页是一个大小固定的存储区，每一页为 4 KB。物理地址一旦由分页部件生成，便会立即送到 BIU 中，进行存储器的访问操作。保护测试部件用来监视存储器的访问操作是否超越了程序的分段规则。

2.3.3　80386 微处理器的内部寄存器

80386 微处理器的内部共定义了 30 个面向用户的寄存器，还有几个实际存在但用户不可访问的寄存器。80386 微处理器的内部寄存器可以分为以下 6 类。

1. 通用寄存器

80386 微处理器有 8 个 32 位的通用寄存器，为 8086 微处理器中 16 位通用寄存器的扩展，故命名为 EAX、EBX、ECX、EDX、EBP、ESP、ESI、EDI，用于存放数据或地址。

为了保持与 8086 微处理器的兼容，每个通用寄存器的低 16 位都可以独立存取，此时它们的名称分别为 AX、BX、CX、DX、BP、SP、SI、DI。此外，AX、BX、CX、DX 和 8086 微处理器一样，高 8 位和低 8 位可以独立存取，分别称为 AH、AL、BH、BL、CH、CL、DH、DL。它们都可以完成 8 位、16 位、32 位的操作数或 16 位、32 位操作数地址的存放。

8 个 32 位通用寄存器既可用来存放操作数，也可用来存放操作数地址，而且在形成地址的过程中还可进行加、减运算。也就是说，这 8 个通用寄存器除作为数据寄存器之外，均可用于寄存器间接寻址，以及用作基址寄存器或变址寄存器（除 ESP）。而在 8086 微处理器中，AX、BX、CX、DX 这 4 个寄存器中只有 BX 可用来存放操作数地址，用作基址寄存器。80x86 及 Pentium 系列微处理器内寄存器的结构如图 2–9 所示。

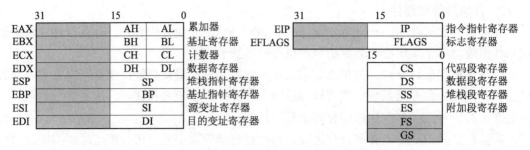

图 2-9   80x86 及 Pentium 系列微处理器内寄存器的结构

2. 指令指针寄存器和标志寄存器

1）指令指针寄存器（EIP）

32 位指令指针寄存器（EIP）是 8086 微处理器中 IP 的扩展，用来存放下一条要执行的指令的地址偏移量，寻址范围为 0～4 GB。为了与 8086 微处理器兼容，EIP 的低 16 位可作为独立指令指针，称为 IP，此时寻址范围为 0～64 KB。当 80386 微处理器工作在实模式下或 V86 模式下时，为了与 8086 微处理器兼容，可用 IP 作为指令指针寄存器。

2）标志寄存器（EFLAGS）

32 位标志寄存器（EFLAGS）的格式如图 2-10 所示。EFLAGS 用于保存最近 CPU 执行指令的结果特性与状态，以控制 CPU 的工作及程序的走向。EFLAGS 的低 16 位包含了命名为 FLAGS 的 16 位标志寄存器，其中低 12 位包括了在 8086 微处理器中定义的 9 个标志。

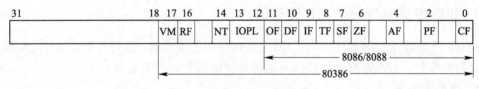

图 2-10   EFLAGS 的格式

其中，低 17 位包含 80386 微处理器中定义的 13 个标志，分为三类：状态标志、控制标志和系统方式标志。其中，状态标志与控制标志在 8086/8088 微处理器中已作介绍，系统方式标志则是表示系统处于什么方式的标志。下面主要介绍新增的 4 个系统方式标志。

（1）IOPL（I/O 特权级标志）：仅适用于保护模式，由 13 位和 12 位指明 I/O 操作的级别（0～3 级，IOPL=00 为最高级，IOPL=11 为最低级）。只有当任务的现行特权级≥IOPL，I/O 指令才能顺利执行，否则产生中断，使任务挂起。

（2）NT（任务嵌套标志）：指示在保护模式下当前执行的任务嵌套于另一任务中。当任务被软件嵌套时，这个标志置位。

（3）RF（恢复标志或重新启动标志）：与调试寄存器一起用于断点和单步操作。当 RF=1 时，下一条指令的任何调试故障将被忽略，不产生异常中断。当 RF=0 时，调试故障被接受，并产生异常中断。RF 用于调试失败后，强迫程序恢复执行，在成功执行每条指令后，RF 自动复位。

（4）VM（V86 模式标志）：当 80386 微处理器工作在保护模式时，若 VM=1，则 CPU

转换到 V86 模式。在此模式下，80386 微处理器的全部操作就像在一个快速的 8086 微处理器上运行一样。若返回保护模式，此位复位。

3．堆栈指针寄存器（ESP）

ESP 寻址一个称为堆栈的存储区。通过 ESP 可存取堆栈存储器数据。作为 16 位寄存器被引用时为 SP；作为 32 位寄存器被引用时，则为 ESP。

4．段寄存器和段描述符寄存器

1）段寄存器

80386 微处理器在原有 8086 微处理器的基础上增加了两个段寄存器，为此 80386 微处理器内部有 6 个 16 位的段寄存器，即 CS、DS、ES、SS、GS、FS。在实模式下，80386 微处理器和 8086 微处理器类似，段寄存器中存放段基值，段的最大寻址空间为 64 KB，只是也可使用 GS、FS 作为附加数据段使用。

在保护模式下，为了寻址 4 GB 的存储空间，16 位的段寄存器的内容为段选择符（selector）。根据段选择符的内容可以从一个段描述附表中找到一项，即为描述符。每个描述符对应一个段，包含对应段的 32 位基地址、20 位段界限及 12 位段属性，并分别经过分段部件和分页部件计算存储单元的线性地址和物理地址。

2）段描述符寄存器

为了提高线性地址的转换计算速度，80386 微处理器内部为每个段寄存器设置了一个程序员不可访问的 64 位段描述符寄存器（段描述符高速缓冲寄存器），如图 2-11 所示。当段选择符由指令确定后，80386 微处理器就自动从存储器中的描述符表里找到对应的描述符，装入该寄存器对应的段描述符寄存器中，并通过一个属性标志指示该段正被访问，则以后对该段的访问就不用通过段选择符从存储器中的描述符表里取出相应的描述符，而是直接从 CPU 中的段描述符寄存器中取出描述符，然后计算线性地址和物理地址，这样就能缩短访问存储器的时间。

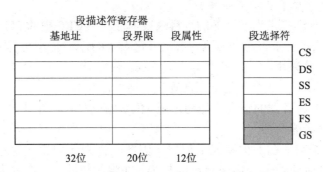

图 2-11　80386/80486/Pentium 系列微处理器中的段寄存器

5．控制寄存器

80386 微处理器内部共有 4 个 32 位的控制寄存器，即 CR0、CR1、CR2、CR3，其中 CR1 保留未用，其结构如图 2-12 所示。它们与系统地址寄存器一起用来保存机器的各种全局性状态。这些状态影响系统所有任务的运行，主要供操作系统使用，因此操作系统设计人员需要熟悉这些寄存器。

图 2-12　控制寄存器 CR0～CR3 的结构

1）CR0（控制寄存器）

如图 2-12 所示，32 位的 CR0 含有控制和指示整个系统的条件标志。它的低 16 位就是 80286 微处理器的机器状态字（MSW）。各位的含义如下。

PG（分页允许控制位）：指示页管理机构是否进行工作。若 PG=1，则页管理机构工作，否则不工作。

PE（保护允许位）：保护模式允许位。若 PE=1，则系统在保护模式下运行；若 PE=0，则系统在实模式下运行。

MP（协处理器监控允许位）：当 MP=1 时，表示有协处理器；当 MP=0 时，禁止监控。

EM（仿真协处理器控制位）：用软件仿真协处理器的功能时，EM=1、MP=0；系统存在协处理器时，则 EM=0、MP=1。

TS（任务切换位）：在任务切换时，系统硬件总使 TS=1，此时 CPU 在执行一条协处理器指令时，会产生协处理器不存在的异常中断。

ET（处理器扩展类型控制位）：如协处理器为 80387，则设置 ET=1；如协处理器为 80287，则设置 ET=0。在系统复位时，默认的协处理器为 80387。

2）CR2（页面故障线性地址寄存器）

CR2 用于存放页故障 32 位线性地址，以便当产生页故障时压入该处理程序堆栈中的错误码用来报告页故障的状态信息。但只有当 CR0 中的 PG=1 时，CR2 才有意义。

3）CR3（页组目录表基址寄存器）

CR3 用于微处理器提供当前任务的页目录表基址。当 CR0 中的 PG=1 时，CR3 有效。80386 微处理器的页组目录表总是按页对齐的（每页 4 KB），即高 20 位存放页组目录表的物理基地址，低 12 位未用。

CR2、CR3 实际上是 2 个专用于存储管理的地址寄存器。

系统程序对控制寄存器的访问只能通过用 MOV 指令装入与存放来实现。

6. 系统地址寄存器

系统地址寄存器只能在保护模式下使用，因此又称为保护模式寄存器。系统地址寄存器用于进行虚拟地址到实际物理地址的转换。在保护模式下，存储器系统中有 4 个系统表。这 4 个系统表为：全局描述符表（global descriptor table，GDT）、局部描述符表（local descriptor table，LDT）、中断描述符表（interrupt descriptor table，IDT）、任务状态段（task state segment，TSS）。为管理这 4 个系统表，80386 微处理器中有 4 个系统地址寄存器，分别是全局描述符表寄存器（global descriptor table register，GDTR）、局部描述符表寄存器（local descriptor table register，LDTR）、中断描述符表寄存器（interrupt descriptor table register，IDTR）、任务状态寄存器（task register，TR）。系统地址寄存器和段寄存器一起为操作系统完成内存管理、多任务环境、任务保护提供硬件支持。系统地址寄存器的格式如图 2－13 所示。

图 2－13　系统地址寄存器的格式

1）GDTR

GDTR 是 48 位寄存器，其中高 32 位存放 GDT 的线性基地址，低 16 位是 GDT 的界限值。

2）IDTR

IDTR 也是 48 位寄存器，其中高 32 位存放 IDT 的线性基地址，低 16 位是 IDT 的界限值。微型计算机为每个中断定义一个中断描述符，所有的中断描述符集中存放在 IDT 中，IDTR 指出 IDT 在内存中的位置。

3）LDTR

LDTR 是一个 16 位段选择符，用于存放 LDT 的 16 位选择符。LDT 为段描述符高速缓冲寄存器，用于保存 LDT 的 32 位基地址、16 位的界限值和其他属性（如访问权限等）。

4）TR

TR 包含一个 16 位段选择符，用于访问一个确定 64 位任务的描述符。TR 提供 TSS 在内存中的位置。在微型计算机中，任务通常就是进程或应用程序。进程或应用程序的描述符存储在 GDT 中，因此可通过优先级控制对它的访问。任务状态寄存器完成上下文或任务的切换，允许微处理器在足够短的时间内实现任务之间的切换，也允许多任务系统以简单而规则的方式从一个任务切换到另一个任务。

7．调试寄存器和测试寄存器

1）调试寄存器

80386 微处理器提供了 6 个 32 位的调试寄存器来支持调试功能。其中，DR0～DR3 为线性断点地址寄存器，各存放一个断点的线性地址；DR6 为断点状态寄存器；DR7 为断点控制寄存器。这些调试寄存器给 80386 微处理器带来了先进的调试功能，如设置数据断点、代码断点（包括 ROM 断点）及对任务转换进行调试等。

（1）DR0～DR3 用来存放 4 个 32 位的断点线性地址，可以使程序员在调试过程中一次设置 4 个断点，各个断点的发生条件可由 DR7 分别设定。

（2）为便于调试异常处理、程序分析及判断，DR6 设置了几个调试标志，用于说明是哪一种性质的断点及断点异常是否发生。当调试异常发生时，DR6 有关位自动置 1。因此，在调试服务程序返回前应复位 DR6。

DR6 的格式如图 2-14 所示。

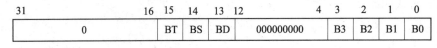

31		16	15	14	13	12		4	3	2	1	0
	0		BT	BS	BD		000000000		B3	B2	B1	B0

图 2-14　DR6 的格式

① B3～B0 为 1 时，表示对应断点引起的调试中断。

② BD=1 时，读 GD 位设置的调试寄存器时将引起中断。

③ BS=1 时，表示调试中断是由 EFLAGS 中 TF=1 时的单步标志引起的。

④ BT=1 时，表示因转换到一个 TSS 中（TS=1）时的任务而发生中断。

（3）DR7 可通过对应的位设置断点发生的条件及断点的类型。DR7 的格式如图 2-15 所示。

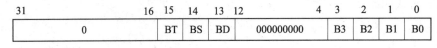

	31 30	29 28	27 26	25 24	23 22	21 20	19 18	17 16	15		10 9	8	7	6	5	4	3	2	1	0
DR7	LEN3	R3 W3	LEN2	R2 W2	LEN1	R1 W1	LEN0	R0 W0	00	GD	000	GE	LE	G3	L3	G2	L2	G1	L1	G0 L0

图 2-15　DR7 的格式

① R0/W0～R3/W3：即发生断点的访问类型。00 表示仅在执行指令时间段；01 表示仅在数据写入时间段；10 表示未定义；11 表示仅在数据读/写时间段。

② LEN3～LEN0：每 4 个长度域对应了存储在 DR0～DR3 的 4 个断点地址开始存放的数据长度。00 表示字节；01 表示字；10 表示未定义；11 表示双字。

③ G3～G0：Gi 为 1 表示 i 号断点全局使能，无论是操作系统还是任何一个任务，只要满足条件便会发生断点。

④ L3～L0：Li 为 1 表示 i 号断点局部使能，断点仅在某一任务内发生，L 位在任务转换时清零。若要使某个断点在某个任务中有效，则该任务的 TSS 中的 T 位应置 1。此后，在任务转换夺取 CPU 控制权时会发生异常，则可在其处理程序中将 L 位置 1，即能保证该断点在此任务内有效。

⑤ GE：GE=1 时表示 4 个调试断点地址寄存器选择全局断点地址。

⑥ LE：LE=1 时表示 4 个调试断点地址寄存器选择全局断点地址局部。

2）测试寄存器

80386 微处理器有 2 个 32 位的测试寄存器，即 TR6、TR7，用于测试转换后备缓冲区（TLB）。TLB 中保存着最常用的页表地址转换，减少了在页转换表中查找页转换地址所需访问存储器的次数。

（1）TR6 是测试命令寄存器，其中存放测试控制命令。

（2）TR7 是数据寄存器，其中存放 TLB 的物理地址。

2.3.4　80386 微处理器的存储器管理

1. 80386 微处理器的三种工作模式

（1）实模式。8088/8086 只工作在实模式下。80386 系统由硬件复位后，则工作在实模式下。在此模式下，80386 的 32 位地址总线中只能使用低 20 位地址，微处理器只允许寻址第一个 1 MB 的存储器空间，即使是 Pentium 系列微处理器也是如此。存储器管理模式与 8086/8088 相同，80386 以后的微机增加了 FS 和 GS 两个附加段寄存器，每个程序当前能访问 6 个段。此时的 80386 就相当于一个高速的 8086/8088 微处理器。与 8086/8088 微处理器唯一不同的是，它不仅可以运行 8086/8088 的全部指令，而且还可以运行 32 位运算类指令，允许为 8086/8088（只包含 1 MB 的存储器）设计的应用软件不用修改就可以在 80286 及更高型号的微处理器中运行。软件的向上兼容性是 Intel 系列微处理器不断成功的重要原因之一。在任何情况下，这些微处理器每次加电或复位后都默认以实模式开始工作。

（2）保护模式。可访问 4 GB 的物理地址空间，段长在启动分页管理机制时为 4 GB，否则为 1 MB。保护模式支持多任务方式，为 80386 提供了保护机制。

（3）V86 模式。V86 模式是具保护功能的执行 8086 代码的工作方式。该方式下的 8086 可以在 V86 模式和保护模式之间切换。在 V86 模式下，程序指定的逻辑地址与 8086 微处理器相同，可以模拟多个 8086 微处理器来执行多个任务。

2. 80386 微处理器在保护模式下的存储器管理

80386 系统由硬件复位后，工作在实模式下的存储管理采用分段管理方式。而当 80386 微处理器的 CR0 的最低位 PE（即允许保护位）置 1 时，允许分段实施保护。在这种情况下，80386 微处理器工作在保护模式。保护模式下，系统使用的存储器管理机制是分段管理和分页管理，它们都是使用驻留在存储器中的各种表格来规定各自的转换函数。这些表格只允许操作系统进行访问，而应用程序不能对其修改。这样操作系统为每一个任务维护一套各自不同的转换表格，其结果是每一任务有不同的虚拟地址空间，并使任务彼此隔离开来，以便完成多任务分时操作。

80386 微处理器先使用分段管理机制，把包含两个部分的虚拟地址空间转换为一个中间地址空间的地址，这一中间地址空间称为线性地址空间，其地址称为线性地址。如果仅采用分段管理机制，线性地址就是物理地址；如果采用分页管理机制，需要再用分页管理机制把线性地址转换为物理地址，如图 2-16 所示。

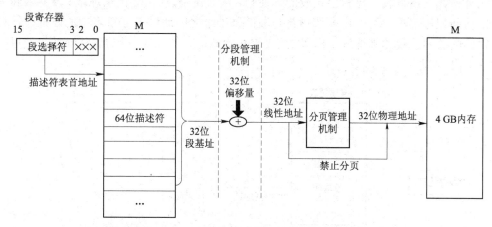

图 2-16　虚拟地址到物理地址的转换过程

虚拟地址空间是二维的，它所包含的段数可达 8192，每个段最大可达 4 GB，可构成 64 TB 容量的庞大虚拟地址空间。线性地址空间和物理地址空间都是一维的，其容量为 4 GB（2^{32} B）。事实上，分页管理机制被禁止使用时，线性地址就是物理地址。

　　虚拟存储技术是建立在主存和大容量辅存物理结构基础之上，由附加硬件装置及操作系统内的存储管理软件组成的一种存储体系。它将主存和辅存（硬盘）的地址空间统一编址，提供比实际物理内存大得多的存储空间。任何时刻，存储器管理软件只要把与正在运行程序相关的一小部分虚拟地址空间映射到内存储器，其余部分则仍存储在磁盘上。当用户访问存储器的范围发生变化时，处于后台的存储器管理软件再把用户所需要的内容从磁盘调入内存，同时原来调入内存的一部分也可以再调回磁盘中，这样用户感觉好像就是在访问一个非常大的线性地址空间。这样一种机制使编程人员在写程序时不用再考虑计算机的实际内存容量，可以写出比实际配置的物理存储器大很多的程序。对用户来说，使用起来也非常方便。

　　虚拟存储器（virtual memory）解决了计算机存储系统对存储容量、单位成本和存取速度的苛刻要求，取得了三者之间的最佳平衡。

　　1）保护模式下存储器的分段管理

　　在保护模式下 80386 微处理器的分段管理中，存储器的每个段都对应着一个段描述符。段描述符由两部分组成：16 位的段选择符和 32 位有效的地址偏移量。有效的地址偏移量与实模式一样，根据指令中操作数的寻址方式确定。段选择符由 16 位段寄存器的内容提供，即可使用 CS、DS、SS、ES、GS、FS 共 6 个 16 位段寄存器（也称为段选择器）。段选择符是用来从描述符表中检索描述符的，间接地提供段的基地址。也就是说，段描述符提供段基址，还包括段的界限和权限等相关信息，由 8 个字节组成。

　　如图 2-17 所示，若干个段的描述符组成一个描述符表，存储在由操作系统专门定义的存储区内，称为特殊的段。某个段的描述符在描述表中的位置由段选择器中的段选择符进行索引。这样，在 80386 微处理器内，系统给出的地址及程序给定的地址都是逻辑地址。而逻辑地址又由用来指示这个段的一个 16 位段选择符和一个只能在这个段内使用的 32 位偏移量组成。对逻辑地址的访问权和访问范围都要进行检查，如果通过了这次检查，便可由段选择符在描述符表中检索出该段的描述符，从而得到段的 32 位基地址、段界限和关于该段的访问权等信息。可见，段选择符与段的基地址之间通过描述符表中的段描述符存在一一对应的关系。段的基地址（即段的 32 位起始地址）加上 32 位的偏移地址，便可得到 32 位的线性地址。

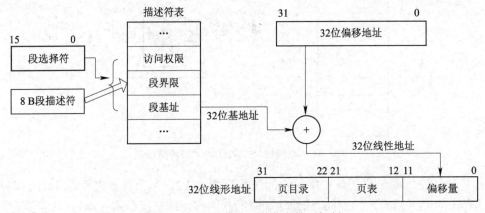

图 2-17　保护模式下的分段管理机制

（1）段选择符。保护模式下，段选择符给出从段描述符表中选择一个段描述符的地址。段描述符给出了定义段所用的全部信息，包含每一个段的起始地址，即线性基地址；还给出了此段的界限值，即长度，并指出了段的属性，即位置、大小、类型（代码段、堆栈段还是数据段）及保护特性。根据段描述符便可找到段的基地址。这时段寄存器的内容虽不像实模式下那样（左移 4 位）直接得到对应段的基地址，但它仍然间接地选择对应段的基地址。一个程序可以拥有比 6 个段寄存器指示的段还要多的段。若某个程序使用的段多于 6 个，当程序需要去访问一个新段时，就使用 MOV 指令去改变这些寄存器中的内容。

由段选择符识别段描述符，而段描述符在段描述符表内被逐一登记注册。对应用程序来说，段选择符作为指针变量的一个组成部分是可见的，但段选择符的值通常是由连接编辑程序（link editor）或连接装配程序（linking loader）指定或修改的，而不是由应用程序指定，更不能由应用程序对其实施修改操作。

段选择符是一个指向操作系统定义的段信息的指针，其格式如图 2-18 所示。段选择符是由 16 位信息组成的，分成 3 个字段，分别是 13 位的索引字段（INDEX）、1 位的指示符字段（table indicator，TI）及 2 位的请求特权级字段（requestor privilege level，RPL）。当一个段第一次被访问时，首先根据指令给出的选择符值的 D2 位及高 13 位，32 位微处理器的硬件会自动地根据段选择器的索引值，到内存中相应的描述符表中取出一个 8 B（64 位）的描述符，装入相应的描述符寄存器（高速缓冲存储器）中。以后每当出现对该段寄存器的访问时，就可直接使用相应的段描述符高速缓冲寄存器中的段基址进行线性地址计算，实现逻辑地址到线性地址的变换及安全检查，而不需要重复从内存中选取描述符的过程，这样就加快了存储器物理地址的形成过程。

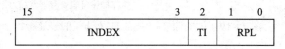

图 2-18　保护模式下段选择符的格式

① RPL。RPL 由 2 位（位 1 和位 0）组成，可以表示 0～3 共 4 个特权级。00 优先级最高，11 优先级最低。RPL 域的设置是为了防止低特权级程序访问受高特权级程序保护的数据。若这个字段表示特权级的值比程序的特权级值小（即该字段所表示的特权级比程序的高），则用这个选择符去访问程序时要覆盖掉程序的特权级；若某一程序所用段选择特权级较低，它就在低特权级上对存储器进行存储操作。这样就可以防止低特权级程序对高特权级程序的数据进行访问。例如，为了能对像外围接口设备中控制寄存器这样的受保护的设备进行访问操作，可设定访问权限字节段优先级为 10，系统实用程序或设备驱动程序就必须用高的特权级，可设请求优先级为 01，则可以访问。

② TI。当 TI=0 时，该选择符指向的段是系统的 GDT。GDT 用来存放运行在系统上的所有任务使用的数据和代码段，如操作系统服务程序、通用库和运行时间支持模块等。也就是说，在系统上运行的所有任务共享同一个 GDT。当 TI=1 时，该选择符指向的段是一个特定程序或任务的 LDT。LDT 用来存放一个任务独自占有的特定程序和数据，系统中每个任务都有其对应的局部地址空间。

GDT 是供系统中所有程序使用的，而 LDT 是供各自运行的程序使用的。如果操作系统允许，不同的程序可以共享同一个 LDT。当然，系统也可以不使用 LDT，而是所有程序都使用 GDT。

③ INDEX。INDEX 由 13 位组成。利用 INDEX 可以从拥有 2^{13}（8 192）个段描述符的段描述符表中选出一个段描述符来。每个段描述符长 8 B。微处理器是用 8 乘以索引值再加上描述符表的 32 位基地址换算出来的。描述符表的 32 位基地址既可以来自 GDTR，也可以来自 LDTR。在这两种寄存器中保存着描述符表的起始线性地址。图 2-19 给出了怎样用段选择符中的 TI 位说明使用的是 GDT 还是 LDT。

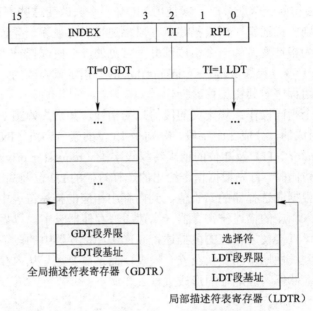

图 2-19　由段选择符中的 TI 位选择的描述符

例如，假设 GDT 的起始地址为 00000120H，GDTR 的内容如图 2-20 所示。

逻辑地址经分段部件转换后所形成的地址被称为线性地址。若没使用分页管理机制，这时的线性地址就是物理地址；如果使用了分页管理机制，二级地址转换机制（即分页机构）所生成的地址就是物理地址。

（2）段描述符。段描述符是由操作系统定义的、位于存储器内的一种数据结构。段描述符内保存着供微处理器使用的有关段的属性、大小规模、段在存储器中的位置及控制和状态信息。段描述符在存储器中的一个段和一个任务之间形成了一个链。它是一种特殊的段，不管是 GDT 中还是 LDT 中的一个段，如果没有描述符，则对该段任务来说便无效，而且没有访问它的机制。一般来说，各段描述符是由各种编译程序、连接程序、装入程序或者操作系统产生的，而不是由各种应用程序生成的。

为支持虚拟存储管理和多任务的处理，使用了多种类型的描述符。根据功能的不同，在不同类型的描述符中存放不同的控制信息。利用描述符的内容，CPU 可以自动完成访问范围和权限的检查。描述符分为段描述符（包含代码段描述符、数据段描述符）、系统段描述符（包含 LDT 段描述符、任务状态段描述符）、门描述符（包含调用门描述符、任务门描述符、中断门描述符、陷阱门描述符）。当特权级之间和任务之间进行转移控制时，使用这些门描述符。各种类型的段使用的段描述符只能是其中的一种。

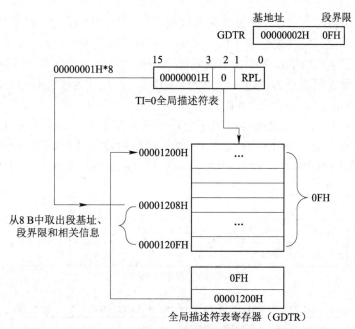

图 2-20　全局描述符形成物理地址的过程

　　段描述符的一般格式如图 2-21 所示。从图 2-21 可以看出，一般段描述符由 8 个字节共 64 位构成，且又被进一步细分成若干个字段。

31　　　24	23	22	21	20	19　　　16	15	12 11 10 9	8	7　　　0
基地址 (B31~B24)	G	D/B	0	AVL	段界限 (L16~L19)	P	DPL　S　X　E	RW	A　基地址 (B23~B16)
基地址（B15~B0）						段界限（L15~L0）			

图 2-21　段描述符的一般格式

各字段的意义如下。

　　① 基地址。用该字段来规定某一个段在 4 GB 物理地址空间中的起始地址。从图 2-21 中可以看出，基地址字段又是用基地址 B15~B0、基地址 B23~B16 和基地址 B31~B24 这 3 个互相独立的部分表示的。其实，在实际使用时，微处理器是把这 3 个基地址字段按顺序组合在一起，从而形成一个唯一的 32 位的值来表示这个段的基地址。对 80386 微处理器来说，段基地址有 32 位宽，决定了段可在 4 GB 线性地址空间中的任何字节处开始。可以看出，保护模式下段的基地址的设置与实模式下段的基地址仅限于在被 10H 整除的地址处是不同的。实模式下段的基地址值应该与 16 字节的边界对准，通过对准 16 字节的代码段或数据段的边界，可使程序最大限度地发挥其性能。

　　② G 位（粒度位）。在 80386 微处理器中，用它来指定段界限的单位。G=0，表明段界限域选择以字节为单位的倍数；G=1，表明段界限域选择以页为单位的倍数，每页 4 KB。

　　段界限是用来定义段的规模大小的，从图 2-21 中可以看出，段界限是用段界限 L15~L0 和段界限 L19~L16 两部分表示的。在用到段界限时把这两部分段界限组合在一起，从而形成一个 20 位的无符号段界限值。但仅根据 20 位的段界限还不能确定段的尺寸，还需要根据段描述符中粒度位（G）的设置来共同确定。若粒度位 G=0，即设置成字节粒状，段界限以字节为单位，段界限值为 1 B～1 MB（因为段界限为 20 位，2^{20} B=1 MB）。在这种情况下，段界限字段的值在 1 个字节的基础上可每次增加 1 个字节。若粒度位 G=1，即设置成页粒状，段界限以页为单位，一页为 4 KB，段的尺寸为 4 KB～4 GB，段界限字段的值在 4 KB 的基础上每次可增加 4 KB。

③ S 位。S=1，表示为段描述符，这个段或者是数据段，或者是代码段（具体要由类型域的位 11 来确定），如图 2-22（a）所示的数据段描述符的格式和图 2-23（b）所示的代码段描述符的格式；S=0，表示为系统段描述符或门描述符，系统段描述符的格式如图 2-23（c）所示。

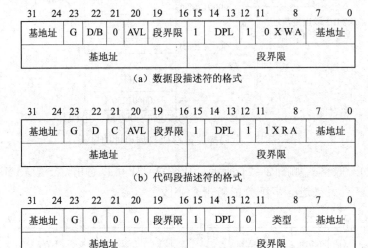

（a）数据段描述符的格式

（b）代码段描述符的格式

（c）系统段描述符的格式

图 2-22　常用的段描述符的格式

④ D/B 位。该位为选择默认寄存器宽度，不用于地址生成，只在 80386 微处理器的代码段描述符中被识别。当 D/B=0 时，表示操作数和有效地址的默认值为 16 位，即 80286方式；当 D/B=1 时，表示操作数和有效地址的默认值为 32 位，即 80386/80486 方式。

⑤ 类型 E、X、RW。类型域共有 3 位。在 S 位对两大类描述符进行分类后，该类型域再对每一类描述符进行更细的划分。当 S=1 时，表示为一般的段描述符。

类型域的最高位 E=1 代表代码段，E=0 代表数据段。E=1 时，工作在代码段情况下，类型域的后两位 X=1 表示遵守一致性，X=0 表示忽略一致性，RW=1 表示允许读，RW=0表示不允许读；E=0 时，工作在数据段情况下，类型域的后两位 X=1 表示向下扩展的堆栈段，X=0 表示一般的数据段，RW=1 表示允许写，RW=0 表示不允许写，如表 2-3 所示。

表 2-3　E、X、RW 的功能说明

E=0，数据段		E=1，代码段	
地址增长方向		优先级	
X=0	X=1	X=0	X=1
向上扩展	向下扩展	忽略	遵守
RW=1	RW=0	RW=1	RW=0
允许写	不允许写	允许读	不允许读

⑥ DPL 位。用这个字段来定义段描述符的优先级。00 表示优先级最高，11 表示优先级最低。借助于保护机构，用这个字段定义的特权级去控制对这个段的访问，仅用于保护，不用于地址的生成。

⑦ 段存在位 P。该位用于表示描述符所描述的段存在于存储器中（P=1）或不存在于存储器中（P=0）。如果一个描述符所描述的段已移至硬盘上，表明不在内存中，这时 P=0。若这种情况下试图将该描述符的段选择符装入段寄存器，微处理器便会产生一个段不存在异常（以 P=0 为标志），并且操作系统中的异常处理程序会把该段重新装入存储器。凡在被标有"段不存在"信息的段内，其各项都被重新进行分配（只需把段存在位置 0）。这时就可以把由这个段使用的存储空间分配给另一个段使用。若下一次又需要那个被重新分配的段，这时段不存在异常事故会指示需要把这个段装到存储器中去。在任何时候，通过在物理存储器中仅保留少数几个段，可以使一个系统所拥有的虚拟存储空间的总数远远大于物理存储器实际的存储容量。

⑧ 访问位 A。A=1，表示该段描述符被访问过；A=0，表示该段描述符未被访问过。

当 S=0 时，表示为系统段描述符或门描述符。系统段描述符的格式如图 2－22（c）所示。由图 2－22（c）可看出，其格式与段描述符基本相同。图 2－22 中描述了 4 位类型域对各种系统段描述符和门描述符的定义情况，其中 TSS 是任务状态段，用来存储与任务有关的信息。此外，对 80286 微处理器来说，类型 8～F 未定义。

（3）段描述符表。段描述符表简称描述符表，用来存储保护模式下段描述符的一个阵列。80386 微处理器共有 3 种描述符表：GDT、LDT 和 IDT。描述符表由描述符顺序排列组成，占一定的内存，由系统地址寄存器（GDTR、LDTR、IDTR）指示其在物理存储器中的位置和大小。

GDT 是供所有任务使用的描述符表，在物理存储器地址空间中定义。通常情况下，操作系统使用的有代码段描述符、数据段描述符、调用门描述符、各个任务的 LDT 描述符、任务状态段 TSS 描述符、任务门描述符等。

LDT 是每一项任务运行时都要使用的描述符表。在多任务操作系统管理下，每个任务通常包含两部分：与其他任务共用部分及本任务独有部分。与其他任务共用部分的段描述符存储在 GDT 内；本任务独有部分的段描述符存储在本任务的 LDT 内。这样，每个任务都有一个 LDT，而每个 LDT 又是一个段，它也就必须有一个对应的 LDT 描述符，该 LDT 描述符存储在 LDT 中。LDT 中所存储的属于本任务的段描述符通常有代码段描述符、数据段描述符、调用门描述符及任务门描述符等。

GDT 和 LDT 段描述符表实际上是段描述符的一个长度不定的数据阵列（见图 2－20）。描述符表在长度上是可变的，最多容纳 2^{13} 个描述符，最少包含 1 个描述符。每个段描述符由 8 个字节组成。

（4）描述符表寄存器。80386 微处理器寻址 GDT、LDT 和 IDT 这三个描述符表时分别用 GDTR（全局描述符表寄存器）、LDTR（局部描述符表寄存器）和 IDTR（中断描述符表寄存器），如图 2－23 所示。这三个寄存器分别用指令 LGDT、LLDT 和 LIDT 来加载。

图 2－23 GDTR 和 LDTR

① GDTR。包含 GDT 的基地址和界限。因描述符表最大长度为 64 KB，所以每个描述符表的界限为 16 位。当工作在保护模式下时，GDT 的基地址和界限被装入 GDTR。

【例 2-1】已知 GDT 的起始地址存放在 00010000H 中，DS 的值为 0018H，求内存段的寻址范围。

解： 如图 2-24 所示，由于 DS 的值为 0018H，这意味着选择子检索的是 GDT（TI=0）里的 3 号选择符，请求优先级为 00。3 号选择符的地址为 00010000H+ 3*8=00010018H。从这个存储单元就可以知道寻址内存段基址为 00200000H，段界限为 FFH，描述符表的大小为 FFH+1H=100H，则段寻址范围为 00200000H～002000FFH。

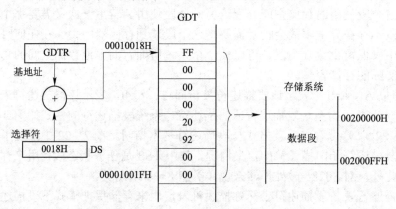

图 2-24　由 DS 从 GDT 中选描述符的过程

在 GDTR 内，保存着 GDT 在物理地址空间内的 32 位基地址，同时还保存着表明这个描述符表的规模大小为 16 位的界限值。16 位段界限表明 GDT 最长为 2^{16} B（64 KB）。

【例 2-2】(GDTR)=0012C000FFFFH，求 GDT 在物理存储器中的起始地址、结束地址、描述符表的大小、描述符表中可以存放的描述符的数量。

解：

GDT 的起始地址为：0012C000H。

GDT 的结束地址为：0012C000H＋1FFFFH=0012DFFFH。

描述符表的大小为：1FFFFH＋1=8 192 B。

描述符表中可以存放的描述符的数量：8 192/8=1 024 个。

② LDTR。LDTR 包含一个 16 位的选择符（63～48 位）和不可见的高速缓冲寄存器（47～0 位），如图 2-25 所示。不可见的高速缓冲寄存器内保存着 LDT 的基地址、段界限及访问控制权限。对正在运行的任务而言，每一项任务运行时都要使用 LDT，它们存储在存储器的一个独立的段内。

图 2-25　LDTR

LDT 的位置是从 GDT 中选择的。为寻址 LDT，建立了 GDT。为访问 LDT，用 LDT 指令 LLDT 对 LDTR 内的选择符进行读操作，用保存在 LDTR 内的 16 位选择符识别 GDT。从 GDT 中检索出相应的 LDT 描述符，微处理器便将 LDT 描述符自动置入 LDTR

的高速缓冲寄存器中。将该描述符装入高速缓冲寄存器就为当前任务创建了一个 LDT。这样，80386/486 微处理器便可以根据 LDTR 高速缓冲寄存器的值来确定 LDT 的起始地址和段界限，从而不必再访问存储器，就可以从 GDT 中查出 LDT 描述符，节省了程序运行时间。

为当前任务建立 LDT 的过程如图 2-26 所示。

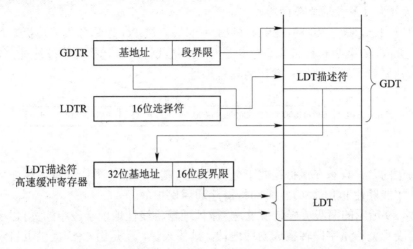

图 2-26　为当前任务建立 LDT 的过程

③ IDTR。IDTR 与 GDTR 完全相同，用来在物理存储器地址空间中定义 IDT。IDTR 内保存着 IDT 在物理地址空间内的 32 位基地址。由于处理器只能支持 256 个中断和异常，因此段界限最大为 0FFFH。

（5）段寄存器。在保护模式下，每个段寄存器（CS、DS、SS、ES、FS、GS）都有一个 16 位的可见部分（其中的内容称为段选择符）和一个程序无法访问的 64 位的不可见部分（称为段描述符高速缓冲寄存器），如图 2-27 所示。段寄存器中的 16 位选择符用来在 GDT 或 LDT 中寻找一个段描述符，再由段描述符确定一个段。64 位段描述符高速缓冲寄存器包含 32 位段基地址、20 位段界限和 12 位访问权限域。

16位段寄存器	64位段描述符高速缓冲寄存器		
CS/DS/SS/ES/FS/GS	32位段基地址	20位段界限	12位访问权限域

图 2-27　段寄存器

数据段采用传送类指令将内容装入段寄存器；对代码段采用跳转指令和调用指令等将内容装入段寄存器。一旦用指令将段选择符装入段寄存器，微处理器的硬件便自动将段选择符所指向的段描述符的内容装入段描述符高速缓冲寄存器中。这样，以后由段选择符指向的段描述符所描述段的段基地址、段界限及其保护权限信息均从段描述符高速缓冲寄存器中获得，而无须通过系统总线从存储器中的段描述符表中索取，这就加快了虚拟地址向线性地址的转换速度。

2）保护模式下存储器的分页管理

80386 微处理器支持存储器分页管理机制。分页管理机制是存储器管理机制的第二部分。分段管理机制实现虚拟地址（由段选择符和偏移地址构成的逻辑地址）到线性地址的转换，分页管理机制实现线性地址到物理地址的转换。如果不启用分页管理机制，那么线性地址就是物理地址。下面介绍 80386 微处理器的存储器分页管理机制及线性地址如何转换为物理地址。

（1）分页管理机制。分页部件涉及 CR0（控制寄存器）、CR2（页面故障线性地址寄存器）、CR3（页组目录表基址寄存器）。

在保护模式下，即 CR0 的 PE=1，CR0 中的最高位 PG 控制分页管理机制是否生效。如图 2-28 所示，如果 PG=1，分页管理机制生效，把线性地址转换为物理地址；如果 PG=0，分页管理机制无效，线性地址直接作为物理地址。

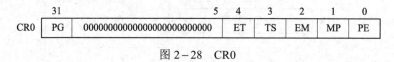

图 2-28　CR0

必须注意的是，只有在保护模式下分页管理机制才可能生效；只有在保证 PE 位为 1 的前提下，才能够使 PG 位为 1，否则将引起通用保护故障。

如图 2-29 所示的两级页表转换过程，微处理器将线性地址字段中的页目录索引字段、页表索引字段及偏移量字段转换成物理地址。具体来说，就是由 CR3 提供页目录的页框地址，即页目录基地址，如图 2-30 所示；由寻址机构用线性地址中目录索引字段的内容进入页目录内找到页目录项，得到页表基地址的高 20 位，页表基地址的低 12 位全为 0；再用页表索引字段的内容作为索引值进入由页目录决定的页表内，得到被选中页帧基地址的高 20 位，页帧基地址的低 12 位全为 0，用页帧基地址的高 20 位与线性地址偏移字段的 12 位组合就是对由页表说明的页帧内的操作数进行寻址，该地址就是某存储单元的 32 位物理地址。

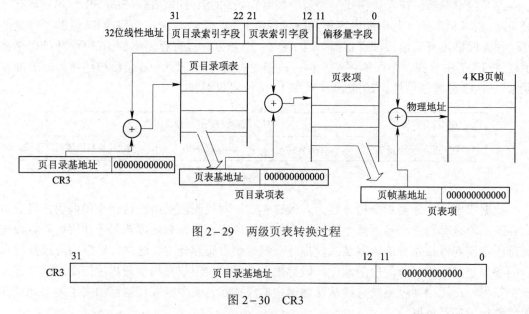

图 2-29　两级页表转换过程

图 2-30　CR3

分页管理机制的特点是所管理的存储器块具有固定的大小，每一块称为一页（也称一页帧、页框架）。80386 微处理器中规定一页是在现行存储器中连续的 4 KB 区域，并且它的起始地址总是安排在低 12 位地址为 0 的线性地址处。分页管理机制把线性地址空间中的任何一页映射到物理空间的一页。

采用分页管理机制实现线性地址到物理地址的转换映射的主要目的是便于实现虚拟存储器。段的大小可变，而页的大小不可改变，是相等的并固定为 4 KB。根据程序的逻辑划分段，根据实现虚拟存储器的方便性划页。

（2）线性地址。图 2－31 给出了 80386 微处理器使用的 4 字节页的线性地址的格式。分页管理机制把 32 位的线性地址分成 3 个部分：页目录索引字段、页表索引字段

31　　　　　22	21　　　　　12	11　　　　　0
页目录索引字段	页表索引字段	偏移量字段

图 2－31　线性地址的格式

及偏移量字段。其中，有两个 10 位字段（页目录索引字段和页表索引字段）是进入页目录表和页表的索引，而剩下的 12 位字段（偏移量字段）则是经页表进入页帧地址的偏移量。由于不管是线性地址空间的虚拟页，还是实际存储器中的物理页，都要与 4 KB 的页边界对准，所以这个 32 位线性地址中的最低 12 位偏移地址不必再进行修正便可直接使用。不论分页部件允许分页还是不允许分页，都是将这 12 位偏移地址直接传送给分页部件。另外，由分段部件分的段可以从任何一个字节地址开始，而分页部件则不能从任何一个字节地址开始分页，这也是分段与分页不一样的地方。

（3）页目录项和页表项。分页管理机制在将线性地址空间转换到物理地址空间的页时，由于每个页面的整个 4 KB 是作为一个单位进行映射的，且每个页面都对齐在 4 KB 的边界，因而线性地址的低 12 位在分页转换过程中将直接作为物理地址的低 12 位使用。分页管理机制中，重定位函数（或称转换函数）把 32 位线性地址的高 20 位当成页表的索引，如果线性地址空间中的每一页均由随机存储器 RAM 中的唯一的一个页表映像，在 80386 微处理器中共有 2^{20} 个表项，每项占 4 个字节，需 4 MB 的物理空间，占用的存储空间太大，所以不能这样做。为节约内存，分为两级页表机构，第一级用 2^{10} 个表项，每个表项 4 个字节，占 4 KB 的内存，称作目录项；第二级再用 2^{10} 个表项，每个表项 4 个字节，也占 4 KB 的内存，称作页表。这样，两级表组合起来即可达到 2^{20} 个表项。页目录（page directory）的作用是一个指针，它指向另一个相似的数据结构。这个相似的数据结构称为页表的第二级表项。页表的作用是作为物理存储器中页的指针。两级页表中，虽然页目录项和页表项的内容略有不同，但页目录项和页表项的格式都一样［页目录项内缺少脏位 D（dirty），页目录中的脏位保留供将来使用］。页目录项和页表项的格式如图 2－32 所示。

31　　　　12	11　　9	8	7	6	5	4	3	2	1	0
页框地址	AVAIL	0	0	D	A	PCD	PWT	U/S	R/W	P

P：存在位
R/W：读/写位
U/S：用户/监控程序位
PWT：页透明写位（仅用于80486微处理器和Pentium微处理器）
PCD：页cache禁止位（仅用于80486微处理器和Pentium微处理器）
A：访问位
D：脏位
AVAIL：系统设计人员可用区域
位7和位8：如果是目录格式，则位7设置为0，页面大小为4 KB，位8保留；如果是表格式，则位7和位8均保留

图 2－32　页目录项和页表项的格式

现将页表项中各字段的意义分述如下。

① 页框地址：人们常把某一个页的起始地址称作页框地址（page frame address）。在

一个页表项内，位 31～位 12 这高 20 位就是用来说明一个页框地址的，而位 11～位 0 这低 12 位是用来说明页的控制和状态的。在一级页目录内，页框地址就是指向对应页表的起始地址；而在二级页表内，页框地址则是指向含有指令或数据的那个存储器页帧的页起始地址。

② P（存在位）：P=1，表示页表项中的页框地址已经映射到物理存储器中的一个页内；P =0，表示该页表项中的页框地址没有映射到物理存储器中，也就是说该页表项所指页不在物理存储器中。这时，若用该页表项进行地址转换，将产生一个页出错异常，并且操作系统中的页出错处理程序把该项重新装入存储器。如果两级页表内的任何一级页表中的 P 位被置为 0，而这时又希望用页表项进行转换，就会产生一个页故障（page fault）异常。在对请求分页虚拟存储给以全面支持的系统内，会出现如下的一系列操作。

a. 操作系统将这个页的信息从磁盘存储器复制到物理存储器。

b. 操作系统将页框地址装入页表项内，同时将它的 P 位置为 1，页表项中的其他各位，如 D 位、R/W 位等，也可以置为 1。

c. 由于在 TLB 中，可能仍然滞留着一个旧的页表项的副本，所以操作系统应将其清空，再重新启动引起异常事故的那个程序。如果在页目录中，某项的 P 位置 0，则表示对应的页表已被移出存储器。可以说，操作系统利用 P 位提供的信息实现了请求分页的虚拟存储器的能力。

③ R/W（读/写位）：R/W=1 时为写，否则为读。R/W 位是用来对页进行保护校验的，它不涉及地址转换。

④ U/S（用户/监控程序位）：用来对页进行保护校验，不涉及地址转换。在进行地址转换而微处理器又执行其他操作时，就必须进行保护校验。

⑤ A（访问位）：用来表明该项指出的页是否已被读或写。若目录项中 A=1，则表示该项所指出的页已被访问过；若页表项中 A=0，则表示该页表项所指出存储器中的页表未被访问过。总之，A 位的置位由微处理器完成，A 位的状态可被操作系统软件测试，以便计算不同页的使用频率。

⑥ D（脏位）：只在页表项中设置，而不在页目录项中设置。当页表项中 D=1 时，表明该项所指出的存储器的页已被写。D 位的状态可被操作系统软件测试，以便判断存储器的某页在它最后一次被复制到磁盘后是否被修改过。

⑦ AVAIL（可用域）：该域共 3 位，供系统软件设计人员使用。可将与页使用有关的信息放在该域中，帮助分析判断应把哪些页移出存储器。

⑧ PWT 和 PCD（页透明写位和页 cache 禁止位，页级 cache 控制位）：PWT 和 PCD 是用来对页级 cache 实施管理的位。

（4）页转换高速缓冲存储器（又称旁视缓冲器，TLB）。在 80386/80486 微处理器中，若允许分页管理，则将线性地址转换为物理地址时，需要查询内存中的页目录项和页表项，并且当要访问的页不在内存时，还要将该页从磁盘调入内存，这就意味着页转换处理需要占用 CPU 较多的时间。为了提高页转换处理的速度，80386/80486 微处理器的内部都设计了 TLB。可以把最近存储器使用的 32 个页表项的入口地址存入 TLB 中，以后进行地址转换时就先访问 TLB，32 个页与对应页的 4 KB 联系，这样就覆盖了 128 KB（32×4 KB=128 KB）的存储空间。根据访问存储器的局部性原理，对于一般的多任务系统来说，TLB 的命中率会很高，具有大约 98%的命中率。也就是说，在微处理器访问存储器的过程中，只有 2%必须访问两级分页机构，这样就大大地提高了地址转换速度。

3．V86 模式

当系统加电、复位（RESET）后，CPU 自动进入实模式。实模式的主要目的在于对系统进行初始化，以便系统转向保护模式或 V86 模式。在实模式下，CPU 只能工作在一种模式下。

V86 模式实际上是运行在保护模式下（CR0 中设置标志位 PE 置位时）的一种特定的模式，当 EFLAGS 中设置标志位 VM 置位时，将使微处理器运行在 V86 模式下。在 V86 模式下，CPU 将段寄存器的内容（16 位）乘 16 直接放到段描述符寄存器的线性基地址中；段界限将装入 0FFFFH；特权级 DPL=3（其他属性不再说明）。因此，V86 模式不需要描述符表来描述各段的属性。当操作系统或执行程序切换至一个 V86 模式任务时，微处理器仿真一个 8086 微处理器。V86 模式是为了运行 16 位的 8086 程序而设置的，它可以在保护模式和 V86 模式间重复而迅速地切换。有了 V86 模式，就可以使 Pentium、80486、80386 程序与 8086、80186、80286 的大量的 16 位软件并行运行。在 V86 模式下，各个任务可以运行在不同的操作系统下。

2.4　64 位 Core 微处理器的结构

Intel 公司目前最新的架构是 Core 微架构，如图 2-33 所示。所有 Intel 公司生产的 x86 架构的新处理器，无论面向台式机、笔记本电脑还是服务器，处理器所使用的都是 Core

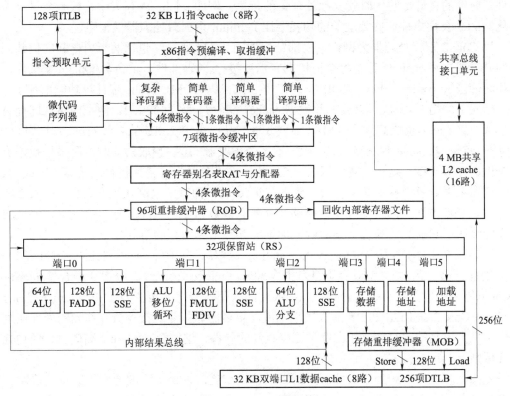

图 2-33　Core 微架构

微架构。这是一个高效的双核心架构，支持 36 位的物理寻址和 48 位的虚拟内存寻址，采用共享式二级缓存设计，2 个内核共享 4 MB 的二级缓存；每个内核都采用乱序执行，加入对 EM64T 指令集与 SSE4 指令集的支持，具有 14 级有效流水线，内建 32 KB 一级指令缓存与 32 KB 一级数据缓存，而且 2 个核心的一级数据缓存之间可以直接传输数据；具有 4 组指令解码单元，支持微指令融合技术与宏指令融合技术，每个时钟周期最多可以解码 5 条 x86 指令，生成 7 条微指令，并拥有改进的分支预测功能；拥有 3 个调度端口，内建 5 个执行单元，包括 3 个 64 位的整数执行单元（ALU）、2 个 128 位的浮点执行单元（FPU）和 3 个 128 位的 SSE 执行单元；采用新的内存相关性预测技术，支持增强的电源管理功能，支持硬件虚拟化技术和硬件防病毒功能；芯片内建数字温度传感器，可提供功率报告和温度报告等，配合系统实现动态的功耗控制和散热控制。

2.4.1　Core 微处理器的内部架构

与 NetBurst 微架构或者 Mobile 微架构相比，Core 微架构具有超宽的数据处理能力、更多的硬件资源、更大的规模的优点。Core 微架构流水线上所有的组成部分都被强化设计了：更多的指令解码逻辑单元，更大的乱序指令缓存空间，更多的保留站入口，更多的指令调度入口，更多的执行硬件，更多的内存缓冲空间等。

基于 Core 微架构的 Core 2 改进了流水线设计，缩短了处理器流水线，支持每个内核使用 14 级流水线。新架构将控制能耗作为最主要的目标，因此不会将时钟频率提升得太高，不再需要太长的流水线。与其他基于 NetBurst 微架构的处理器不同，Core 2 不会单单注重处理器时钟的提升，它同时就其他处理器的特色，例如 cache 内存大小、核心数量等做出优化。Intel 公司声称这些处理器的功耗会比 Pentium 系列微处理器低很多。

以 Core 2 双核处理器为例，其内部结构如图 2-34 所示，包括两个内核和它们共同拥有的共享式二级 cache，其中每个内核拥有指令缓存/译码部件、重命名/地址分配部件、重排序缓冲区（reorder buffer，ROB）、调度器、微代码 ROM、cache 部件等功能部件。

Core 2 的指令 cache（只读）和数据 cache（读/写）均为 32 KB，两个内核共同拥有的共享式二级 cache 也提高到了 4 MB（部分低端产品仍采用 2 MB 的二级 cache）。同时，Core 2 为每一个一级 cache 和二级 cache 均配置多个预取器。这些预取器同时检测多个数据流和大跨度的存取类型。这样，就可以在一级 cache 中"及时"准备待执行的数据；二级 cache 的预读器可以分析内核的访问情况，确保二级 cache 拥有未来潜在需要数据。Core 2 在降低 cache 延迟方面采用了新技术，能够在存数和取数指令都乱序执行的情况下，保证取数指令能够取回它前面的最近一条对同一地址的存数指令所存的值。

在 Core 2 中，ROB 和 RS（reservation station，保留站）预留的 cache 要比过去的 Pentium 4 大了接近一倍，同时还考虑了新的宏指令融合（macro-fusion）、微指令融合（micro-ops fusion）等高效率的融合技术。这样，Core 2 的内部转接速度至少要比 Pentium 4 提高了 3 倍以上。Core 2 在 ROB 和 RS 最大效率地流通更多的微指令、指令执行单元的处理速度和能力也极大提高的同时，反而占用了更少数量的硬件，这符合了 Core 2 高效率、低功耗的设计原则。

支持乱序执行的微处理器能够重新组织其指令流，以最大限度地利用其执行资源。除此之外，存储指令的乱序执行还能够提高 cache 命中率并降低 cache 访问的延迟。Core 2

体现了 Intel 公司当前乱序执行方式的最高设计水平,能够更好、更合理地迅速处理完数据,提升微处理器的资源利用率。

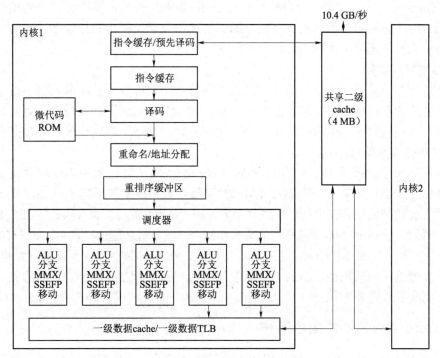

图 2－34　Core 2 微处理器的内部结构

2.4.2　Core 微处理器的技术特点

Core 2 采用宽位动态执行、智能功率能力、高级智能高速 cache、智能内存访问、高级数字媒体增强五大新技术。

1. 宽位动态执行

Intel 公司采用宽位动态执行技术的出发点,就是为了提高每个时钟周期完成的指令数,从而显著改进执行能力和能效。Core 2 拥有 4 组解码器,相比上一代 Pentium Pro(P6)、Pentium 2、Pentiumn 3、Pentium 4 的 3 组解码器而言,可多处理一组指令,同时运算单元的数目也相应增加。简单来讲,每个内核将变得更加宽阔,可以同时获取、分配、执行和退回多达 4 条完整的指令。

2. 智能功率能力

采用智能功率能力技术可以进一步降低功耗,优化电源使用,从而为服务器、台式机和笔记本电脑提供更高的每瓦特性能。Core 2 采用了先进的 65 nm 张力硅晶(strained silicon)技术,加入 Low-K Dielectric 物质并增加了金属层,相比上一代 90 nm 的制造工艺,减少漏电达 1 000 倍。通过该特性,可以智能地仅打开当前需要的子系统,而其他部分则处于休眠状态,这样就大幅降低了微处理器的功耗及发热量。

3. 高级智能高速 cache

Core 2 采用了共享二级 cache 的做法,有效地加强了多核心架构的效率。两个核心可以共享 cache 内部的数据计算结果，而不是通过 FSB 和北桥再进行外围的交换，大幅增加了 cache 的命中率。除此之外，采用高级智能高速 cache 技术使得每个核心都可以动态支配 100%的 cache。例如，某一个内核当前对 cache 的利用很低，那么另一个内核就可以动态地增加占用二级 cache 的比例，降低 cache 的命中失误，减少数据延迟，改进处理器的效率，增加绝对性能和每瓦特性能。

4. 智能内存访问

智能内存访问是另一个能够提高系统性能的特性，它可以通过隐藏内存延迟来优化内存子系统之外的数据带宽使用率。在 Core 2 中，这项技术能够预测系统的需要，从而智能地提前载入或预取数据。用户在使用时最直接的体验就是程序的执行效率大幅提高。

5. 高级数字媒体增强

为了提高每个时钟周期执行的指令数，Core 2 采用了高级数字媒体增强技术，支持 MMX、SSE、SSE2、SSE3、SSSE3、EM64T 等指令集和技术，提高了 SIMD 指令集的执行效率。之前的微处理器需要两个时钟周期来处理一条完整指令，而 Core 2 拥有 128 位的 SIMD 执行能力，一个时钟周期就可以完成一条指令，效率明显提升。同时，在原有的指令集上，Core 2 加入了 SSSE3 指令集，包括 16 条指令，使其在视频性能上获得巨大的提升。

基于以上这些创新特性，Core 2 提供了比历代产品更卓越的性能、更高的能效，同时也保证了完整的软件兼容性。

2.4.3 Core 微处理器的指令系统

Core 2 是 Intel 公司推出的第八代 x86 架构微处理器，它采用全新的 Core 微架构，取代自 2000 年起各类 Intel 处理器采用的 NetBurst 架构。Core 2 同时标志着 Pentium（由 1993 年沿用至今）品牌的终结，亦代表着 Intel 流动处理器及桌面处理器两个品牌的重新整合。

Core 2 最直接的改观便是彻底放弃单核心处理器设计，全面转入"双核"乃至"多核"技术。Core 2 可以拥有双核乃至 4 核，支持 64 位指令集、4 发射的超标量体系结构和乱序执行机制等技术，使用 65 nm 制造工艺生产，其总线频率达到了 1 066 MHz，支持 MMX、SSE、SSE2、SSE3、SSSE、EM64T 等指令集和技术。由于对 EM64T 指令集的支持，Core 2 能够支持 36 位的物理寻址和 48 位的虚拟内存寻址，以及 SSE2、SSE3、SSSE3 在内的所有 Intel 扩展指令集，还有虚拟化技术和病毒防护技术。另外，所有机型也支持最新的热温和功率管理功能，包括有热量监视（thermal monitor 2，TM2）、增强型空闲电源管理状态（enhanced halt state，C1E）和增强的英特尔加速技术（enhanced Intel speedstep technology，EIST）等。新加入的 SSSE3 指令集将帮助 Core 2 在视频性能上获得巨大的提升。

Core 2 中一个重要的改进就是采用独有的"指令融合"技术，即把两个特定的宏指令（x86 指令）合为一个微操作（μ-op）。

指令融合的好处很多：它使得需要执行的指令在每周期内变少，提高了处理能力；乱序执行将更有效率，能发现更多的并行指令。它提供完整 128 位宽的 SSE 执行单元，一个频率周期内可执行一个 128 位 SSE 指令，真正做到了 Intel 公司宣称的每个周期执行一条 128 位向量加法指令和一条 128 位向量乘法指令。

Core 2 相对于早期的微处理器指令集，新增了许多指令。这些新增指令强化了处理器在浮点转换至整数、复杂算法、视频编码、SIMD 浮点寄存器操作及高级解码、后处理和增强型 3D 功能等几个方面的表现，最终达到提升微处理器性能的目的。

（1）优化指令（ADDPS/HSUBPS/HADDPD/HSUBPD）。这几条指令能有效地优化标量向量乘积的计算，可以对程序起到自动优化的作用。这些指令对处理 3D 图形相当有用。

（2）数据处理指令（ADDSUBPS/ADDSUBPD/MOVSHDUP/MOVSLDUP/MOVDDUP）。这几条是用于复数操作的指令，可以简化复杂数据的处理过程，对波形过程和声音处理的计算很有帮助。由于未来数据处理流量将会越来越大，因此 Intel 公司在这里应用的指令集最多，达到了 5 条。

（3）数据传输指令（FISTTP）。这是一条新的算术处理器指令，用于把浮点数转换成整数，可以大大提高优化的效率。

（4）特殊处理指令（LDDQU）。这条指令主要针对视频解码，用于提高媒体数据处理结果的精确性。

除了这些新增的指令外，还有新增的 SSE4 指令并没有对外界公开。但相信新一代的 SSE4 指令集将作为 Intel 公司未来"显著视频增强"平台的一部分，会使得新一代处理器与上一代产品相比在性能上更出色。Core 2 作为最新的 IT 技术，不仅顺应了 IT 行业未来的发展趋势，也在很大程度上满足了市场发展对产品更新换代的技术升级要求。

2.5 16 位 8086/8088 系统的组成与时序

2.5.1 8086/8088 微处理器的引脚信号

8086 是一个 16 位的微处理器，是拥有 40 条引脚的双列直插式封装器件，其引脚信号包含 16 条数据线、20 条地址线和其他一些必要的控制信号。图 2-35 是 8086 微处理器的引脚图。

为了解决功能多与引脚少的矛盾，部分引脚采用了分时复用的方式。所谓分时复用，就是在同一根传输线上，在不同时间传送不同的信息。8086/8088 微处理器采用了引脚复用技术，使部分引脚具有双重功能。这些双功能引脚有两种情况：一种是采用了分时复用的地址/数据总线；另一种是根据不同的工作模式定义不同的引脚功能。

8086/8088 微处理器为适应不同的应用环境，设置有两种工作模式：最小工作模式和最大工作模式。所谓最小工作模式，又称单处理模式，指系统中只有一个 8086/8088 微处理器，所有的总线控制信号都由 8086/8088 微处理器直接产生，构成系统所需的总线控制逻辑部件最少。在最大工作模式下，系统内可以有一个以上的微处理器，除了 8086/8088 微处理器作为中央处理器之外，还可

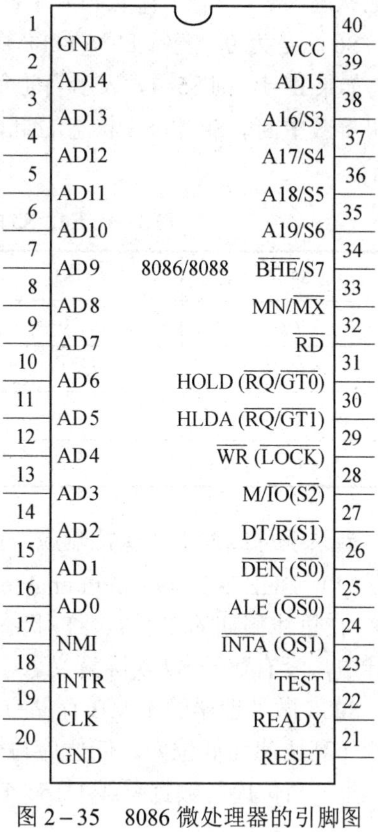

图 2-35 8086 微处理器的引脚图

以配置用于数值计算的数值协处理器 8087 和用于 I/O 管理的 I/O 协处理器 8089。各个处理器发往总线的命令统一送往总线控制器，由它仲裁后发出。8086/8088 微处理器的两种工作模式由 MN/$\overline{\text{MX}}$ 引脚决定：MN/$\overline{\text{MX}}$ 接高电平，微处理器工作在最小模式下，反之则工作在最大模式下。

引脚信号分为最小模式下的引脚信号、最大模式下的引脚信号和两种模式共享的引脚信号。下面分别介绍一下这三种引脚信号的功能。

1. 两种模式共享的引脚信号

（1）GND、VCC（输入）。GND 为接地端，VCC 为电源端。8086/8088 微处理器采用的电源为 5 V±10%。

（2）AD15～AD0（address/data bus，地址/数据复用总线，双向、三态）。CPU 访问一次存储器或 I/O 端口称为完成一次总线操作，或执行一次总线周期。一个总线周期通常包括 T_1、T_2、T_3、T_4 四个 T 状态。在每个状态下，CPU 将发出不同的信号。AD15～AD0 作为复用引脚，在总线周期的 T_1 状态下，CPU 在这些引脚上输出要访问的存储器或 I/O 端口的地址。在 T_2～T_3 状态下，如果是读周期，则处于浮空（高阻）状态；如果是写周期，则为传送数据。在中断响应及系统总线处于"保持响应"周期时，AD15～AD0 都被浮置为高阻抗状态。

（3）A19/S6～A16/S3（address/status，地址/状态复用总线，输出、三态）。这 4 个引脚也是分时复用引脚。在总线周期的 T_1 状态下，用来输出地址的最高 4 位；在总线周期的其他状态（T_2、T_3 和 T_4 状态）下，用来输出状态信息。

S6 总是为 0，表示 8086/8088 微处理器当前与总线相连。S5 表明中断允许标志的当前设置。如果 IF=1，则 S5=1，表示当前允许可屏蔽中断；如果 IF=0，则 S5=0，表示当前禁止一切可屏蔽中断。S4 和 S3 状态的组合指出当前正在使用哪个段寄存器，具体规定如表 2−4 所示。

表 2−4　S4、S3 的状态编码及对应的正在使用的段寄存器

S4	S3	段寄存器
0	0	ES
0	1	SS
1	0	CS 或未使用任何段寄存器
1	1	DS

当系统总线处于"保持响应"周期时，A19/S6～A16/S3 被置为高阻状态。

（4）$\overline{\text{BHE}}$/S7（bus high enable/status，高 8 位数据总线允许/状态复用引脚，输出、三态）。在总线周期的 T_2、T_3、T_4 状态下，$\overline{\text{BHE}}$/S7 引脚输出状态信号，但在 8086/8088 芯片设计中，没有赋予 S7 实际意义。

8086 微处理器的 1 MB 存储空间实际上分为两个 512 KB 的存储体，又称存储库，分别叫作高位库和低位库。低位库与数据总线 D7～D0 相连，该库中每个存储单元的地址为偶地址；高位库与数据总线 D15～D8 相连，该库中每个存储单元的地址为奇地址；地址总

线 A19~A1 可同时对高、低位库的存储单元寻址，最低位地址码 A0 和 $\overline{BHE}$ 配合起来表示用于对库的选择，分别连接到库选择端 CS 上，如图 2−36 所示。当 A0=0 时，选择偶地址的低位库；当 $\overline{BHE}$ =0 时，选择奇地址的高位库；当两者均为 0 时，则同时选中高、低位库。利用 A0 和 $\overline{BHE}$ 这两个控制信号，既可实现对两个库进行读/写（即 16 位数据），也可单独对其中一个库进行读/写（8 位数据），如表 2−5 所示。

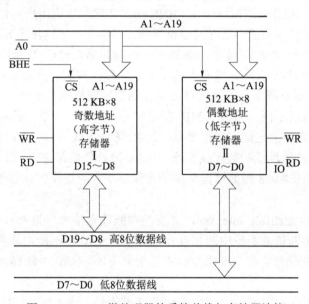

图 2−36　8086 微处理器的系统总线与存储器连接

表 2−5　$\overline{BHE}$ 和 AD0 编码的含义

$\overline{BHE}$	AD0	总线使用情况
0	0	在 16 位数据总线上进行字传送
0	1	在高 8 位数据总线上进行字节传送
1	0	在低 8 位数据总线上进行字节传送
1	1	无效

在 8086 微处理器系统中，存储器这种分体结构对用户来说是透明的。当用户需要访问存储器中的某个存储单元，以便进行字节型数据的读/写操作时，指令中的地址码经变换后得到 20 位的物理地址，该地址可能是偶地址，也可能是奇地址。

如果是偶地址 A0=0，$\overline{BHE}$ =1，这时由 A0 选定偶地址存储体，通过 A19~A1 从偶地址存储体中选中某个单元，并启动该存储体，读/写该存储单元中一个字节信息，通过数据总线的低 8 位传送数据。

如果是奇地址 A0=1，则偶地址存储体不会被选中，也不会启动它。为了启动奇地址存储体，系统将自动产生 $\overline{BHE}$ =0，作为奇地址存储体的选体信号，与 A19~A1 一起选定奇地址存储体中的某个存储单元，并读/写该单元中的一个字节信息，通过数据总线的高 8 位传送数据。

可以看出，对于字节型数据，不论它存放在偶地址的低位库，还是奇地址的高位库，都可通过一个总线周期完成数据的读/写操作。

如果用户需要访问存储器中某两个存储单元，即完成以字为单位的数据的读/写时，分为规则字和非规则字。规则字指用户要访问的是从偶地址开始的两个连续存储单元（即字的低字节在偶地址单元，高字节在奇地址单元），这种存放称为规则存放。规则字在一个总线周期就可完成读/写操作，这时 A0=0、$\overline{BHE}$=0。非规则字指用户要访问的是从奇地址开始的两个存储单元（即字的低字节在奇地址单元，高字节在偶地址单元）。非规则字需要通过两个总线周期才能完成读/写操作，即第一次访问存储器时读/写奇地址单元中的字节，第二次访问存储器时读/写偶地址单元中的字节。显然，规则字能加快程序的运行速度。

在 8088 微处理器系统中，可直接寻址的存储空间同样也是 1 MB，但其存储器的结构与 8086 微处理器有所不同。它的 1 MB 存储空间同属于一个单一的存储体，即存储体为 $2^{20}\times 8$ 位。它与总线之间的连接方式很简单，其 20 条地址线 A19～A0 与 8 条数据线分别与 8088 微处理器对应的地址线和数据线相连。8088 微处理器每访问一次存储器只能读/写一个字节的信息，因此在 8088 微处理器系统的存储器中，字型数据需要两次访问存储器才能完成读/写操作。

（5）NMI（non-maskable interrupt，非屏蔽中断输入信号，输入）。该信号边沿触发，上升沿有效。此类中断请求不受中断允许标志 IF 的控制，也不能用软件进行屏蔽，所以该引脚上由低到高的变化就会在当前指令结束后引起中断。NMI 中断经常由电源掉电等紧急情况引起。

（6）INTR（interrupt request，可屏蔽中断请求信号，输入）。高电平有效。当 INTR 变为高电平时，表示外部设备有中断请求。CPU 在每个指令周期的最后一个 T 状态检测此引脚，一旦测得此引脚为高电平，并且中断允许标志位 IF=1，则 CPU 在当前指令周期结束后，转入中断响应周期。

（7）CLK（clock，时钟信号，输入）。CLK 信号提供了 CPU 和总线控制的基本定时脉冲。8086/8088 微处理器要求时钟信号是非对称性的，占空比为 33%，由时钟发生器产生。8086/8088 微处理器的时钟频率有以下几种：8086/8088 为 5 MHz；8086/8088 – 1 为 10 MHz；8086/8088 – 2 为 8 MHz。

（8）$\overline{RD}$（read，读信号，输出、三态）。低电平有效，表示 CPU 正在对存储器或 I/O 端口进行读操作。具体是对存储器读，还是对 I/O 端口读，取决于 M/$\overline{IO}$ 信号。在读总线周期的 T_2、T_3 状态，$\overline{RD}$ 均保持低电平；在"保持响应周期"，它被置为高阻抗状态。

（9）RESET（reset，复位信号，输入）。高电平有效。至少要保持 4 个时钟周期的高电平，才能停止 CPU 的现行操作，完成内部的复位过程。在复位状态下，CPU 内部的寄存器初始化，除 CS=FFFFH 外，包括 IP 在内的其余各寄存器的值均为 0。因此，复位后将从 FFFF:0000H 的逻辑地址，即物理地址 FFFF0H 处开始执行程序。一般在该地址放置一条转移指令，以转到程序真正的入口地址。当复位信号变为低电平时，CPU 重新启动执行程序。

（10）READY（ready，准备就绪信号，输入）。这是一个用来使 CPU 和低速的存储器或 I/O 设备之间实现速度匹配的信号。当 READY 为高电平时，表示内存或 I/O 设备已准备就绪，可以立即进行一次数据传输。CPU 在每个总线周期的 T_3 状态对 READY 引脚进行检测。若检测到 READY=1，则总线周期按正常时序进行读/写操作，不需要插入等待状态 T_W。若测得 READY=0，则表示存储器或 I/O 设备工作速度慢，没有准备好数据，CPU 就在 T_3 状态和 T_4 状态之间自动插入一个或几个等待状态 T_W 来延长总线周期，直到检测到 READY 为高电平后，才使 CPU 退出等待状态，进入 T_4 状态，完成数据传送。

插入一个 T_W 状态后的总线周期为 5 个 T 状态：T_1、T_2、T_3、T_W、T_4。

（11）$\overline{\text{TEST}}$（test，测试信号，输入）。与等待指令 WAIT 配合使用。当 CPU 执行 WAIT 指令时，CPU 处于空转等待状态，它每 5 个时钟周期检测一次 $\overline{\text{TEST}}$ 引脚。当测得 $\overline{\text{TEST}}$ =1，则 CPU 继续处于空转等待状态；当测得 $\overline{\text{TEST}}$ =0，就会退出等待状态，继续执行下一条指令。$\overline{\text{TEST}}$ 用于多处理器系统中，实现 8086/8088 主 CPU 与协处理器（8087 或 8089）间的同步协调功能。

（12）MN/$\overline{\text{MX}}$（minimum/maximum mode control，模式控制信号，输入）。该引脚用于选择最大或最小模式。当此引脚接+5 V（高电平）时，CPU 工作于最小模式；当此引脚接地（低电平）时，CPU 工作于最大模式。

以上 12 类共 32 个引脚是 8086/8088 微处理器工作在最小模式和最大模式时都要用到的信号，是公共引脚信号。还有 8 个引脚信号（图 2–35 中的第 24～31 号引脚）在不同模式下有不同的名称和定义，是双功能引脚。

2．最小模式下的引脚信号

（1）M/$\overline{\text{IO}}$（memory/input and output，存储器或输入、输出操作选择信号，输出、三态）。这是 CPU 工作时会自动产生的输出信号，用来区分 CPU 当前是访问存储器还是访问 I/O 端口。当 M/$\overline{\text{IO}}$ =1 时，表示 CPU 当前访问存储器；当 M/$\overline{\text{IO}}$ =0 时，表示 CPU 当前访问 IO 端口。M/$\overline{\text{IO}}$ 一般在前一个总线周期的 T_4 状态就可以产生有效电平。在新总线周期中，M/$\overline{\text{IO}}$ 保持有效直至本总线周期的 T_4 状态为止。

在 DMA（direct memory access）方式下，M/$\overline{\text{IO}}$ 为高阻状态。

（2）$\overline{\text{DEN}}$（data enable，数据允许信号，输出、三态）。作为双向数据总线收发器 8286/8287 的选通信号，它在每一次存储器访问、I/O 访问或中断响应周期有效。

在 DMA（direct memory access）方式下，$\overline{\text{DEN}}$ 为高阻状态。

（3）DT/$\overline{\text{R}}$（data transmit/receive，数据发送/接收控制信号，输出、三态）。在使用 8286/8287 作为数据总线收发器时，8286/8287 的数据传送方向由 DT/$\overline{\text{R}}$ 控制。DT/$\overline{\text{R}}$ =1 时，发送数据；DT/$\overline{\text{R}}$ =0 时，接收数据。

在 DMA（direct memory access）方式下，DT/$\overline{\text{R}}$ 为高阻状态。

（4）$\overline{\text{WR}}$（write，写信号，三态、输出）。在最小模式下，$\overline{\text{WR}}$ 为写信号。$\overline{\text{WR}}$ 表示 CPU 当前正在对存储器或 I/O 端口进行写操作，由 M/$\overline{\text{IO}}$ 来区分是写存储器还是写 I/O 端口。对任何总线"写"周期，$\overline{\text{WR}}$ 只在 T_2、T_3、T_W 期间有效。

在 DMA（direct memory access）方式下，$\overline{\text{WR}}$ 为高阻状态。

（5）$\overline{\text{INTA}}$（interrupt acknowledge，中断响应信号，输出、三态）。在最小模式下，$\overline{\text{INTA}}$ 是 CPU 响应可屏蔽中断后发给请求中断的设备的回答信号，是对中断请求信号 INTR 的响应。CPU 的中断响应周期共占据两个连续的总线周期，在中断响应的每个总线周期的 T_2、T_3 和 T_W 期间 $\overline{\text{INTA}}$ 引脚变为有效低电平。第一个 $\overline{\text{INTA}}$ 负脉冲通知申请中断的外设，其中断请求已得到 CPU 响应；第二个负脉冲用来作为读取中断类型码的选通信号。外设接口利用这个信号向数据总线送中断类型码。

（6）ALE（address latch enable，地址锁存允许信号，输出）。在最小模式下，ALE 是 8086/8088 微处理器提供给地址锁存器 8282/8283 的控制信号。在任何一个总线周期的 T_1 状态，ALE 输出有效电平（实际是一个正脉冲），以表示当前地址/数据、地址/状态复用总线上输出的是地址信息，并利用它的下降沿将地址锁存到锁存器。ALE 信号不能浮空。

（7）HOLD（hold request，总线保持请求信号，输入）。HOLD 是最小模式下系统中除主 CPU（8086/8088）以外的其他总线控制器（如 DMA 控制器）申请使用系统总线的请求信号。

（8）HLDA（hold acknowledge，总线保持响应信号，输出）。HLDA 是对 HOLD 的响应信号。当 CPU 测得 HOLD 引脚为高电平，如果 CPU 又允许让出总线，则在当前总线周期结束时的 T_4 状态期间发出 HLDA 信号，表示 CPU 放弃对总线的控制权，并立即使三条总线（地址总线、数据总线、控制总线，即所有的三态线）都置为高阻抗状态，表示让出总线使用权。申请使用总线的控制器在收到 HLDA 信号后，就获得了总线控制权。在此后的一段时间内，HOLD 和 HLDA 均保持高电平。当获得总线使用权的其他控制器用完总线后，使 HOLD 变为低电平，表示放弃对总线的控制权。CPU 检测到 HOLD 变为低电平后，会将 HLDA 变为低电平，同时恢复对总线的控制。

3. 最大模式下的引脚信号

（1）$\overline{S2}$、$\overline{S1}$、$\overline{S0}$（bus cycles status，总线周期状态信号，输出、三态）。在最大模式下，这三个信号组合起来指出当前总线周期所进行的操作类型，如表 2-6 所示。在最大模式下，系统中的总线控制器 8288 就是利用这些状态信号产生访问存储器和 I/O 端口的控制信号。

表 2-6　$\overline{S2}$、$\overline{S1}$、$\overline{S0}$ 组合产生的总线控制功能

$\overline{S2}$	$\overline{S1}$	$\overline{S0}$	经总线控制器 8288 产生的控制信号	操作功能
0	0	0	$\overline{INTA}$	发中断响应信号
0	0	1	$\overline{IORC}$	读 I/O 端口
0	1	0	$\overline{IOWC}$、$\overline{AIOWC}$	写 I/O 端口
0	1	1	无	暂停
1	0	0	$\overline{MRDC}$	取指令
1	0	1	$\overline{MRDC}$	读内存
1	1	0	$\overline{MWTC}$、$\overline{AMWC}$	写内存
1	1	1	无	无效状态

当 $\overline{S2}$、$\overline{S1}$、$\overline{S0}$ 中至少有一个信号为低电平时，每一种组合都对应了一种具体的总线操作，因而称之为有效状态。这些总线操作都发生在前一个总线周期的 T_4 状态期间和下一总线周期的 T_1、T_2 状态期间；在总线周期的 T_3（包括 T_W）状态，且 READY 为高电平时，$\overline{S2}$、$\overline{S1}$、$\overline{S0}$ 同时为高电平（即 111），此时一个总线操作过程将要结束，而另一个新的总线周期还未开始，通常称为无效状态。而在总线周期的最后一个 T_4 状态，$\overline{S2}$、$\overline{S1}$、$\overline{S0}$ 中

任何一个或几个信号的改变，都意味着下一个新的总线周期的开始。

（2）$\overline{RQ}/\overline{GT0}$ 和 $\overline{RQ}/\overline{GT1}$（request/grant，总线请求信号/总线请求允许信号，输入/输出）。这两个引脚是双向的，信号为低电平有效。这两个信号是最大模式下系统中主 CPU（8086/8088）和其他协处理器（如 8087、8089）之间交换总线使用权的联络控制信号。其含义与最小模式下的 HOLD 和 HLDA 类似。但 HOLD 和 HLDA 占两个引脚，而 $\overline{RQ}/\overline{GTi}$ 出于同一个引脚。$\overline{RQ}/\overline{GT0}$ 和 $\overline{RQ}/\overline{GT1}$ 是两个同类型的信号，表示可同时连接两个协处理器，其中 $\overline{RQ}/\overline{GT0}$ 的优先级高于 $\overline{RQ}/\overline{GT1}$。

（3）$\overline{LOCK}$（lock，总线封锁信号，输出、三态）。当 $\overline{LOCK}$ 为低电平时，表明此时 CPU 不允许其他总线主模块占用总线。$\overline{LOCK}$ 信号由指令前缀 LOCK 产生。当含有 LOCK 指令前缀的指令执行完毕后，$\overline{LOCK}$ 变为高电平，从而撤销了总线封锁。此外，在 CPU 处于 2 个中断响应周期期间，$\overline{LOCK}$ 会自动变为有效的低电平，以防止其他总线主模块在中断响应过程中占有总线而使一个完整的中断响应过程被间断。

在 DMA（direct memory access）方式下，$\overline{LOCK}$ 为高阻状态。

（4）QS1、QS0（instruction queue status，指令队列状态信号，输出）。QS1、QS0 这两个信号用来指示 CPU 内的指令队列的当前状态，以使外部设备（主要是协处理器 8087）对 CPU 内指令队列的动作进行跟踪。QS1、QS0 的组合与指令队列状态的对应关系如表 2-7 所示。

表 2-7　QS1、QS0 的组合与指令队列状态的对应关系

QS1	QS0	指令队列状态
0	0	无操作，未从指令队列中取指
0	1	从指令队列中取出当前指令的第一个字节（操作码字节）
1	0	指令队列空，由于执行转移指令，队列重新装填
1	1	从指令队列中取出指令的后续字节

2.5.2　8086/8088 微处理器最小模式下的系统组成

8086/8088 微处理器有两种工作模式，当 $MN/\overline{MX}=1$ 时为最小模式系统。8086/8088 的最小模式下系统主要由中央处理器、存储器、I/O 接口芯片、时钟发生器 8284、地址锁存器 8282/8283、数据收发器 8286/8287 等组成。

最小模式下，总线控制信号 ALE、$M/\overline{IO}$、$\overline{DEN}$、$DT/\overline{R}$、$\overline{BHE}$、$\overline{RD}$、$\overline{WR}$、HLDA 及中断响应信号 $\overline{INTA}$ 等都是由 8086/8088 微处理器直接产生，外部产生的 INTR、NMI、HOLD、READY 等请求信号也直接送往 8086/8088 微处理器。

图 2-37 是以 8086 微处理器为核心构建的最小模式下的微处理器子系统。由图 2-37 可知，在最小模式下，除了 8086 微处理器外，还包括为微处理器工作提供条件的时钟发生器 8284A、分离微处理器输出的地址/数据分时复用信号的 3 片地址锁存器 8282、2 片总线数据收发器 8286 及存储器和 I/O 接口芯片。

其工作原理如下。

（1）当 8086 微处理器输出数据给存储器某个单元时，ALE 选通 3 片 8282，把地址信息 A19～A0 及 $\overline{BHE}$ 锁存，通过 8282 送往存储器的地址线及片选线，当 $\overline{WR}=0$、$\overline{DEN}=0$、

$DT/\overline{R}$ =1、 $M/\overline{IO}$ =1 时，数据从 D15～D0 通过 8286 写入存储器。

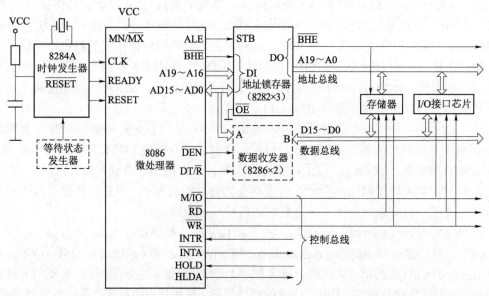

图 2-37　8086 微处理器最小模式下的微处理器子系统

（2）当 8086 微处理器从存储器读数据时，ALE 选通 3 片 8282，把地址信息通过 8282 锁存送往存储器，寻址之后 $\overline{RD}$ =0、 $\overline{DEN}$ =0、DT/ $\overline{R}$ =0、 $M/\overline{IO}$ =1 时，存储器数据通过 8286 及 D15～D0 传送到 8086 微处理器。

（3）在 I/O 接口与 8086 微处理器之间进行数据传送时，除 I/O 端口地址的寻址处理、 $M/\overline{IO}$ =0 与存储器不同之外，其读/写过程与上述存储器类似。

2.6　16 位 8086/8088 系统的总线周期与时序

8086/8088 微处理器由 EU 和 BIU 组成。EU 完成指令的执行，BIU 负责访问存储器或 I/O 接口，实现读/写。由于 CPU 内部采用 EU 和 BIU 流水线且并行的工作模式，所以可以不考虑 EU 内部的操作时序。8086/8088 微处理器每执行一条指令，BIU 至少通过外部总线访问存储器或 I/O 接口一次。

这里有 3 个基本概念。

（1）指令周期：执行一条指令所需的时间。

（2）总线周期：BIU 通过外部总线访问存储器或 I/O 接口一次所需的时间。

（3）T 状态：一个时钟周期中总线的状态。

通常一个指令周期由若干个总线周期组成。一个总线周期至少包含 4 个 T 状态。若 8086/8088 微处理器的时钟频率为 5 MHz，则每个时钟周期（T 状态）为 0.2 μs。时钟周期保证 8086/8088 微处理器按节拍进行工作。总线周期时序包含了各个控制信号在每个时钟周期的先后顺序和时间长短，从而可以确定与 8086/8088 微处理器相配的器件的时序是否能满足正常工作的条件。学习总线周期时序，对于了解各种指令在操作时的控制信号、数据的流向、完成的操作功能是十分有必要的。由于 8086/8088 微处理器在最大和最小模式下控制信号不完全相同，所以总线周期时序也不相同。下面介绍 8086/8088 微处理器在最小模式下工作的总线周期。

8086/8088 微处理器在访问存储器或 I/O 端口的数据或取指令填充指令队列时都需要通过 BIU 执行总线周期，即进行总线操作。

总线操作按数据传送方向可分为以下两种操作。

（1）总线读操作：微处理器从存储单元或 I/O 端口读取数据。

（2）总线写操作：微处理器将数据写入指定的存储单元或 I/O 端口。

1. 最小模式下的总线读周期

图 2−38 为 8086/8088 微处理器在最小模式下总线读周期的时序。在这个周期里，8086/8088 微处理器完成从存储器或 I/O 端口读取数据的操作。

由图 2−38 可知，一个总线读周期由 4 个时钟周期组成。各个时钟周期所完成的操作如下。

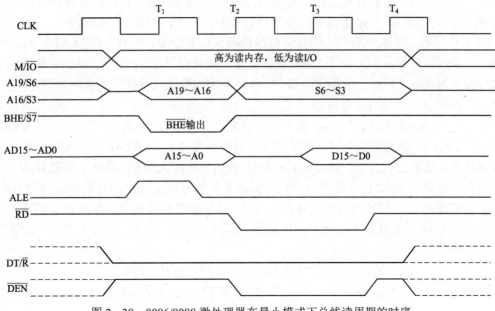

图 2−38　8086/8088 微处理器在最小模式下总线读周期的时序

（1）T_1 状态。M/$\overline{\text{IO}}$ 信号首先在 T_1 状态下有效，指出微处理器是从存储器还是从 I/O 端口读取数据。M/$\overline{\text{IO}}$ 为高电平时，从存储器读取数据；M/$\overline{\text{IO}}$ 为低电平时，从 I/O 端口读数据。M/$\overline{\text{IO}}$ 上的电平一直保持到总线读周期结束，即到 T_4 状态为止。

在 T_1 状态的开始，微处理器从地址/状态复用总线 A19/S6～A16/S3 和地址/数据复用总线 AD15～AD0 上发出读取存储器的 20 位地址或读取 I/O 端口的 16 位地址。

为了锁存地址，微处理器在 T_1 状态从 ALE 引脚输出一个正脉冲作为地址锁存信号。ALE 信号连接到地址锁存器 8282 的选通端 STB。在 T_1 状态结束时，M/$\overline{\text{IO}}$ 信号和地址信号均已稳定有效，这时 ALE 变为低电平，20 位地址被锁存入地址锁存器 8282。这样，在总线周期的其他状态，系统地址总线上稳定地输出地址信号。

在 T_1 状态，如果微处理器需要从内存的奇地址单元或者奇地址的 I/O 端口读取数据，

则输出 $\overline{BHE}$ （=0）信号，表示高 8 位数据线上的数据有效。$\overline{BHE}$ 和 A0 分别用于奇、偶存储体或 I/O 端口的选体信号（低电平有效）。

若系统中接有总线收发器 8286，则要用到 DT/$\overline{R}$ 和 $\overline{DEN}$ 信号，用于控制总线收发器 8286 的数据传送方向和数据选通。在 T_1 状态，DT/$\overline{R}$ 端输出低电平，表示本总线周期为读周期，让总线收发器 8286 接收数据。

（2）T_2 状态。地址信息撤销，地址/状态复用线 A19/S6～A16/S3 上输出状态信号 S6～S3，$\overline{BHE}$/S7 引脚上输出状态 S7。状态信号 S7～S3 要一直维持到 T_4 状态，其中 S7 未赋予实际意义。

地址/数据复用总线 AD15～AD0 进入高阻态，以便为读取数据做准备。

$\overline{RD}$ 信号开始变为低电平，此信号送到系统中所有的存储器和 I/O 端口，但只对被地址信号选中的存储器或 I/O 端口起作用，并打开其数据缓冲器，将读出的数据送上数据总线。

$\overline{DEN}$ 信号在 T_2 状态开始变为有效低电平，用来开放总线收发器 8286，以便在读出的数据送上数据总线之前就打开总线收发器 8286，让数据通过。$\overline{DEN}$ 信号的有效电平要维持到 T_4 状态中期结束。DT/$\overline{R}$ 信号继续保持有效的低电平，即处于接收状态。

（3）T_3 状态。在 T_3 状态的一开始，微处理器检测 READY 引脚。若 READY 为高电平（有效），表示存储器或 I/O 端口已经准备好数据，微处理器在 T_3 状态结束时读取该数据。若 READY 为低电平，则表示存储器或 I/O 端口不能如期送出数据，要求微处理器在 T_3 和 T_4 状态之间插入一个或几个等待状态 T_w。

（4）T_w 状态。进入 T_w 状态后，微处理器在每个 T_w 状态的前沿（下降沿）采样 READY 信号。若 READY 信号为低电平，则继续插入等待状态 T_w。若 READY 信号为高电平，表示数据已出现在数据总线上，微处理器从地址/数据复用线 AD15～AD0 上读取数据。

（5）T_4 状态。进入 T_3（或 T_w）和 T_4 状态交界的下降沿处，微处理器对数据总线上的数据进行采样，完成读取数据的操作。在 T_4 状态的后半周期数据从数据总线上撤销。各控制信号和状态信号处于无效状态且 $\overline{DEN}$ 为高电平（无效）时，关闭数据总线收发器，一个读周期结束。

综上可知，在总线读周期中，微处理器在 T_1 状态送出地址及相关信号，在 T_2 状态发出读命令和总线收发器 8286 控制命令，在 T_3、T_w 状态等待数据的出现，在 T_4 状态将数据读入微处理器。

2. 最小模式下的总线写周期

图 2-39 为 8086 微处理器在最小模式下总线写周期的时序。由图 2-39 可知，8086/8088 微处理器的总线写周期与总线读周期有很多相似之处。和读周期一样，基本写周期也包含 4 个状态：T_1、T_2、T_3 和 T_4。当存储器或 I/O 设备速度较慢时，在 T_3 和 T_4 状态之间插入一个或几个等待状态 T_w。

在写周期中，由于从地址/数据复用线 AD15～AD0 上输出地址（T_1）和输出数据（T_2）是同方向的，因此在 T_2 状态不再需要像读周期那样维持一个时钟周期的高阻态作缓冲。写周期中，地址/数据复用线 AD15～AD0 在发完地址后便立即转入发数据，以使存储器或 I/O 设备一旦准备好就可以从数据总线上取走数据。DT/$\overline{R}$ 信号为高电平，表示本周期为写周期，控制总线收发器 8286 向外发送数据。写周期中，$\overline{WR}$ 信号有效，$\overline{RD}$ 信号变为无效，但它们出现的时间类似。

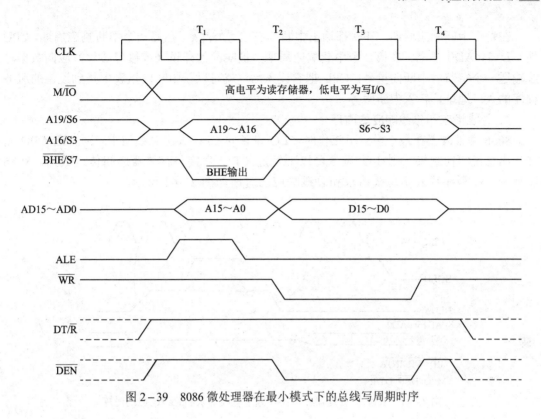

图 2－39　8086 微处理器在最小模式下的总线写周期时序

3. 中断响应周期

当外部中断源通过 INTR 或 NMI 向 CPU 发出中断请求信号时，若是 INTR 上的信号，则只有在标志位 IF=1（CPU 处在开中断）的条件下，CPU 才会响应。CPU 在当前指令执行完以后，响应中断。在响应中断时，CPU 执行两个连续的中断响应周期，如图 2－40 所示。

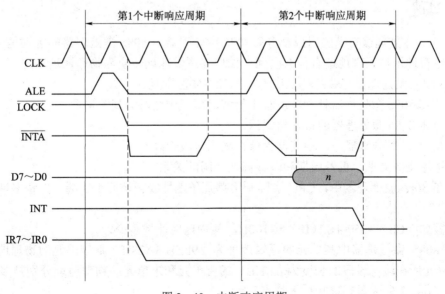

图 2－40　中断响应周期

在每个中断响应周期，CPU 都输出中断响应信号 $\overline{\text{INTA}}$。在第一个中断响应周期，CPU 使 AD15～AD0 浮空。在第二个中断响应周期，被响应的外设（或接口芯片）应向数据总线输送一个字节的中断向量号，CPU 把它读入后，就可以在中断向量表中找到设备的服务程序的入口地址，转入中断服务。

4. 总线请求和总线响应的时序

8086 微处理器在最小模式下工作时，I/O 设备向 CPU 发出总线请求信号，若 CPU 允许让出总线的控制权，则 I/O 设备可以不经过 CPU 直接与存储器之间传送数据。8086 微处理器在最小模式下总线请求和总线响应的时序如图 2-41 所示。

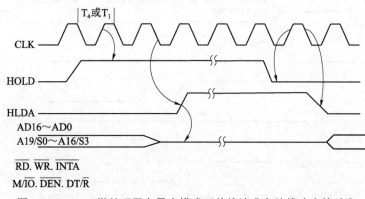

图 2-41　8086 微处理器在最小模式下总线请求和总线响应的时序

CPU 在每个时钟周期的上升沿对 HOLD 信号进行检测，若为高电平，则 CPU 允许让出总线。在总线周期 T_4 状态或空闲状态 T_1 之后的下一个周期，CPU 发出 HLDA 信号，HLDA 期间地址、数据、控制三总线对 CPU 呈高阻状态。

习题

1. 8086 微处理器有哪些组成部分？8086 微处理器与 8088 微处理器的区别是什么？

2. 逻辑地址与物理地址有什么区别？如何将逻辑地址转换为物理地址？

3. 80386 微处理器有哪几种工作模式？其主要区别是什么？

4. 8086/8088 微处理器处理非屏蔽中断和可屏蔽中断时有何不同？

5. 简述 8086 微处理器的寄存器组织。

6. 在 8086 微处理器中，存储器为什么采用分段管理？

7. 论述指令周期、机器周期和时钟周期之间的关系。

8. 在 8086 微处理器中，CPU 实际利用哪几条地址线来访问 I/O 端口？最多能访问多少个端口？

9. 假如（CS）=2500H，（IP）=2100H，其物理地址是多少？

10. 8086 微处理器中某单元的逻辑地址为 19FEH:3A28H，则该单元的物理地址是多少？该单元所在段（设段的长度为 64 KB）的首单元和末单元的物理地址分别是多少？

11. Core 微处理器有哪些技术特点？

研究型教学讨论题

1. 查阅资料，简述 Core 微处理器与 Pentium 微处理器的区别。
2. 查阅资料，简述最新的芯片组的技术指标与功能（CPU 的架构与应用专题研究）。
3. 查阅资料，简述理想存储器应具备的性能与参数（存储器的原理与应用专题研究）。

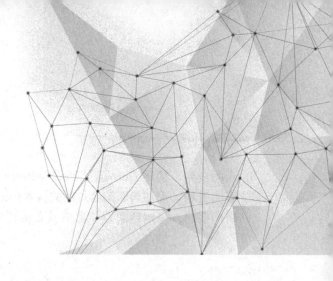

本章教学资源

第 3 章
80x86 的指令系统

提要： 本章首先介绍指令中描述操作数的方法，即寻址方式，然后介绍了 Intel 系列微处理器 8086/8088 和 80x86 的指令系统，进一步理解计算机的工作原理和利用计算机处理问题的方法。本章重点掌握 7 种基本的数据寻址方式，掌握 8086/8088 微处理器指令系统常用的数据传送类指令、算术运算类指令、逻辑运算类指令、移位和循环移位类指令、串操作类指令、控制转移类指令、处理器控制类指令及其基本编程方法，注意指令所完成的功能、格式及要求。

3.1　概述

指令是计算机用以控制各个部件协调工作的命令。计算机能够识别的所有指令的集合称为指令系统。指令系统是计算机基本功能的体现，直接影响计算机的结构。不同微处理器（CPU）拥有不同的指令系统，相互之间不一定兼容。统一系列 CPU 的指令系统一般是向上兼容，例如 x86 系统中 80286、80386、80486 微处理器的指令系统包含 8086/8088 微处理器的指令系统。程序是为了解决某一问题而编写的有序指令序列。

8086/8088 微处理器的指令系统是 80x86 系列微处理器的基本指令系统，由于 8086 微处理器和 8088 微处理器的指令系统完全相同，因此本章重点介绍 8086 微处理器的指令系统。

8086 微处理器的指令按功能可分为七大类：数据传送类指令、算术运算类指令、逻辑运算类指令、移位和循环移位类指令、串操作类指令、控制转移类指令、处理器控制类指令。

3.2　指令的基本构成

3.2.1　指令的格式

操作码（OP）	操作数

图 3-1　指令的格式

一条指令通常由操作码和操作数组成，如图 3-1 所示。操作码（指令码）用助记符表示，用于表示指令要进行何种操作，是指令中不可缺少的一部分。操作数是指令中操作的对象，根据指令操作码部分给出或隐含。

指令的长度（字节数）会影响指令的执行时间。8086 微处理器指令系统的指令长度在 1～7 个字节之间，主要决定于操作数的寻址方式。80x86 微处理器采用变字节的指令格式，指令由 1～16 个字节组成。

操作数是指令的主要处理对象。在 CPU 的指令系统中，除少数 NOP（空操作指令）、HLT（停机指令）等之外，大量的指令在执行过程中都会涉及操作数，所以在指令中如何表示操作数或操作数的存放位置是汇编指令的一个重要因素。寻找指令中所需的操作数或操作数地址的方式称寻址方式。操作数的各种寻址方式是用汇编指令进行程序设计的基础，也是学好 CPU 指令系统的重点之一。

寻址方式是寻找指令所需要信息的一种方式。寻址方式通常分为数据寻址方式和指令指针寻址方式两种。

16 位微处理器的指令操作数有 3 种：立即数操作数、寄存器操作数、存储器操作数。

（1）立即数操作数：这种操作数在代码段中紧跟在指令操作码之后。

（2）寄存器操作数：指令中的操作数存放在 CPU 的内部寄存器中。

（3）存储器操作数：指令中的操作数存放在内存储器中，指令操作码指示出在内存中的位置信息。这种位置信息的提供方式就决定了存储器操作数的寻址方式。

常用的数据寻址方式有 7 种：立即寻址、寄存器寻址、直接寻址、寄存器间接寻址、相对寄存器间接寻址、基址加变址寻址、相对基址加变址寻址。

一般程序的执行是顺序执行。当遇到转移指令时，就要改变程序的执行顺序，即改变指令指针的内容，转移到目标地址处执行。寻找转移目标地址的方法称为指令指针寻址方式。

一条指令的操作数有单操作数、双操作数、无操作数 3 种。双操作数，如 “MOV AX，CX” 中，CX 为源操作数，AX 为目的操作数。MOV 指令的操作码是控制 CPU 执行何种操作的。指令通常给出指令所需的操作数的值或给出操作数所在的位置信息。数据寻址方式就是寻找操作数和操作数地址的方式，从而解决操作数的值是多少及存放在什么地方的问题。

除比例变址寻址方式外，80x86 所有型号的微处理器有相同的寻址方式。比例变址寻址方式只能用于 80386～Pentium 4 微处理器，80386 微处理器和更高级的微处理器还包含比例变址方式的数据寻址。

直接寻址、寄存器间接寻址、相对寄存器间接寻址、基址加变址寻址、相对基址加变址寻址，还有 80386 微处理器和更高级的微处理器的比例变址方式，这 6 种寻址方式属于操作数在内存储器中，用于说明操作数所在存储单元的地址信息。由于 BIU 能根据需要自动引用段寄存器得到段基址，所以这 6 种方式也就是确定存放操作数的存储单元的有效地址（EA）的方法。有效地址（EA）是一个 16 位或 32 位的无符号数，表示操作数所在存储单元的地址距所在段基址之间的距离。

3.2.2　数据寻址方式

1．立即数操作数（立即寻址）

在指令中，操作数作为操作码的一部分紧跟在操作码之后存放在代码段中。这种操作数称为立即寻址。操作数可以是 8 位、16 位或 32 位。

【例 3-1】立即寻址举例。

```
MOV  AX, 1234H           ;将 1234H 送入 AX 累加器中，AH=12H，AL=34H
MOV  BYTE PTR [BX], 47H  ;将 47H 送入 BX 所在指向的内存单元中
MOV  EBX, 12000200H      ;将 12000200 送入 EBX 单元中
```

说明：立即寻址时只允许源操作数为立即数，目的操作数必须是寄存器或存储器。

作用：给寄存器或存储单元赋值。

例 3-1 中的指令"MOV AX，1234H"，如果存放该指令操作码的地址为 1000:0100，那么图 3-2 为立即寻址过程示意图。

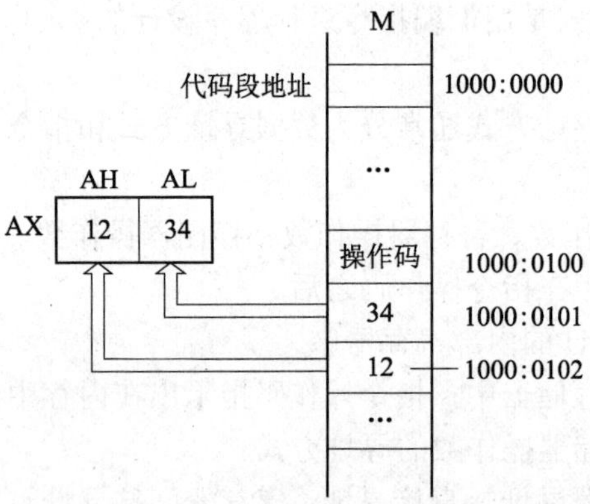

2. 寄存器操作数（寄存器寻址）

寄存器寻址方式下，操作数为 CPU 内部寄存器，可以是通用寄存器和段寄存器，在指令操作码中给出寄存器编码，指令给出寄存器名称。

【例 3-2】寄存器寻址举例。

```
MOV  AX, BX
MOV  DS, AX
MOV  ESP, ESI
```

图 3-2　立即寻址过程示意图

如图 3-3 所示，已知（BX）=605H，"MOV AX，BX"指令完成将 BX 中的内容送到 AX 中。

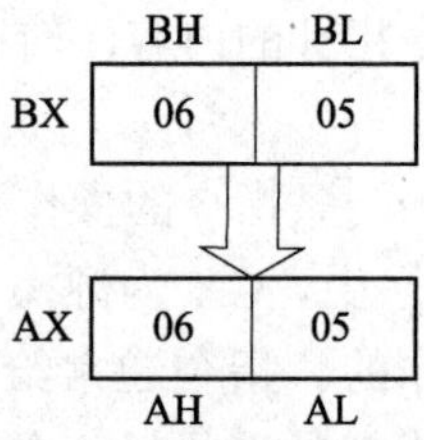

8 位寄存器为 AH、AL、BH、BL、CH、CL、DH、DL；16 位寄存器为 AX、BX、CX、DX、SI、DI、SP、BP、CS、DS、SS、ES、FS、GS；32 寄存器为 EAX、EBX、ECX、EDX、ESI、EDI、ESP、EBP。

作用：完成寄存器与寄存器之间的操作。

由于寄存器寻址方式下操作数在寄存器里面，而寄存器属于

图 3-3　寄存器寻址示意图

CPU 内部寄存器，因此执行速度比较快。同时，要注意寄存器类型的匹配问题。例如"MOV BX，AH"，源操作数是 8 位的，目的操作数是 16 位的，这个指令就是错误的写法。

3. 存储器操作数（存储器寻址）

与存储器操作数有关的寻址方式分为：直接寻址、寄存器间接寻址、相对寄存器间接寻址、基址加变址寻址、相对基址加变址寻址、比例变址寻址。这 6 种寻址方式在指令中指出寻找操作数的有效地址（EA）的方法。有效地址（EA）是操作数所在单元地址距该段起始地址之间的字节单元数，有时也称为偏移地址。存放字节数据的内部存储器单元地址有两种表示形式：物理地址和逻辑地址。物理地址是内存中每一个字节数据有一个唯一的 20 位地址，这个地址称为物理地址。逻辑地址是编写程序时指令中使用的一种地址表示方式。

1）直接寻址

直接寻址方式下，操作数存放在内存储器中，而操作数的有效地址（EA，16 位或 32 位）由指令给出。在直接寻址方式中，为求得操作数，必须先求出存放操作数的存储单元

的物理地址。

如果操作数在数据段中，则求得：物理地址＝（DS）×16＋EA。

如果操作数在堆栈段中，则求得：物理地址＝（SS）×16＋EA。

【例 3－3】 直接寻址举例。

```
MOV AX, DS:[2000H]    ;设（DS）= 3000H,（32000H）=43C8H
MOV AX,[2000H]        ;两条指令相同
```

目的操作数的逻辑地址为 3000H:2000H。

物理地址＝（3000H）×16＋2000H=32000H，即将存储单元 32000H 和 32001H 的内容送到 AX。需要注意的是，低地址的存储单元 32000H 的内容送 AX 的低字节 AL 中，32001H 的内容则送到 AH 中。图 3-4 为直接寻址过程示意图。

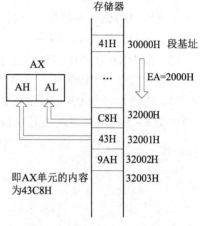

图 3-4 直接寻址过程示意图

【例 3－4】

```
MOV ES:[2000H], AL   ;将 AL 的内容送到附加段的
                        偏移地址为 2000H 的存储
                        单元中
MOV  EAX, SUM        ;将数据段存储单元中变量名
                        为 SUM 中的双字内容送到
                        EAX 中
```

直接寻址方式允许用变量名来代替数值地址，如上述例 3-4 中的 SUM。

例如：

```
MOV EAX, [SUM] ;与上述指令是等效的
```

作用：直接寻址适用于处理一维数组变量。

2）寄存器间接寻址

寄存器间接寻址方式下，操作数在存储器中，操作数的有效地址（EA）存放在 SI、DI、BX、BP 之一的寄存器中。对于 80386 微处理器及更高型号的微处理器，可以用 32 位寄存器 EAX、ECX、EDX、ESI、EDI、EBX、EBP 寻址。

如果指令中指定的寄存器是 BX、SI、DI，则操作数隐含在数据段中，操作数的有效地址（EA）为：

$$EA=（BX）或（SI）或（DI）$$

其操作数的物理地址为：

$$物理地址=（DS）×16＋EA$$

如果指令中指定的寄存器是 BP，则操作数隐含在堆栈段中，段基址在 SS 中，操作数的物理地址为：

$$物理地址=（SS）×16＋（BP）$$

对于 80386 微处理器及更高型号的微处理器，EBP 默认为堆栈段中的存储器，而 EAX、EBX、ECX、EDX、EDI 和 ESI 默认为寻址数据段中的存储器。在实模式下，用 32 位寄存器寻址存储器时，寄存器的内容不允许超过 0000FFFFH。在保护模式下，只要不访问由访

问权限字节规定的段之外的存储单元,任何数据都可以在寄存器间接寻址方式下的 32 位寄存器中使用。例如在 80386 微处理器及 Pentium 4 微处理器中,"MOV　EAX,[EBX]"指令中将位于数据段并由 EBX 提供偏移地址的存储器中的双字数据装入 EAX 中。

作用:用于一维数组处理,执行完一条指令后,只需修改寄存器的内容就可取出表格中的下一项。

【例 3-5】寄存器间接寻址举例。

设(BX)=1047H、(DS)=0100H,求"MOV AX,[BX]"中 AX 的值。

本例题中的任务是将内存中的操作数送到 AX 中去,可分 4 步来求解。

(1)将 DS 左移 4 位得到 01000H,即求得段基址。

(2)由(BX)=1047H 得到有效地址(EA)。

(3)由段基址 01000H 和有效地址 1047H 相加得到物理地址为 02047H。

(4)将物理地址 02047H 和 02048H 中的内容传送到 AX 中,求得(AX)=0A356H。

如图 3-5 为寄存器间接寻址过程示意图。

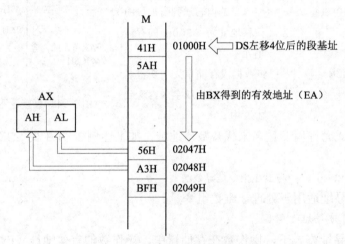

图 3-5　寄存器间接寻址过程示意图

3)基址加变址寻址

基址加变址寻址方式下,操作数在存储器中,操作数的有效地址(EA)是基址寄存器和变址寄存器内容之和。

在 8086/8088 微处理器中,该寻址方式的有效地址(EA)为基址寄存器(BX 或 BP)的内容加变址寄存器(SI 或 DI)的内容。BX、BP 只能选一个,SI、DI 也只能选一个。

EA=(基址寄存器)+(变址寄存器),段的默认方式是由基址寄存器确定的。

BX 为基址寄存器,则物理地址=(DS)×10H+(BX)+(SI)或(DI)。

BP 为基址寄存器,则物理地址 =(SS)×10H+(BP)+(SI)或(DI)。

在 80386 微处理器及更高型号的微处理器中,该寻址方式的有效地址(EA)为 EAX、ECX、EDX、ESI、EDI、EBX、EBP 任意两个寄存器的内容之和。

作用:基址加变址寄存器寻址主要用于二维数组的操作。

【例 3-6】基址加变址寻址举例一。

```
MOV  CX,[BX][SI]          ;将 BX+SI 寻址的 DS 段中的内容送到 CX 中
```

MOV EAX,[EDX][EBP]   ; 将 EDX＋EBP 寻址的 SS 段中的内容送到 EAX 中

基址加变址寻址有两种情况，即 16 位寻址和 32 位寻址，每种情况下基址寄存器和变址寄存器的使用规定和段寄存器的默认规定与前面所述相同。但应注意的是，32 位寻址情况下，当基址寄存器和变址寄存器默认的段寄存器不同时，应该如何来处理呢？

例如例 3－6 中的 "MOV EAX，[EDX][EBP]"，此时由基址寄存器来决定默认的段基址寄存器，由于基址寄存器是 EBP，所以以默认 SS 为段基址寄存器。

【例 3－7】基址加变址寻址举例二。

MOV AX,[BX+SI]   ; 将 DS 段中 BX+SI 所指单元字内容送 AX 中

MOV AX, ARY[BP+DI]   ; 将 SS 段中 BP+DI+ARY 所指单元字内容送 AX 中

在指令 "MOV AX，[BX+SI]" 中，DS= 2000H，BX=000CH，SI=0006H，执行该指令后有效地址 EA=000C+0006=0012H，那么则会将 2000:0012H 的内存字操作数送 AX 中，（AX）=4433H。

图 3－6 为基址加变址寻址过程示意图。

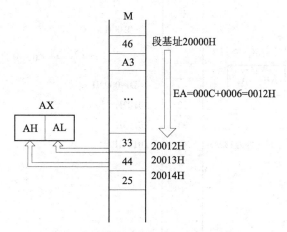

图 3－6   基址加变址寻址过程示意图

4）相对寄存器间接寻址

寄存器相对寻址方式下，操作数在存储器中。操作数的有效地址（EA）是位移量加基址寄存器（BP、BX）或变址寄存器（DI、SI）的内容之和，即：

$$EA=（BP/BX/SI/DI）+8 位/16 位位移量$$

对于 80386 以上微处理器而言，则：

$$EA=（EBP/EBX/ESI/EDI/EAX/ECX/EDX）+16 位/32 位位移量$$

需要注意的是，BX、DI、SI、EAX、EBX、ECX、EDX、ESI、EDI 寻址数据段，而 BP、EBP 寻址堆栈段。位移量是 8 位，其范围为－128～+127。位移量是 16 位，其范围为－32 768（8000H）～+32 767（7FFFH）。在 80386 微处理器及更高型号的微处理器中，位移量可以是 32 位的数字，其值的范围是－2 147 483 648（80000000H）～+2 147 483 647（7FFFFFFFH）。

作用：用于含相对位移量的一维数组数据。

【例 3－8】相对寄存器间接寻址举例。

```
MOV AX, [DI+100H]      ; 将由 DI+100H 寻址的数据段存储单元中的内容送到 AX 中
MOV DI, SET [BP]       ; 将由 SET+BP 寻址的堆栈段存储单元中的内容送到 DI 中
MOV ARY [SI+2], CL     ; 将 CL 中的字节存入 ARY+SI+2 寻址的数据段存储单元中
MOV AX, ARRAY [EBX]    ; 将数据段中由 ARRAY 加 EBX 的内容寻址的存储单元的字数据送入 AX
```

对于例 3-8 中的指令"MOV AX, [DI+100H]", 当 DS=2000H、DI=0002H 时, 有效地址 EA=0002+0100=0102H, 那么指令将 2000:0102H 的内存字操作数送到 AX 中。图 3-7 为寄存器相对寻址过程示意图。

5) 相对基址加变址寻址

相对基址加变址寻址方式下, 操作数在存储器中, 操作数的有效地址 (EA) 是三个地址分量之和。

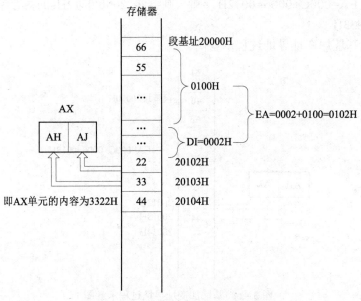

图 3-7　寄存器相对寻址过程示意图

此寻址方式与基址加变址寻址类似, 同样有 16 位、32 位两种情况, 规定也相同。二者的区别在于有效地址 (EA) 的计算。

$$EA = （基址寄存器）+（变址寄存器）+8 位/16 位相对位移量$$

作用: 用于含相对位移量的二维表格处理。

【例 3-9】相对基址加变址寻址举例。

```
MOV AX, MASK [BX][SI]          ; 将 BX+SI+MASK 寻址的 DS 段中的内容送到 AX 中
MOV EDX, [ESI][EBP+0FFF0000H]  ; 将 EBP+ESI+0FFF0000H 寻址的 SS 段中的双字数
                                 据送到 EDX 中
MOV DH, [BX+DI+2H]             ; 将 BX+DI+2H 寻址的数据段存储单元的字节数据存入
                                 DH 中
MOV AX, ARTY [BX+SI]          ; 将由 ARRAY+BX+SI 寻址的数据段存储单元的字数据
                                 存入 AX 中
```

```
MOV LIST [BP+SI+4], DH
```
                   ;将 DH 的内容存储到 LIST+BP+SI+4 寻址的堆栈段存储单元中

在指令"MOV DH, [BX+DI+2H]"中，设 DS=2000H，BX=000CH，DI=0006H，执行该指令后，有效地址 EA=000C+0006+2=0014H，那么则会将 2000H:0014H 的内存字节操作数送 DH 中，（DH）=9BH。图 3-8 为相对基址加变址寻址过程示意图。

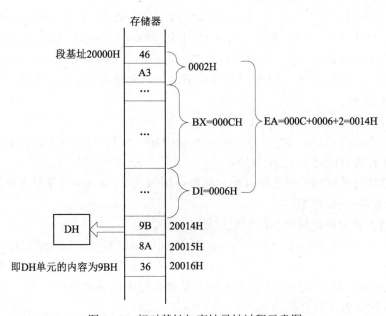

图 3-8　相对基址加变址寻址过程示意图

6）比例变址寻址

在 80x86 系列微处理器中，8086、8088、80286 都是 16 位微处理器，从 80386 开始微处理器进入到 32 位发展阶段。32 位 80x86 微处理器在支持 16 位寻址方式的同时也支持 32 位寻址方式。

32 位寻址方式增加了一个比例因子（值为 1、2、4、8），使指令可方便地寻址到不同数据类型的数组的某个元素。其中，通用寄存器的基址寄存器为 EAX、ECX、EDX、ESI、EDI、EBX、EBP、ESP，变址寄存器为 EAX、ECX、EDX、ESI、EDI、EBX、EBP，都可以作为间接访问存储器。此时有效地址（EA）可以由 4 部分组成：

$$EA=基址寄存器+变址寄存器×比例因子+8 位/16 位/32 位位移量$$

其中，比例因子可以是 1、2、4、8，隐含的比例因子是 1。比例因子为 1 是寻址字节数组，比例因子为 2 是寻址字数组，比例因子为 4 是寻址双字数组，比例因子为 8 是寻址 4 字。

使用 EBP 寻址时，默认的段寄存器是 SS，除此之外默认的寄存器为 DS。

【例 3-10】假设在数据段中，从 TABLE 开始连续存放 10 个双字数据（每个数据占用 4 个字节）。如果访问这个数组的第 8 个数据，则将这个数据的下标放在某个变址寄存器（ECX）中，然后选择比例因子为 4。

具体实现如下：

MOV ECX, 7

MOV EAX, TABLE [ECX*4]

（1）比例变址寻址（indexed proportion addressing）。此种寻址方式下，EA =（变址寄存器）×比例因子+位移量。比例因子可取 2、4 或 8。这种寻址方式只适用于 32 位寻址。

【例 3 – 11】比例变址寻址举例。

MOV EAX, TABLE [ESI*4]　；将 TABLE+ESI*4 寻址的 DS 段中的 4 个字节的内容送到 EAX 中

其中，TABLE 为位移量，4 为比例因子，ESI 乘以 4 的操作在 CPU 内部完成。

（2）基址加比例变址寻址。此种寻址方式下，EA =（基址寄存器）+（变址寄存器）×比例因子。基址寄存器为 8 个 32 位通用寄存器之一，变址寄存器为除 ESP 以外的 7 个 32 位通用寄存器之一。

【例 3 – 12】基址加比例变址寻址举例。

MOV EAX, [EDX][ECX*8]　；将 EDX+ECX*8 寻址的 DS 段中的双字数据送到 EAX 中

这种寻址方式只适用于 32 位寻址。

（3）带位移的基址加比例变址寻址。此种寻址方式下，EA =（基址寄存器）+（变址寄存器）×比例因子+位移量。

【例 3 – 13】带位移的基址加比例变址寻址举例。

MOV ARY [EBP][ECX*8], EBX　　　；将 EBX 中的双字内容送到 SS 段内偏移地址为 ARY+（EBP）+（ECX）*8 所指向的内存单元中

32 位与 16 位寻址方式相比有两点不同：数据长度不同和比例因子的使用。

应用时需注意以下几点。

① 基址寄存器为 8 个 32 位通用寄存器之一。

② 变址寄存器为除 ESP 以外的 7 个 32 位通用寄存器之一。

③ 各种约定和默认情况见表 3 – 1。

④ 使用 32 位微处理器指令，必须使用微处理器选择伪指令进行说明。

⑤ 比例因子只能与变址寄存器相乘，比例因子是 1 可以不写。

⑥ 实模式下寻址范围也是 1 MB 空间，32 位地址信号线的高 12 位为 0。

⑦ 在 DOS 环境下（实模式和 V86 模式）编写 32 位 x86 程序时，逻辑段段长小于等于 64 KB，只有进入保护模式后才可以使用 32 位的段。

3.2.3　指令指针寻址方式

该寻址方式就是寻找转移目标地址的 IP 和 CS 的方法。该寻址方式涉及的指令有转移指令、调用和返回指令、中断调用指令。这里以无条件转移指令为例来介绍。

无条件转移指令的格式及功能如下。

格式：　JMP dest

功能：程序转到目标地址 dest 处（dest 为提供的转移目标的地址信息）。

由于这类指令修改 CS 和 IP 的值，因此指令指针寻址方式与数据寻址方式不同。指令指针寻址方式是寻找转移目标地址指针的方法。

指令指针寻址方式可以分为段内直接寻址、段内间接寻址、段间直接寻址、段间间接

寻址。

1. 段内直接寻址

格式：JMP SHORT　目标地址　　　　　；短转移

　　　JMP NEAR PTR　目标地址　　　；近程转移

该寻址方式下，转移的目标地址的位移量在指令代码段中，紧跟在指令操作码后面。位移量 disp 等于目标地址减去取出转移地址指令后的 IP 的值。短转移指令 SHORT 的偏移量是 8 位，允许转移值的范围是 −128～+127。段内近程转移指令 NEAR 的偏移量是 16 位，允许转移值的范围是 −32 768～32 767。

段内转移指程序转移的目标地址在当前代码段中，因此程序在转移时不需要改变 CS 的内容，而只改变 IP 的值。

2. 段内间接寻址

该寻址方式下，转移的目标地址的 IP 的值在指令指定的寄存器或存储器单元中，指令给出寻找目标地址的方法。

格式：JMP REG

　　　JMP NEAR PTR［REG］

功能：将寄存器或存储器的内容送给 IP 来实现程序转移。

3. 段间直接寻址

对于段间直接转移而言，由于程序转移的目标地址和当前程序不在同一个代码段中，因此程序在转移时需要修改当前的 CS、IP 的内容。

该寻址方式下，转移的目标地址所在段的段基址和偏移地址由指令直接给出，紧跟在操作码后面，存放在代码段中。

格式：JMP FAR PTR 目标地址

功能：在代码段中指令操作码后取出转移的目标地址的段基址和偏移地址，对当前的 CS、IP 的内容进行修改。

4. 段间间接寻址

该寻址方式下，转移的目标地址所在段的段基址和偏移地址在指令指定的存储器中，指令给出寻找该目标地址的方法。

格式：JMP FAR PTR［REG］

功能：由指定的存储单元的内容连续两个字作为转移的目标地址的 IP、CS。

【例 3−14】

```
    JMP LP1                      ;段内直接转移,转移到标号 LP1 处
LP1: MOV AL, BL
    JMP BX                       ;段内间接转移,转移的目标地址偏移量在 BX 中
    JMP WORD PTR[BX+SI+20H]      ;段内间接转移,转移的目标偏移地址在 DS:[BX+SI+20]
                                  存储单元中
    JMP  DWORD PTR[BX]           ;转移到 DS:[BX]所指的双字存储单元,低字送 IP,
                                  高字送 CS
```

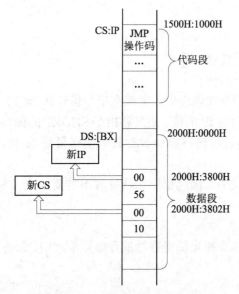

图 3-9　段间间接转移示意图

对于指令"JMP DWORD PTR［BX］"，已知 DS=2000H，BX=3800H，内存存储单元的内容如图 3-9 所示，则转移的目标地址为 1000H:5600H。

综上所述，指令寻址方式分为与操作数有关的寻址方式和与指令指针有关的寻址方式两大类。与操作数有关的寻址方式主要为指令寻找操作数提供方法，并且针对存储器操作数寻址。80x86 微机系统中，数据段 DS 默认 BX、SI、DI 寻址，堆栈段 SS 默认 SP、BP 寻址，代码段 CS 默认 IP 寻址。操作数寻址方式可以跨段寻址，跨段寻址时指令的书写要求用"段基址寄存器:偏移地址"的格式。存储器操作数访问中段和偏移地址寄存器的约定如表 3-1 所示。与指令指针有关的寻址方式主要为指令寻找执行地址提供方法。

表 3-1　存储器操作数访问中段和偏移地址寄存器的约定

访问存储器的类型	默认段寄存器	16 位寄存器	32 位寄存器	允许超越的段寄存器
取指令	CS	IP	EIP	无
堆栈操作	SS	SP	ESP	无
源串数据访问	DS	SI	ESI	CS、ES、SS、FS、GS
目标串数据访问	ES	DI	EDI	无
通用数据访问	DS	BX、DI、SI	EAX、EBX、ECX、EDX、EDI、ESI	CS、ES、SS、FS、GS
堆栈数据访问	SS	BP	ESP、EBP	CS、DS、ES、FS、GS

3.3　80x86 指令的结构

指令系统是计算机所能执行的全部指令的集合，它描绘了计算机内部的全部控制信息和"逻辑判断"能力，是学习汇编语言程序设计的基础。Intel 系列的处理器指令最突出的特点是向上兼容，80x86 指令系统是在 8086 指令系统的基础上不断增强和增加的，它是 80x86 系列处理器指令系统的基础和核心。

所谓指令，就是微处理器能够识别并依据其来完成某种动作的编码，也可以说是微处理器完成某种动作的命令。一个微处理器的全部指令构成了微处理器的指令系统。

一条指令主要包括两种信息：操作码和操作数。

（1）操作码：指明完成某种操作和操作数描述方法。一般用指令的第一个或前两个字节表示。微处理器设计完毕，操作码的编码也就确定了。

（2）操作数：提供指令中要处理的操作数据或操作数所在位置的一些信息。由于操作数的个数和所在位置不同，因而指令的长短也不同。

指令一般可以分为无操作数指令、单操作数指令、双操作数指令等。

指令的格式是指令在源程序中的书写格式，其基本的格式为：

［标号名］：助记符　操作数　；注释

（1）标号名：某条指令所在单元的符号地址，是指令代码的第一个字节地址，其后跟冒号。标号一般由字母开头，允许使用字母、数字及特殊符号，但是不允许使用保留字（关键字）。

（2）操作数：指令中可以无操作数，也可以有 1～2 个操作数。操作数之间有逗号隔开。例如：

```
MOV  dest, src
```

MOV 为数据传送指令，src 表示源操作数，dest 表示目的操作数，数据流动的方向是由源操作数传送到目的操作数。操作数可以是寄存器操作数或存储器操作数。操作数的有关说明如下。

① 通用寄存器操作数（reg）包括 8 位寄存器 AL、AH、BL、BH、CL、CH、DL、DH，16 位寄存器 AX、BX、CX、DX、SI、DI、SP、BP 和 32 位寄存器 EAX、EBX、ECX、EDX、ESI、EDI、ESP、EBP。

② 存储器操作数（mem）在间接寻址时包括 16 位寻址寄存器 BX、BP、SI、DI 和 32 位寻址寄存器 EAX、EBX、ECX、EDX、ESI、EDI、ESP、EBP。其中，BX、SI、DI、EAX、EBX、ECX、EDX、ESI、EDI 对应的是默认的段寄存器 DS，BP、EBP 为默认的段寄存器 SS。

存储器操作数默认的数据类型有：字节型（BYTE）、字型（WORD）、双字型（DWORD）。

③ 段寄存器操作数（seg）为 16 位的段寄存器，包括 CS、DS、ES、SS、FS、GS。

④ 立即数（imm）只允许为源操作数，其类型由目的操作数的类型限定。

（3）注释由分号开始，用来对指令的功能进行说明。

指令操作数的符号及其意义如表 3－2 所示。

表 3－2　指令操作数的符号及其意义

符　号	意　义
dest、src	目的操作数、源操作数
reg（reg8、reg16）	通用寄存器操作数（8 位或 16 位）
sreg	段寄存器操作数
mem（mem8、mem16）	存储器操作数（8 位或 16 位）
imm（imm8、imm16）	立即数（8 位或 16 位）

3.4　指令系统

所谓指令系统，就是微处理器所定义的全部指令代码的集合。编程时，要分析要完成的任务，选择合适的指令组合构成程序段，从而实现任务的功能。掌握好指令是学习汇编语言程序设计的关键，要求对每条指令的助记符、格式、功能和指令执行后对标志位的影响都要有很好的掌握。

指令按功能分为以下 7 种类型。

（1）数据传送类指令。

（2）算术运算类指令。

（3）逻辑运算类指令。

（4）移位和循环移位类指令。

（5）串操作类指令。

（6）控制转移类指令。

（7）处理器控制类指令。

3.4.1 数据传送类指令

数据传送类指令是应用最多的一类指令，包括以下 7 种指令。

1. 数据传送指令

格式：MOV dest，src　　　　　；dest 为目的操作数，src 为源操作数

其中，dest 可以为 reg、mem、seg，src 可以为 reg、mem、seg、imm。

功能：将源操作数的内容送入目的操作数地址单元中。

执行完指令后，源操作数和目的操作数的内容相同，目的操作数原有的内容被源操作数的内容覆盖，源操作数的内容不变。

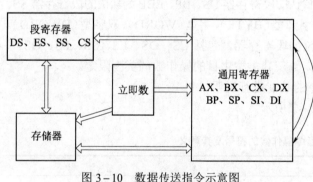

图 3-10 数据传送指令示意图

图 3-10 为数据传送指令示意图。

具体地说，数据传送指令能实现下列传送功能。

（1）在 CPU 内部寄存器之间进行数据传送。

格式：MOV reg，reg

例如：

```
MOV AH, AL
MOV DS, BX
MOV BP, SP
```

（2）将立即数送至通用寄存器或存储单元。

格式：MOV reg，imm

　　　　MOV mem，imm

值得注意的是，立即数不能直接送到段寄存器，立即数永远不能作目的操作数。

例如：

```
MOV  AX, 3
MOV  WORD PTR [SI], 100
MOV  VARM, 3450H
```

（3）在寄存器与存储单元之间进行数据传送。

格式：MOV reg，mem

    MOV mem，reg

例如：

```
MOV AX, VARM
MOV DI, ES:[SI+3]
MOV [BP], AX
```

【例 3-15】数据传送指令举例。

```
MOV CL, 05H          ; 8 位立即数 05H 传送到 CL
MOV [BP], 2FB4H      ; 16 位立即数 2FB4H 传送到 SS 段，以 BP 为偏移地址的两个存储单元
MOV AL, DL           ; DL 的内容传送到 AL
MOV DS, AX           ; AX 的内容传送到 DS
MOV [SI], BX         ; BX 的内容传送到 DS 段，SI 指示的存储单元
MOV EAX, [2000H]     ; 内存 2000H～2003H 的内容传送到 EAX，32 位数据传送
```

在应用数据传送指令传送数据时应当注意以下几点。

① 立即数只能出现在源操作数位置，如"MOV 1000H，AX"是错误的。

② 立即数不能直接传送到段寄存器，如"MOV DS，1000H"是错误的。若要给 DS 赋值 1000H，则由以下指令实现：

```
MOV  AX, 1000H
MOV  DS, AX
```

③ 源操作数和目的操作数不能同时为存储器寻址，如"MOV [BX]，[SI]"是错误的，可改为：

```
MOV  AL, [SI]
MOV  [BX], AL
```

④ 源操作数和目的操作数不能一个是字节，另一个是字，如"MOV AX，BL"是错误的。

⑤ 两个段寄存器之间不能直接传送，段寄存器 CS 只能作源操作数。例如，下列指令是错误的：

```
MOV  DS, SS
MOV  CS, AX
```

⑥ 传送不影响 FR 中的标志位。

2. 交换指令

格式：XCHG dest，src

功能：源操作数地址单元的内容与目的操作数地址单元的内容进行交换，即将寄存器的内容与寄存器或存储单元的内容交换。图 3-11 为交换指令示意图。

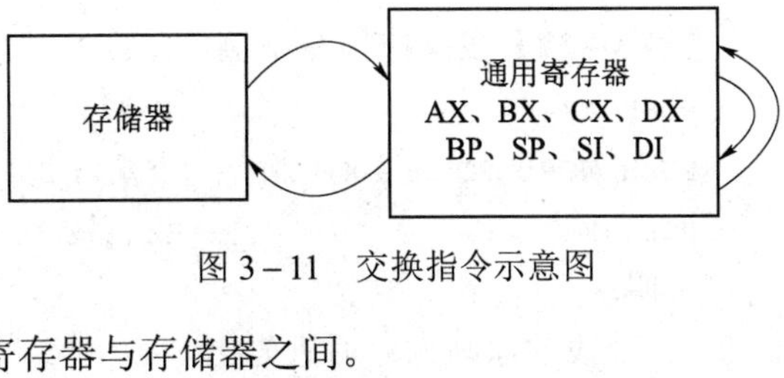

说明：

（1）交换可以是字节，也可以是字。

（2）交换可以在通用寄存器之间或通用寄存器与存储器之间。

（3）不允许参加交换的情况：存储器之间、立即数与存储器之间、段寄存器之间、IP

图 3-11　交换指令示意图

与 FR 之间。

（4）交换指令不影响 FR 中的标志位。

【例 3－16】交换指令举例。

```
XCHG AL,[BP]          ;将 SS:[BP] 与 AL 交换
XCHG TAB1[DI],AX      ;将 DS:[DI+TAB1] 与 AX 交换
```

3. 栈操作指令

堆栈操作指令有两条：数据进栈指令（PUSH）和数据出栈指令（POP）。

1）数据进栈指令（PUSH）

格式：PUSH src

功能：SP 的内容减 2，然后将源操作数 src 压入堆栈区 SS:[SP] 指定的位置，即将 src 压入 SS:[SP] 和 SS:[SP+1] 中。

2）数据出栈指令（POP）

格式：POP dest

功能：将堆栈区 SS:[SP] 指定位置的一个字数据弹出到目的操作数 dest，即将 SS:[SP] 和 SS:[SP+1] 中的内容送到 dest，然后 SP 加 2。

例如：

```
PUSH  BX              ;进栈操作如图 3－12 所示
POP   AX              ;出栈操作如图 3－13 所示
```

完成了通过堆栈把 BX 的内容送到 AX 中。

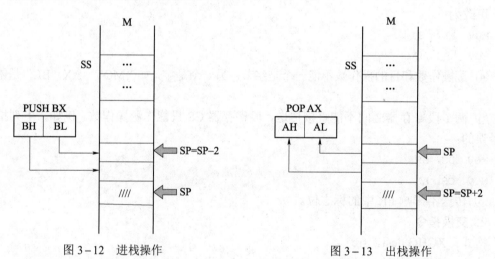

图 3－12　进栈操作　　　　　　　图 3－13　出栈操作

【例 3－17】栈操作指令举例。

```
PUSH AX                  ;SP 减 2，AX 进栈，AL 送 SS:[SP]，AH 送 SS:[SP+1]
PUSH WORD PTR [BX+DI]    ;SP 减 2，DS:[BX+DI+1] 送 SS:[SP+1]，DS:[BX+DI] 送 SS:[SP]
POP BX                   ;BX 出栈，SS:[SP] 送 BL，SS:[SP+1] 送 BH，SP 加 2
```

说明：

① 堆栈的原则为：后进先出。

② 堆栈为字操作，不能进行字节进出栈。

③ 堆栈不影响 FR 中的标志位。

④ src 和 dest 可以为 16 位的存储器、通用寄存器和段寄存器（除 CS 不能为 dest 外）。

⑤ 进栈操作 SP 减 2，出栈操作 SP 加 2。

80x86 微处理器在保护模式下增加了以下指令。

PUSH n16　　；n16 为 16 位立即数

PUSHA　　；16 位通用寄存器（AX、BX、CX、DX、SP、BP、SI、DI）进栈

POPA　　；16 位通用寄存器（AX、BX、CX、DX、SP、BP、SI、DI）出栈

PUSHAD　　；32 位通用寄存器（EAX、EBX、ECX、EDX、ESP、EBP、ESI、EDI）
　　　　进栈

POPAD　　；32 位通用寄存器（EDI、ESI、EBP、ESP、EDX、ECX、EBX、EAX）
　　　　出栈

PUSHFD　　；32 位 EFLAGS 进栈

POPFD　　；32 位 EFLAGS 出栈

4．地址传送指令

1）装入有效地址指令（LEA）

格式：LEA dest，src

其中，src 必须是存储操作数，dest 是 16 位或 32 位通用寄存器。

功能：将源操作数的有效地址（EA）传送到目的指定寄存器中。

【例 3−18】装入有效地址指令举例。

```
LEA  CX, 2000H [BX] [SI]
```

若已知（SI）=1000H，（BX）=2500H，则 EA=（BX）+（SI）+2000H=5500H，执行指令后，（CX）=5500H。

2）装入地址指令（LDS、LES）

（1）LDS。

格式：LDS dest，src

其中，dest、src 同装入有效地址指令。

功能：LDS 指令将 src 指向的内存中连续的 4 个字节单元内容的低 16 位送到 dest 指定的通用寄存器中，高 16 位送到 DS 中。

（2）LES。

格式：LES dest，src

其中，dest、src 同装入有效地址指令。

功能：LES 指令将 src 指向的内存中连续的 4 个字节单元内容的低 16 位送到 dest 指定的通用寄存器中，高 16 位送到 ES 中。

80x86 微处理器在保护模式下增加了 LFS、LGS、LSS 指令。

格式：LFS/LGS/LSS dest，src

其中，dest、src 同装入有效地址指令。

功能：将偏移地址装入任何 16 位或 32 位寄存器，并把段地址装入 FS、GS、SS。

5．输入输出指令

格式：IN ACC，端口地址　　　　　；将端口地址（源操作数）的内容送到 ACC
　　　　　　　　　　　　　　　　　（累加器）中

OUT　端口地址，ACC　；将 ACC（累加器）中的内容送到端口地址

（目的操作数）中

其中，ACC 应该为 AX、AL。

功能：实现 CPU 与 I/O 接口之间的数据传输。

说明：

（1）可以是字节传输，也可以是字传输。

（2）输入指令中的目的操作数和输出指令中的源操作数必须是 AL 或 AX。

（3）输入输出指令中，对 I/O 端口均允许 2 种寻址方式：直接寻址和间接寻址。

① 直接寻址：

IN AL, 30H　　　　　；将 8 位端口地址中 30H 的一个字送到 CPU 内部的 AL 中

② 间接寻址：

MOV DX, 816H　　　　；将大于 8 位的端口地址送到 DX 中

OUT DX, AL　　　　　；将 AL 中的一个字送到端口地址为 DX 的端口中

【例 3－19】输入输出指令举例。

IN AL, 21H　　　　　；将 8 位端口地址中 21H 的一个字节送到 CPU 内部的 AL 中

OUT 20H, AX　　　　；将 AX 中的一个字送到端口地址为 20H 的端口中

IN AL, DX　　　　　；将 DX 中 16 位端口地址中的一个字节数送到 AL 中

OUT DX, AX　　　　；将 AX 中的一个字送到 DX 的内容作为地址的端口中

6. 标志位传送指令

对 FR 的操作有 4 条指令。

1）取标志位寄存器指令（LAHF）

格式：LAHF

功能：将 FR 的低 8 位传送到 AH 中，即把 SF、ZF、AF、PF、CF 标志位分别送到 AH 的 7、6、4、2、0 位，其他位置任意。

2）存储标志位寄存器指令（SHAF）

格式：SAHF

功能：将 AH 的 7、6、4、2、0 位分别送给 SF、ZF、AF、PF、CF，其他位置不受影响。

3）标志位寄存器进栈指令（PUSHF）

格式：PUSHF

功能：首先将 SP 减 2，然后将 16 位的 FR 的全部内容压入 SP 减 2 后的单元中，FR 的各标志位不受影响。

4）标志位寄存器出栈指令（POPF）

格式：POPF

功能：首先将堆栈顶部的一个字的内容弹出到 FR 中，然后 SP 加 2。

7. 换码指令

格式：XLAT

功能：将 DS:[BX+AL] 指向的存储单元的内容送到 AL 中。

应用：实现一个代码转换成另一个代码。

说明：

（1）指令隐含使用在 DS 段，BX+AL 的内容为偏移地址。

（2）不影响 FR。

图 3-14 为换码指令示意图。

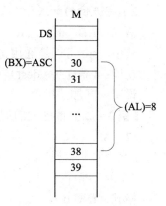

【例 3-20】内存变量名为 ASC 的首地址中存放一个 0～ 9 的 ASCII 码数字表，实现将数字表中 8 的 ASCII 码取出。

```
MOV AL, 8
LEA  BX, ASC
XLAT                ；结果：（AL）=38H
```

图 3-14　换码指令示意图

3.4.2　算术运算类指令

算术运算类指令包含加、减、乘、除十进制调整指令，可进行 8 位、16 位和 32 位的运算。参加运算的操作数可以是无符号数，也可以是有符号数。对于有符号数运算，操作数一定是补码运算。参加运算的操作数可以是二进制数和用 BCD 码表示的十进制数。对于用 BCD 码表示的十进制数，运算一定是字节运算，而且要用十进制调整指令调整。

算术运算类指令有以下 5 类。

（1）加法类指令：ADD、ADC、INC。

（2）减法类指令：SUB、SBB、DEC、NEG、CMP。

（3）乘法类指令：MUL、IMUL。

（4）除法类指令：DIV、IDIV、CBW、CWD。

（5）十进制（BCD 码）运算调整类指令：DAA、AAA、DAS、 AAS、AAM、AAD。

1. 加法类指令

1）不带进位的加法指令

格式：ADD dest，src

其中，src 可以是通用寄存器、存储器、立即数，dest 可以是通用寄存器、存储器。

功能：（src）+（dest）→（dest）。

说明：

（1）不允许存储器之间相加，dest 不可以为立即数。

（2）影响标志位 OF、SF、ZF、AF、PF、CF。

【例 3-21】不带进位的加法指令举例。

```
ADD AH, 64H              ；AH 寄存器中的内容和 64H 相加，结果存入 AH 中
ADD [BP][DI], BX         ；将 SS 段以 BP+DI 的和作为有效地址的存储单元内
                            的字数据和 BX 相加，结果存到该存储单元中
ADD BX, 2000H            ；BX 中的内容和 2000H 相加，结果存入 BX 中
ADD AH, AL               ；AH 中的内容和 AL 中的内容相加，结果存入 AH 中
ADD BYTE PTR [BX], 100   ；将 BX 所指的存储单元的字节内容和立即数 100 相
                            加，结果送 BX 所指的存储单元
ADD AX, 1234H [DI]       ；将 DS 段有效地址为 DI＋1234H 所指的存储单元的
                            字数据和 AX 相加，结果存入 AX 单元中
```

2）带进位的加法指令

格式：ADC dest，src

其中，src 可以是通用寄存器、存储器、立即数，dest 可以是通用寄存器、存储器。

功能：（src）+（dest）+CF→（dest）。

说明：同加法指令。

【例 3-22】带进位的加法指令举例。

```
ADC AL，[SI]           ;（AC）+（（SI））+CF→（AL）
ADC AX，[BX][DI]       ;（AX）+（（BX+DI））+CF→（AX）
```

3）加 1 指令

格式：INC dest

功能：（dest）+1→（dest）。

说明：

（1）可以是字节操作和字操作。

（2）操作数可以为通用寄存器、存储器，但不能为立即数。

（3）影响 FR 中的 SF、ZF、AF、PF、OF，但是不影响 CF。

【例 3-23】加 1 指令举例。

```
INC BYTE PTR[BX]      ;将 BX 所指向单元的一个字节内的容加 1 后再送入该单元
INC CX                ;将 CX 内容加 1，结果存入 CX
```

【例 3-24】 X、Y、Z 分别为字节数据，W 为字变量存储单元地址，求 W=X+Y+Z。

```
MOV AH，0             ;高 8 位清零
MOV AL，X             ;取第一个数
MOV BL，Y             ;取第二个数
ADD AL，BL            ;两个数相加
ADC AH，0             ;高位进位信号加到 AH 中
ADC AL，Z             ;加第三个数
ADC AH，0             ;有进位加到 AH 中
MOV W，AX             ;结果存入 W
```

2. 减法类指令

1）不带借位的减法指令

格式：SUB dest，src

功能：（dest）−（src）→（dest）。

说明：同加法指令。

【例 3-25】不带借位的减法指令举例。

```
SUB AX，1000H         ;（AX）-1000H→（AX）
SUB AL，AH            ;（AL）-（AH）→（AL）
```

2）带借位的减法指令

格式：SBB dest，src

功能：（dest）−（src）−CF→（dest）。

说明：同加法指令。

【例 3-26】带借位的减法指令举例。

```
SBB  AX,[2000H ]          ;(AX)-DS:(2000H)-CF→AX
SBB  BYTE PTR[BP],10      ;将堆栈段[BP]所指的存储单元字节数据减
                           去 0AH 后再减去 CF，结果送 SS:[BP]单元
```

3）减 1 指令

格式：DEC dest

功能：(dest)-1→(dest)。

说明：同加 1 指令。

【例 3-27】减 1 指令举例。

```
DEC  AX                   ;AX 的内容减 1，结果送 AX
DEC  BYTE  PTR[SI]        ;将 DS:[SI]中的一个字节减 1，结果再送回该单元
```

4）比较指令

格式：CMP dest，src

功能：(dest)-(src)，不回送结果，只是影响状态标志位。

说明：

（1）比较指令执行后不影响源操作数和目的操作数的值，只影响 FR 中 AF、OF、SF、PF、CF、ZF 的状态，通常用来判断是否转移。

（2）源操作数和目的操作数的来源与加、减法指令相同。

比较指令与减法指令的不同点是：比较指令虽然也是由目的操作数减去源操作数，但结果不存入目的操作数，只是影响标志位；比较指令执行后，源操作数和目的操作数都不变，适用于两个数比较大小。

对于两个数的比较，AX-BX 有以下的两种情况。

① 两个无符号数的比较使用 CF 标志位判断，如表 3-3 所示。

② 两个有符号数的比较使用 SF、OF 标志位判断，如表 3-4 所示。

表 3-3 AX、BX 的内容为无符号数的比较

CF	ZF	AX-BX	CF	ZF	AX-BX
0	0	AX>BX	0	1	AX≥BX
1	0	AX<BX	1	1	AX≤BX

表 3-4 AX、BX 的内容为有符号数的比较

OF	SF	ZF	AX-BX
0	0	0	AX>BX
1	1	0	
0	1	0	AX<BX
1	0	0	
0	0	1	AX≥BX
1	1	1	
0	1	1	AX≤BX
1	0	1	

【**例 3 - 28**】比较指令举例。

```
CMP AX, 1000        ; AX 的内容与 1000 比较
CMP AL, 25H         ; AL 的内容与 25H 比较
CMP AX, BX          ; AX 的内容与 BX 的内容比较
CMP  AX, [DI]       ; AX 与 DS 段有效地址为 DI 指向的存储单元的内容比较
```

5）求补指令

格式：NEG dest

功能：0-（dest）→（dest），即对目的操作数求补。

说明：

（1）操作数可以为通用寄存器、存储器。

（2）影响 FR 中的 SF、ZF、AF、PF、OF 、CF。一般总使 CF=1，除非操作数为 0。

（3）如果字节操作数对 -128 求补，或对 -32 768 求补，则操作数没有变化，但是 OF 被置位。

【**例 3 - 29**】求补指令举例。

```
MOV  BL, 01H    ; BL=01H
NEG  BL         ; BL=FFH, CF=1, ZF=0, PF=1, SF=1, AF=1, OF=0
```

3. 乘法类指令

1）无符号数乘法指令

格式：MUL src

其中，src 为无符号数。

功能：若 src 为字节数据，则（AL）×（src）→（AX）；若 src 为字数据，则（AX）×（src）→（DX，AX）；若 src 为双字数据，则（EAX）×（src）→（EDX，EAX）。

2）有符号数乘法指令

格式：IMUL src

其中，src 为有符号数。

功能：若 src 为字节数据，则（AL）×（src）→（AX）；若 src 为字数据，则（AX）×（src）→（DX，AX）；若 src 为双字数据，则（EAX）×（src）→（EDX，EAX）。

说明：

（1）上述 MUL 指令和 IMUL 指令完成的功能相同，但微处理器的内部处理是不同的，有符号数需要数据的变换才能完成。

（2）源操作数为通用寄存器或存储器，不能为立即数。

（3）执行 MUL 指令和 IMUL 指令后，若 CF=OF=0，表示乘积高位无有效位；若 CF=OF=1，表示乘积高位有有效位。对其他标志位无定义。

【**例 3 - 30**】乘法类指令举例。

```
MUL  CH                ; 功能:（AL）*（CH）→（AX）
MUL  CX                ; 功能:（AX）*（CX）→（DX, AX）
IMUL  BYTE PTR [BX]    ; 功能:（AL）*（(BX)）→（AX）
IMUL  WORD PTR [SI]    ; 功能:（AX）*（(SI)）→（DX, AX）
```

说明：

① AL 的内容表示为 AL 或（AL）。

② BX 的内容是存储器的偏移地址，((BX))表示存储器的地址单元的内容。如果 BX=2000H，（2000H）=35H，则（(BX)）=（2000H）=35H。

4．除法类指令

1）除法指令

（1）无符号数除法指令。

格式：DIV src

功能：若 src 是字节数据，则（AX）/src 的商送 AL，余数送 AH；若 src 是字数据，则（DX，AX）/src 的商送 AX，余数送 DX；若 src 是双字数据，则（EDX，EAX）/src 的商送 EAX，余数送 EDX。

（2）有符号数除法指令。

格式：IDIV src

功能：若 src 是字节数据，则（AX）/src 的商送 AL，余数送 AH；若 src 是字数据，则（DX，AX）/src 的商送 AX，余数送 DX；若 src 是双字数据，则（EDX，EAX）/src 的商送 EAX，余数送 EDX。

说明：

① 有符号数除法指令和无符号数除法指令的操作方式相同，但微处理器的内部处理不同。

② 源操作数可以为通用寄存器或存储器，不可以为立即数。

③ 对于有符号数，当被除数与除数符号相同时，商的符号为正；当被除数与除数符号不同时，商的符号为负。余数的符号与被除数的符号一致。

④ 若除数为 0 或商大于 0FFH，则 CPU 将产生一个内部中断（除 0 中断外）。

⑤ 除法指令对所有条件标志位均无定义。

【例 3-31】除法指令举例。

```
DIV  BL              ;（AX）/（BL），无符号数相除，商送 AL 中，余数送 AH 中
DIV  BX              ;（DX，AX）/（BX），无符号数相除，商送 AX 中，余数送 DX 中
IDIV BYTE PTR [DI]   ;（AX）/（(DI)），有符号数相除，商送 AL 中，余数送 AH 中
IDIV WORD PTR [BX]   ;（DX，AX）/（(BX)），有符号数相除，商送 AX 中，余数送 DX 中
```

2）扩展指令

在乘法和除法指令中，要求操作数的位数是一定的。如果两个操作数的位数不符合规定，则需要进行调整，可以用扩展指令调整。扩展指令包括字节扩展指令（CBW，将 8 位数据扩展为 16 位数据）和字扩展指令（CDW，将 16 位数据扩展为 32 位数据）。

格式：CBW　；将 AL 中的符号位扩展到 AH 中，使得 8 位有符号数变成 16 位有符号数

　　　　CWD　；将 AX 中的符号位扩展到 DX 中，使得 16 位有符号数变成 32 位有符号数

说明：

（1）对于 CBW，如果 AL 中最高位 D7（符号位）为 0，认为是正数，扩展 AH=00H；如果 AL 中最高位 D7（符号位）为 1，认为是负数，扩展 AH=FFH。

（2）对于 CDW，如果 AX 中最高位 D15（符号位）为 0，认为是正数，扩展 DX=0000H；

如果 AX 中最高位 D15（符号位）为 1，认为是负数，扩展 DX=FFFFH。

【例 3-32】设 X、Y、Z、V 均为 16 位的有符号数变量，计算 [V-（X×Y+Z-540）] /X，商存入 AX 中，余数存入 DX 中。

程序如下：

```
MOV  AX, X
IMUL Y              ；X*Y 的结果送（DX，AX）
MOV  CX, AX
MOV  BX, DX         ；相乘的结果暂存
MOV  AX, Z
CWD                ；Z 扩展为 32 位
ADD  CX, AX
ADC  BX, DX         ；完成 32 位 Z+X*Y 的和
SUB  CX, 540
SBB  BX, 0          ；完成和 540 的减法运算
MOV  AX, V
CWD                ；V 扩展为 32 位
SUB  AX, CX
SBB  DX, BX         ；完成 V-（X*Y+Z-540）
IDIV X              ；实现（V-（X*Y+Z-540））/X
```

5. 十进制（BCD 码）运算调整类指令

在上述介绍的算术运算类指令中，操作数处理都是二进制数。如何利用这些指令实现十进制数的运算呢？在微机系统中采用十进制（BCD 码）运算调整类指令来完成。十进制数 0～9 用二进制数表示为 0000B～1001B。十进制数在内存中的表示形式分为压缩的 BCD 码或非压缩的 BCD 码。压缩的 BCD 码用 4 位二进制数表示一个十进制数位，一个字节表示 2 位十进制数。非压缩的 BCD 码用 8 位二进制数表示一个十进制数位，8 位的低 4 位是以 BCD 码表示的十进制数，高 4 位没有意义。ASCII 码的 0～9 就是一种非压缩的 BCD 码。8086/8088 系统为了完成十进制数的运算，设置了相应的加法（DAA、AAA）、减法（DAS、AAS）、乘法（AAM）、除法（AAD）等 6 条十进制（BCD 码）运算调整类指令。

1）BCD 码加法调整指令

（1）压缩型 BCD 码加法调整指令。

格式：DAA

功能：将 AL 中的和调整为 2 位压缩型 BCD 码。

调整方法：

① AF=1 或 AL 的低 4 位大于 9，则 AL+06H→AL 且 AF←1，否则 AF←0。

② CF=1 或 AL 的高 4 位大于 9，则 AL+60H→AL 且 CF←1，否则 CF←0。

【例 3-33】实现两个压缩型 BCD 码相加，即 26H+27H=53H。

```
MOV  AX, 0026H
MOV  BL, 27H
ADD  AL, BL        ；2 个压缩型 BCD 码相加，和存入 AL 中
```

```
DAA                       ; 将 AL 中的二进制结果调整为 BCD 结果
ADC  AH, 0
```

① 26+27=53。

指令执行过程如下：

$$
\begin{array}{r}
00100110B \\
+\,00100111B \\
\hline
01001101B
\end{array}
\quad \xrightarrow{\text{DAA}} \quad
\begin{array}{r}
01001101B \\
+\,00000110B \\
\hline
01010011B
\end{array}
$$

低4位>9

② 58+68=126。

指令执行过程如下：

$$
\begin{array}{r}
01011000B \\
+\,01101000B \\
\hline
11000000B
\end{array}
\quad \xrightarrow{\text{DAA}} \quad
\begin{array}{r}
11000000B \\
+\,01100110B \\
\hline
110100110B
\end{array}
$$

高4位>9　AF=1　　　　126

（2）非压缩型 BCD 码加法调整指令。

格式：AAA

功能：将 AL 中的和调整为非压缩型 BCD 码。

调整方法：

① 如 AL 的低 4 位是 0～9，且 AF=0，则执行④。

② AF=1 或 AL 的低 4 位大于 9，则 AL+06H→AL。

③ AH+1→AH。

④ 清除 AL 的高 4 位，AF→CF。

说明：

① DAA、AAA 分别放在加法指令之后。

② DAA 指令必须是两个压缩的 BCD 码相加，运算结果的和存在 AL 中。

③ AAA 指令必须是两个非压缩的 BCD 码相加，运算结果的和存在 AL 中。

【例 3-34】采用非压缩型 BCD 码计算 0203+38=0301。

```
MOV  AX, 0203H
ADD  AL, '8'               ; 和存 AL
AAA                        ; 调整 AL
```

2）BCD 码减法调整指令

（1）压缩型 BCD 码减法调整指令。

格式：DAS

功能：将 AL 中的差调整为 2 位压缩型 BCD 码。

调整方法：

① AF=1 或 AL 的低 4 位大于 9，则 AL-06H→AL 且 AF←1，否则 AF←0。

② CF=1 或 AL 的高 4 位大于 9，则 AL-60H→AL 且 CF←1，否则 CF←0。

（2）非压缩型 BCD 码减法调整指令。

格式：AAS

功能：将 AL 中的差调整为非压缩型 BCD 码。

调整方法：

① 如 AL 的低 4 位是 0~9，且 AF=0，则执行④。

② AF=1 或 AL 的低 4 位大于 9，则 AL+06H→AL。

③ AH−1→AH。

④ 清除 AL 的高 4 位，AF→CF。

说明：

① DAS、AAS 分别放在减法指令之后。

② DAS 指令必须是两个压缩的 BCD 码相减，运算结果的差存在 AL 中。

③ AAS 指令必须是两个非压缩的 BCD 码相减，运算结果的差存在 AL 中。

【例 3−35】采用压缩型 BCD 码，求 AX=8574H 与内存 ARY 单元 6891H 的差，并将差存入 ARY 的下一单元中。

程序如下：

```
ARY DW  6891H, 0, 0
        ...
        MOV AX, 8574H       ; 取第一个数
        LEA BX, ARY
        MOV CX, [BX]        ; 取第二个数
        SUB AL, CL          ; 低位差存（AL）=0E3H
        DAS                 ; 调整，（AL）=83H, CF=1
        MOV DL, AL          ; 存低位差（BCD 码）
        MOV AL, AH
        SBB AL, CH          ; 高位差存（AL）=1CH
        DAS                 ; 调整，（AL）=16H
        MOV DH, AL          ; 存高位差（BCD 码）
        ADD ARY, 2
        MOV ARY, DX         ; 结果存入 ARY
        SBB ARY+2, 0
```

3）非压缩型 BCD 码乘法调整指令

格式：AAM

功能：将存入 AL 中的二进制乘积调整为 ASCII 码表示形式。

要求：乘数和被乘数是两个非压缩型 BCD，即在执行乘法指令前，高 4 位清零，运算后的乘积存放在 AL 中。

调整方法：AL/10，商送 AH，余数送 AL。

说明：

① AAM 指令一般跟在 MUL 指令后面使用，影响状态位 SF、ZF、PF。

② 此方法是将二进制数转换为十进制数的方法。

【例 3−36】非压缩型 BCD 码乘法调整指令举例。

```
MOV AL, 07H
MOV BL, 09H
MUL BL              ; AX=003FH
AAM                 ; AX=0063H
```

4）非压缩型 BCD 码除法调整指令

格式：AAD

功能：将存入 AX 中的两位非压缩 BCD 码转换成二进制数表示形式。

调整方法：AH×10+AL→AL，0→AH。

AAD 指令放在 DIV 指令前面使用，影响状态位 SF、ZF、PF。

调整指令对标志位的影响如表 3−5 所示。

表 3−5　调整指令对标志位的影响

调整指令	影响的标志位	无定义的标志位
DAA、DAS	SF、PF、CF、AF、ZF	OF
AAA、AAS	AF、CF	OF、SF、ZF、PF
AAM、AAD	SF、ZF、PF	CF、OF、AF

【例 3−37】计算 X/Y，商存放在 Z 中，余数存放在 W 中。已知 X=0605H，Y=09H。

```
MOV  AX, X
MOV  BL, Y
AAD                ; 将非压缩型十进制数 0605H 调整成二进制数 41H，AX=0041H
DIV  BL            ; AX=0207H
MOV  Z, AL
MOV  W, AH
```

3.4.3　逻辑运算类指令

逻辑运算类指令可以对字或字节执行逻辑运算。逻辑运算是按位操作的，包含逻辑与（AND）、逻辑或（OR）、逻辑异或（XOR）、逻辑非（NOT）。

1. 逻辑与指令

格式：AND dest，src

其中，dest、src 和上述 MOV 指令的规定相同。

功能：（dest）∧（src）→（dest），源操作数和目的操作数按位相与，结果送目的单元。

说明：

（1）逻辑与指令常用于屏蔽某些位。一般来说，若想屏蔽某位，则使该位与 0 相与；若想保留某位，则使该位与 1 相与。

（2）常用"AND AX，AX"来影响 FR，其本身的内容不变。

（3）逻辑与指令对 SF、PF、ZF 有影响，AF 任意，CF=OF=0。

例如：

```
MOV AL, 0A8H
```

```
AND AL, 0FH              ;(AL)=08H，屏蔽 AL 中的高 4 位
```

2. 逻辑或指令

格式：OR dest，src

其中，dest、src 和上述 MOV 指令的规定相同。

功能：(dest) ∨ (src) → (dest)，源操作数和目的操作数按位相或，结果送目的单元。

说明：

（1）逻辑或指令常用于对某些位置位。

（2）逻辑或指令对 SF、PF、ZF 有影响，AF 任意，CF=OF=0。

例如：

```
MOV AL, 8

OR  AL, 30H              ;(AL)=38H，将立即数的高 4 位与 AL 中的低位合并
```

3. 逻辑异或指令

格式：XOR dest，src

其中，dest、src 和上述 MOV 指令的规定相同。

功能：(dest) ⊕ (src) → (dest)，源操作数和目的操作数按位相异或，结果送目的单元。

说明：

（1）逻辑异或指令常用于某些位取反。

（2）"XOR AX，AX" 常用于 AX 的清零且 CF=0。

（3）逻辑异或指令对 SF、PF、ZF 有影响，AF 任意，CF=OF=0。

例如：

```
MOV AL, 36H

XOR AL, AL               ;(AL)=00H，将 AL 的内容清零
```

再如：

```
MOV AL, 36H

XOR AL, 0FH              ;(AL)=39H，将 AL 低 4 位取反
```

4. 逻辑非指令

格式：NOT dest

功能：$\overline{(dest)}$ → (dest)，对目的操作数按位取反，结果返回到目的操作数。

例如：

```
NOT  EAX                 ;将 EAX 的内容取反，再送回该寄存器

NOT  BYTE PTR [BX]       ;将 DS 段 BX 的内容为有效地址的单元内容取反，再送回该单元
```

5. 测试指令

格式：TEST dest，src

功能：测试指令与逻辑与指令一样将两个操作数按位相与，区别在于测试指令不回送结果到目的操作数，仅仅影响标志位。

【例 3-38】测试 AL 中的操作数的最低位是否为 0。

```
TEST  AL, 01H
```

指令执行后，可以通过 ZF 标志位判断 AL 中 D0 位的状态。

再如：

```
TEST  AL, AL
```

指令执行后，通过判断 SF、ZF、PF 来说明 AL 的结果状态。

【例 3 - 39】 编程实现 AL 内容的高 4 位和 AH 内容的低 4 位组合乘以一个新字节，并存入 AL 中。

分析： 通过逻辑与来实现取 AL 的高 4 位和 AH 的低 4 位，用逻辑或来实现组合。

```
AND  AL, 0F0H            ; 屏蔽低 4 位
AND  AH, 0FH             ; 屏蔽高 4 位
OR  AL, AH               ; 合并
```

3.4.4　移位和循环移位类指令

1. 移位指令

移位指令完成将目的操作数（寄存器或存储单元中的数）向左或向右移动一位或者几位的操作。移位次数由指令中的计数值确定。当移动一位时，计数值可以用立即数 1；当移动多位时，计数值存放在 CL 中。该指令分为逻辑移位指令和算术移位指令两种，共有 SHL、SHR、SAL、SAR 等 4 条指令。

1）逻辑左移指令（SHL/SAL）

格式：SHL/SAL dest，n

其中，dest 可以是寄存器操作数、存储器操作数，n 为移位的位数。

n=1 时的格式：SHL dest，1

n＞1 时的格式：SHL dest，cl

功能：dest 每向左移 n 位，最低位补 0，最高位进入 CF，如图 3 - 15（a）所示。

2）逻辑右移指令（SHR）

格式：SHR/SAR dest，n

其中，dest 可以是寄存器操作数、存储器操作数，n 为移位的位数。

n=1 时的格式：SHR dest，1

n＞1 时的格式：SHR dest，cl

功能：dest 每向右移 n 位，最高位补 0，最低位进入 CF，如图 3 - 15（b）所示。

3）算术右移指令（SAR）

格式：SAR dest，n

其中，dest 可以是寄存器操作数、存储器操作数，n 为移位的位数。

n=1 时的格式：SAR dest，1

n＞1 时的格式：SAR dest，cl

功能：dest 每向右移 n 位，最高位送回符号位，如图 3 - 15（c）所示。

说明：

（1）算术移位指令为有符号数移位指令。

（2）逻辑移位指令为无符号数移位指令。

（3）左移 1 位相当于乘 2，右移 1 位相当于除 2。

（4）CF 的值若和最高位不同，则 OF=1 表示溢出，CF 是最后移入的状态值。

（5）移位指令对 OF、SF、ZF、PF、CF 有影响，对 AF 的影响不确定。

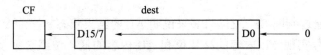

（a）逻辑左移指令（SHL/SAL）的操作示意图

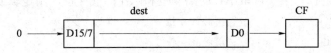

（b）逻辑右移指令（SHR）的操作示意图

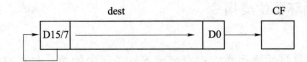

（c）算术右移指令（SAR）的操作示意图

图 3－15　移位指令的操作示意图

【例 3－40】移位指令举例。

```
MOV  AX, 0032H
SAL  AX, 1            ;（AX）=0064H
MOV  CL, 2
SAR  AX, CL           ;（AX）=0019H
```

2. 循环移位指令

循环移位指令分为不带进位循环移位指令和带进位循环移位指令，共有 ROL、ROR、RCL、RCR 等 4 条指令。

1）不带进位循环左移位指令（ROL）

格式：ROL dest，n

其中，dest 可以是寄存器、存储器操作数，n 为移位的位数。

n=1 时的格式：ROL dest，1

n＞1 时的格式：ROL dest，cl

功能：将 dest 循环左移 n 位，dest 的最高位分别送入 CF 和 dest 的最低位，如图 3－16（a）所示。

2）不带进位循环右移位指令（ROR）

格式：ROR dest，n

其中，dest 可以是寄存器操作数、存储器操作数，n 为移位的位数。

n=1 时的格式：ROR dest，1

n＞1 时的格式：ROR dest，cl

功能：将 dest 循环右移 n 位，dest 的最低位分别送入 CF 和 dest 的最高位，如图 3－16（b）所示。

3）带进位循环左移位指令（RCL）

格式：RCL dest，n

其中，dest 可以是寄存器操作数、存储器操作数，n 为移位的位数。

n=1 时的格式：RCL dest，1

n＞1 时的格式：RCL dest，cl

功能：将 dest 循环左移 n 位，dest 的最高位送入 CF，CF 送入 dest 的最低位，如图 3-16（c）所示。

4）带进位循环右移位指令（RCR）

格式：RCR dest，n

其中，dest 可以是寄存器操作数、存储器操作数，n 为移位的位数。

n=1 时的格式：RCR dest，1

n＞1 时的格式：RCR dest，cl

功能：将 dest 循环右移 n 位，dest 的最低位送入 CF，CF 送入 dest 的最高位，如图 3-16（d）所示。

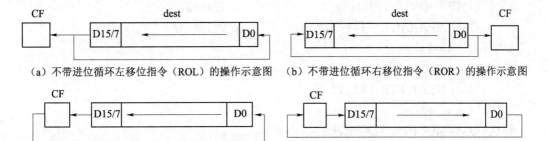

（a）不带进位循环左移位指令（ROL）的操作示意图　　（b）不带进位循环右移位指令（ROR）的操作示意图

（c）带进位循环左移位指令（RCL）的操作示意图　　（d）带进位循环右移位指令（RCR）的操作示意图

图 3-16　循环移位指令的操作示意图

说明：

循环移位指令只对标志位 OF 和 CF 有影响。n=1 时循环移位结果使最高位（符号位）发生变化，则 OF=1；n＞1 时 OF 无效。CF 标志总是保持移出的最后一位的状态。

【例 3-41】循环移位指令举例。

```
MOV  [BX]，0B248H
ROL  [BX]，1    ；BX 所指存储单元中的数 0B248 不带进位循环左移 1 位，则（(BX)）=6491H，
                 CF=1
MOV  CL，4
ROR  [BX]，CL   ；将（(BX)）=6490H 不带进位循环左移 4 位，则（(BX)）=0649H，CF=0
MOV  AX，1234H
MOV  CL，3
CLC            ；CF=0
RCL  AX，CL     ；AX 的内容带进位循环左移 3 位，则（AX）=91A0H
RCR  AX，1      ；（AX）=48D0H
```

80x86 微处理器在保护模式下增加了下列指令。

格式：SHL/SAL/SAR/SHR/RPL/ROR/RCL/RCR dest，n　　　　　　；n=1～31

功能与上述指令相同，移位的次数可以是立即数 1～31。

3.4.5　控制转移类指令

控制转移类指令能修改指令指针内容，从而改变汇编语言程序的执行顺序。这类指令在指令中给出转移的目标地址的寻址方式使程序发生转移。此指令包含有：无条件转移指令（JMP）、条件转移指令（判断 5 个状态标志位）、循环控制转移指令（LOOP）、子程序调用/返回指令（CALL/RET）、中断指令和中断返回指令（INT/IRET）。

1. 无条件转移指令

格式：JMP dest　；程序转到 dest 处，dest 为转移目标的地址信息

功能：使程序无条件地转移到目标处，目标通常用标号表示，也可是目标地址。

由于这类指令修改 CS 和 IP 的值，因此指令指针寻址方式与数据寻址方式不同，指令指针寻址方式是寻找转移目标地址的方法。

1）段内直接转移

格式：JMP SHORT　目标地址　　　　　　　；短转移

JMP NEAR PTR　目标地址　　　　　；近程转移

2）段内间接转移

格式：JMP REG

JMP NEAR PTR［REG］

3）段间直接转移

格式：JMP FAR PTR　目标地址

4）段间间接转移

格式：JMP FAR PTR［REG］

2. 条件转移指令

条件转移指令根据 FR 中的 5 个状态标志位 CF、OF、ZF、PF、SF 进行转移判断，分为单个条件判断转移指令（10 条）、无符号数条件转移指令（4 条）、有符号数条件转移指令（4 条）3 种。

格式：JXX dest　；　　XX 为转移条件，dest 为目标地址标号

这类指令都是两字节指令，在指令里给出到目标地址的相对位移量。相对位移量 disp8 表示指令的下一条指令的首字节与目标地址单元的字节数。disp8 为补码，转移范围为 -128～127。

功能：当条件满足则转移去执行循环，即目标地址的 IP=IP+ disp8。等式右边的 IP 指当前 IP 的值，即本指令的下一条指令的地址。

1）单个条件转移指令

（1）有进位有借位指令。

格式：JC dest　　　　　　　；测试条件：CF=1 则转移到 dest 指明的目标处

（2）无进位无借位指令。

格式：JNC dest　　　　　　；测试条件：CF=0 则转移到 dest 指明的目标处

（3）相等/结果等于 0 指令。

格式：JE/JZ dest　　　　；测试条件：ZF=1 则转移到 dest 指明的目标处

（4）不相等/结果不等于 0 指令。

格式：JNE/JNZ dest　　　；测试条件：ZF=0 则转移到 dest 指明的目标处

（5）负转移指令。

格式：JS dest　　　　　；测试条件：SF=1 则转移到 dest 指明的目标处

（6）正转移指令。

格式：JNS dest　　　　；测试条件：SF=0 则转移到 dest 指明的目标处

（7）偶转移指令。

格式：JP/JPE dest　　　；测试条件：PF=1 则转移到 dest 指明的目标处

（8）奇转移指令。

格式：JNP/JPO dest　　；测试条件：PF=0 则转移到 dest 指明的目标处

（9）有溢出转移指令。

格式：JO dest　　　　　；测试条件：OF=1 则转移到 dest 指明的目标处

（10）无溢出转移指令。

格式：JNO dest　　　　；测试条件：OF=0 则转移到 dest 指明的目标处

2）无符号数条件转移指令

若 A、B 两数为无符号数，在执行条件转移指令之前，用比较指令或减法指令实现 A－B 的操作，影响 FR 中的状态标志位。无符号数条件转移指令利用 CF、ZF 决定程序走向。

（1）A 高于或等于/不低于 B 转移指令。

格式：JAE/JNB dest　；测试条件：CF=0 则转移

（2）A 高于/不低于也不等于 B 转移指令。

格式：JA/JNBE dest　；测试条件：CF=0 且 ZF=0 则转移

（3）A 低于或等于/不高于 B 转移指令。

格式：JBE/JNA dest　；测试条件：CF=1 或 ZF=1 则转移

（4）A 低于/不高于也不等于 B 转移指令。

格式：JB/JNAE dest　；测试条件：CF=1 则转移

3）有符号数条件转移指令

若 A、B 两数为有符号数，当做 A－B 比较后，可用下面的指令判断是否转移。

（1）A 大于或等于/不小于 B 转移指令。

格式：JGE/JNL dest　；测试条件：SF=OF 则转移

（2）A 大于/不小于也不等于 B 转移指令。

格式：JG/JNLE dest　；测试条件：SF=OF 且 ZF=0 则转移

（3）A 小于或等于/不大于 B 转移指令。

格式：JLE/JNG dest　；测试条件：SF 不等于 OF 或 ZF=1 则转移

（4）A 小于/不大于也不等于 B 转移指令。

格式：JL/JNGE dest　；测试条件：SF 不等于 OF 且 ZF=0 则转移

【例 3－42】条件转移指令举例一。

```
CMP AX, BX
JC ARY1    ；AX＜BX 转到 ARY1
```

```
JZ  ARY2      ; AX=BX 转到 ARY2
ARY3:         ; AX>BX 转到 ARY3
ARY1:
ARY2:
```

【例 3 - 43】条件转移指令举例二。

```
CMP AX, BX
JNB ARY1      ; AX>BX 转到 ARY1
JZ  ARY2      ; AX=BX 转到 ARY2
ARY3:         ; AX<BX 转到 ARY3
ARY1:
ARY2:
```

【例 3 - 44】条件转移指令举例三。

```
CMP AX, BX
JNL ARY1      ; AX>BX 转到 ARY1
JZ  ARY2      ; AX=BX 转到 ARY2
ARY3:         ; AX<BX 转到 ARY3
ARY1:
ARY2:
```

3. 循环控制转移指令

格式：LOOP dest

其中，dest 为目标地址标号。

功能：当循环转移条件满足则转移去执行循环，即目标地址的 IP=IP+disp8。等式右边 IP 指当前 IP 的值，即本指令的下一条指令的地址。

这类指令均隐含 CX 作为循环次数计数器。循环控制转移指令包括以下 4 条指令。

（1）LOOP 指令。

格式：LOOP dest

功能：CX=CX−1，判断 CX 是否为零，若不为零，则到目标地址继续循环，否则顺序执行程序。

（2）LOOPE/LOOPZ 指令。

格式：LOOPE/LOOPZ dest

功能：CX=CX−1，若 CX 不为零且 ZF=1，则到目标地址继续循环，否则顺序执行程序。

（3）LOOPNE/LOOPNZ 指令。

格式：LOOPNE/LOOPNZ dest

功能：CX=CX−1，若 CX 不为零且 ZF=0，则到目标地址继续循环，否则顺序执行程序。

（4）JCXZ 指令。

格式：JCXZ dest

功能：测试现有 CX 的内容，若 CX=0，则到目标地址循环。

说明：

（1）当条件成立时，则转移到指定的目标地址处，否则顺序执行程序。

（2）所有的条件转移指令均为段内的相对转移指令，均为 2 字节指令，位移量为一个字节有符号数，转移范围为 − 128～+127。

（3）使用条件转移指令之前通常都会进行一些算术或逻辑运算来影响 FR 中的状态标志，然后根据一个或几个状态标志决定是否转移。

【例 3 − 45】循环控制转移指令举例。

```
MOV  CX, 5
CMP  AX, [BX]          ;（AX）的内容和（（BX））的内容比较
INC  BX
LOOPZ ARY             ;CX≠0 且 ZF=1 转到 ARY
SUB  AX, [BX]         ;否则顺序执行，完成减法
...
ARY: ADD  AX, BX
```

4．子程序调用/返回指令

1）子程序调用指令（CALL）

子程序是为程序中某些具有独立功能的部分编写的程序模块。主程序通过调用指令调用这些模块，子程序用返回指令返回主程序继续执行。

CPU 在执行到子程序调用指令时，将去执行另一段程序，当执行完该程序后，要返回到被打断处继续工作，这个过程称为调用。子程序调用指令的下一条指令的首地址称为断点。

图 3 − 17 为子程序调用指令执行示意图。

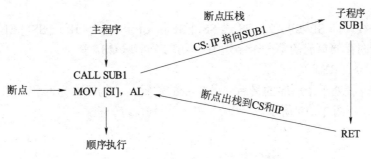

图 3 − 17　子程序调用指令执行示意图

子程序调用指令的格式：CALL　dest　；dest 为子程序的入口地址，可以是目标地址标号、通用寄存器或存储器

功能：断点入栈，转移到指令给出的子程序入口地址处。

子程序调用指令寻址方式同样也有段内直接、间接寻址和段间直接、间接寻址。

（1）段内调用。可分为直接寻址和间接寻址。

① 直接寻址。

格式：CALL dest　　　　　　　；dest 为目标地址标号

说明：段内调用 CS 不变，调用自动保护断点的 IP 入栈，子程序入口地址偏移量 IP=IP+disp16。

操作：

a. 断点进栈，即 SP=SP − 2，IP 送 SS:［SP］。

b. IP=IP+ disp16，CS 不变。

② 间接寻址。

格式：CALL dest   ；dest 为通用寄存器操作数或存储器操作数

说明：段内调用 CS 不变，调用自动保护断点的 IP 入栈。

操作：

a. 断点进栈，即 SP=SP-2，IP 送 SS:[SP]。

b. 通用寄存器操作数或存储器操作数的内容送 IP，CS 不变。

（2）段间调用。可分为直接寻址和间接寻址。

① 直接寻址。

格式：CALL dest   ；dest 为子程序入口地址的 CS':IP'

说明：指令中直接给出子程序入口地址的完整信息，即段基址 CS'和偏移量 IP'；断点的 CS 和 IP 自动入栈。

操作：

a. 断点入栈，即 SP=SP-2，CS 送 SS:[SP]；SP=SP-2，IP 送 SS:[SP]。

b. CS'送 CS，IP'送 IP。

② 间接寻址。

格式：CALL dest   ；dest 为存储器操作数

说明：dest 为存储单元中的双字内容，即子程序入口地址存放在连续的 4 个单元中，同样调用时断点自动保护。

操作：

a. 断点进栈，即 SP=SP-2，CS 送 SS:[SP]；SP=SP-2，IP 送 SS:[SP]。

b. dest 指向存储单元的第一个字送 IP，第二个字送 CS。

2）返回指令（RET）

返回指令一般处于子程序的最后一条指令的位置，分为段内返回和段间返回，其示意图分别如 3-18 和图 3-19 所示。

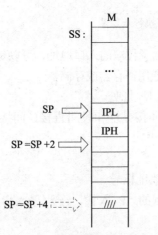

图 3-18　段内返回栈操作示意图

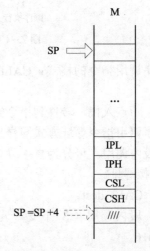

图 3-19　段间返回栈操作示意图

格式：RET

功能：恢复断点，返回到调用前的状态。

（1）段内返回指令。当调用指令所在的程序与子程序在同一段内时，子程序中最后一条指令 RET 就是段内返回指令。

格式：RET

功能：将 2 字节断点弹入 IP 中，CS 不变。

（2）带参数段内返回指令。此外，返回指令还可以带一个返回值 n，n 一般为 0～0FFFFH 之间的任意一个偶数，返回值表示的是子程序在返回时从堆栈中舍弃的字节数，也就是返回时栈指针 SP 除了加 2 外，还要加 n。

格式：RET n

功能：SS:[SP] 送 IP，SP=SP+2+n。

（3）段间返回指令。当调用指令所在的程序与子程序不在同一段内时，子程序中最后一条指令 RET 就是段间返回指令。

格式：RET

功能：先将 2 字节断点 IP 弹入 IP 中，再将 2 字节断点 CS 弹入 CS 中。

（4）带参数段间返回指令。

格式：RET n

功能：SS:[SP] 送 IP，SP=SP+2；SS:[SP] 送 CS，SP=SP+2+n。

5．中断指令和中断返回指令

在程序运行期间，有时会遇到某些特殊情况，要求 CPU 暂时停止它正在运行的程序，转去自动执行一组专门的中断服务程序（或称中断子程序），处理完毕又返回原先被暂时停止的程序并继续执行，这样的一个过程称为中断（interrupt）。

8086 微处理器的中断系统分为外部中断（又称硬件中断）和内部中断（又称软件中断）两种。中断指令可引起 CPU 中断，这种由指令引起的 CPU 中断，称为软中断。

执行中断，除保护程序断点外，还将标志寄存器的内容压栈。中断服务程序入口地址由中断向量表获得。有关中断的处理问题第 6 章将作专门介绍，这里只介绍有关中断的几条指令。

1）中断指令（INT）

格式：INT n

指令中的 n 为中断类型号（0～255），例如 4 号中断是溢出中断。

该指令执行如下操作。

（1）将标志寄存器的内容压入堆栈。

（2）将标志位 IF、TF 清零。

（3）将当前 CS 的内容压入堆栈。

（4）将当前 IP 的内容压入堆栈。

（5）将中断服务程序的入口地址的代码段地址装入 CS。

（6）将中断服务程序的入口地址的偏移地址装入 IP。

其中，中断服务程序的入口地址（段地址、偏移地址）的获取与中断类型号直接相关，具体介绍见第 6 章。

中断指令只影响 IF、TF，对其他标志位无影响。

2）溢出中断指令（INTO）

带符号数运算中的溢出是一种出错，在程序中应当尽量避免。当有溢出时，也应尽快发现，否则程序再运行下去，其结果便毫无意义。为此，8086 微处理器指令中专门提供了一条溢出中断指令，用来判断带符号数的加、减运算是否有溢出。

格式：INTO

该命令常用于算术运算中。若算术运算（它的上一条指令）的结果产生溢出，即 OF=1，则立即调用一个处理算术溢出的中断服务程序；否则不进行任何操作，接着执行下一条指令。

溢出中断指令与中断指令的操作过程相同，调用的是同一个中断服务程序。

3）中断返回指令（IRET）

中断返回指令用于从中断服务程序返回到被中止的程序继续执行。任何中断服务程序，不管是由软件引起的还是由硬件引起的，最后执行的一条指令一定是中断返回指令，用以退出中断服务程序，返回到被中止的程序的断点处。

格式：IRET

执行该指令的具体操作如下。

（1）将堆栈中的断点地址弹入到 IP 和 CS 中。

（2）将压入堆栈的标志字的内容弹出至标志寄存器，以恢复原标志寄存器的内容。

3.4.6　串操作类指令

串操作类指令对字节、字、双字串进行操作，包括串传送指令（MOVS）、串比较指令（CMPS）、串扫描指令（SCAS）、串读取指令（LODS）、串写入指令（STOS）等 5 条指令。

串操作类指令要求 SI 为源操作数指针，为数据段 DS 内偏移地址。DI 为目的操作数指针，为附加段 ES 内偏移地址。每条指令一般只处理一个字节或字的数据，而且每处理完一个数据，其地址指针自动加减 1 或加减 2，指向下一个要处理的数据。指针是增加还是减少取决于 FR 中的 DF，当 DF=0，指针增加；当 DF=1，指针减少。

1. 串传送指令

格式：MOVSB

　　　MOVSW

功能：若为字节传送，((DI)) ← ((SI))，(DI) ±1→ (DI)，(SI) ±1→ (SI)；若为字传送，((DI)) ← ((SI))，(DI) ±2→ (DI)，(SI) ±2→ (SI)。

2. 串比较指令

格式：CMPSB

　　　CMPSW

功能：若为字节比较，((SI)) – ((DI))，(DI) ±1→ (DI)，(SI) ±1→ (SI)；若为字比较，((SI)) – ((DI))，(DI) ±2→ (DI)，(SI) ±2→ (SI)，((SI)) – ((DI)) 的结果影响状态标志位。

3. 串扫描指令

格式：SCASB

　　　SCASW

功能：若为字节扫描，AL-（（DI）），影响 FR 状态标志位，（DI）±1→（DI）；若为字扫描，AX-（（DI）），影响 FR 状态标志位，（DI）±2→（DI）。

4. 串读取指令

格式：LODSB

　　　LODSW

功能：若为字节读取，AL←（（SI）），（SI）±1→（SI）；若为字读取，AX←（（SI）），（SI）±2→（SI）。

5. 串写入指令

格式：STOSB

　　　STOSW

功能：若为字节读取，AL←（（DI）），影响 FR 状态标志位，（DI）±1→（DI）；若为字读取，AX←（（DI）），影响 FR 状态标志位，（DI）±2→（DI）。

8086/8088 微处理器还给出了以下 3 种重复的前缀。

（1）无条件重复前缀：REP。

若放在串操作类指令之前，执行到 CX=0 为止。常放在串比较指令和串写入指令前。

（2）相等或等于 0 重复前缀：REPE/REPZ。

若放在串操作类指令之前，执行到 CX=0 或 ZF=0 为止。常放在串传送指令和串扫描指令前。

（3）不相等或不等于 0 重复前缀：REPNE/REPNZ。

若放在串操作类指令之前，执行到 CX=0 或 ZF=1 为止。常放在串传送指令和串扫描指令前。

【例 3-46】假设 ARY1 从 2000H 开始，ARY2 从 3000H 开始，将 2000H 单元的数据送到 3000H 单元中。

程序如下：

```
ARY1 DB 1, 2, 3, 4, 5
ARY2 DB ?, ?, ?, ?, ?
  CLD                      ; DF=0
  LEA  SI, ARY1
  LEA  DI, ARY2
  MOV  CX, 5
  REP  MOVSB
```

指令执行后存储单元 ARY1 和 ARY2 的内容相同，CX=0，（SI）=2005H，（DI）=3005H。

如果最后没有 REP 重复前缀，指令执行后 ARY1 和 ARY2 只有第一个存储单元的内容相同，CX=4，（SI）=2001H，（DI）=3001H。

说明：

（1）源操作数寻址方式只能是 XX:[SI]，其中 XX 可以为 CS、DS、SS、ES 之一。若为 DS，则可以缺省。

（2）目的操作数只能是 ES:[DI]，ES 不能替换，但可以缺省不写。

（3）数据指针在处理完一个数后会自动修改，指针的增加或减少都由 DF 决定。

两条指令：CLD　　　　；置 DF=0，指针增加

　　　　　　　STD　　　　；置 DF=1，指针减少

（4）若使用前缀 REP 等时，数据长度必须事先存放在 CX 中，且数据长度大于等于 1。

（5）当处理字节操作时，地址指针自动加减 1，CX 中可存放字节数为 1～FFFFH 个。当处理字操作时，地址指针自动加减 2，CX 中可存放字数为 1～8000H 个。

（6）若需要处理多个数据，需要在串操作类指令前面加上前缀。

（7）仅有串比较指令和串扫描指令对标志位 OF、SF、ZF、AF、PF、CF 有影响。

80x86 微处理器在保护模式下增加了以下指令。

（1）MOVSD、CMPSD、STOSD、LODSD、SCASD。功能和上述指令相同，但变为 32 位串传送。

（2）串操作指令中还增加了从接口传输数据串的指令，每种指令有 3 条指令。

① INS/INSB/INSW dest，DX。

功能：将 DX 指明的端口数据取出并存到 ES：[DI] 单元中，其中 dest 只定义了是字还是字节，不影响寻址。

② OUTS/OUTSB /OUTSW DX，src。

功能：将 DX：[SI] 单元中的数据送到由 DX 指明的端口地址中，其中 dest 只定义了是字还是字节，不影响寻址。

③ REP INS/REP INSB/REP INSW dest，DX。

功能：同 8086 微处理器的串操作类指令，CX 作重复计数器。

④ ERP OUTS/ERP OUTSB/ERP OUTSW DX，src。

功能：同上。

3.4.7　处理器控制类指令

处理器控制类指令提供 FR 控制进位标志（CF）、串指令修改地址的方向标志（DF）、中断标志（IF）等状态位，测试 BUSY/TEST 引脚的状态及处理器的某种工作状态等功能。由于这些指令中有些是在硬件控制时使用，因此这里针对指令功能进行简单的说明。

处理器控制类指令包括以下 6 种。

（1）标志位操作指令：无操作数，用于修改 FR 中的 CF、IF、DF。标志位操作指令共 7 个，具体为：STC（置 CF=1）、CLC（清 CF=0）、CMC（CF 取反）；STD（置 DF=1）、CLD（清 DF=0）；STI（置 IF=1）、CLI（清 IF=0）。

（2）空操作指令（NOP）：执行空操作指令不影响 FR 寄存器、存储器的内容，不进行任何操作，只占用 3 个时钟周期，然后继续执行下面的指令。

（3）暂停指令（HLT）：CPU 进入暂停，不进行任何操作，只有当中断复位后才能退出暂停状态。

（4）等待指令（WAIT）：当 8086/8088 微处理器的 TEST 引脚为高电平时，CPU 处于等待状态，此时允许进行中断操作，但是返回后仍进入等待状态，只有当 TEST 引脚为低电平时 CPU 才退出等待，进入下一条指令。

（5）交权指令（ESC）：将内存中的操作数送上数据总线，供其他处理器使用，且不影响 FR。

（6）总线锁定指令（LOCK）：8086/8088 微处理器的总线锁定信号是低电平有效。外

部信号可以接受 LOCK 信号，其间禁止其他处理器对总线进行访问。

　　因 80x86 微处理器的指令系统具有很强的兼容性，在 8086 微处理器上运行的程序不加修改就可以运行在比它型号高的微处理器上。也就是说，Pentium 处理器完全兼容 80486、80386、8086 等处理器，它们都是在 8086 微处理器的基础上对指令系统进行增加与增强的。因此，8086 微处理器的指令系统是基础，80x86 微处理器的保护模式是在 8086 微处理器的通用指令集的基础上增加了浮点处理单元指令集、多媒体扩展处理（MMX）指令集与流式 SIMD（单指令流多数据流）扩展 SSE 指令集。

 习题

　　1. 什么是寻址方式？从 8086/8088 微处理器到 80286 微处理器有哪几种寻址方式？80386 以上的微处理器又有哪几种寻址方式？

　　2. 简述立即寻址、直接寻址、寄存器寻址和寄存器间接寻址的区别。

　　3. 微型计算机的指令一般由哪几个字段组成？各字段的作用是什么？

　　4. 微型计算机指令系统按功能可以分为哪几种类型？

　　5. 堆栈操作指令有哪些？80x86 的堆栈有什么特点？

　　6. 测试指令与比较指令使用时有什么不同？

　　7. 算术移位指令与逻辑移位指令有什么不同？

　　8. 试说明指令"MOV　BX，5［BX］"与指令"LEA　BX，5［BX］"的区别？

　　9. 试比较无条件转移指令、条件转移指令和子程序调用指令之间的异同。

　　10. 分别指出下列指令中源操作数的寻址方式（VAR 为变量名）。

　　　（1）MOV　AX，BX

　　　（2）MOV　DL，20H

　　　（3）MOV　AX，VAR［BX］［SI］

　　　（4）MOV　AX，VAR

　　　（5）MOV　DX，［BP］

　　　（6）MOV　AL，'B'

　　　（7）MOV　DI，ES：［BX］

　　　（8）MOV　BX，100H［BX］

　　11. 设（DS）=2000H、（BX）=0100H、（SS）=1000H、（BP）=0010H，TABLE 的物理地址为 2000AH，（SI）=0002H。求下列每条指令中源操作数的存储单元地址。

　　　MOV　AX，［1234H］

　　　MOV　AX，［BX］

　　　MOV　AX，TABLE［BX］

　　　MOV　AX，［BP］

　　　MOV　AX，［BP］［SI］

　　12. 32 位微型计算机工作在实模式下，已知（DS）=1000H、（SS）=2000H、（SI）=007FH、（BX）=0050H、（BP）=0016H，TABLE 的偏移地址为 0100H。指出下列指令中源操作数的

寻址方式，并求它们的有效地址（EA）和物理地址（PA）。

（1）MOV AX，[1000H]

（2）MOV AX，TABLE

（3）MOV AX，[BX+1000H]

（4）MOV AX，TABLE [BP] [SI]

13. 下列每组指令有何区别？

（1）MOV AX，1234H

　　　MOV AX，[1234H]

（2）MOV AX，TABLE

　　　MOV AX，[TABLE]

（3）MOV AX，TABLE

　　　LEA AX，TABLE

（4）MOV AX，BX

　　　MOV AX，[BX]

14. 指出下列指令的错误并加以改正。

（1）MOV DS，200H

（2）MOV 1000H，DX

（3）SUB [1000H]，[SI]

（4）PUSH AL

（5）JMP AX

（6）MUL 39H

（7）OUT 380H，AX

（8）ADD AL，BX

（9）POP CS

（10）MOV AL，3000H

15. 已知 AL=0C4H，DATA 单元的内容为 5AH，试写出下列指令执行后的结果。

（1）AND AL，DATA

（2）NOT DATA

（3）OR AL，DATA

（4）AND AL，0FH

（5）XOR AL，DATA

（6）XOR AL，0FFH

（7）TEST AL，80H

16. 已知 AL=7BH，BL=38H，执行指令"SUB AL，BL"后，标志状态位 OF、SF、ZF、AF、PF、CF 的值各是什么？

17. 已知 AL=96H，BL=12H，在执行指令 MUL 后结果为多少？OF 等于多少？CF 等于多少？若执行指令 IMUL 后其结果又为多少？OF 又等于多少？CF 又等于多少？

18. 若（AX）=0ABCDH、（BX）=7F8FH，CF=1，求分别执行下列指令后 AX 中的内容，并指出标志寄存器 SF、ZF、AF、PF、CF 及 OF 的状态。

（1）ADD　AX，BX

（2）ADC　AX，BX

（3）AND　AX，BX

（4）XOR　AX，BX

19. 设 ARRAY 是字数组的首地址，写出将第 5 个字元素取出送 AX 的指令，要求使用以下几种寻址方式。

（1）直接寻址。

（2）寄存器间接寻址。

（3）相对寄存器间接寻址。

（4）基址加变址寻址。

20. 按要求写出相应的指令或程序段。

（1）屏蔽 CX 中的 b11、b7、b3 位。

（2）使 AX 为 0。

（3）使 BL 的高 4 位与低 4 位互换。

（4）测试 AX 中的 b0、b8 是否为 1。

21. 在程序段的每一个括号内填入一语句（不得修改其他语句），以实现下述功能：将字变量 VARM1 中的非零数据左移到最高位为 1 为止，左移次数存入字节变量 VARB 中，左移后的结果存入字变量 VARW 中。

```
        MOV BL, 0
        MOV AX, VARM1
        (                    )
        JS DONE
GOON:   INC BL
        ADD AX, AX
        (                    )
DONE:   MOV VARW, AX
        (                    )
```

22. 若（SS）=2000H、（SP）=000AH，先执行将字数据 1234H 和 5678H 压入堆栈的操作，再执行弹出一个字数据的操作，并画出堆栈区及 SP 内容的变化过程示意图（标出存储单元的物理地址）。

23. 若（AL）=8EH、（BL）=72H，执行以下指令后，标志位 OF、SF、ZF、AF、PF 和 CF 的值各是什么？

24. 指出 JMP 和 CALL、TEST 和 AND、CMP 和 SUB、JA 和 JG 这 4 对指令的区别。

25. 列举 RCR、SHR，RCL、SHL 这几个指令的应用实例。

26. 使某些位清零、取反、置位分别可以利用什么指令实现？

研究型教学讨论题

内存情况如图 3-20 所示。

20000H	24
20001H	56
20002H	33
20003H	65

图 3-20 内存情况

要求:

(1)用 debug 命令将数据 24、56、33、65 按顺序写入 2000H 处。

(2)用 debug 命令查看是否存在问题。

(3)查看 CPU 各寄存器的内容。

(4)用 debug 命令向一段内存写入下面的汇编指令,并查看刚刚写的代码。

```
MOV  AX,2000H
MOV  DS,AX
MOV  AX,[0]
MOV  BX,[2]
MOV  CX,[1]
ADD  BX,[1]
ADD  CX,[2]
```

(5)用 debug 命令单步执行程序。

第 4 章
汇编语言程序设计

本章教学资源

提要： 汇编语言程序设计就是根据汇编语言的结构、语法规则并利用微处理器的指令系统编写程序代码。指令有指令和伪指令，其中伪指令有数据定义、运算符、段定义与段分配伪指令等。同时，可以灵活利用 BIOS 和 DOS 功能调用，采用分支程序、循环程序、子程序、宏指令，以及汇编语言程序调试工具和调试方法进行汇编语言程序设计。

4.1 汇编语言概述

汇编语言程序是利用第 3 章介绍的指令系统编写的完成给定任务的程序段。由于汇编语言程序设计具有对底层硬件系统直接控制和管理的特点，到目前为止仍然是一种流行的程序设计方法。人和计算机交互也需要一种语言，常见的人机通信语言有机器语言、汇编语言、高级语言 3 种。

1. 机器语言

机器语言是"面向机器"的语言，是 CPU 能直接识别的唯一语言，是用二进制编码表示机器指令的集合。用机器语言描述的程序称为目标程序。机器语言编写十分烦琐，理解和记忆起来也十分困难，同时也不具有可移植性和通用性。

2. 高级语言

高级语言接近于人类的自然语言和数学语言，使用其设计出来的程序可读性好、可维护性强。高级语言与具体的计算机硬件关系不大，因而在程序设计过程中可以不必了解内部微处理器，这样给程序设计人员带来了很大的方便。高级语言 VC、C++、Java 等也是程序设计常用的一种方法。高级语言程序要经过翻译程序或编译程序才能转换为计算机能识别的目标程序。同时，高级语言程序设计对计算机硬件的控制和管理也有一定的局限性。

3. 汇编语言

汇编语言是用助记符表示的指令，是介于机器语言和高级语言之间的一种语言。汇编语言源程序与其经过汇编后产生的机器语言程序之间具有一一对应的关系。

汇编语言也是面向机器的语言，是一种依赖于计算机微处理器的语言。不同类型的 CPU 都有它专用的汇编语言，因此汇编语言一般不具有通用性和可移植性。由于利用汇编语言编写程序时必须考虑寄存器、存储单元和寻址方式等，所以进行汇编语言程序设计必须熟悉微型计算机的硬件资源和软件资源，因此具有较大的难度和复杂性。

用汇编语言编程时，有可以直接利用硬件系统的特性，它允许编程人员直接对位、字节、字、寄存器、存储单元和 I/O 端口进行操作。汇编语言源程序比高级语言编写的源程序生成的目标程序短，占内存少，执行速度快，所以它主要用于系统软件、实时控制软件、I/O 接口驱动等的程序设计中。

汇编程序是计算机软件系统之一，它提供汇编程序语言的各种规则。汇编程序把源文件转换成用二进制代码表示的目标文件。在转换过程中，汇编程序将对源程序进行两遍扫视，指出源程序的语法错误。支持 Intel 80x86 系统的汇编程序有很多，主要有以下几种。

（1）ASM：仅支持汇编语言的小汇编程序，不支持高级汇编语言宏汇编功能，但是占用内存少，仅需要 64 KB 内存支持。

（2）MASM：微软公司开发的宏汇编程序，不仅包含了 ASM 的功能，还增加了宏指令结构、记录等高级宏汇编语言功能，但是需要内存较多。

（3）TASM：Borland 公司开发的宏汇编程序，性能同 MASM；为快速汇编程序，其汇编速度快，宏汇编语言功能更强。

（4）OPTASM：是汇编速度更快的一种优化汇编程序。

4.2 汇编语言的伪指令

4.2.1 汇编语言的语句结构

汇编语言有 3 种类型的语句：指令语句、伪指令语句、宏指令语句。指令语句又称可执行语句，在汇编的时候产生机器指令后由 CPU 执行某种操作。第 3 章介绍的 7 类指令系统就是指令语句。伪指令语句没有与其对应的机器指令，它指示汇编程序如何汇编源程序，为汇编语言源程序提供汇编时所需要的信息，如源程序起止信息、内存分段信息、操作数在内存的存放形式等。宏指令语句是把重复性较强的程序段用宏定义成一段具有独立功能的代码，这样在程序录入时可以多次在不同的入口调用这段代码。宏汇编程序在汇编时根据定义和调用，展开成多段程序。它是处理程序设计中多段不同入口点的类似程序且在参数较多时简化程序书写的一种程序设计方法。

1. 汇编语言程序语句的一般格式

格式：

[标识符] 操作码 [操作数][，操作数][；注释]

其中，带 [ ] 的为任选项，根据操作码设置，每项之间用空格符隔开。

指令语句、伪指令语句和宏指令语句的格式分别如下。

（1）指令语句的格式为：

[标号名:] 指令助记符 [操作数][，操作数][；注释]

（2）伪指令语句是指示语句，其格式为：

[变量名] 伪指令助记符 [操作数][；注释]

（3）宏指令语句的格式为：

宏名　MACRO <形式参数>

宏体

ENDM

2. 标识符

变量名、标号名、段名、宏名、过程名等均为标识符。在汇编语言中，变量名、标号名等用来标识某种数据结构的名称。汇编语言标识符的组成规则如下。

（1）标识符的字符个数为 1～31 个。

（2）标识符由字母、数字或某些特殊字符（如@、$、:、-、·、?、/）等组成。

（3）标识符的第一个字符必须是字母，不允许用数字开头。

（4）标识符不能使用汇编语言的保留字，如 AX（寄存器名）、MOV（助记符）等。标识符要尽量有意义，以便于程序的阅读和理解。

3. 标号名和变量名

1）标号名

这是一个任选项，以 "：" 作为结束符。标号是指令的符号地址，它代表指令的第一个字节地址。标号常作为转移指令的操作数，确定程序转移的目标地址。例如：

```
AGAIN: …
       …
       …
JMP AGAIN
```

标号名具有段属性、偏移地址属性、距离属性。

（1）段属性：标号名所在段的段基址。

（2）偏移地址属性：标号名所在段的偏移地址。

（3）距离属性：当标号作为控制转移类指令的操作数时，可在段内或段间转移，这时它们的距离属性不同。

NEAR：代表段内标号，只允许在本段内转移。

FAR：代表段间标号，允许在段间转移。

标号的距离属性可用隐含方式或伪指令 LABEL 定义。

① 隐含方式：标号名后面跟 "："，隐含其距离属性为 NEAR，只能在本段中转移。

② 用伪指令 LABEL 定义距离属性。

2）变量名

变量名是数据存储单元的符号地址，由汇编程序编译链接时为变量名分配存储单元。变量名常作为一段数据区的符号地址，它代表该存储区域的第一个字节地址。变量名可用变量定义伪指令来定义，是可选项。

变量名具有段属性、偏移地址属性、类型属性。

（1）段属性：变量名所在段的段地址。

（2）偏移地址属性：变量所处位置的段内偏移地址。

（3）类型属性：表示变量占用存储单元的字节数。

变量名的类型与存储单元字节数的对应关系如表 4-1 所示。

表 4-1　变量名的类型属性与存储单元字节数的对应关系

类型属性	存储单元字节数
BYTE	1
WORD	2
DWORD	4
QWORD	8
TBYTE	10

4. 操作码

操作码分为指令助记符和伪指令助记符。

（1）指令助记符。指令助记符是指令的关键部分，表示要 CPU 完成什么具体操作，必要时可在指令助记符前加前缀实现某些附加操作（如重复前缀 REP）。指令助记符不可省略，例如 MOV、ADD、SHL 指令等。

（2）伪指令助记符没有对应的指令操作码，主要用于定义变量、分配存储地址等，例如 DB、DW、DD 等。

（3）宏指令由汇编程序定义展开，然后翻译机器语言指令。

5. 操作数

操作数可以是常数、寄存器、标号、变量或表达式等。操作数可有可无。对于指令语句而言，操作数是根据指令运算时需要的数据确定的，分为无操作数、单操作数、双操作数。当指令要求有两个操作数时，必须用逗号将两个操作数分开。对于伪指令语句和宏指令语句而言，可以有多个操作数。其中，伪指令操作数是由操作符构成，汇编程序按规定的优先规则对表达式运算，得到一个数值或地址。

6. 注释字段

注释字段（comment field）是可选项，如果语句中带有注释字段，则必须用分号开始。注释字段用于对程序或指令加注释，以提高程序的可读性。汇编程序不对注释字段做任何处理。

4.2.2 数据定义伪指令

操作数可以是常数，包括立即寻址中的立即数、直接寻址中的地址、数据定义中的数。

通过数据定义语句可以为数据项分配存储单元，并设置初值。代表数据项的标识符称为变量名，表示数据项存储单元第一个字节的地址。

数据定义语句的格式为：

　　　　　［变量名］　DB/DW/DD/DQ/DT 表达式 ［；注释］

其中，DB 定义字节型变量，每个变量分配 1 个存储单元；DW 定义字型变量，每个变量分配 2 个存储单元；DD 定义双字型变量，每个变量分配 4 个存储单元；DQ 定义四字型变量，每个变量分配 8 个存储单元；DT 定义十字节型变量，每个变量分配 10 个存储单元。

如果有多个表达式，表达式之间用逗号隔开。根据表达式的不同，数据定义语句有以下几种情况。

1. 数值表达式

表达式结果是确定的数值，用于初始化内存单元，如图 4-1（a）所示。例如：

```
DATA1 DB 24H
DATA2 DW 1234H+5678H
```

2. ? 数据项

若定义的变量初值不确定可以用"？"表示，这时给变量分配一个与类型相匹配的存储单元，用于保留内存单元，如图 4-1（b）所示。例如：

```
DATA_A DB ?,20H
```

```
DATA_B  DW  8543H,?
```

3. 字符串

字符串以 ASCII 码值的形式存放在存储区内，每个字符占据一个存储单元。可以用定义字节型变量的 DB 定义字符串，DW 只可以用来定义含有两个字符的字符串，字符串用单引号括起来，用于初始化内存单元，如图 4−2（a）所示。例如：

```
STR1  DB  'MASM'
STR2  DW  'MY'
```

4. 重复操作符

定义多个类型与初值相同的变量可以使用重复操作符，其格式为：

［变量名］　DB/DW/DD　n　DUP（表达式）

（1）n 表示变量重复次数，表达式可以是常数、字符和?。例如，"BUF1 DB 20 DUP（?）"定义了 20 个不确定值的字节型变量。

（2）DUP 还可以嵌套使用。展开嵌套的 DUP 的方法是把内层的内容展开成复制的操作数，再展开外层操作数。例如，"BUF2　DB　10　DUP（2，2 DUP（3））"汇编时分配 30 个存储单元给 BUF2，如图 4−2（b）所示。

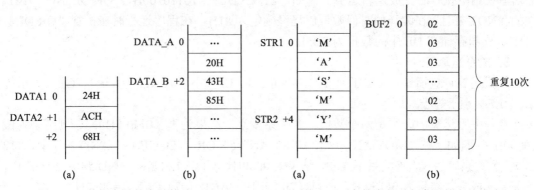

图 4−1　数据变量的存储格式　　　　图 4−2　字符串与重复变量的存储格式

4.2.3　表达式中的运算符伪指令

操作数的数值表达式是由运算符和常数、变量名或标号名连接起来组成的。

常数是已确定没有任何属性的纯数值，并且在程序运行过程中，常数的值不会改变。常数分为两种类型：数值型常数和字符串型常数。

汇编语言中的数值型常数有以下几种类型。

（1）二进制常数：由 0 和 1 组成的序列，以字母 B 结尾，例如 10010101B。

（2）八进制常数：由 0～7 组成的序列，以字母 Q 结尾，例如 274Q。

（3）十进制常数：由 0～9 组成的序列，以字母 D 结尾，字母 D 也可以省略，例如 1029D、7581 等。

（4）十六进制常数：由 0～9 及 A～F 组成的序列，以字母 H 结尾。以 A～F 开头的十六进制数在字符前加 0，例如 0D4H、4AH 等。

字符串常数是用单引号括起来的一个或多个字符，以每个字符对应的 ASCII 码值存放。

例如，'a'存放为 61H，'OK'存放为 4F4BH。

MASM（汇编程序）的运算符分为五大类，分别是：算术运算符、逻辑运算符、关系运算符、分析运算符、其他运算符。

1. 算术运算符

算术运算符包括+（加）、-（减）、*（乘）、/（除、取整）、MOD（模除、取余）、SHL（左移）、SHR（右移）。算术运算符用于算术表达式，经过运算可以得到一个确定的数。例如：

```
DATA1=5*12+7              ; DATA1=67
MOV AL, 16 MOD 5          ;（AL）=1
MOV AL, 10100100B SHR 2   ;（AL）=00101001B
```

2. 逻辑运算符

逻辑运算符包括 AND（逻辑与）、OR（逻辑或）、NOT（逻辑非）、XOR（逻辑异或）。

逻辑运算符用于数值表达式中对数值进行按位逻辑运算，运算结果为 8 位、16 位或 32 位二进制数。

需要注意逻辑运算符与逻辑运算指令的区别，前者在汇编时由汇编程序完成逻辑运算，而后者在指令执行时完成逻辑运算。例如，已知（DL）=10110100B，"OR DL, NOT 7EH"中的"NOT 7EH"在编译的时候数值就已经确定为 81H，在程序运行时在执行"OR DL, 81H"，结果存储在 DL 中的数据为 0B5H。

3. 关系运算符

关系运算符包括 EQ（等于）、NE（不等于）、LT（小于）、GT（大于）、GE（大于等于）、LE（小于等于）。

参与关系运算的必须是两个数值，若关系成立，结果为真（0FFFFH），否则结果为假（0000H）。例如，在"MOV AX,（（12 LT 8）AND 5）OR（（20 GE 19）AND 7）"中，"12 LT 8"为关系表达式，该关系不成立，结果为 0000H，所以（12 LT 8）AND 5=0；20 GE 19，该关系式成立，结果为 0FFFFH，所以（20 GE 19）AND 7=7；（AX）=0007H。

4. 分析运算符

分析运算符包括 SEG（返回段基址）、OFFSET（返回偏移地址）、LENGTH（返回变量单元数）、TYPE（返回变量字节数）、SIZE（返回变量总字节数）。

SEG、OFFSET、TYPE 加在变量名或标号名前面。

（1）SEG 加在变量名或标号名前面，将得到变量名或标号名的段基址。

（2）OFFSET 加在变量名或标号名前面，将得到变量名或标号名的偏移量。

（3）TYPE 加在变量名前面，返回值为 1（字节）、2（字）、4（双字）；TYPE 加在标号前面，返回值为-1（NEAR）、-2（FAR）。

（4）LENGTH 用在变量前面。对于变量使用 DUP 进行定义的情况，汇编程序将回送分配给该变量的单元数。对于其他情况，则回送 1。

（5）SIZE 用在变量前面。汇编程序回送分配给该变量的字节数，值为 LENGTH 值与 TYPE 值的乘积。

例如，定义如下的数据段：

```
DATA SEGMENT
```

```
    ORG 20H
  DATA1  DW  9A37H, 1482H
  DATA2  DB  'MASM'
  DATA3  DB  20  DUP（?）
  DATA4  DD  4321DCBAH
DATA  ENDS
```

设变量从偏移地址 20H 开始，分析执行以下指令后的结果。

① MOV AX，SEG DATA1

　　MOV DS，AX　　　　　　　　　　；将 DATA1 的段基址装入数据段

② MOV BX，OFFSET DATA1　　　　；把 DATA1 的偏移地址 20H 送 BX

③ MOV SI，OFFSET DATA2　　　　；把 DATA2 的偏移地址 24H 送 SI

④ MOV AL，TYPE DATA1　　　　　；（AL）=2，因为 DATA1 是 DW 类型

⑤ MOV AL，LENGTH DATA3　　　　；（AL）=20，因为 DATA3 为 20 个字节变量

⑥ MOV AL，LENGTH DATA4　　　　；（AL）=1

⑦ MOV AL，SIZE DATA4　　　　　；（AL）=4，SIZE=LENGTH*TYPE

5. 其他运算符

其他运算符包括 HIGH（分离高字节）、LOW（分离低字节）、（）（圆括号）、[]（方括号）。HIGH 和 LOW 用于数值表达式。HIGH 和 LOW 的使用格式为：

　　　　HIGH　数值表达式　　　　　　　；返回数值表达式的高 8 位

　　　　LOW　数值表达式　　　　　　　；返回数值表达式的低 8 位

（）用于改变运算符的优先级。[]用于下标和间接寻址。

4.2.4　属性说明伪指令

定义的变量名、标号名都具有段、偏移地址、类型三重属性。在汇编语言程序设计中，可以利用以下 4 种操作符对其属性进行重新定义或修改。

1. PTR 操作符

格式：类型　PTR　地址表达式

功能：确定地址表达式的存储单元为指定的类型，即用在地址表达式之前，用于指定或临时改变变量名和标号名的类型。类型包括 BYTE、WORD、DWORD、NEAR、FAR 等。例如：

```
ADD WORD  PTR [SI], 20H        ; 存储器操作数的类型为字
JMP FAR PTR OK                 ; OK 是可以进行段间转移的标号
```

2. THIS 操作符

格式：THIS　类型

类型包括 BYTE、WORD、DWORD、NEAR、FAR 等。THIS 操作符返回一个具有指定类型的存储器操作数。返回的存储器操作数地址的段基址和偏移地址就是下一个将要分配的存储单元的段基址和偏移地址。例如：

```
MY_WORD EQU THIS WORD
MY_BYTE DB  ?
```

MY_WORD 表示一个字变量名，它的段基址和偏移地址与字节变量 MY_BYTE 相同。

3．SHORT（短转移说明）

格式：JMP　SHORT　PTR　目标地址

功能：转移的目标地址等于当前 IP 的内容加上 8 位的位移量，转移的目标地址距本条指令的下一条指令之间的偏移量范围为 −128～127。

4．LABEL 伪指令

LABEL 伪指令为当前存储单元定义一个指定类型的变量名或标号，变量名的类型为 BYTE、WORD、DWORD，标号的类型为 NEAR 和 FAR。

格式：变量名/标号　LABEL　［类型］

功能：LABEL 伪指令通常和下一个语句所定义的变量和标号联用，给下一个语句所定义的变量和标号取别名。别名由 LABEL 左边的名称决定，而其类型属性或距离属性则由 LABEL 右边的参数来给定。

LABEL 伪指令的使用可分为以下两种情况。

1）与变量连用

与变量连用时，LABEL 伪指令用来给下一条语句中的变量取一个别名，并可修改变量的类型属性，LABEL 右边的参数可以是 BYTE、WORD 和 DWORD。例如：

```
TIMB LABEL BYTE
TIMW DW 1234H, 5678H
```

第一条语句为 LABEL 语句，它给第二条语句定义的字变量 TIMW 取一个别名 TIMB，并将其类型修改为字节。这样，在后续程序中，当要以字节类型访问该变量时便可使用变量名 TIMB。例如：

```
MOV AX, TIMW [0]          ;（AX)=1234H
MOV BL, TIMB [0]          ;(BX)=34H
```

定义堆栈段时，也经常使用 LABEL 语句，例如：

```
ASTACK  SEGMENT
  DW 20 DUP（？）
  TOP LABEL WORD
ASTACK ENDS
```

这里定义了一个由 20 个字组成的堆栈，其栈底的名称取为 TOP，它的类型定义为字。

2）与标号连用

与标号连用时，LABLE 伪指令给标号取一个别名，并可改变其距离属性，这时 LABLE 左边仍是别名的名称，右边则是距离属性 NEAR 或 FAR。例如：

```
SUBF  LABEL  FAR
SUBN: MOV  AX,[BX+SI]
```

第二条语句用冒号隐含定义了 SUBN 的距离属性为 NEAR，第一条 LABEL 语句中将 SUBN 取一个别名 SUBF，SUBF 的距离属性修改为 FAR。SUBF 和 SUBN 有相同的逻辑地址，但它们的距离属性不同，可作为程序转移或调用时不同情况下的入口。在段内转移或调用时可使用标号名称 SUBN，在段间转移或调用时则使用标号名称 SUBF，但实际上是指向同一条指令。

4.2.5　运算符伪指令的优先级

以上介绍的数值表达式中的运算符，其优先顺序应按以下规则执行。

（1）先执行优先级高的，再执行优先级低的。

（2）同级按从左到右的顺序执行。

（3）可以先进行圆括号内的运算。

在汇编语言程序设计中，运算符的优先级别如表 4-2 所示。

表 4-2　运算符的优先级别

序号	运算符	优先级别
1	LENGTH、SIZE、WIDTH、MASK、()、[]、<>	高
2	PTR、OFFSET、SEG、TYPE、THIS	
3	HIGH、LOW	
4	*、/、MOD、SHL、SHR	
5	+、-	
6	EQ、NE、LT、LE、GT、GE	
7	NOT	
8	AND	
9	OR、XOR	
10	SHORT	低

4.2.6　段定义与段分配伪指令

汇编语言的源程序分成若干个段，如存放数据用的数据段、保存信息用的堆栈段、存放主程序用的代码段。

1. 段定义伪指令

段定义使用 SEGMENT/ENDS 伪指令。段定义伪指令的格式为：

```
段名    SEGMENT［定位类型］［组合类型］［字长选择］［类别名］
        …
        （段体）
        …
段名            ENDS
```

任何一个逻辑段均从 SEGMENT 伪指令开始，以 ENDS 伪指令结束。

1）段名

段名是赋予该段的一个名称，命名方法与前述的标识符的命名方法相同。段名代表该段的段地址。SEGMENT 伪指令与 ENDS 伪指令成对出现，配对的 SEGMENT 伪指令与 ENDS 伪指令前的段名必须一致。在同一个模块中，不同段的段名不能相同。

2）定位类型

定位类型表示对段的起始边界的要求，可有以下 5 种选择。

（1）PAGE（页）：表示本段从一页的边界开始，一页为 256 个字节，所以 PAGE 定义的边界的地址能整除 256，这样段的起始地址的后八位二进制数一定为 0（即以 00H 结尾）。

段的起始地址为：XXXX XXXX XXXX 0000 0000B。

（2）PARA（节）：表示本段从一节的边界开始，一节为 16 个字节，所以段的起始地址的后四位二进制数一定为 0（即以 0H 结尾）。未定义定位类型时，其定位类型默认为 PARA。

段的起始地址为：XXXX XXXX XXXX XXXX 0000B。

（3）DWORD（双字）：表示本段的起始地址能够被 4 整除。若用二进制数表示后两位，则为 00B。

段的起始地址为：XXXX XXXX XXXX XXXX XX00B。

（4）WORD（字）：表示本段从偶地址开始。若用二进制数表示，则该地址的最低位应为 0B。

段的起始地址为：XXXX XXXX XXXX XXXX XXX0B。

（5）BYTE（字节）：表示本段可从任何地址开始定位。

段的起始地址为：XXXX XXXX XXXX XXXX XXXXB。

3）组合类型

组合类型用来对各个逻辑段之间的连接方式提出要求，可供选择的参数有以下 6 种。

（1）NONE：表示该段与其他同名段不进行连接，独立存于存储器中。如果语句中省略组合类型，则 MASM 把它作为 NONE 处理。

（2）PUBLIC：表示该段与其他模块中的同名段在满足定位类型的前提下由低地址到高地址连接起来，组合成一个较大的逻辑段。

（3）COMMON：表示该段与其他模块中的同名段采用覆盖方式在存储器中定位，即它们具有相同的段起始地址，共享同一个存储区，且共享存储器的长度由同名段中最大的段确定。段的内容为所连接的最后一个模块中的内容及没有覆盖到的前面 COMMON 段的部分内容。

（4）MEMORY：表示该段与其他模块中的同名段具有相同的起始地址，采用覆盖方式在存储器中进行连接。与 COMMON 参数的不同之处是，带有 MEMORY 参数的逻辑段覆盖在其他同名段的最高地址。

（5）STACK：表示该段为堆栈段，其他与 PUBLIC 做同样的处理。对于多个模块而言，只需设置一个堆栈段实体，它的容量应当与各模块中设置的多个堆栈段中最大的堆栈段相同。对于堆栈段而言，STACK 参数不可省缺，否则需要在程序中用指令设置 SS 和 SP 的值。

（6）AT 表达式：表示本段可定义在表达式所指示的节边界上。一般情况下，各个逻辑段在存储器中的分配由系统自动完成，但在某些情况下，如果要求某个逻辑段必须分配在某个节的边界上，则可用本参数来实现。例如，如果要求某个逻辑段从绝对地址 12005H 开始，可采用以下语句格式：

```
CODE SEGMENT AT 1200H
     ORG 0005H
START:

CODE  ENDS
```

"AT 1200H"表示该代码段的起始地址为 12000H，第一条指令从 12005H 处开始执行。

4）字长选择

字长选择用于定义段中使用的偏移地址和寄存器的字长，只用于设置 32 位微型计算机中语句的段。共有以下两种字长可供选择：

（1）USE16，偏移地址为 16 位，段内最大寻址空间为 64 KB。

（2）USE32，偏移地址为 32 位，段内最大寻址空间为 4 GB。

5）类别名

类别名必须用单引号括起来，用于连接时决定各逻辑段被装入的顺序，即具有相同类别名的逻辑段按出现的先后顺序被装入连续的内存中。

在段定义语句中，定位类型、组合类型、字长选择、类别名为可选项，可根据要求选择其中一项或几项，各参数间用空格分隔。未选的项可缺省，但它们之间的顺序不能交换。

下面为完整的段定义的程序结构。

```
DATA  SEGMENT  PARA  'DATA'
  ...
DATA  ENDS                            ;数据段定义
STACK  SEGMENT  PARA  STACK 'STACK'
  ...
STACK  ENDS                           ;堆栈段定义
CODE  SEGMENT  PARA  PUBLIC 'CODE'    ;代码段
  ASSUME CS: CODE, DS: DATA, SS: STACK  ;段寄存器分配
  ...
CODE ENDS
  END START
```

2. 段分配伪指令

段分配伪指令用来完成段的分配，说明当前哪些逻辑段被分别定义为代码段、数据段、堆栈段和附加段。段分配语句用 ASSUME 伪指令来指明各段。段分配伪指令设置在代码段内，放在段定义语句之后。

段分配伪指令的格式为：

　　　　ASSUME　段寄存器名:段名 [，段寄存器名:段名，…]

段寄存器名可以是 CS、DS、ES、SS、FS、GS。段名是段定义语句中定义的段名。例如：

```
ASSUME  CS: CODE, DS: DATA, SS: STACK
```

段分配语句只建立当前段和段寄存器之间的联系，但段分配语句并不能将各段的段基址装入各个段寄存器。段基址的装入需要用程序的办法，而且6个段寄存器的装入也不尽相同。

4.2.7 赋值伪指令

1. 表达式赋值伪指令（EQU）

表达式赋值伪指令为常量、变量、表达式或其他符号定义一个新的名字，但不分配内存空间。

格式：符号名　EQU　表达式

表达式可以是常数、数值表达式、地址表达式、变量、标号或指令助记符。

说明：

（1）表达式中，变量名及标号名必须在伪指令前定义。

（2）在同一程序段中，不允许同一个变量名重新定义。

例如：

```
NUM  EQU  2*4                    ；NUM 代表常数 8
COUNT  EQU  4*NUM                ；已定义的符号常数可以用于表达式
STRING1  EQU  'HELLO  WORLD!'    ；用符号表示一个字符串
MOVE  EQU  MOV                   ；重新定义指令助记符
```

2. 等号伪指令

等号伪指令可以用来定义符号常数，等号语句定义的符号名允许重新定义。

格式：符号名=数值表达式

4.2.8 地址定义伪指令

1. 地址计数器（$）

在汇编语言程序设计中，为了指示程序中指令或数据在相应段中的偏移地址，可使用地址定位伪指令和当前地址计数器。

$表示地址计数器的值。地址计数器保存当前正在汇编的指令或数据的偏移地址。汇编程序每扫描一个字节，地址计数器的值加 1。例如：

```
JMP  $
```

程序跳转到本条指令，即进入死循环状态。该语句一般用于等待中断的发生。

再如：

```
DATA  SEGMENT
  ARRAY  DB 'PROGRAM'
        NUM  EQU  $-ARRAY
DATA  ENDS
```

其中，$表示当前指令的偏移地址值，ARRAY 是变量名，表示变量 ARRAY 的偏移地址值，$－ARRAY 是以变量 ARRAY 为起始地址的连续字节数，即变量名为 ARRAY 的字符串的字符个数。

2. 定位伪指令（ORG）

格式：ORG　数值表达式

ORG 语句用于调整地址计数器的当前值，数值表达式则给出偏移地址的值。当对该语句进行汇编时，将地址计数器的值调整成数值表达式的结果，即 ORG 语句后的指令或数据以表达式给出的值作起始的偏移地址，表达式运算的结果必须是正整数，并且以 65536 为模。例如：

```
     ORG  0100H
BEGIN: MOV  AL, 15H
     ORG  0500H
NUM  DW  7890H
```

汇编上面的伪指令，标号 BEGIN 的偏移地址为 0100H，变量 NUM 的偏移地址为 0500H。

4.2.9 过程定义伪指令

过程即子程序，它可以被程序所调用。汇编语言规定必须对过程进行定义。过程定义之后，就可对调用指令 CALL 和返回指令 RET 进行正确的汇编。如果过程中要用到某些寄存器或存储单元，为了不破坏原有的信息，要将寄存器或存储单元的原有内容压栈保护或存入子程序不用的寄存器或存储单元中。起保护作用的程序段可以放在主程序中，也可以放在子程序中。

过程定义语句的格式为：

```
过程名   PROC   NEAR/FAR
         语句
         …
         RET
过程名   ENDP
```

其中，过程名是为该过程指定的一个名称，与变量、标号的命名原则相同。过程名不可缺省。PROC 伪指令和 ENDP 伪指令必须成对出现。编写时，过程最后执行的一条指令必须是返回指令 RET。它将堆栈内保存的返回地址弹出，以实现程序的正确返回。

NEAR（近过程）：该过程与调用指令 CALL 处在同一个代码段中（段名相同）。

FAR（远过程）：该过程与调用指令 CALL 处在不同的代码段中（段名不同）。

NEAR、FAR 用来决定产生的是近调用指令还是远调用指令。近调用时，只需将返回位置的偏移地址压入堆栈；远调用时，需将返回位置的偏移地址和段基址都压入堆栈。

下面的程序可以说明过程定义语句在整个程序中的位置。

```
CODE  SEGMENT  PARA  PUBLIC 'CODE'          ;代码段
   ASSUME CS: CODE, DS: DATA, SS: STACK     ;段寄存器分配
   SUBB1  PROC  NEAR/FAR                     ;子程序
         语句
         …
         RET
   SUBB1  ENDP
START:                                       ;主程序
```

```
      CALL  SUBB1
      ...
      CALL  SUBB1
      ...
CODE  ENDS
    END  START
```

4.2.10　程序模块命名与程序结束伪指令

宏汇编程序 MASM 可以把程序分成许多模块，并对每个模块独立进行汇编和调试；各模块的符号允许相互引用，最后将各模块连接成一个完整的可执行程序。有关模块定义的伪指令有 NAME、END、PUBLIC、EXTRN。

1. NAME/END 伪指令

NAME/END 伪指令用于定义一个模块。在链接目标模块时将使用该模块名，汇编处理只进行到模块结束语句 END 为止。NAME 伪指令缺省时，模块若使用了 TITLE 语句，则 TITLE 语句中前 6 个字符为模块名，否则源文件名将作为模块名。

格式：NAME　模块名

　　　....

　　　END　标号

2. PUBLIC 伪指令

PUBLIC 伪指令用于说明已知模块中哪些标识符是公共的，可以被其他模块引用。

格式：PUBLIC　符号

其中，符号可以是本模块已定义的变量、标号、常量名、过程名等。

3. EXTRN 伪指令

EXTRN 伪指令用于说明模块中哪些标识符是外部的，即其他模块中已被 PUBLIC 伪指令说明的符号。

格式：EXTRN　符号名：类型 ［，符号名：类型…］

其中，符号名和类型必须与其他模块中定义的符号名和类型一致。

4. END 伪指令

END 伪指令作为汇编语言源程序的结束语句，一般放在源程序的最后一行。一个程序模块只允许有一个 END 语句，后为主模块起始地址。

格式：END　［起始地址标号］

汇编程序将起始地址标号的段基址和偏移地址赋给当前的 CS、IP。

4.3　DOS 功能调用和 BIOS 功能调用

4.3.1　DOS 功能调用

DOS 功能调用是 MS-DOS（disk operating system）为程序员编写汇编语言源程序提供的一组常用子程序。MS-DOS 共提供了约 80 个功能调用，包含设备驱动和文件管理等方面的子程序。这些子程序被编写成具有独立功能的程序模块并编号，编写汇编语言程序时可以调用这些子程序。这些子程序被称为 DOS 功能调用。

MS-DOS 规定用 INT 21H 进入各功能调用子程序的入口，并为每个功能调用规定了一个功能号，以便进入各个相应子程序的入口。

DOS 功能调用的使用方法如下。

（1）根据要使用的 DOS 功能调用设置入口参数。

（2）将 DOS 功能调用的编号送入寄存器 AH。

（3）发软中断指令 INT 21H。

调用结束后，系统将出口参数送到指定寄存器、内存或直接送到输出设备。

常用的 DOS 功能调用如下。

1. 带显示的键盘输入单字符（01H 号功能调用）

格式：MOV AH，01H

INT 21H

功能：从标准输入设备上读入一个字符，将字符的 ASCII 码送入 AL 中，并在屏幕上显示该字符。如果读到的字符是 Ctrl+C 或 Ctrl+Break，则结束程序。01H 号功能调用无入口参数，出口参数为读入字符的 ASCII 码，在 AL 中。

2. 单字符显示（02H 号功能调用）

格式：MOV DL，'字符'

MOV AH，02H

INT 21H

功能：将置入 DL 中的字符在标准输出设备（即显示屏）上显示输出；入口参数为字符的 ASCII 码，写入 DL 中。

3. 键盘输入字符串（0AH 号功能调用）

格式：MOV DX，缓冲区偏移量

MOV AH，0AH

INT 21H

功能：从键盘接收一串字符，以回车作为键盘输入结束标志，将字符串写入内存缓冲区中。

使用 0AH 号功能调用应当先在内存中建立一个缓冲区。缓冲区的第一个字节给定该缓冲区能存放的字节数，这个最大字符数由用户程序给出。如果键入的字符数比此数大，就会发出提示。缓冲区的第二个字节留给系统填写实际键入的字符个数，不包括回车键。这个数字由 0AH 号功能调用填入，而不是由用户填入。从缓冲区的第三个字节开始存放键入的字符串，最后键入回车键表示字符串结束。回车键也要占用一个字节，所以缓冲区的字节空间应为最大字符数加 2。调用时，用 DS:DX 指向缓冲区的段基值:偏移量。

下面是 0AH 号功能调用的一个例子。

首先建立一个缓冲区。

```
TAB  DB  20H                ; 最大输入的字符个数假定为 20
     DB  ?                  ; 实际输入的字符个数
     DB  20H  DUP（?）       ; 输入字符的 ASCII 码存放区（最多存放 20 个字符）
     …
```

输入字符串的指令如下：

```
LEA  DX, TAB
MOV  AH, 0AH              ; 0AH 号功能调用
INT  21H
```

如果键入 I like operating computer√，此时以 TAB 为起始地址的各存储单元的内容如图 4-3 所示。

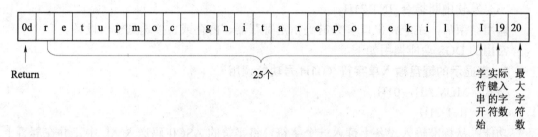

图 4-3　DS:DX 指向的字符缓冲区

【例 4-1】利用 0AH 号功能调用从键盘输入一个字符串，并将此字符串在显示屏上显示出来。

分析：指针（DS:DX）指向字符串的第 2 个字符 CX，是实际字符数。在显示屏上显示用 02H 号功能调用，将显示的字符装入到 DL 中。

程序如下：

```
DATA SEGMENT
    STRING  DB 20
            DB 0
            DB 20 DUP（?）
DATA ENDS
CODE SEGMENT
    ASSUME CS: CODE, DS: DATA
START: MOV AX, DATA
        MOV DS, AX
        LEA BX, STRING
        MOV AX, 0AH
        INT 21H              ; 读入字符串
        AND CH, 00H
        MOV CL, STRING+1     ; 第二个字节存储的是字符个数
        ADD BX, 2
  LPP: MOV DL, [BX]
        MOV AH, 2
        INT 21H
        INC BX
        LOOP LPP
```

```
        MOV AH, 4CH
        INT 21H
CODE ENDS
    END START
```

4. 字符串输出（09H 号功能调用）

格式：MOV   DX，存放字符串的偏移地址

　　　MOV   AH，09H

　　　INT   21H

功能：在标准输出设备（即显示屏）上显示字符串。

在使用 09H 号功能调用时应当注意以下问题。

（1）要显示的字符串必须先放在内存的一个数据区中，字符串以符号 '$' 作为结束标志。

（2）应当将字符串起始地址的段基值和偏移地址分别存入 DS 和 DX 中。

例如：

```
MSS  DB 'MASM  PROGRAM', 0DH, 0AH, '$'
MOV  AX, SEG MSS
MOV  DS, AX
MOV  DX, OFFSET  MSS
MOV  AH, 09H
INT  21H
```

上例中，第一行用于将显示的字符串放入数据区中，其中 0DH 为回车，0AH 为换行。

5. 返回操作系统（4CH 号功能调用）

格式：MOV   AH，4CH

　　　INT   21H

功能：结束当前程序的执行，返回操作系统，这时显示屏上将显示操作系统提示符（C>）。
该功能调用子程序没有入口参数。

【例 4-2】从键盘接收一个小写字母，转换为对应的大写字母，再在显示屏上输出。
假设存储区里有一个名为 STR 的字符串，内容为"Please Insert A Character："。

分析：首先利用 DOS 的 09H 号功能调用输出"Please Insert A Character："进行提示，
再通过 DOS 的 1 号功能调用接收一个小写字母，然后将其 ASCII 码的值减去 20，得到它
所对应的大写字母的 ASCII 码的值，最后使用 DOS 的 02H 号功能调用将大写字母输出。

程序如下：

```
DATA  SEGMENT
    STR DB'Please Insert A Character: ', '$'
DATA ENDS
CODE SEGMENT
    ASSUME CS: CODE, DS: DATA
START: MOV AX, DATA
        MOV DS, AX
        MOV DX, OFFSET STR
```

```
        MOV AH, 09H                    ; 09H 号功能调用，输出字符串
        INT 21H
        MOV AH, 01H
        INT 21H                        ; 01H 号功能调用，接收字符
        MOV DL, AL
        SUB DL, 20H
        MOV AH, 02H
        INT 21H                        ; 02H 号功能调用，输出字符
        MOV AH, 4CH
        INT 21H
    CODE ENDS
      END START
```

【例 4-3】从键盘输入一串字符，在标准输出设备上将字符逆序输出。

分析：假设已经定义缓冲区："BUF DB 50H，?，50H DUP（?）"，首先通过 0AH 号功能调用读入字符串，然后用 02H 号功能调用从最后一个字符开始输出。

程序如下：

```
DATA  SEGMENT
    BUF DB 50H, ?, 50H DUP （?）
DATA ENDS
CODE SEGMENT
    ASSUME CS: CODE, DS: DATA
START: MOV AX, DATA
        MOV DS, AX
        MOV BX, OFFSET BUF
        MOV DX, BX
        MOV AH, 0AH                    ; 0AH 号功能调用，读入字符串
        INT 21H                        ; 读入字符串
        MOV CX, 0
        MOV CL, BUF+1
        ADD BX, CX
        INC BX
AGAIN: MOV DL, [BX]
        MOV AH, 02H
        INT 21H
        DEC BX                         ; 02H 号功能调用，输出单字符
        LOOP AGAIN
        MOV AH, 4CH
        INT 21H
CODE ENDS
  END START
```

4.3.2　BIOS 功能调用

BIOS（basic input/output system）固化在 ROM 中，包括 I/O 设备的处理程序和许多常用的例行程序。对用户程序来说，可由特定指令 INT　n（n 为中断号）通过软中断的方式调用。这些调用能直接控制 I/O 设备，而不管 DOS 是否装入系统。表 4–3 列出了几种主要的 BIOS 功能调用。

表 4–3　主要的 BIOS 功能调用

中断号	10	11	12	13	14	15	16	17
功能	视频服务	设备类型	内存容量	磁盘 I/O	串行口	磁带 I/O	键盘	打印机

在应用 BIOS 功能调用时，必须设置有关的寄存器的值，即入口参数，然后执行相关的中断指令进行调用。例如：

```
INT 10H          ；视频服务 BIOS 功能调用
```

1. 00H 号功能调用

格式：MOV　AH，00H

　　　　MOV　AL，显示模式号

　　　　INT　 10H

功能：用于设置显示方式，显示模式号为 00～13H，可选择分辨率、模式、颜色、行列数等。

2. 02H 号功能调用

格式：MOV　AH，02H

　　　　MOV　DH，光标所在行

　　　　MOV　DL，光标所在列

　　　　INT　 10H

功能：设置光标位置。

3. 0AH 号功能调用

格式：MOV　AH，0AH

　　　　MOV　AL，字符 ASCII 码

　　　　MOV　CX，显示字符个数

　　　　INT　 10H

功能：在光标位置显示字符。

【例 4–4】 用梅花符号在显示屏上显示 V 形。

分析： 用 INT 10H 的 00H 号功能调用选择 80×25 黑白文本方式，用 INT 10H 的 02H 号功能调用确定光标位置，用 INT 10H 的 0AH 号功能调用显示梅花字符，AH=0FH，把显示的页号读入 BH。

程序如下：

```
CODE SEGMENT
    ASSUME CS: CODE
START: MOV AH, 0FH
```

```
                INT 10H                    ; 取当前显示方式
                MOV AH, 0
                MOV AL, 2                  ; 黑白文本方式，分辨率为 80×25
                INT 10H
                MOV CX, 1
                MOV DH, 0
                MOV DL, 20                 ; 光标设置在第 0 行第 20 列
    SHT_CUR1:   MOV AH, 2
                INT 10H
                MOV AL, 5         ; 梅花符号的 ASCII 码为 5
                MOV AH, 0AH       ; 将字符显示于光标处
                INT 10H
                INC DH
                INC DL
                CMP DH, 25
                JNE SHT_CUR1
    SHT_CUR2:   MOV AH, 2
                INT 10H
                MOV AL, 5
                MOV AH, 0AH
                INT 10H
                MOV CX, 1
                DEC DH
                INC DL
                CMP DH, 0
                JNE SHT_CUR2
                MOV AH, 4CH
                INT 21H
    CODE ENDS
        END START
```

文本方式一般用来显示信息，然而利用字符集中的方块图形字符也能产生一些简单的图形。多个方块图形字符也能组装成一个较复杂的图形，显示的方法和显示一般字符一样，调用 BIOS 的字符显示功能，如 INT 10H 的 AH=09H、AH=0AH 等。

【例 4–5】用"笑脸"符号画一条斜线。

分析：此程序要用到 INT10H 的 4 个功能调用：AH=0FH，把显示页号读入 BH；AH=0，选择 80×25 黑白文本方式；AH=2，移动光标；AH=0AH，显示一个字符。第一个"笑脸"的位置是（0，0），第 2 个笑脸的位置是（1，1）最后一个笑脸的位置是（24，24）。

程序如下：

```
CODE SEGMENT
    ASSUME CS: CODE
    STR: MOV  AH, OFH
         INT 10H
         MOV AH, 0
         MOV AL, 3
         INT  10H
         MOV CX, 1
         MOV DX, 0
SET-C: MOV AH, 2
         INT 10H
         MOV AL, 2
         MOV AH, OAH
         INT 10H
         INC  DH
         INC  DL
         CMP  DH, 25
         JNE SET-C
         MOC AH, 4CH
         INT 21H
CODE ENDS
    END STR
```

多字符组成的图形需要多次显示，一次只能显示一个字符。当图形是由许多字符组成时，应考虑把它们定义在一个字符图形表里。字符图形表包括每个字符的 ASCII 码、属性及在显示图形中的相对位移量。相对位移量指一个字符和当前要显示字符之间的行距和列距。

4.3.3　BIOS 功能调用和 DOS 功能调用的关系

程序员可通过 DOS 和 BIOS 访问和使用 IBM PC 系列微型计算机的硬件。

DOS 建立在 BIOS 的基础上，通过 BIOS 可操控硬件，例如 BIOS 和 DOS 的功能调用，都能实现磁盘的读写。在使用 BIOS 功能调用时，要准确地说明读写位置，即磁头、磁道和扇区号，而在 DOS 功能调用时则不必说明读写信息在磁盘上的物理地址。因此，使用 DOS 提供的功能调用比使用 BIOS 提供的功能调用更容易。

BIOS 功能调用的优点是程序执行的效率比 DOS 功能调用更高。如果某些工作使用 DOS 功能调用无法实现，就需要使用 BIOS 功能调用。

4.4 汇编语言程序设计概述

4.4.1 汇编语言程序的结构

汇编语言程序的完整结构如下：

TITLE 或 NAME

宏定义　MARCO　参数表（如果采用宏调用）

用 EQU 定义的等价语句区（根据需要设置）

用 EXTRN 定义的外部说明（如果引用外部模块或参数）

数据段名　SEGMENT［定位类型］［组合类型］［字长选择］［，类别名］

　　变量定义

　　结构定义

　　记录

　　结构预置

　　记录预置

数据段名　ENDS

堆栈段名　SEGMENT［定位类型］［组合类型］［字长选择］［类别名］

　　变量定义堆栈区

堆栈段名　ENDS

代码段名　SEGMENT［定位类型］［组合类型］［字长选择］［类别名］

　　ASSUME　在代码段开始分配段地址对应的寄存器

　　主程序开始

　　指令程序

　　过程名　PROC　属性

　　过程体

　　过程名　ENDP

代码段名　ENDS

　　END　过程名或指令执行起始标号

下面是一个完整的汇编语言程序的示例。

【例 4-6】比较两个字符串，若相同，则 EQUOK 置 1，否则置 0。字符串长度存放于 LEN 中。

```
TITLE STRING COMPARE                                    ; 程序名
**************************************************
DISP1 MACRO  P
      MOV DX, OFFSET P
      MOV AH, 09H
      INT 21H
```

```
        ENDM                                    ；宏定义，完成回车换行
****************************************************
DATA SEGMENT
  BUF1 DB 50H, ?, 50H DUP（?）
  BUF2 DB 50H, ?, 50H DUP（?）
  LEN DB ?
  EQUOK DB ?
  AA DB 0DH, 0AH, '$'
DATA ENDS                                       ；数据段定义
****************************************************
STACK SEGMENT PARA STACK'STACK'
  DB 50 DUP（?）
STACK ENDS                                      ；堆栈段定义
****************************************************
CODE SEGMENT PARA PUBLIC'CODE'                  ；代码段
    ASSUME CS: CODE, DS: DATA, SS: STACK        ；段寄存器分配
START: MOV AX, DATA
        MOV DS, AX
        MOV BX, OFFSET BUF1
        MOV DX, BX
        MOV AH, 0AH
        INT 21H                                 ；读入一个字符串
        INC BX
        MOV SI, BX
        MOV CL, [BX]                            ；字符串长度存放于 CL
        DISP1 AA                                ；回车换行
        MOV BX, OFFSET BUF2
        MOV DX, BX
        MOV AH, 0AH
        INT 21H                                 ；读入第二个字符串
        INC BX
        MOV DI, BX
        MOV CH, [BX]
        CALL COMP
        MOV AH, 4CH
        INT 21H
****************************************************
COMP PROC FAR                                   ；过程定义
    CMP CL, CH
```

```
        JNZ LP_NO
            MOV LEN, CL
            AND CX, 0FH
    AGAIN: INC SI
            INC DI
            MOV AL, [SI]
            CMP AL, [DI]                        ; 逐个比较字符
            JNZ LP_NO
            LOOP AGAIN
            MOV EQUOK, 1
            JMP LP_END
   LP_NO: MOV EQUOK, 0
  LP_END: RET
  COMP  ENDP
  ****************************************************
  CODE ENDS
    END START
```

4.4.2 汇编语言程序设计基础

使用汇编语言进行程序设计的基本步骤如下。

（1）分析问题，明确任务与要求。

（2）确定算法或编程思想。

（3）设计程序流程图。

（4）根据流程图编写程序。

（5）调试程序并编写说明。

在讲解汇编语言程序设计方法之前，首先要注意以下几个问题。

1. 各段寄存器的装入

ASSUME 伪指令分配了各段用的段寄存器，但还没有将各段的值装入到 DS、ES、SS 中，它们必须通过指令装入。

（1）CS 装入。CS 装入是用 END 标号，把程序开始执行的地址标号的段地址送给 CS，标号对应的偏移地址送给 IP。

（2）SS 装入。有两种情况：① 如果堆栈段定义在组合类型中选择了 STACK 参数，则不需要用户装入，自动为 SS、SP 赋相应的值；② 如果堆栈段定义没有选择 STACK 参数，需要段地址装入。

（3）DS、ES、FS、GS 装入。由用户在代码段起始处用指令进行段基址的装入。段基值需先送入通用寄存器，再传送给段寄存器。

例如：

```
DATA SEGMENT
  DATA1 DB 4
```

```
        DB 2 DUP（?）
DATA ENDS
STACK SEGMENT
  SPP DB 40 DUP（?）
  TOP EQU $-SPP
STACK ENDS
CODE SEGMENT
  ASSUME CS：CODE，DS：DATA，SS：STACK
START：MOV AX，DATA
     MOV DS，AX
     MOV AX，STACK
     MOV SS，AX                ; 没有选择 STACK 参数，需要段地址装入
     MOV SP，OFFSET TOP
CODE ENDS
  END START                   ; START 地址装入 CS：IP
```

注意：一个完整的汇编语言源程序至少含有一个代码段，指令语句和数据定义语句应安排在段内；部分伪指令可以安排在段外，比如符号定义语句一般安排在源程序开始处。

2. 汇编语言的结束方法

每个源程序在代码段中都必须含有返回 DOS 操作系统的指令语句，以保证程序执行结束后能自动返回 DOS 状态。程序返回 DOS 操作系统常用的方法有以下两种。

（1）在代码段结束语句 CODE ENDS 前，利用 DOS 操作系统的 4CH 号功能调用返回 DOS 操作系统。

```
MOV AH，4CH
INT 21H
```

（2）在代码段定义后将整个主程序说明为远过程，将程序前缀区 PSP 头个字的地址压栈，这两个字就是存放返回 DOS 操作系统的软中断指令 INT 20H 对应的段地址和偏移地址。一般来说，段地址在 DS 中，偏移地址为 0。在程序的最后一句用 RET，就可返回 DOS 操作系统。

```
CODE  SEGMENT
  MAIN  PROC FAR
  ASSUME CS：CODE，DS：DATA
START：PUSH DS
     SUB AX，AX
     PUSH AX
     …
     RET
  MAIN ENDP
CODE ENDS
  END START
```

3. 简化的段定义伪指令

MASM 提供简化的段定义伪指令，使用指定的内存模式编程。下面是一个使用 SMALL

内存模式的程序结构示例。

```
MODEL SMALL
DATA
  ...
STACK  20H  DUP（0）
  CODE
  STARTUP
  ...
  EXIT
END
```

MODEL 为内存模式。常用的内存模式有以下几种。

（1）TINY：程序和数据在 64 KB 段内。

（2）SMALL：独立的代码段（≤64 KB），独立的数据段（≤64 KB）。

（3）MEDIUN：多个代码段，一个数据段（≤64 KB）。

（4）COMPACK：一个代码段（≤64 KB），多个数据段。

（5）LARGE：多个代码段，多个数据段。

（6）DATA：定义数据段。

（7）STACK：定义堆栈段。

（8）x86：选择 80x86 指令系统。

（9）CODE：定义代码段。

（10）STARTUP：程序开始。

（11）EXIT：程序返回操作系统。

4.5 汇编语言程序的基本结构形式

常见的汇编语言程序有顺序程序、循环程序、分支程序、子程序等 4 种基本结构形式。下面我们将讨论这 4 种程序结构形式。

4.5.1 顺序程序

顺序结构是一种最简单的程序结构，是程序的基本形式。在这种程序结构中，计算机按照指令的编写顺序执行程序。

【例 4−7】已知（NUM1）=36H、（NUM2）=19H、（NUM3）=54H，编程实现计算（NUM1）*（NUM2）+（NUM3）并将结果存放在 NUM 存储单元中。

程序如下：

```
DATA SEGMENT
  NUM1 DB 36H
  NUM2 DB 19H
  NUM3 DB 54H
  NUM  DW ?
```

```
    DATA ENDS
    CODE SEGMENT
        ASSUME CS: CODE，DS: DATA
    START: MOV  AX, DATA
           MOV  DS, AX
           MOV  AL, NUM1
           MUL  NUM2                    ; 两数相乘
           MOV  BL, AL
           MOV  BH, AH                  ; 暂存乘积
           MOV  AL, NUM3
           CBW                          ; NUM3 中的字节扩展为字
           ADD  AL, BL
           ADC  AH, BH                  ; 乘积和 NUM3 相加
           MOV NUM, AX
           MOV AH, 4CH
           INT 21H                      ; 返回操作系统
    CODE ENDS
        END START
```

4.5.2　分支程序

在处理问题的过程中经常会遇到判断，根据判断结果的不同，需要执行不同的处理过程，这就要用到分支程序设计。分支程序有两分支程序和多分支程序，其结构形式如图 4-4 所示。

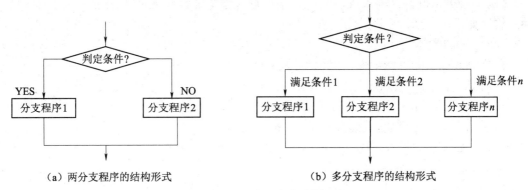

（a）两分支程序的结构形式　　　　　（b）多分支程序的结构形式

图 4-4　分支程序的结构形式

对于两分支程序，在分支产生前，一般利用比较指令或数据操作和位检测指令来改变标志寄存器的各个标志位（OF，SF，ZF，AF，PF，CF），然后再选用适当的条件转移指令，以实现不同情况的分支转移。这种程序结构与高级语言中 if-else 类型的选择结构类似。

当需要根据某个变量的值进行多种不同处理时，需要设计多路分支程序。多路分支程序类似于高级语言中 switch-case 结构。每一个分支程序都有一个入口地址，通常将这些入口地址组成一个表，称为跳转表或地址表，表内存放入口地址的偏移量。

【例4-8】编程实现根据 BX 第 0 位的状态完成算术运算。

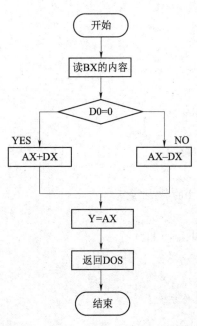

当 $Y = \begin{cases} AX+DX & D0=0 \\ AX-DX & D0=1 \end{cases}$ 时，分支程序流程图如图

4-5 所示。

图 4-5　例 4-8 的分支程序流程图

程序如下：

```
DATA  SEGMENT
   Y DW   ?
DATA  ENDS
CODE SEGMENT
   ASSUME CS: CODE, DS: DATA
START: MOV AX, DATA
       MOV DS, AX
       AND BX, 01H
       JZ   AD1
       SUB  AX, DX
       JMP  OK
AD1: ADD AX, DX
  OK: MOV Y, AX
      MOV AH, 4CH
      INT 21H
CODE ENDS
   END START
```

【例4-9】从键盘上输入数字 1～3，根据输入选择显示对应的模块条目。

程序如下：

```
DATA  SEGMENT
   PLEASEIN  DB 'INPUT A NUMBER（1～3）: $', 0DH, 0AH
   MSG1      DB 'MODULE1…$', 0DH, 0AH
   MSG2      DB 'MODULE2…$', 0DH, 0AH
   MSG3      DB 'MODULE3…$', 0DH, 0AH
DATA  ENDS
ATACODE  SEGMENT
   ASSUME  CS: CODE, DS: DATA
START: MOV AX, DATA
       MOV DS, AX
   INP: LEA DX, PLEASEIN
       MOV AH, 9
       INT 21H              ; 输出提示信息
       MOV AH, 1
       INT 21H
```

```
        CMP AL, '1'
        JB INP
        JE  M1
        CMP AL, '2'
        JE  M2
        CMP AL, '3'
        JE  M3
        JMP  INP
    M1: LEA DX, MSG1
        JMP  OUTP
    M2: LEA DX, MSG2
        JMP OUTP
    M3: LEA DX, MSG3
        JMP OUTP
  OUTP: MOV AH, 9
        INT 21H
        MOV AH, 4CH
        INT 21H
  CODE ENDS
    END START
```

在程序中，对每一种可能逐个进行比较，一旦确认，转向对应的程序执行。但选择项目多时，程序就会很长，对此可采用以下的地址表的方法来解决。

（1）在数据段建立一张表格，设置各分支程序的入口地址。程序语句如下：

```
TAB DW M1, M2, M3
```

（2）接收键盘数字后（AL='1'，'2'，'3'），程序语句如下：

```
SUB AL, '1'            ; 将数字 1～3 转换为 0～2
SHL AL, 1              ; 转换为 0、2、4
MOV BL, AL
MOV BH, 0             ; 转入 BX
JMP TAB [BX]          ; 间接寻址，转移到对应模块去执行
```

4.5.3　循环程序

循环程序是 CPU 重复执行某些指令的程序结构形式。在程序设计中，重复执行的程序段可用循环程序来实现。循环程序有两种结构形式：一种是"先判断，后执行"的 WHILE_DO 结构形式，即首先判断循环条件是否满足，如果满足，则进入循环体，否则退出循环；另一种是"先执行，后判断"的 DO_UNTIL 结构形式，即先进入循环体执行一次循环，再判断循环控制条件是否满足。

循环程序的结构形式如图 4−6 所示。

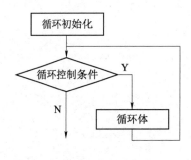 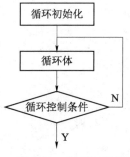

（a）"先判断，后执行"的结构形式　　　（b）"先执行，后判断"的结构形式

图 4-6　循环程序的结构形式

循环程序一般包括 3 个部分：循环初始化部分、循环体部分、循环控制条件部分。

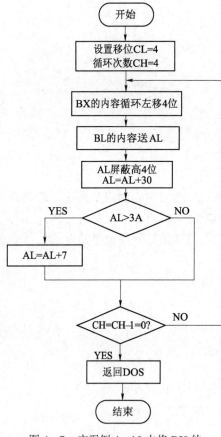

图 4-7　实现例 4-10 中将 BX 的
内容转换为 ASCII 码的流程图

（1）循环初始化部分：对循环控制变量和地址指针进行初始化，为变量赋初值。

（2）循环体部分：是循环程序的主体，即重复执行的程序段部分，可以是顺序、分支或循环结构；循环体部分完成所要求的处理功能并修改循环控制条件。

（3）循环控制条件部分：控制循环的运行和结束。

判断循环是否结束通常有两种方法。

（1）计数器控制循环。这种方式一般用于循环次数已知的情况，每次循环都调整计数值，当达到循环次数时退出循环。

（2）条件控制循环。这种方式用于循环次数未知的情况，根据条件决定是否结束循环，即通过判断某一变量的大小或是某一个标志位的状态来决定是否结束循环。

【例 4-10】编程实现将 BX 的内容以十六进制数形式显示在显示屏上。

分析： 键盘输入与屏幕输出都是基于 ASCII 码的。本例需要将二进制数转换为十六进制数，再转换为 ASCII 码。实现十六进制数转换为 ASCII 码时需要判断十六进制数在 0～9 之间还是在 A～F 之间。其实现流程图如图 4-7 所示。

程序如下：

```
CODE SEGMENT
  ASSUME CS: CODE, DS: DATA
START: MOV AX, DATA
       MOV DS, AX
```

```
            MOV CH, 4
    ROT:    MOV CL, 4
            ROL BX, CL
            MOV AL, BL              ; 循环左移取出 4 位二进制数
            AND AL, 0FH
            ADD AL, 30H
            CMP AL, 3AH
            JL DISP                 ; 若 0～9 为 ASCII 码, 则原数加 30H
            ADD AL, 07H             ; 若 A～F 为 ASCII 码, 则原数加 37H
    DISP:   MOV DL, AL
            MOV AH, 02H
            INT 21H
            DEC CH
            JNZ ROT
            MOV AH, 4CH
            INT21H
    CODE ENDS
        END START
```

多重循环指在循环体内部还有循环, 即嵌套循环。内循环必须完整地包含在外循环中; 循环可以并列, 可以嵌套, 但不能交叉; 可以从内循环转移到外循环, 但不能从外循环转移到内循环。

在进行嵌套循环结构的程序设计时, 要注意内外层循环控制条件的不同。当一次内循环结束后回到外循环, 修改外循环的循环控制变量, 再次进入内循环时, 要对内循环的初始条件重新赋值。

下面以冒泡排序问题来说明多重循环程序设计。冒泡排序法的基本思路是将相邻的两个数进行比较, 如果次序不对, 则两个数进行交换。

【例 4-11】 将 n 个不同的无符号数 a1, a2, a3, …, an 由小到大进行排序, 若每个数占一个字, 则 n 个数可定义如下:

A DW a1, a2, a3, …, an

数据 a1, a2, a3, …, an 的内存分配为 A [0], A [2], A [4], …, A [2n]。

分析: 冒泡排序就是把小的元素往前调或者把大的元素往后调。比较是相邻的两个元素比较, 交换也发生在这两个元素之间。冒泡排序法将数组当中相邻的两个数进行比较, 数组当中比较的数值下沉, 数值比较小的向上浮。外层循环控制循环次数, 内层循环控制相邻的两个数进行比较。在程序中, BX 作为数组指针, SI 作为暂存外循环次数。

例如, 用冒泡排序法对存储区的 8 个数 (无符号数) 进行从小到大的排序, 其算法如表 4-4 所示。

方法 1 分析: 采用冒泡排序法的思路是从第一个数据开始与相邻的数据进行比较, 如次序不对, 两数交换。第一次比较 $n-1$ 次后, 最大的数已经到达了数组尾。第二次仅需比较 $n-2$ 次。这样共需要比较 $n-1$ 次就完成了排序。冒泡排序法共有两重循环, 其程序流

程图如 4-8（a）所示。

表 4-4　冒泡排序算法举例

序号	数	比较次数						
		1	2	3	4	5	6	7
1	12	12	12	9	9	9	9	9
2	78	14	9	12	12	12	12	12
3	14	9	14	14	14	14	14	14
4	9	24	24	24	16	16	16	16
5	24	78	35	16	24	24	24	24
6	82	35	16	35	35	35	35	35
7	35	16	78	78	78	78	78	78
8	16	82	82	82	82	82	82	82

方法 1 的程序如下：

```
DATA SEGMENT
  A  DW 12，78，14，35，24，82，9，16
  NUM EQU（$-A）/2
DATA ENDS
CODE SEGMENT
  ASSUME CS：CODE，DS：DATA
START：MOV AX，DATA
       MOV DS，AX
       MOV CX，NUM                ；计数器赋初值
       DEC CX
  LOP1：MOV SI，CX
       MOV BX，0
LOP2：MOV AX，A［BX］
       CMP AX，A［BX+2］          ；将相邻两个数进行比较
       JB  LOP3
       XCHG  AX，A［BX+2］        ；如果前面的数大则对换
       MOV  A［BX］，AX
  LOP3：ADD BX，2
       LOOP  LOP2                 ；内层循环将大数沉底
       MOV CX，SI
       LOOP LOP1
  OVER：MOV AH，4CH
       INT 21H
CODE ENDS
  END START
```

方法 2 分析：在例 4–11 中，内外循环的次数都是确定的，在整个程序运行过程中，内循环按每次减 1 变化。外循环次数由数组长度确定，也就是不管数组的原始顺序如何，都要做 $n-1$ 次比较。为了提高程序的执行效率，可以设立一个交换标志位，每次进入外循环就将标志位置 1，在内循环中每做一次交换就将交换标志位置 0。在每次内循环结束后可以测试交换标志，如果该位为 0，则再一次进入外循环；如果该位为 1，则说明上次比较没有交换操作，数组已经排好序，这时就可以结束外循环。其程序流程图如图 4－8（b）所示。

方法 2 的程序如下：

```
DATA SEGMENT
   A  DW 12，78，14，35，24，82，9，16
   NUM EQU($−A)/2
DATA ENDS
CODE SEGMENT
MAIN  PROC  FAR
   ASSUME CS: CODE, DS: DATA
START: PUSH  DS
       MOV AX, 0
       PUSH  AX
       MOV AX, DATA
       MOV DS, AX
       MOV CX, NUM              ; 计数器赋初值
       DEC CX                   ; 设置循环次数
 LOP1: MOV SI, CX               ; 暂存外循环次数
       MOV DI, 1                ; 初始化交换标志=1
       MOV BX, 0                ; 初始化地址指针
       LEA BX, A
 LOP2: MOV AX, [BX]
       CMP AX, [BX+2]           ; 将相邻的两个数进行比较
       JB  LOP3
       XCHG AX, [BX+2]          ; 如果前面的数大，则交换
       MOV [BX], AX
       MOV DI, 0                ; 交换标志=0
 LOP3: ADD BX, 2                ; 修改地址指针
       LOOP LOP2                ; 内层循环将大数沉底
       CMP DI, 0
       JNZ  OK
       MOV CX, SI
       LOOP LOP1
   OK: RET
 ENDP MAIN
```

```
CODE ENDS
  END START
```

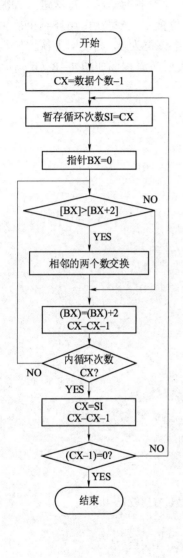

（a）方法1的程序流程图

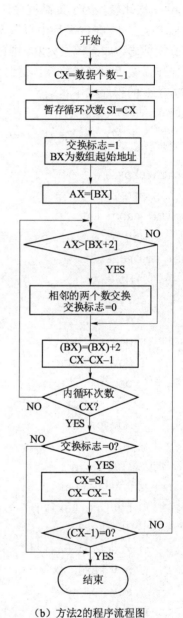

（b）方法2的程序流程图

图 4-8　冒泡排序法的程序流程图

　　在例 4-11 的方法 2 中，存储区的 8 个数采用冒泡排序法进行排序的过程中，如果采用一般的冒泡排序法，尽管在第 7 次比较完毕时数组已经排好序，但是程序运行时外循环仍将进行 7 次；如果采用带有标志位的冒泡排序法，在第 5 次比较时没有交换操作，回到外循环测试交换标志位为 1，就结束外循环，则外循环运行了 5 次，提高了程序的执行效率。

4.5.4 子程序

1. 子程序的设计方法

子程序又称为过程，是程序设计中经常使用的程序结构。通过把一些固定的、经常使用的功能编写成子程序的形式，可以使源程序及目标程序大大缩短，从而提高程序设计的效率和可靠性，便于程序的模块化设计。

一个子程序可以由主程序在不同时刻多次调用。如果在子程序中又调用了其他的子程序，则称为子程序的嵌套。例如：

```
CODE SEGMENT
  ASSUME CS: CODE
    SUB1 PROC FAR
      CALL SUB2
      ...
    RET
    SUB1 ENDP
    SUB2 PROC  FAR
    ...
    RET
    SUB2 ENDP
CODE ENDS
```

当子程序又能调用于程序本身时，这种调用称为递归。例如：

```
CODE SEGMENT
  ASSUME CS: CODE
    SUBZ PROC FAR
      CALL SUBZ
      ...
    RET
    SUBZ ENDP
CODE ENDS
```

对于一个子程序，应该注意它的入口参数和出口参数。入口参数是由主程序传给子程序的参数，而出口参数则是子程序运算完传给主程序的结果。另外，子程序所使用的寄存器和存储单元往往需要保护，以免影响返回后主程序的运行。

主程序在调用子程序时，一方面初始数据要传给子程序，另一方面子程序运行结果要传给主程序。因此，主程序和子程序之间的参数传递是非常重要的。

为了方便用户使用，子程序应当编写文件说明，所以子程序通常由子程序的说明部分和子程序的程序部分构成。

1）子程序的说明部分

子程序的说明部分用于说明子程序的相关内容，即子程序的名称、功能、所使用的寄存器和存储单元，以及子程序的入口参数和出口参数等。子程序的说明部分一般以注释的形式写在子程序的前面。

子程序的说明一般由以下几部分组成。

（1）子程序的名称。

（2）子程序的功能。

（3）子程序所使用的寄存器和存储单元。

（4）子程序的入口参数和出口参数。

（5）该子程序是否又调用了其他子程序。

2）子程序的程序部分

子程序的编写格式为：

<blockquote>
子程序名　PROC（NEAR/FAR）

…

RET

子程序名　ENDP
</blockquote>

子程序从 PROC 语句开始，以 ENDP 语句结束。PROC 语句和 ENDP 语句前的子程序名必须一致。子程序中至少应当包含一条 RET 语句用以返回主程序。

3）子程序的调用与返回

子程序调用指令首先把子程序的返回地址（断点）压入堆栈，以便执行完子程序后能够正确地返回主程序。压栈之后转移到子程序的入口地址执行子程序。

子程序调用指令的格式为：CALL　子程序名

子程序返回指令的格式为：RET

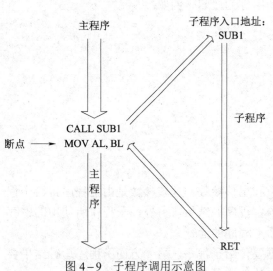

图 4-9　子程序调用示意图

子程序返回指令设置在子程序中，子程序执行后，通过 RET 指令把子程序的返回地址从堆栈中弹出，返回主程序调用指令 CALL 的下一条指令继续执行主程序。图 4-9 为子程序调用示意图。

在设计和使用子程序的过程中应注意以下两个问题。

（1）在定义子程序时应当注意其距离属性。当子程序和主程序在同一代码段时，应当定义为 NEAR 属性；当子程序及主程序不在同一个代码段时，应当定义为 FAR 属性。如果不定义距离属性，则通常认为是 NEAR 属性。

（2）在定义子程序时应当注意对与主程序共用的寄存器或存储单元进行压栈保护。在汇编语言程序设计过程中，由于寄存器的数量有限，在主程序中使用的寄存器或存储单元可能在子程序中也需要使用。如果不进行保护，调用子程序时就会破坏主程序使用的寄存器或存储单元中的内容，返回主程序后无法找到这些数据会造成程序执行错误。若要保护这些寄存器或存储单元中的内容，通常采用压栈的方法。在子程序开始时把子程序要改变的寄存器的内容压入堆栈，在返回主程序前将压栈的内容弹出堆栈。具体方法如下：

```
SUBT PROC NEAR
     PUSH AX
     PUSH BX
     PUSH CX
     PUSH DX
    （程序指令）
     POP DX
     POP CX
     POP BX
     POP AX
     RET
SUBT ENDP
```

2. 子程序调用时参数的传递方法

调用程序在调用子程序时需要传送一些参数给子程序，这些参数是子程序运算中所需要的原始数据。子程序运行后要将处理结果返回调用程序。原始数据和处理结果的传递可以是数据，也可以是地址，统称为参数传递。子程序根据约定从寄存器或存储单元取原始数据（又称入口参数），进行处理后将处理结果（又称出口参数）送到约定的寄存器或存储单元并返回到调用程序。参数传递一般有 3 种方法：用寄存器传递、用存储单元传递、用堆栈传递。

1）用寄存器传递

用寄存器传递适用于参数传递较少、传递速度快的情况。

【例 4 – 12】 编辑实现函数 $\text{RESULT} = \begin{cases} 1 & A1 > A2 \\ 0 & A2 \leqslant A1 \end{cases}$，其中 A1 和 A2 为字变量名。

解： 设从键盘读入 2 个十进制数并利用子程序完成接收，主程序和子程序利用 BX 传递参数，分别存放在变量 A1 和变量 A2 中，比较 A1 和 A2。其程序流程图如图 4 – 10 所示。

程序如下：

```
DATA SEGMENT
    A1 DW  ?
    A2 DW  ?
    RESULT DB ?
DATA ENDS
CODE SEGMENT
    ASSUME CS: CODE, DS: DATA
START: MOV AX, DATA
       MOV DS, AX
       CALL INPUT
```

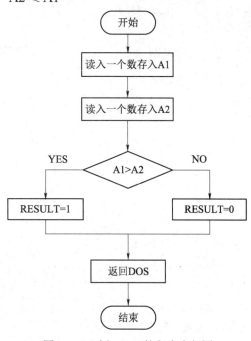

图 4 – 10　例 4 – 12 的程序流程图

```
              MOV A1, BX                    ; 读入一个数存入 A1
              CALL INPUT
              MOV A2, BX                    ; 读入另一个数存入 A2
              MOV AX, A1
              CMP AX, A2                    ; 比较 A1 和 A2
              JG NEXT
              MOV RESULT, 0
              JMP OK
       NEXT: MOV RESULT, 1
         OK: MOV AH, 4CH
              INT 21H
; ********************************************************
; 子程序名: INPUT
; 功能: 从键盘接收数据转换为十进制数
; 入口参数: 无
; 出口参数: BX 十进制数
       INPUT PROC                    ; 子程序读入十进制数
              PUSH AX
              MOV BX, 0
              MOV AX, 0
              MOV CX, 4
       LOP1: MOV AH, 1
              INT 21H
              SUB AL, 30H
              JL OVER
              CMP AL, 0AH
              JG OVER
              CBW
              XCHG AX, BX
              MOV CX, 0AH
              MUL CX
              XCHG AX, BX
              ADD BX, AX
              LOOP LOP1
       OVER: POP AX
              RET
       INPUT ENDP
CODE ENDS
   END START
```

2）用存储单元传递

利用变量即存储单元可以传递过程数据。用变量代替存储器中某一地址开始存放的若干个字节或字数据，把数据区的起始地址传送给子程序，由子程序进行处理。

【例 4-13】编程显示一个菜单，内容为：

Please insert a number to select the information you want to know

1. My Name

2. My School

3. My Major

4. My Student Number

输入数字 1～4 选择问题，则显示问题的答案；输入数字 1～4 以外的数，则显示"Error!"。

程序如下：

```
TITLE MENULIST
DATA SEGMENT
  MS0 DB 'Please insert a number to select the information you want to know $'
  MS1 DB '1.My Name                                                        $'
  MS2 DB '2.My School                                                      $'
  MS3 DB '3.My Major                                                       $'
  MS4 DB '4.My Student Number                                              $'
  HA1 DB 'HongTao Liu                                                      $'
  HA2 DB 'Jiaotong University                                              $'
  HA3 DB 'Telecom                                                          $'
  HA4 DB '06352461                                                         $'
  ERR DB 'Error!                                                           $'
  N DB 65
  STR DB 0DH, 0AH, '$'
DATA ENDS
STACK1 SEGMENT STACK
  DB 100 DUP（?）
  TOP LABLE WORD
STACK1 ENDS
CODE SEGMENT
  ASSUME CS: CODE, DS: DATA, SS: STACK1
START: MOV AX, DATA
       MOV DS, AX
       MOV SI, OFFSET MS0
       MOV CX, 5
   NT: MOV BX, SI
       CALL DISP
       ADD SI, 65
```

```
        LOOP NT
        MOV AH, 01H
        INT 21H
        AND AL, 0FH
        CMP AL, 1
        JL ERROR
        CMP AL, 4
        JG ERROR                        ; 小于 1 或大于 4, 提示错误
        DEC AL
        MOV BX, OFFSET HA1
        MUL N
        ADD BX, AX                      ; 计算要显示信息的表地址
        CALL DISP
        JMP START
ERROR: MOV BX, OFFSET ERR
        CALL DISP
        MOV AH, 4CH
        INT 21H
; ********************************************************
; 子程序名: DISP
; 功能: 字符串输出
; 入口参数: BX 存储的字符串偏移地址
; 出口参数: 无
DISP PROC
        MOV DX, BX
        MOV AH, 09H                     ; 字符串输出功能调用
        INT 21H
        MOV DX, OFFSET STR
        MOV AH, 09H                     ; 回车换行
        INT 21H
        RET
DISP ENDP
; ********************************************************
CODE ENDS
    END START
```

3）用堆栈传递

用堆栈传递适用于参数传递较多、存在嵌套或递归的情况。

【例4-14】采用子程序堆栈传递参数的方式编程实现求 n 个数之和，并将结果用十进制数在显示屏上显示。

分析：设将 n 个数存放在首地址为 ADDSUM 的存储单元中。可以编写两个子程序实现：一个是求和子程序，假设和小于等于 65 536；另一个是将和转换为十进制数并显示子程序。在主程序中首先首地址 ADDSUM、存放和 SUM 的地址入栈。然后由堆栈区基址指针 BP 分别取出 ADDSUB 和 SUM 的首地址，再从 ADDSUB 对应的各单元取出数据求和，将和送入 SUM 单元。将和分别除以 10 000、1 000、100、10，其商分别为万位、千位、百位、十位、个位，顺次存入缓冲区 BUF。图 4–11 为堆栈示意图。

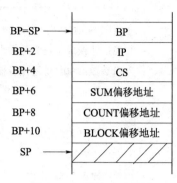

图 4–11　堆栈区示意图

程序如下：

```
; **********************************************
DATA SEGMENT  PARA  PUBLIC 'DATA'
  ADDSUM DB 56, 30, 62, 47, 110
  COUNT EQU $-ADDSUM
  SUM DW ?
  BUF DB 5 DUP（?）
  BIN DW 10000, 1000, 100, 10, 1
DATA ENDS
STACK SEGMENT
  DB 100 DUP（?）
  TOP LABEL WORD
STACK ENDS
CODE1 SEGMENT  PARA  PUBLIC 'CODE'
  ASSUME CS: CODE1, DS: DATA, SS: STACK
START: MOV AX, DATA
       MOV DS, AX
       MOV AX, STACK
       MOV SS, AX
       MOV SP, OFFSET TOP
       MOV AX, OFFSET ADDSUM
       PUSH AX                 ;数组的首地址入栈
       MOV AX, COUNT
       PUSH AX                 ;数组的个数入栈
       MOV AX, OFFSET SUM
       PUSH AX                 ;和的首地址入栈
       CALL ADP                ;调用加法程序
       CALL CDISP              ;调用显示程序
       MOV AH, 4CH
       INT 21H
```

```
; **********************************************************
; 子程序名：CDISP
; 功能：转换成十进制数输出
; 入口参数：SUM 地址所存储的数组的和
; 出口参数：无
CDISP PROC
        MOV CX, 5                       ; 转换后十进制数的位数
        MOV DI, OFFSET BUF              ; 转换常数首地址
        MOV AX, SUM                     ; SUM 中的和送入 AX
        MOV BX, OFFSET BIN
  LOP:  DIV WORD PTR [BX]
        ADD AL, 30H
        MOV [DI], AL
        INC DI
        INC BX
        INC BX
        MOV AX, DX
        MOV DX, 0
        LOOP LOP
        MOV CX, 5
        MOV DI, OFFSET BUF
AGAIN:  MOV DL, [DI]
        MOV AH, 02H
        INT 21H
        INC DI
        LOOP AGAIN
        MOV DL, 0DH
        MOV AH, 02H
        INT 21H
        MOV DL, 0AH
        MOV AH, 02H
        INT 21H
        RET
CDISP ENDP
CODE1 ENDS
; **********************************************************
; 子程序名：ADP
; 功能：数组求和
; 入口参数：堆栈 [BP+10] 中存储的数组的首地址，堆栈 [BP+8] 中存储的数组的个数
```

第 4 章 汇编语言程序设计

```
;  出口参数：SUM 地址中所存储的数组的和
CODE2 SEGMENT  PARA  PUBLIC'CODE'
ADP PROC FAR
        PUSH BP
        MOV BP, SP
        MOV CX, [BP+8]                  ; 取数组的字节个数
        MOV BX, [BP+10]                 ; 取数组的首地址
        MOV AX, 0
NEXT: ADD AL, [BX]                      ; 求和
        ADC AH, 0
        INC BX
        LOOP NEXT
        MOV SI, [BP+6]
        MOV [SI], AX
        POP BP
        RET  6
ADP ENDP
; ********************************************************
CODE2  ENDS
   END START
```

本程序采用了两个代码段，一个代码段为主程序，另一个代码段为求和使用的子程序。主程序把数组的首地址及其中的字节数入栈，子程序从堆栈区中取出地址，由地址找到各数求和。

4.6 高级汇编语言的宏汇编技术

宏是源程序中一段具有独立功能的程序代码。它只需要在源程序中定义一次，就可以多次调用。宏适用于程序设计中有多段不同入口点的类似程序且参数较多的情况。

4.6.1 宏定义、宏调用和宏展开

1. 宏定义

宏指令在使用之前要先定义。宏定义定义的一般格式为：

宏名   MACRO   <形式参数>

宏定义体

ENDM

MACRO、ENDM 是一对伪指令，在宏定义中必须成对出现，表示宏定义的开始和结束。在 MACRO 和 ENDM 之间的是宏定义体，是一段有独立功能的程序代码。当有多个形式参数时，每个形式参数之间用逗号隔开。宏定义在宏汇编程序设计中置于所有段之前。

2. 宏调用

经过定义的宏指令可以在源程序中调用，置于代码段中。宏调用的格式为：

宏名　　<实际参数列表>

实际参数与宏定义中的形式参数一一对应。当对源程序进行汇编时，汇编程序将对每个宏调用进行宏展开，即用宏定义体取代宏调用中的宏名，用实际参数代替形式参数。如果实际参数的个数多余形式参数的个数，则多余的实际参数无效，如果实际参数的个数少于形式参数的个数，则多余的形式参数为"空"。

3. 宏展开

宏汇编程序在宏调用处将对应参数置于宏定义体的相应位置一一展开。

例如，利用宏定义来定义 DOS 功能显示字符，即字符串。

宏定义程序如下：

```
DISP MACRO X
     MOV AH, X
     INT 21H
ENDM
```

宏调用程序如下：

```
...
MOV DX, OFFSET  BUF
DISP 09H
...
MOV DL, 0DH
DISP 02H
MOV DL, 0AH
DISP 02H
...
```

宏展开程序如下：

```
MOV DX, OFFSET  BUF
+MOV AH, 9
+INT 21H
MOV DL, 0DH
+MOV AH, 2
+INT 21H
MOV DL, 0AH
+MOV AH, 2
+INT 21H
```

4.6.2　宏与子程序的区别

宏与子程序都是一段具有特定功能的程序模块，能达到简化源程序的目的，但二者也是有区别的，具体如下。

（1）宏调用是通过宏指令名来进行的。在汇编时，由汇编程序把宏展开。有多少次宏调用，就有相应次数的宏展开，因此并不简化目标程序。子程序调用是在程序执行期间通过调用指令 CALL 进行的，子程序的代码只在目标程序中出现一次，目标程序可得到相应的简化。

（2）宏调用时的参数由汇编程序通过实际参数替换形式参数的形式实现传递，参数设置灵活。子程序调用通过寄存器、堆栈或约定的内存单元传递。

（3）宏调用在汇编时完成，不需要额外的时间开销。子程序调用和子程序返回均需要时间，而且还需要保护现场。

4.6.3　宏应用举例

【例 4-15】将例 4-14 采用宏编程的方式实现求 n 个数之和，并将结果用十进制数在显示屏上显示。

分析：为完成求和并显示，需要编写 3 个宏：ADP，用于求和；SUMDC，用于将和转换为 ASCII 码；CDISP，用于显示。

程序如下：

```
; ****************************************************
ADP MACRO Y
  MOV AX, 0
  ADD AL, [Y]                    ; 求和
  ADC AH, 0
  INC Y
ADP ENDM
; ****************************************************
SUMDC MARCO Z, W
  MOV DX, 0
  DIV WORD PTR [Z]
  ADD AL, 30H
  MOV [W], AL
  INC W
SUMDC ENDM
; ****************************************************
CDISP MARCO X
  MOV DL, X
  MOV AH, 02H
  INT 21H
CDISP ENDM
; ****************************************************
DATA  SEGMENT  PARA  PUBLIC 'DATA'
  ADDSUM DB 56, 30, 62, 47, 110
```

```
        COUNT EQU $-ADDSUM
        SUM DW ?
        BUF DB 5 DUP (?)
        BIN DW 10000, 1000, 100, 10
DATA ENDS
STACK SEGMENT
    DB 100 DUP (?)
    TOP LABEL WORD
STACK ENDS
CODE SEGMENT PARA PUBLIC 'CODE'
    ASSUME CS: CODE, DS: DATA, SS: STACK
START: MOV AX, DATA
        MOV DS, AX
        MOV AX, STACK
        MOV SS, AX
        MOV SP, OFFSET TOP
        MOV BX, OFFSET ADDSUM
        MOV CX, COUNT
  LOP1: ADP  BX
        LOOP LOP1
        MOV CX, 5                        ; 转换后十进制数的位数
        MOV DI, OFFSET BUF              ; 转换常数首地址
        MOV AX, SUM                     ; SUM 中的和送入 AX
        MOV BX, OFFSET BIN
  LOP2: SUMDC BX, DI
        LOOP  LOP2
        MOV CX, 5
        MOV DI, OFFSET BUF
AGAIN: CDISP [DI]
        INC DI
        LOOP AGAIN
        CDISP 0DH
        CDISP 0AH
        MOV AH, 4CH
        INT 21H
CODE ENDS
    END START
; ***************************************************
```

4.7　汇编语言程序设计综合实例

【例 4-16】 从键盘输入一个字符，将字符用二进制的形式显示出来。

分析： 首先可以利用 DOS 功能调用的 01H 号功能从键盘接收一个字符，然后通过移位的方法从高到低将字符的 ASCII 码依次输出。将移位输出的功能模块编写成子程序，在主程序中调用。

程序如下：

```
DATA SEGMENT
    STR DB 0DH, 0AH, '$'
DATA ENDS
CODE SEGMENT
    ASSUME CS: CODE, DS: DATA
START: MOV AX, DATA
       MOV DS, AX
       MOV AH, 1
       INT 21H                          ; 从键盘接收一个字符
       MOV BL, AL                       ; 将接收字符的 ASCII 码存入 BL
       MOV DX, OFFSET STR
       MOV AH, 09H
       INT 21H                          ; 回车换行
       CALL BINA
       MOV AH, 4CH
       INT 21H
    ; ******************************************************
    ; 子程序完成将字符的 ASCII 码按二进制逐位输出
    BINA PROC
         MOV CX, 8
    NEXT: SHL BL, 1
         MOV DL, 30H
         ADC DL, 0
         MOV AH, 2
         INT 21H
         LOOP NEXT
         MOV DL, 'B'
         MOV AH, 2
         INT 21H
         RET
    BINA ENDP
```

```
;  * * * * * * * * * * * * * * * * * * * * * * * * * * * * * * * * * * * * * * * * * * * * * * * * *
CODE ENDS
    END START
```

【例4-17】在键盘上输入一个字符，在字符串中查找是否有这个字符。若没有，则提示"NOT EXIST"；若有，则删除这个字符，并显示删除后的字符串。

程序如下：

```
DATA SEGMENT
    NUM DB 'HELLO WORLD', '$'
    COUNT EQU $-NUM
    AA DB 'NOT EXIST', 0DH, 0AH, '$'
    BB DB 'PLEASE INSERT A LETTER', 0DH, 0AH, '$'
DATA ENDS
STACK1 SEGMENT STACK
    DW 50 DUP (?)
STACK1 ENDS
CODE SEGMENT
    ASSUME CS: CODE, DS: DATA, SS: STACK1
    START: MOV AX, DATA
           MOV DS, AX
    AGAIN: LEA BX, BB
           MOV SI, BX
           MOV CH, 1
           CALL OUTPRO
           MOV AH, 01H          ; 01H 号功能调用，带显示的从键盘输入单字符
           INT 21H              ; 在 AL 中保存输入的字符
           LEA SI, NUM
     LOP2: CMP AL, [SI]
           JNZ NOTEQU
           CALL DELE            ; [SI] 单元中的字符与输入相同则删除
  NOTEQU: INC SI
           CMP BYTE PTR [SI], '$'
           JNZ LOP2
           CMP CH, 1
           JNZ XIANSHI
           LEA BX, AA
           CALL OUTPRO
 XIANSHI: MOV DL, 0DH
           MOV AH, 02H
           INT 21H
```

```
        MOV DL, 0AH
        MOV AH, 02H
        INT 21H
        LEA DX, NUM
        MOV AH, 09H
        INT 21H                    ; 09H 号功能调用, 输出字符串
        MOV AH, 4CH
        INT 21H
; ******************************************************
DELE PROC                          ; 删除字符串中的字符子程序
     PUSH SI
     MOV CH, 0
     MOV DI, SI
LOP1: INC SI
     MOV AH, [SI]
     MOV [DI], AH
     INC DI
     CMP [SI], '$'
     JNZ LOP1
     POP SI
     RET
DELE ENDP
; ******************************************************
OUTPRO PROC                        ; 字符串输出子程序
     MOV DX, BX
     MOV AH, 09H
     INT 21H
     RET
OUTPRO ENDP
; ******************************************************
CODE ENDS
  END START
```

【例 4-18】从键盘接收一串字符, 统计其中字母、数字和其他字符的个数。
程序如下:

```
DATA SEGMENT
  BUF DB 30H
      DB ?
      DB 30H DUP (?)
  AA  DB 0DH, 0AH, '$'
```

```
    COUNTNUM DB 0
    COUNTLETTER DB 0
    COUNTOTHER DB 0
DATA ENDS
CODE SEGMENT
    ASSUME CS: CODE, DS: DATA
START: MOV AX, DATA
       MOV DS, AX
       MOV BX, OFFSET BUF
       MOV DX, BX
       MOV AH, 0AH
       INT 21H
       MOV DX, OFFSET AA
       MOV AH, 09H
       INT 21H
       INC BX
       MOV CL, [BX]                  ; 字符串长度存于 CL
       INC BX
AGAIN: CALL SUBPRO1
       INC BX
       DEC CL
       CMP CL, 0
       JNZ AGAIN
       MOV AH, 4CH
       INT 21H
; ****************************************************
; SUBPRO1 子程序判断 [BX] 中是哪种字符，并将该类字符数加 1
SUBPRO1 PROC
       MOV AL, [BX]
       CMP AL, 30H
       JB NEXT1
       CMP AL, 39H
       JA NEXT2
       INC COUNTNUM                  ; 是数字，则数字数量加 1
       JMP OVER
NEXT1: INC COUNTOTHER                ; 是其他字符
       JMP OVER
       NEXT2: CMP AL, 41H
       JB NEXT1
```

```
          CMP AL, 5AH
          JA NEXT3
          INC COUNTLETTER                ; 是大写字母, 字母数加 1
          JMP OVER
NEXT3: CMP AL, 61H
          JB NEXT1
          CMP AL, 7AH
          JA NEXT1
          INC COUNTLETTER                ; 是小写字母, 字母数加 1
          JMP OVER
  OVER: RET
SUBPRO1 ENDP
; ****************************************************
CODE ENDS
    END START
```

【例 4-19】从键盘输入一个 0~9 之间的数, 编程实现将其用十六进制数显示出来。

分析: 可以通过设计子程序来完成任务。任务要求将十进制数转换为十六进制数, 因此需要编写两个子程序: 一个子程序为 TRAN1, 完成从键盘读取十进制数并转换成二进制数, 存于 BX; 另一个子程序为 TRAN2, 把存于 BX 的二进制数以十六进制数的形式显示出来, 也就是将 BX 作为传递参数的寄存器。

程序如下:

```
DATA SEGMENT
    STR1 DB 0DH, 0AH, '$'
    MIS DB 'Invalid number!$'
DATA ENDS
CODE SEGMENT
    ASSUME CS: CODE, DS: DATA
START: MOV AX, DATA
          MOV DS, AX
          CALL DCB
          CALL BCH
          MOV AH, 4CH
          INT 21H
; ****************************************************
; 子程序名: DCB
; 功能: 将十进制数转化为二进制数
; 入口参数: 无
; 出口参数: BX 存储的二进制数
DCB PROC NEAR                    ; 将十进制数转换成二进制数子程序
```

```
            MOV BX, 0
AGAIN: MOV AH, 01H
            INT 21H
            CMP AL, 0DH
            JE OVER
            SUB AL, 30H
            JL ERR
            CMP AL, 0AH
            JG ERR
            CBW
            XCHG AX, BX
            MOV CX, 0AH
            MUL CX
            XCHG AX, BX
            ADD BX, AX
            JMP AGAIN
     ERR: MOV DX, OFFSET MIS
            MOV AH, 9
            INT 21H
  OVER: RET
DCB ENDP
```

; **

; 子程序名：BCH

; 功能：将二进制数以十六进制数输出

; 入口参数：BX 存储的二进制数

; 出口参数：无

```
BCH PROC NEAR                    ; 将二进制数以十六进制数输出子程序
            MOV CH, 4
   ROT: MOV CL, 4
            ROL BX, CL
            MOV AL, BL              ; 循环左移取出 4 位二进制数
            AND AL, 0FH
            ADD AL, 30H
            CMP AL, 3AH
            JL DISP                   ; 若 0～9 为 ASCII 码，则原数加 30H
            ADD AL, 07H            ; 若 A～F 为 ASCII 码，则原数加 37H
  DISP: MOV DL, AL
            MOV AH, 02H
            INT 21H
```

```
        DEC CH
        JNZ ROT
        RET
BCH  ENDP
CODE ENDS
    END START
```

4.8 汇编语言与 C/C++语言的接口

汇编语言可以直接管理内存、内部寄存器，直接控制硬件接口，相应的目标程序紧凑，程序的运行速度快，但是程序开发周期长，不具有通用性和可移植性。高级语言 C/C++既具有高级语言的优点，又具有低级语言的优点，功能丰富，表达能力强，使用灵活方便，适用于编写系统软件和应用软件。所以，将高效的汇编语言与可移植的 C/C++语言有机地结合起来，取长补短，是编写高质量程序的有效方法。

C/C++语言调用汇编语言程序是通过其工作区中的堆栈区变量表来传递参数的。

汇编语言程序与 C/C++语言程序的接口通常有两种方法：内嵌模块方法与外调模块方法。

1. 内嵌模块方法

内嵌模块方法是在 C/C++语言程序中嵌入汇编语言程序段。这种方法简单，只需要在 C/C++语言程序的_asm{}模块中嵌入汇编语言程序段即可。

例如，用汇编语言程序与 C/C++语言混合编程，实现屏幕上显示字符串。其程序如下：

```
#include <stdio.h>
char const *message='hello world!';
char *output;
void main (void)
{
  _asm MOV EDX, message      //通过 EDX 来传递字符串地址
  _asm MOV out, EDX
  printf ("message is %s", output);
}
```

2. 外调模块方法

外调模块法是将汇编语言程序作为一个独立的过程保存，并将过程的标号用 PUBLIC 伪指令来声明为公共标号，提供给 C/C++语言程序调用。C/C++语言程序调用时，需要用 EDTRN 伪指令声明所调用的子程序标号为外部标号，并指明该标号的类型。

外调模块方法的编程结构如下：

```
PUBLIC  _SUBPROC
    _SUBPROC PROC FAR
            ...
            RET
```

```
    _SUBPROC ENDP
            END
```
C/C++语言程序调用的格式为：
```
EXTRN _SUBPROC：FAR
        ...
    _SUBPROC()              ；在 C 语言中调用汇编过程用函数调用
```
C/C++语言程序与汇编语言程序的连接的方法是：C/C++语言程序用 C 语言编译程序编译成.OBJ 目标文件，汇编语言程序用汇编程序汇编成.OBJ 目标文件，然后用 LINK 连接程序把目标文件连接在一起。例如，A 为 C/C++语言程序的目标文件 A.OBJ，B 为汇编语言程序的目标文件 B.OBJ，则可以通过 C:\>link A+B 连接成 A.EXE。

3. C/C++语言程序调用汇编语言程序的规则

C/C++语言程序调用汇编语言程序的规则如下。

（1）参数通过堆栈的传递顺序与它们出现的顺序相反。

（2）在参数压栈后，将当前的 CS 和 IP 压栈保护。

（3）在汇编语言程序中，如果用 BP 作为参数指针，则 BP 应压栈保护。

（4）汇编语言程序的最后一条指令应该是不带参数的 RET。

（5）与 C/C++语言程序共享名称的汇编语言程序都必须在前面加上下划线。

（6）C/C++语言程序对普通参数传递的是参数本身，对数组传递的是其指针。

（7）如果 C/C++语言程序是在 SMALL、COMPACT 或 TINY 存储模式下进行编译的，则汇编语言程序将过程设置为 NEAR，否则为 FAR。

另外，VC++ 6.0 环境只能编写 32 位的应用程序，汇编模块程序中不能使用 DOS 功能调用指令和 BIOS 功能调用指令，因为这些功能调用只适合 16 位的应用程序。

4.9 汇编语言程序的开发过程

汇编语言程序的开发过程主要由编辑、汇编、连接、执行、调试 5 个步骤构成，如图 4-12 所示。

图 4-12 汇编语言程序的开发过程

（1）编辑源程序：由汇编语言编写的程序称为汇编语言源程序。编辑和修改源程序可以在文本编辑工具中进行，文件的扩展名为.asm。

汇编语言源程序的编辑软件有 WS、SK、QE、EDIT 等。

（2）汇编程序：把汇编语言源程序用机器翻译成目标程序（OBJ）的程序称为汇编程序。源程序汇编完毕后，可以使用汇编程序进行汇编，汇编结果生成目标文件（.OBJ 文件）、列表文件（.LST 文件，即同时列出汇编语言和机器语言的文件）和交叉索引文件（.CRF

文件）。汇编过程相当于高级语言中对源程序所进行的编译。如果源程序有语法错误，则不生成目标文件，此时就要回到源程序进行修改。可以通过列表文件来查看错误的位置和原因。

汇编程序的工具软件有 MASM、TASM 等。

在 DOS 环境下执行操作：D：\MASM〉MASM 开源程序文件名

生成：源程序文件名.OBJ、源程序文件名.LST、源程序文件名.CRF 等。

列表文件有两部分内容。在列表文件的第一部分，最左列是数据或指令在该段从 0 开始的相对偏移地址，向右依次是指令的机器代码字节个数、机器代码和汇编语言语句。如果程序中有错误（error）或警告（warming），也会在相应位置提示。列表文件的第二部分是标示符的使用情况：对段名和组名给出它们的名字（name）、尺寸（size）、长度（length）、定位（align）、组合（combine）、类别（class）等属性；对符号给出它们的名字（name）、类型（type）、数值（value）和属性（attr）。例如，文件 MYPROG.LST 的内容如下：

```
Microsoft（R）Macro Assembler Version 6.11     08/01/08 22：17：30
MYPROG.asm          Page 1-1


0000              DATA SEGMENT
0000 17            X DB 17H
0001 26            Y DB 26H
0002              DATA ENDS
0000              STACK1 SEGMENT STACK
0000  0014 [          DW 20 DUP（?）
     0000
     ]
0028              STACK1 ENDS
0000              CODE SEGMENT
      ASSUME CS：CODE, DS：DATA, SS：STACK1
0000 B8----R   START：MOV AX, DATA
0003 8E D8                 MOV DS, AX
0005 A0 0000 R             MOV AL, X
0008 02 06 0001 R          ADD AL, Y
000C 27                    DAA
000D 8A F0                 MOV DH, AL
000F 8A D0                 MOV DL, AL
0011 B1 04                 MOV CL, 4
0013 D2 EA                 SHR DL, CL
0015 80 E2 0F              AND DL, 0FH
0018 80 C2 30              ADD DL, 30H
001B B4 02                 MOV AH, 02H
```

```
001D  CD 21                      INT 21H
001F  80 E6 0F                   AND DH, 0FH
0022  8A D6                      MOV DL, DH
0024  80 C2 30                   ADD DL, 30H
0027  B4 02                      MOV AH, 02H
0029  CD 21                      INT 21H
002B  B4 4C                      MOV AH, 4CH
002D  CD 21                      INT 21H
002F                             CODE ENDS
                                 END START
```

Microsoft（R）Macro Assembler Version 6.11   08/01/08 22：17：30

MYPROG.asm   Symbols 2－1

Segments and Groups:

Name	Size Length	Align	Combine	Class
CODE	16 Bit	002F	Para	Private
DATA	16 Bit	0002	Para	Private
STACK1	16 Bit	0028	Para	Stack

Symbols:

Name	Type	Value	Attr
START	.L Near	0000	CODE
X	Byte	0000	DATA
Y	Byte	0001	DATA

```
     0 Warnings
     0 Errors
```

（3）连接程序：把一个或多个浮动目标程序（.OBJ 文件）连接（再定位）形成可执行文件（.EXE 文件）的程序。

连接程序的工具软件有 LINK、TLINK 等。

在 DOS 环境下执行操作：D：\MASM〉LINK 文件名

如果在目标代码文件或者库中找不到所需的连接信息，连接器就会提示错误，无法生成可执行文件。

（4）执行程序：在 DOS 操作系统下以外部命令形式执行。

在 DOS 环境下执行操作：D：\MASM〉文件名↵

在 DOS 环境下执行操作：D：\MASM〉DEBUG PROG.EXE ↵

（5）调试程序：由调试软件对可执行程序进行调试，观察程序执行过程和中间结果，判断程序执行正确与否并进行纠错。

调试程序的工具软件有 DEBUG.EXE、TD.EXE 等。

 习题

1. 什么是变量？什么是标号？它们的 3 个属性各指什么？有什么区别？

2. MASM 宏汇编程序的运算符分为几类？简述各类运算符的特点与用途。

3. 什么是伪指令？伪指令语句与指令语句有什么区别？

4. 建立并运行一个汇编语言程序有哪几个操作步骤？

5. 在汇编语言程序设计中，为什么要用段定义语句和段分配语句？它们的格式是什么样的？

6. 简述子程序的定义及调用方法。

7. 指出下列指令中伪指令定义的错误。

（1）VALUE DB 300

（2）V1 EQU V2

（3）PP SEG

    ...

    PP ENDS

（4）COUNT EQU 100

    COUNT EQU 65

（5）VALUE DW 10 UDP（?）

    ...

    JMP VALUE

8. 指出下列语句的错误，并修改为正确的语句。

（1）NUM1 DW 1647H

    ...

    MOV AL, NUM1

（2）NUM2 EQU 20H

    ...

    MOV NUM2, BL

（3）ONE DB 6534H

    TWO DW 'MASM'

（4）LEA AX, 1000H

（5）MOV SS, 3000H

（6）MOV CS, AX

9. 有下列一段指令：

NUM1 EQU 10H

NUM2 DB 10H

...

```
       MOV AL, NUM1
       MOV BL, NUM2
```
其中，NUM1 和 NUM2 的含义有何区别？两条指令的作用有什么不同？

10. 已知下列数据定义：
```
       DATA1 DB ?
       DATA2 DB 16 DUP（?）
       DATA3 DW 5 DUP（0），1367H
```
分析当执行以下各条指令后有关寄存器的内容。
```
       MOV CX, TYPE DATA1
       MOV CX, TYPE DATA3
       MOV AL, LENGTH DATA2
       MOV AX, LENGTH DATA3
       MOV AX, SIZE DATA3
```

11. 阅读下列程序段，执行指令后各寄存器的内容是多少？
```
          ORG 0010H
       NUM1 DW 9637H
       NUM2 DB 'ABCD'
       NUM3 DW 1854H
       LEA SI, NUM1
       MOV DI, OFFSET NUM2
       MOV AX, NUM3
```

12. 说明下列两对指令的区别：
    （1）MOV AX, STR1 与 MOV BX, OFFSET STR1
    （2）MOV BX, OFFSET STR1 与 LEA BX, STR1

13. 画出下列语句所定义的数据在内存中的存储格式。
```
       XX DB 11, 31H, ?, 'a'
       YY DW 0ABH, 2 DUP（3, 2 DUP（0）），0CDH
       ZZ DD 3579H
```

14. 阅读下列程序段，说明该程序段的功能。程序执行完毕后，RES 中存储的数是多少？
```
       BLOCK DB 25H, 12H, 09H, 1FH, 0DH, 0E3H, 95H, 31H
       COUNT EQU $-OFFSET BLOCK
       RES  DB ?
          ...
       START: LEA SI, BLOCK
              MOV CX, COUNT
              MOV AL, [SI]
       LOP1: CMP AL, [SI+1]
              JNG NEXT
              MOV AL, [SI+1]
```

```
NEXT: INC SI
        LOOP LOP1
        MOV RES, AL
        ...
```

15. 阅读下列程序段，说明程序的功能。

```
XX  DB ?
YY  DB ?
ZZ  DB ?
...

MOV AL, XX
AND AL, 0FH
MOV AH, YY
AND AH, 0FH
MOV CL, 4
SHL AH, CL
OR AL, AH
MOV ZZ, AL
```

16. 已经定义数据段：

```
DATA SEGMENT
    X  DD  453921F0H
    Y  DD  123A6825H
    Z  DW  0A86CH
    A  DW  ?
    B  DW  ?
DATA ENDS
```

阅读下列程序段，为程序添加注释，说明程序所完成的功能。

```
CODE SEGMENT
    ...
    MOV AX, WORD PTR X
    MOV DX, WORD PTR X+2
    SUB AX, WORD PTR Y
    SBB DX, WORD PTR Y+2
    SBB AX, 29D
    SBB DX, 0
    DIV Z
    MOV A, AX
    MOV B, DX
    ...
CODE ENDS
```

17. 写一段子程序，完成输出空行的功能。空出的行数存储在 AX 中。

18. 编写程序段计算：

（1）|A−B|*C/2

（2）S=（X*2+100）/Y

19. 试写出一个完整的数据段 DATA_SEG，把 5 个整数 −1、0、2、5、4 放在大小为 10 的字类型数组 DATA_LIST 的前 5 个单元中。然后，写出完整的代码段，其功能是把 DATA_LIST 中前 5 个数中的最大值和最小值分别存入 MAX 和 MIN 中。

20. 编写一段程序，用选择法将内存中的 10 个无符号数进行排序并将结果显示在显示屏上。

21. 求两个 8 字节数之和，这两个数在 20050H 地址开始连续存放，低位在小地址一端，结果放在两数之后。

22. 编写在显示屏上显示字符串 'HELLO WORLD!' 的程序。

23. 编写程序，将首地址为 100D 的数组中的最小偶数找出来，并在显示屏上显示。

24. 编写程序，接收从键盘输入的 10 个 0~9 之间的十进制数，输入中遇到回车符则停止输入，然后显示在显示屏上。

25. 编写一段程序实现从键盘输入一个 2 位的十进制数（01~12），然后在显示屏上显示此数据。

26. 有一段英文，存储在名为 MSG 的存储区中并以$为结束标志。编写一段程序查找单词 THE 在这段英文中出现的次数，并在显示屏上显示出来。

27. 从键盘接收一个正数 N（0~10），将其存放在 NUM 单元中，用递归的方法求 N。

28. 从键盘输入不超过 50 个字符的字符串，去掉字符串中的空格，再将字符串在显示屏上显示出来。

29. STRING 字符串的最大长度为 80 个字符，字符串的结束用字符$表示。编写程序在该字符串中查找是否有空格符（ASCII 码为 20H）。若有空格，就将第一个空格在字符串中的位置（00H~4FH）存入 POST 单元；若无空格，则将 −1 存入 POST 单元。

 ## 研究型教学讨论题

利用 BIOS 的 10H 号、21H 号功能调用，进行简单的动画设计，并根据以下提示信息进行选择。

（1）小鸟从显示屏飞过。

（2）汽车按水平方向从显示屏上开过去。

（3）退出。

本章教学资源

第 5 章
存储器

提要： 存储器是计算机的重要组成部分，它用来保存计算机能够处理的二进制信息，包括程序指令和数据。存储器可分为内存和外存。外存为辅助存储器，计算机程序必须加载到内存才能执行。本章首先介绍存储器的基本概念，然后主要介绍半导体存储器，以及其内存的组织和扩展方法。

存储器是构成计算机系统的重要部件，用来存放程序指令和工作数据。计算机在运行时，不断进行"取指令、译码和执行"的基本单元动作。在这个过程中，CPU 需不断地访问存储器，因此存储器的性能在很大程度上影响着计算机系统的性能。

5.1 存储器概述

5.1.1 存储器的分层体系

为了让计算机运行得更快，人们希望配置更多、更快的存储器，然而由于空间、成本、功耗等因素，计算机只能配置有限的存储器。现代计算机采用分层的存储器组织方式，按层次配置不同容量和性能的存储器，共同构成计算机的存储系统，以达到性能、容量、成本等多方面的均衡。存储器的分层组织方式如图 5-1 所示。

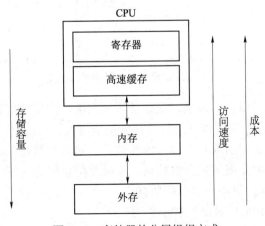

图 5-1 存储器的分层组织方式

计算机的存储器包括寄存器、高速缓存、内存和外存，其存储容量依序增大，而访问速度及成本则依序减小。

寄存器位于 CPU 内部，其访问速度最快而容量最小，处于存储体系顶层。高速缓存位于 CPU 和内存之间，用来临时保存 CPU 所访问内存的数据拷贝，旨在提高运行速度。高速缓存也采用分级结构，包括 L1 缓存、L2 缓存，甚至 L3 缓存，其存储容量依次增大而访问速度则依次降低。一般来说，L1 缓存和 L2 缓存位于 CPU 内，L3 缓存处于计算机主板上。高速缓存采用静态随机存储器技术（SRAM）实现。内存也称为主存储器，是保存正在运行的程序指令和数据的主要空间。内存的容量较大，采用动态随机存储器技术（DRAM）实现。现在一台普通计算机的内存配置容量通常为 4 GB 或 8 GB。外存也称为辅助存储器，处于存储层级的底端，其存储容量最大，成本最低。硬盘是最常见的外部存储器，它是利用磁盘来存储数据。近年，一种采用半导体存储技术的固态硬盘（SSD）正变得流行起来，它的访问速度比硬盘快得多，但是其容量还无法和硬盘相比。利用互联网络技术的网络存储或云存储构成了一种新型外部存储空间，它可在网络上分布式存储数据，其访问速度主要取决于网络带宽。

5.1.2　计算机与内存的接口模型

计算机运行的程序及所处理的数据必须在内存中，处理器和内存之间的数据交换是通过总线来传递的。处理器与内存的接口模型如图 5-2 所示。

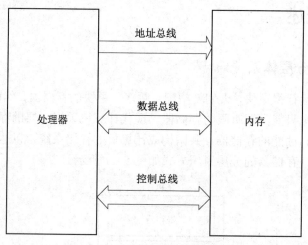

图 5-2　处理器与内存的接口模型

地址总线传送要访问内存的地址，地址总线的宽度决定了能够访问内存的最大容量。如果地址总线宽度为 k，那么可以访问的内存单元数量为 2^k 个。

数据总线传递从内存读出或对内存写入的数据，通常把数据总线的宽度定义为字长。内存的一个可寻址存储单元按字来存储数据。如果数据总线为 32 位，那么字长为 32 位，一个内存单元存储 32 位，即 4 个字节的数据。

控制总线传递内存访问的读、写控制信号。

5.1.3　半导体存储器的分类

根据半导体存储器的应用特点，可将其分为只读存储器（read only memory，ROM）和随机访问存储器（random access memory，RAM）。

顾名思义，ROM 只允许数据读出，其特点是信息在写入后，所保存内容在掉电后也不会丢失，属于非易失性（non-volatile）存储器，常用来保存常数数据及程序库。

对于 RAM 而言，其"随机访问"表示访问时间恒定，即它的访问速度不受所访问存储单元的位置影响。从这个角度讲，ROM 也属随机访问型。RAM 的一个特点是它既可以读也可以写，但是 RAM 属于易失性存储器，一旦掉电，其保存的数据将消失。RAM 常用作内存使用。

5.2　RAM

RAM 可分为静态随机存储器（SRAM）和动态随机存储器（DRAM）两种。SRAM 主要用于构成小容量高速存储系统，而 DRAM 主要用作大容量内存。

5.2.1　SRAM

SRAM 指上电后即可保持其存储的数据，而不需要刷新的一类 RAM。SRAM 采用基于触发器的电路构成，图 5-3 即为一种 SRAM 的电路原理。

数据信息保存在由两个反相器构成的双稳态触发器中，触发器通过两个 MOS 管连接到位数据线上。访问存储器信息通过字选线 W 控制。在对 SRAM 操作时，W 置高电平，Q1 和 Q2 导通。进行读操作时，触发器状态通过位数据线互补输出。进行写操作时，所写数据同样通过位数据线互补驱动触发器，使触发器保存了所写入的数据信息。操作完成后，字选线 W 置低电平，Q1 和 Q2 与触发器断开，数据信息便保留在 SRAM 中。

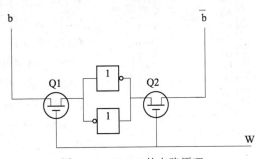

图 5-3　SRAM 的电路原理

SRAM 的读写速度很快，商用 SRAM 的访问速度一般为几纳秒到几十纳秒。SRAM 用于对速度要求很高的场合。高速缓存（cache）采用 SRAM 存储器。

SRAM 芯片的基本结构包括存储单元阵列、地址译码和读写控制逻辑，如图 5-4 所示。

典型的 SRAM 芯片有 Intel 公司生产的 6116（2K×8）、6264（8K×8）、62256（32K×8）等，下面以 6264 为例加以介绍。

1. 6264 的特性及引脚信号

Intel 6264 采用 CMOS 工艺制造，容量为 8 KB，共有 28 条引脚。图 5-5 为 6264 的引脚图。

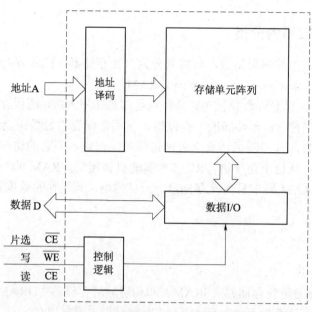

图 5-4　SRAM 芯片的基本结构

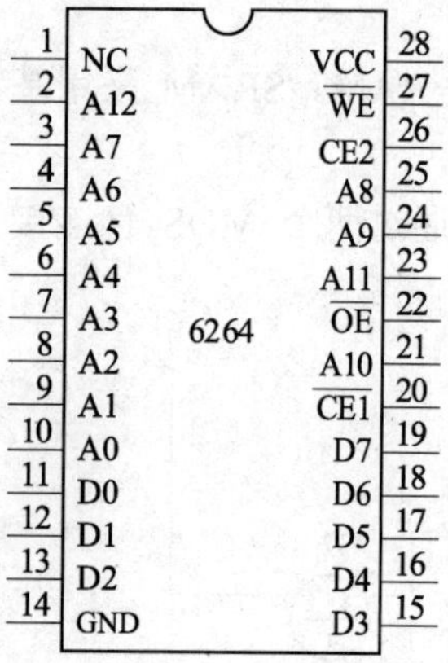

引脚信号定义如下。

A0～A12：地址线。

D0～D7：数据线。

$\overline{\text{OE}}$：读允许信号，输入，低电平有效。

$\overline{\text{WE}}$：写允许信号，输入，低电平有效。

$\overline{\text{CE1}}$：片选信号 1，输入，在读/写方式时为低电平。

CE2：片选信号 2，输入，在读/写方式时为高电平。

VCC：+5 V 电源。

GND：信号地。

2. 6264 的操作方式

对 6264 的操作由 $\overline{\text{WE}}$、$\overline{\text{OE}}$、$\overline{\text{CE1}}$、CE2 信号的共同作用决定。其操作方式如表 5-1 所示。

图 5-5　6264 的引脚图

表 5-1　6264 的操作方式

方　式	$\overline{\text{CE1}}$	CE2	$\overline{\text{WE}}$	$\overline{\text{OE}}$	D0～D7
写数据	0	1	0	1	数据输入
读数据	0	1	1	0	数据输出
保持	1	×	×	×	高阻

写数据：当 $\overline{\text{CE1}}$ 和 $\overline{\text{WE}}$ 为低电平且 $\overline{\text{OE}}$ 和 CE2 为高电平时，数据输入缓冲器打开，写入的数据由数据线 D0～D7 写入被选中的存储单元。

读数据：当 $\overline{\text{CE1}}$ 和 $\overline{\text{OE}}$ 为低电平且 $\overline{\text{WE}}$ 和 CE2 为高电平时，数据输出缓冲器选通，被选中存储单元中的数据送到数据线 D0～D7 上。

保持：当 $\overline{\text{CE1}}$ 为高电平且 CE2 为任意时，芯片未选中，处于保持状态，数据线呈现高阻状态。

5.2.2 DRAM

和 SRAM 用锁存器状态保存信息不同，DRAM 利用电容所储存的电荷来保存信息，因此 DRAM 的电路相对简单，如图 5-6 所示。由于电荷在电容上的自然泄漏，其保存时间仅仅为几十毫秒。为了保持信息，必须通过刷新而使电容维持正确的电荷。这也是被称为"动态"的缘由。

在对 DRAM 写数据时，字选线 W 置高电平，Q 导通，位数据线和电容连通。如写的数据为 0，电容放电；如写的数据为 1，则对电容充电。电容中电荷的有无即表示所写数据：充电后，电容保存有电荷，代表信息 1；放电后，电容无电荷，代表信息 0。

在读数据时，置字选线 W 为高电平，使位数据线和电容导通。电容存储的电荷便以电压形式输出到位数据线上。

DRAM 电路简单，成本低，易于实现高密度集成。但 DRAM 的使用需要定时刷新，才能保持信息的正确。刷新功能一般由内存控制器提供。DRAM 的访问速度低于 SRAM，常作大容量内存使用。

DRAM 芯片的组织原理和 SRAM 基本相同。由于 DRAM 一般容量较大，所以所需地址线也较多，DRAM 芯片常采用地址线复用方式减少芯片引脚，提高芯片集成密度。为此，DRAM 增加了行地址选择和列地址选择控制信号，用以实现地址复用。

典型的 DRAM 芯片容量有 65 536×1 位、65 536×4 位、1 048 576×1 位、1 048 576×4 位等。比如 Intel 2164A 芯片是 65 536×1 位的 DRAM，其引脚图如图 5-7 所示。

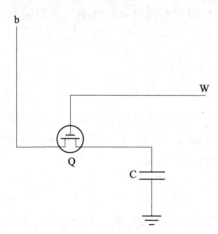

图 5-6 DRAM 的电路原理　　　　　　图 5-7 2164A 的引脚图

其引脚信号定义如下。

A0～A7：地址线。

DIN：数据输入线。

DOUT：数据输出线。

$\overline{\text{RAS}}$：行地址选通信号，输入，低电平有效。

$\overline{\text{CAS}}$：列地址选通信号，输入，低电平有效。

VCC：+5 V 电源。

VSS：信号地。

2164A 有 65 536 个可访问单元，需要 16 条独立地址线。但该芯片只提供了 A0～A7 共 8 条地址线，16 位地址是 8 位地址通过行、列地址选择信号复用实现的，即 $2^{16}=2^8 \times 2^8$。

5.2.3　SDRAM

SDRAM（synchronous DRAM，同步动态 RAM）是一种同步动态随机存储器。它的主要特点是把 CPU 与 DRAM 的操作同步到同一时钟源，使 DRAM 在工作时与 CPU 的外频时钟同步，从而解决了 CPU 与 DRAM 之间速度不匹配的问题。

CPU 访问 SDRAM 时，是在系统时钟 CLK 的控制之下进行的，SDRAM 的所有输入和输出信号（如地址信号、数据信号及控制信号）都是在 CLK 的上升沿被存储器内部电路锁定或输出，致使对 SDRAM 的操作不需要等待周期，可以实现与 CPU 的同步操作，提高了存取速度。

5.2.4　DDR SDRAM

DDR SDRAM（double data rate SDRAM）是一种倍速同步动态随机存储器。这种技术是建立在 SDRAM 的基础上，与 SDRAM 的区别是 DDR SDRAM 能在时钟脉冲的上升沿和下降沿读出数据，不需要提高时钟频率就能加倍提高 SDRAM 的速度。

DDR SDRAM 的发展经历了不同的版本。早期版本称为 DDR，而后又开发了 DDR2、DDR3、DDR4 等版本。每一版本都在存储容量、功耗、访问速度方面有所提高。比如，DDR3 的工作时钟可达 800 MHz，DDR4 的工作时钟可达 1 600 MHz。它们实际传输数据的时钟分别可达 1 600 MHz 和 3 200 MHz。

5.3　ROM

SRAM 和 DRAM 都是易失性的，断电后所保存的信息便会消失。有些应用需要数据在掉电后也能保留，这便需要使用 ROM。对 ROM 的读操作和 RAM 类似，然而对于如何把信息存入 ROM，不同类型的 ROM 则有不同的写入方式。

5.3.1　掩模 ROM

掩模 ROM 中储存的信息是厂家根据用户给定的程序或数据在生产过程中固化完成的，信息不能修改。在生产过程中，需根据用户数据制作掩模模具，而模具的成本很高，因此掩模 ROM 适合大批量生产场合。

5.3.2　PROM

PROM（programmable ROM）可进行一次性编程。用户可以自己利用其编程功能将数据写入，而不必像 ROM 那样把数据交由工厂制作掩模。同 ROM 一样，PROM 一旦编程，其内容便不能再更改。PROM 为用户使用带来了一定的灵活性。

5.3.3 EPROM

EPROM（erasable PROM）是可擦写的 PROM，比 PROM 更进一步，允许用户进行多次编程。对 EPROM 编程或写入数据，需用较高的编程电压，擦除数据则需用紫外线长时间照射。

由于可多次改写，EPROM 给用户带来更大的便利，适合在产品开发阶段使用。编程时，需将其从电路中取出，使用专用编程器写入数据。

EPROM 芯片有多种型号，例如 Intel 公司生产的 2716（2K×8）、2732（4K×8）、2764（8K×8）、27128（16K×8）、27256（32K×8）、27512（64K×8）等。下面以 2764 为例介绍 EPROM 芯片的特性、引脚及操作方式。

1. 2764 的特性及引脚信号

Intel 2764 是一种容量为 8 KB，最大读出时间为 250 ns，+5 V 电源供电，具有 28 个引脚的双列直插式芯片。图 5-8 为 2764 的引脚图。

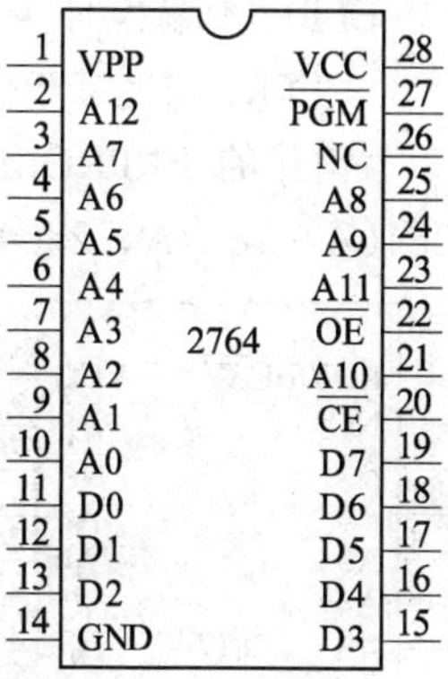

2764 具有 28 个引脚信号，具体定义如下。

A0～A12：地址线。

D0～D7：数据线。

$\overline{OE}$：读允许信号，输入，低电平有效。

$\overline{CE}$：片选信号，输入，低电平有效。

VPP：编程电压，12.5 V。

$\overline{PGM}$：编程脉冲输入，宽度为 45 ms 的低电平编程脉冲信号。

VCC：+5 V 电源。

GND：信号地。

图 5-8 2764 的引脚图

2. 2764 的操作方式

2764 有读数据、保持、编程、编程校验和编程禁止 5 种操作方式，如表 5-2 所示。

表 5-2 2764 的操作方式

方　式	$\overline{CE}$	$\overline{OE}$	VPP/V	$\overline{PGM}$	D0～D7
读数据	0	0	5	1	数据输出
保持	1	×	5	×	高阻
编程	0	1	12.5	0	数据输入
编程校验	0	0	12.5	1	数据输出
编程禁止	1	×	12.5	×	高阻

读数据：将芯片内指定单元的内容输出。此时 $\overline{CE}$ 和 $\overline{OE}$ 为低电平，VPP 接+5 V，$\overline{PGM}$ 接高电平，数据线处于输出状态。

保持：$\overline{CE}$ 为高电平，数据线呈现高阻状态，禁止数据传送。

编程：将信息写入芯片内。此时，VPP 接 12.5 V 的编程电压，$\overline{OE}$ 为高电平，$\overline{CE}$ 为低电平，$\overline{PGM}$ 输入宽度为 45 ms 的低电平编程脉冲信号，将数据线上的数据写入存储单元。

编程校验：在编程过程中，可以对写入的信息进行校验操作。在一个字节编程完成后，

$\overline{\text{PGM}}$ 为高电平，$\overline{\text{CE}}$ 和 $\overline{\text{OE}}$ 为低电平，则同一单元的内容由数据线输出，即可检验写入的内容是否正确。

编程禁止：当 $\overline{\text{CE}}$ 为高电平，数据线呈现高阻状态，不能对其编程写入数据。

5.3.4 EEPROM

EEPROM（electrically erasable PROM）为可用电进行数据擦除的 PROM。EPROM 使用紫外线照射来擦除数据，而 EEPROM 可用电来进行数据擦除。除此之外，EEPROM 和 EPROM 的区别还有：① EPROM 擦除数据时只能整片擦除，而 EEPROM 则可选择擦除；② EPROM 编程时要将其从电路中取出，而 EEPROM 则不需要。

EEPROM 比 EPROM 更方便、灵活。在实际应用中，EEPROM 基本已经取代了 EPROM。

常见的 EEPROM 芯片有 Intel 公司生产的高压编程芯片 2816、2817 与低压编程芯片 2816A、2817A、2864A 等。这些芯片的读出时间为 120~250 ns，字节擦写时间在 10 ms 左右。下面以 2817A 为例，介绍 EEPROM 芯片的特性、引脚信号及操作方式。

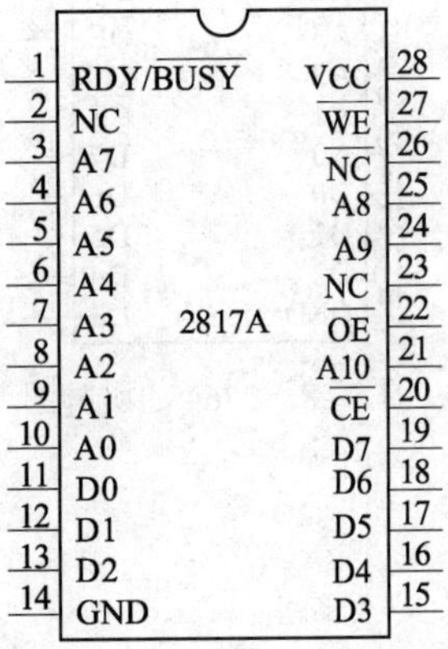

图 5-9 2817A 的引脚图

1. 2817A 的特性及引脚信号

Intel 2817A 的容量为 2 KB，+5 V 电源供电，最大工作电流为 150 mA，维持电流为 55 mA，最大读出时间为 250 ns。由于其片内设有编程所需的高压脉冲产生电路，因而不需要外加编程电压和编程脉冲即可工作。图 5-9 为 2817A 的引脚图。

2817A 具有 28 个引脚信号，具体定义如下。

A0~A10：地址线。

D0~D7：数据线。

$\overline{\text{OE}}$：读允许信号，输入，低电平有效。

$\overline{\text{WE}}$：写允许信号，输入，低电平有效。

$\overline{\text{CE}}$：片选信号，输入，低电平有效。

RDY/$\overline{\text{BUSY}}$：忙闲状态指示，输出。

2. 2817A 的操作方式

2817A 的操作方式由 $\overline{\text{CE}}$、$\overline{\text{OE}}$、$\overline{\text{WE}}$、RDY/$\overline{\text{BUSY}}$ 信号的共同作用决定，如表 5-3 所示。

表 5-3 2817A 的操作方式

方　式	$\overline{\text{CE}}$	$\overline{\text{OE}}$	$\overline{\text{WE}}$	RDY/$\overline{\text{BUSY}}$	D0~D7
读数据	0	0	1	高阻	数据输出
保持	1	×	×	高阻	高阻
编程	0	1	0	0	数据输入

读数据：将芯片内指定单元的内容输出。此时 $\overline{\text{CE}}$ 和 $\overline{\text{OE}}$ 为低电平，$\overline{\text{WE}}$ 为高电平，RDY/$\overline{\text{BUSY}}$ 为高阻，数据线处于输出状态。

保持：$\overline{\text{CE}}$ 为高电平，数据线处于高阻状态，禁止数据传送。

编程：当 $\overline{\text{CE}}$、$\overline{\text{WE}}$ 和 RDY/$\overline{\text{BUSY}}$ 为低电平，$\overline{\text{OE}}$ 为高电平时，将信息写入芯片内指定的单元中，在对一个字节编程操作完成后，RDY/$\overline{\text{BUSY}}$ 变成高电平。

5.3.5 Flash

Flash 与 EEPROM 类似,也是一种电可擦写型 PROM,既可以在不加电的情况下长期保存信息,也可以在联机在线情况下快速擦除重写。它与 EEPROM 的主要不同之处是按"块"擦写,存取速度快,一般在 65～170 ns 之间。但 Flash 不支持像 EEPROM 那样的按字节擦写。

Flash 存储密度大,成本低,广泛应用于不同电子产品中,如数码相机、MP3 播放器、手机等。日常使用的 USB 和 SSD 也是基于 Flash 存储器技术。

Flash 技术不断发展,存储容量和密度越来越大,成本逐渐降低。2005 年,Toshiba 和 SanDisk 开发出采用 MLC 技术的 16 GB 容量的芯片。2016 年,三星公司开发出采用 TLC 技术的 512 GB 容量的芯片。2018 年,Intel 公司和 Micron 公司开始提供采用 QLC 技术的芯片,其存储密度相比 TLC 能够提高 33%,芯片容量达到 8 TB。

5.4 存储器扩展设计

前面几节介绍了单个存储芯片,但单个存储芯片的容量往往不能满足计算机的需求。人们需要把多个存储芯片按一定方式组织起来,以构成更大容量的存储器。这种将多个存储芯片进行配置和组织的过程,即为存储器扩展设计。

5.4.1 存储器扩展设计的方法

存储器扩展设计的方法有位扩展、字扩展及字和位同时扩展。

1. 位扩展

位扩展指增加存储芯片的数据位数。例如,用 2 片 8K×8 的 SRAM 芯片 6264 组成 8K×16 的存储器。如图 5-10 所示,两片 6264 芯片的地址线和控制信号线均分别并联在一起,而两片存储器的数据位分别构成 16 位输出的低 8 位和高 8 位。这样,两片芯片同时工作,便增加了数据位数。

2. 字扩展

字扩展指增加存储器的字节数量。例如,用 2 片 8K×8 的 SRAM 芯片 6264 组成 16K×8 的存储器。如图 5-11 所示,两片 6264 芯片的数据线、地址线和读写信号线均分别并联在一起,但是两芯片的片选信号相互独立,不能同时有效。片选信号由地址译码方案产生,这样两片芯片不能同时工作,而是接替工作,共同实现存储器字容量的扩展。

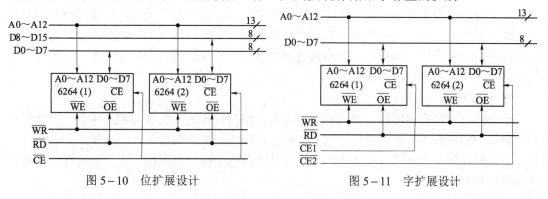

图 5-10 位扩展设计　　　　　　图 5-11 字扩展设计

3. 字和位同时扩展

当选用的存储芯片的字长和容量均不满足需求时，就需要同时进行字扩展和位扩展。设计方法即为上述字扩展和位扩展的组合。例如，用 6264 芯片构成 16K×16 的存储器，则既需要将数据位由 8 位扩展为 16 位，又需要将容量由 8 KB 增加到 16 KB。如图 5–12 所示，需用 4 片 8K×8 的 6264 芯片，其中每两片进行位扩展组成 8K×16 的单元，然后两单元进行字扩展组成 16K×16 的存储器。

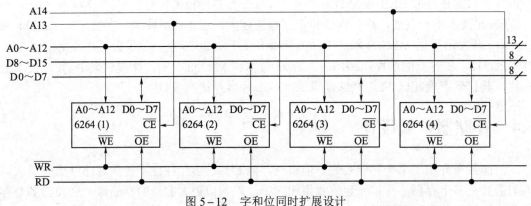

图 5–12　字和位同时扩展设计

5.4.2　存储器片选信号的产生方法

片选信号是控制芯片能否工作的使能信号。一个由多个存储芯片构成的存储器在工作时需要正确产生片选信号，以保证工作的正确。通常，芯片内部存储单元的地址由 CPU 输出的低位地址选择，芯片的片选信号通过高位地址译码产生。常见的片选信号产生方法有以下 3 种。

1. 线选法

线选法指用存储器芯片片内寻址以外的高位地址线直接作为存储器芯片的片选控制信号的方法，如图 5–12 所示的片选信号产生方式即为线选法。要注意的是，用于片选的地址线不能同时有效，以避免数据访问错误。

线选法的优点是线路简单，不需要增加电路；缺点是地址空间不连续，造成地址空间浪费。

2. 部分译码法

部分译码法指用存储芯片片内寻址以外的高位地址的一部分地址线经过译码电路产生片选信号的方法。由于只使用部分高位地址产生片选信号，那么剩余的高位地址对芯片寻址不起作用，因此同一内存单元的地址会因未参与片选译码的高位地址的不同而不同，地址不唯一，便存在地址重叠现象。

3. 全译码法

全译码法是将存储器芯片片内寻址以外的全部高位地址线均参与地址译码，经译码电路译码后的输出作为各存储器芯片的片选信号，以实现对存储器芯片的选择。

全译码法的优点是每片（或组）芯片的地址范围是唯一确定的，而且是连续的，不会产生地址重叠现象。

5.4.3　存储器扩展设计举例

【例 5-1】已知某计算机地址总线为 16 位，数据总线为 8 位，为其设计一存储系统：EPROM 区为 8 KB，地址从 0000H 开始；RAM 区为 24 KB，地址从 2000H 开始；片选信号采用全译码法。

根据设计要求，可选用 2 片 2732（4K×8）构成 8 KB 的 EPROM，选用 3 片 6264（8K×8）组成 RAM。例 5-1 中存储器芯片的地址范围和地址分配如表 5-4 所示。

表 5-4　例 5-1 中存储器芯片的地址范围和地址分配

存储器芯片	地址范围	地址分配				
		A15	A14	A13	A12	A11～A0
1# 2732	0000H～0FFFH	0	0	0	0	00…0～11…1
2# 2732	1000H～1FFFH	0	0	0	1	00…0～11…1
3# 6264	2000H～3FFFH	0	0	1	0	00…0～11…1
4# 6264	4000H～5FFFH	0	1	0	0	00…0～11…1
5# 6264	6000H～7FFFH	0	1	1	0	00…0～11…1

A11～A0 作为 2732 的片内地址线，A12～A0 作为 6264 的片内地址线。通过分析表 5-4，可选用 74LS138 译码器产生片选信号。A15～A13 作为 3-8 译码器 74LS138 的输入（000～011），产生的译码输出（$\overline{Y0}$～$\overline{Y3}$）作为芯片的片选信号。但由于 $\overline{Y0}$ 会同时选中 2 个 2732 芯片，因此由 $\overline{Y0}$ 和 A12 再次译码以产生 2732 的唯一片选信号。例 5-1 中存储器扩展设计的电路如图 5-13 所示。

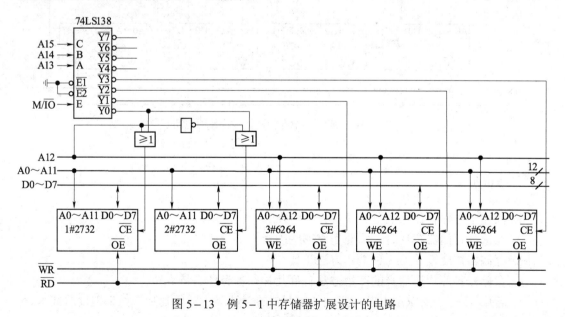

图 5-13　例 5-1 中存储器扩展设计的电路

【例 5-2】采用 8K×4 的 SRAM 芯片设计一个 16 KB 的 RAM，要求 RAM 的起始地

址为 F0000H。

根据设计要求，由于指定的 SRAM 芯片字长不足 8 位，需用 2 个芯片为一组进行位扩展，位扩展后每组存储容量为 8 KB。要构成 16 KB 的 RAM 共需 2 组芯片进行字扩展。这样，共需要 4 片 8K×4 的芯片以构成 16 KB 的 RAM。例 5-2 中存储器芯片的地址范围和地址分配如表 5-5 所示。

表 5-5　例 5-2 中存储器芯片的地址范围和地址分配

存储器芯片	地址范围	地址分配							
		A19	A18	A17	A16	A15	A14	A13	A12~A0
1#、2#	F0000H~F1FFFH	1	1	1	1	0	0	0	00…0~11…1
3#、4#	F2000H~F3FFFH	1	1	1	1	0	0	1	00…0~11…1

低位地址线 A0~A12 用于芯片的片内寻址，余下的高位地址线 A13~A19 经过地址译码来产生 2 个芯片组的片选信号。例 5-2 中存储器扩展设计的电路如图 5-14 所示。

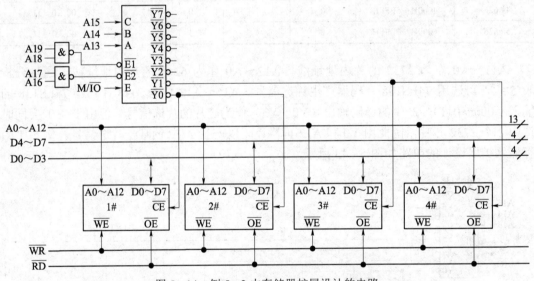

图 5-14　例 5-2 中存储器扩展设计的电路

 习题

1. 简述半导体存储器的分类及各自的特点。

2. 在选择存储器芯片时，需要考虑哪些因素？

3. 存储器扩展设计的 3 种基本方法是什么？

4. 存储器芯片片选信号的产生方法有哪几种？各有什么特点？

5. 若用 1K×1 的 RAM 芯片组成 16K×8 的存储器，需要几片？如果地址总线为 16 位，那么用于片内寻址的地址为几位？又有几条地址线可用于片选？

6. 试用 4K×8 的 EPROM 2732、8K×8 的 SRAM 6264 及 74LS138 译码器，构成一个

8 KB ROM、32KB RAM 的存储器系统。要求设计存储器扩展电路，并指出每片存储芯片的地址范围。

7. 用 EPROM 2764 和 SRAM 6264 各一片组成存储器，其地址范围为 FC000H～FFFFFH。试画出存储器与 CPU 的连接图和片选信号的译码电路（假定 CPU 地址线为 20 位、数据线为 8 位）。

8. 现有存储芯片 2K×1 的 ROM、4K×1 的 RAM、8K×1 的 ROM，用它们组成容量为 16 KB 的存储器：前 4 KB 为 ROM，后 12 KB 为 RAM；CPU 地址线为 16 位，数据线为 8 位。具体要求如下：

（1）选择芯片，并确定其数量。

（2）画出存储器扩展电路，指出有无地址重叠现象。

 研究型教学讨论题

近年来，人工智能异常火热，其快速发展离不开高性能计算机的支撑。其中，存储器系统的性能起着关键性作用。调研目前用于人工智能运算的计算机存储器系统的构成及性能指标。

第 6 章
中断技术

提要：本章介绍中断的基本概念、中断系统的功能和中断处理的一般过程，并针对 Intel 80x86 微处理器介绍其中断系统和可编程中断控制器芯片 8259A 的原理及应用。

中断是实现 CPU 和其他部件及外部设备间高效交互的一种机制，能够使 CPU 停下当前的工作而执行请求的处理程序。中断技术在计算机系统中起着非常重要的作用，在故障检测与自动处理、实时信息处理、多道程序分时操作和人机交互等方面都有广泛的应用。中断技术不仅可以实现 CPU 与外部设备的并行工作，而且能够及时处理系统内部和外部发生的随机事件，使系统能够更高效地运行。

6.1 中断概述

6.1.1 中断的基本概念

中断是允许当前程序的执行可被打断的一种机制。在 CPU 执行程序的过程中发生了某种事件要求 CPU 及时处理，CPU 会暂停当前正在执行的程序，而去执行此事件对应的服务程序，执行完毕再返回到原程序后继续执行。

中断过程可以用图 6-1 来描述。CPU 执行主程序，按指令逐条执行。在执行完指令 i 时，收到了中断请求，这时 CPU 保存程序现场，暂停主程序的执行而转去执行中断服务程序。在执行完中断服务程序后，又返回主程序，继续执行指令 $i+1$。人们把能实现这一过程的技术，称为中断技术。

中断技术是由硬件和软件共同实现的。人们把实现中断技术的硬件和软件统称为中断系统。中断系统应具备以下功能。

（1）设置中断源。设置系统准备响应的中断请求，设定它们的中断请求方式及对应的中断服务程序信息。

（2）识别中断源。当收到中断请求时，CPU

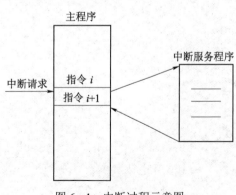

图 6-1 中断过程示意图

能够正确地识别中断源，并去执行其对应的中断服务程序。

（3）判别中断源的优先级。在同时收到多个中断源的请求时，系统应能够按一定的原则对其进行优先级排序，并按优先级顺序响应中断，确保重要或紧急的事件优先处理。

（4）完成中断与返回。能自动地处理中断程序与被中断程序之间的跳转、断点保护与恢复。

中断技术在计算机系统中很重要，它可以应用于以下几个方面的处理。

（1）故障检测和自动处理。系统出现故障和程序执行错误都是随机事件，无法预料，例如电源掉电、存储器出错、运算溢出等。采用中断技术可以有效地进行系统的故障检测和自动处理。

（2）实时信息处理。在实时信息处理系统中，需要对采集的信息立即做出响应，以避免信息的丢失，这时就可以采用中断方式进行处理以减小延时，提高实时性。

（3）并行操作。当外部设备与 CPU 以中断方式传送数据时，可以避免相互等待而实现 CPU 和外部设备的并行运行，这样能够提高系统的效率。

（4）分时操作。现代操作系统具有多任务分时处理功能，使同一个微处理器可以同时运行多个程序，操作系统通过定时和中断方式，将 CPU 按时间片分配给每个程序，从而实现多任务之间的定时切换和处理。

6.1.2　中断源与中断请求

1. 中断源

能够引起计算机中断的事件称为中断源。在不同的计算机系统中，中断源的设置与分类有所不同。按中断源与 CPU 的位置关系，中断源可分为外部中断和内部中断两大类。

1）外部中断

外部中断指由外部设备通过硬件触发请求的方式产生的中断，亦称硬件中断。外部中断分为不可屏蔽中断和可屏蔽中断。

不可屏蔽中断（non-maskable interrupt，NMI）的特点是 CPU 对它的请求要无条件响应。一旦 CPU 收到 NMI 请求，便立即中断当前程序而去执行其中断服务程序。NMI 在外部中断源中优先级最高，通常用于处理系统故障，如系统板上 RAM 的奇偶校验错、扩展槽中 I/O 通道错、电源故障、适配器插拔错误等。

可屏蔽中断（interrupt request，INTR）的特点是 CPU 对它的请求响应是有条件的，要受中断允许标志位（interrupt flag，IF）的控制。当 IF=1 时，允许 CPU 响应 INTR 请求；当 IF=0 时，禁止 CPU 响应 INTR 请求。INTR 通常用于 CPU 与外部设备以中断方式进行数据传送。

2）内部中断

内部中断是由 CPU 运行程序错误引起的一种中断，亦称软件中断，如在执行程序过程检测到的内部异常，或执行软中断指令 INT n 所产生的中断。

2. 中断请求及其识别

每个中断源向 CPU 发出的中断请求信号是随机的，而 CPU 是在当前指令执行结束后才检测有无中断请求发生，故在 CPU 指令执行期间，须把随机输入的中断请求信号锁存起来，并保持到 CPU 响应这个中断请求后才可以清除。因此，为每一个中断源分别设置了一个中断请求触发器，用于记录中断源的请求标志。当有中断请求时，该中断源对应的触发器置 1，而当 CPU 响应该中断请求后，对应触发器被清除。

当发生中断请求后，CPU 在响应过程中是如何找到相应中断服务程序的入口地址呢？或者说 CPU 是如何识别中断源的呢？在不同的计算机系统中，中断源的识别方式有所不同。例如，在 Intel 80x86 CPU 系统中，采用中断向量的方式识别中断源。中断源在提出中断请求的同时，会通过硬件向 CPU 提供中断向量（根据中断向量可以找到中断服务程序的入口地址）。每个外设的中断都预先设定了一个中断向量号。当 CPU 收到某个设备的中断请求并予以响应时，中断控制逻辑就将该请求设备的中断向量号送给 CPU，使其通过中断向量号找到中断服务程序。中断源识别主要是由硬件来实现的，6.3 节中介绍的中断控制器 8259A 就具有这种功能。

3. 中断优先级判优

当系统有多个中断源同时发出中断请求时，CPU 需要决定先处理哪一个，因为它在同一时刻只能响应其中的一个请求。系统为每个中断源按任务轻重缓急程度确定了优先级别，一旦有多个中断源同时发出中断请求，中断控制逻辑能够自动地按指定优先级的顺序进行排队，选出当前优先级最高者进行处理。通常情况下，内部中断优先于外部中断，不可屏蔽中断优先于可屏蔽中断。

中断源的优先级判优可以用软件实现，也可以用硬件实现。软件判优的基本原理是：当 CPU 接收到中断请求信号后，执行判优查询程序，逐个检测外设的中断请求标志位状态。检测的顺序是按优先级由高到低排序的，最先检测到的中断源具有最高的优先级，其次检测到的中断源具有次高优先级。如此下去，最后检测到的中断源具有最低的优先级。CPU 首先响应最先检测到中断请求。显然，软件判优方法比较简单，并且是与中断源识别结合处理的。硬件判优是采用硬件判优电路实现的，速度快、节省 CPU 时间，但成本较高。

4. 中断允许与屏蔽

中断允许与屏蔽是为了解决 CPU 对外设的中断请求是否予以响应（即当前正在执行的程序是否允许被打断）或者是否允许外设向 CPU 发中断请求的问题。在微机系统中，中断的允许与屏蔽通常分为两级来考虑。一级是处理 CPU 的可屏蔽中断请求（INTR）是否予以响应的问题。处理的方法是在 CPU 内部设置一个中断允许触发器（即 IF 标志），用来开放或关闭 CPU 中断。该触发器可以用指令置位或清除。当该触发器置 1 时，称为开中断，允许 CPU 响应 INTR 请求；当该触发器清零时，称为关中断，禁止 CPU 响应 INTR 请求。通过该触发器的状态还可以实现中断嵌套。另一级是处理是否允许外设向 CPU 发中断请求的问题。处理的方法是在外设接口中为每个中断源设置一个中断允许触发器和一个中断屏蔽触发器，用它们来开放或关闭中断源的请求。

6.1.3 中断的处理过程

对于外部中断，中断请求信号是由外部硬件设备产生，并通过 NMI 或 INTR 引脚向 CPU 发起中断请求，CPU 通过不断地检测 NMI 或 INTR 的信号来识别是否有中断请求发生。对于内部中断，中断请求不需要外部信号，而是通过自己内部的中断控制逻辑去实现。无论是哪种方式，在接收到中断请求后，CPU 如何进行中断处理呢？下面以 INTR 为例，说明 CPU 的中断处理过程。

假设某输入设备（如数据采集器）以中断的方式向 CPU 传送数据，那么整个执行过程将按下述方式进行。

（1）首先 CPU 执行一条启动设备（数据采集器）工作的命令，此时数据采集器启动工作，开始采集数据，而 CPU 继续执行当前程序。

（2）数据采集器的数据准备就绪后，通过 INTR 引脚向 CPU 发出请求数据传送的请求。

（3）CPU 在执行完当前指令后去检测 INTR 信号，若有效且中断允许（IF=1），则 CPU 响应该设备的中断请求：暂时停止正在执行的程序，转去执行一段事先编制好的中断服务程序进行数据传送。

（4）中断服务程序执行完毕，又自动地返回到被中断的程序继续执行。

由此可见，中断处理过程通常由中断请求、中断响应、中断服务和中断返回 4 个阶段来完成。

（1）中断请求。当需要中断服务时，中断源会通过一定形式的物理信号或调用软件指令向 CPU 发起请求，等待 CPU 处理。

（2）中断响应。中断响应是 CPU 收到中断请求，在满足中断响应条件下执行的一系列处理过程。CPU 会完成标志寄存器内容入栈、清除 IF 及 TI 标志（禁止响应新的中断请求和单步执行）、保存断点（中断返回之后将要执行的指令的地址）、取中断服务程序的入口地址等操作后，转去执行中断服务程序。

（3）中断服务。这是中断处理的主体部分。不同的中断请求，其中断服务操作的内容是不同的，需要根据中断源所要完成的功能来编写相应的中断服务程序，以便在中断响应后调用执行。

（4）中断返回。中断返回是由中断服务程序中的中断返回指令 IRET 完成的。执行该指令时，将压入堆栈的断点和标志位弹出，使 CPU 返回被中断的程序处继续执行。

6.2 80x86 微处理器的中断系统

从 Intel 8086/8088、80286、80386、80486 直到 Pentium 系列微处理器，它们中断系统的结构基本相同，不同之处主要有两点：一是因 CPU 的工作模式（实模式、保护模式）不同，获取中断向量的方式有所不同；二是因系统的配置不同，所设置的中断类型有差别。本节讨论 80x86 微处理器的中断系统的结构及中断类型，然后介绍其中断处理方式。

6.2.1 80x86 微处理器的中断结构及类型

80x86 微处理器中断系统的结构如图 6-2 所示。根据中断源与 CPU 的相对位置关系，中断源可分为外部中断（或硬件中断）和内部中断（或软件中断）两大类。在 80386 及以后的微处理器中，把外部中断称为中断，把内部中断称为异常（exceptions）。

1. 中断

中断指由外部设备触发请求而引起的硬件中断。80x86 微处理器的硬件中断有两个：一个是由 NMI 引脚引入的不可屏蔽中断，请求触发方式为上升沿（0 到 1 的跳变信号）有效；另一个是由 INTR 引脚引入的可屏蔽中断，请求触发方式为高电平有效。但由于多数外部设备的中断请求都是通过可屏蔽中断引入的，而 CPU 的可屏蔽中断请求（INTR）引脚只有一个，不能满足多个外部设备中断请求的需要，因此 80x86 微处理器系统采用一片或多片中断控制器 8259A 协助 CPU 管理中断。单片 8259A 可以管理 8 个外部中断请求 IR0～IR7；在多片级联方式下，最多可以管理 64 个的外部中断请求。

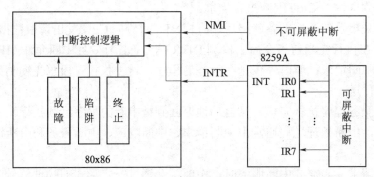

图 6－2　80x86 微处理器中断系统的结构

2. 异常

异常指在 CPU 执行程序过程中，因各种错误引起的中断，如地址非法、校验出错、页面失效、存取访问控制错、结果溢出、除数为 0、非法指令等。根据系统对产生异常的处理方法的不同，异常通常分为下列 3 种类型。

（1）故障（faults）。故障指某条指令在启动之后真正执行之前被检测到异常而产生的一种中断。这类异常是在引起异常的指令执行前产生的，待异常处理完成后继续返回该指令，重新启动并执行完成。例如，在虚拟存储系统中，当 CPU 访问页中的操作数不在当前主存储器中，便产生缺页中断，该中断服务程序执行从辅助存储器中读取所需操作数，并送入到指定的主存储器区域中，然后再从缺页异常的中断服务程序返回主程序重新执行该命令。

（2）陷阱（traps）。陷阱是中断指令执行过程中引起的中断。这类异常主要是由执行"断点指令"或软中断调用指令（INT n）引起的，即在执行指令后产生的异常。在中断处理前要保护设置陷阱的下一条指令的地址（断点），中断处理完毕返回到该断点处继续执行。例如溢出异常 INTO，该异常处理程序负责处理溢出问题，中断返回地址是 INTO 指令的下一条指令。

（3）终止（abort）。终止通常由系统硬件故障或系统信息表中的非法或不一致的值而产生。异常发生后一般无法确定造成异常指令的准确位置，程序无法继续执行，中断处理须重新启动系统。

以上 3 类异常的差别主要表现在两个方面：一是发生异常的报告方式，二是异常处理程序的返回方式。故障这类异常的报告是在引起异常的指令执行之前发生的，待异常处理完毕，返回该指令继续执行；陷阱这类异常的报告是在引起异常的指令执行之后发生的，待异常处理完毕，返回该指令的下一条指令继续执行；终止这类异常的情况比较严重，它是因为系统硬件或参数出现了错误而引起的，引起异常的程序将无法恢复，必须重新启动系统。

80x86 微处理器最多可以管理 256 种类型的中断与异常，如表 6－1 所示。每一种中断都被赋予了一个中断类型号。其中，中断类型 0～17 分配给内部中断（类型 2 除外）；中断类型 18～31 留作备用，为生产厂家开发软硬件使用；中断类型 32～255 留给用户，可作为外部设备的可屏蔽中断（INTR）请求使用。

表 6-1　80x86 微处理器中断与异常的类型及功能

中断类型号	功　　能	类　别
0	除法错——除数为 0 或商溢出	故障
1	单步——单步执行标志 TF 为 1（调试）	陷阱或故障
2	NMI——不可屏蔽中断	NMI
3	断点——设置断点（执行 INT 3）	陷阱
4	溢出——溢出标志 OF 为 1（执行 INTO）	陷阱
5	越界——超出了 BOUND 范围	故障
6	非法操作码	故障
7	设备不可用（只对 80386 有效）	故障
8	双故障——进入故障处理时又遇到故障	终止
9	协处理器越段运行（保留）	
10	无效任务状态段	故障
11	段不存在	故障
12	堆栈段超限——堆栈段不存在或堆栈段出现故障	故障
13	一般保护故障——指令超长或其他非法操作	故障
14	页故障	故障
15	保留，未使用	
16	浮点错——协处理器出现异常	故障
17	对准检查	故障
18～31	保留，未使用	
32～255	用户中断	INTR

注：单步调试指令可以报告本条指令后的陷阱或本条指令前的故障。

表 6-1 中的前 5 个中断类型（类型 0～4），即除法错、单步、NMI、断点、溢出，从 8086 到 Pentium 的所有的微处理器都是相同的，其他中断类型适用于 286 及向上兼容的 386、486 及 Pentium 微处理器中。

下面对表 6-1 中的几种异常类型做简要说明。

类型 0：除法错。当 CPU 进行除法运算时，若除数为 0 或溢出时产生该中断。

类型 1：单步。当单步执行标志 TF=1 且 IF=1 时，每执行一条指令就引起一次中断。

类型 3：断点。这是一个特殊的单字节断点指令 INT 3，常用于调试程序时存储程序的断点。当 CPU 执行该指令时，则产生"断点指令"中断，将下一条指令的地址入栈保存。

类型 4：溢出。当执行 INTO 指令且溢出标志 OF=1 时产生该中断。

类型 5：越界。当 CPU 执行 BOUND 指令时，检测到操作数超越边界时产生该中断。

类型 6：非法操作。当 CPU 在执行过程中遇到非法操作码时产生该中断。

类型 8：双故障。在同一指令期间发生了 2 个独立的中断时产生该中断。

类型 11：段不存在。当描述符中的 P 位（P=0）指示段不存在或无效时发生该中断。

类型 12：堆栈段超限。堆栈段不存在（P=0）或堆栈段超限时产生该中断。

类型 13：一般保护故障。违反了特权级规定或其他保护属性时产生该中断。

类型 14：页故障。访问页面出错的存储器或代码时产生该中断。

类型 16：浮点错。当协处理器中发生数值越界（如溢出或下溢）错误时产生该中断。

类型 17：对准检查。当字或双字数据存储在奇地址存储单元时产生该中断。

6.2.2 实模式下的中断与异常处理

在中断和异常的处理过程中，很重要的一件事是如何识别中断源，获取中断服务程序的入口地址。在 80x86 微处理器系统中，因 CPU 的工作模式不同而使获取中断向量的方式有所不同。本节讨论 CPU 工作在实模式下是如何获取中断向量和进行中断处理的。

1. 中断向量表

在实模式下，80x86 微处理器的中断响应是先根据中断源提供的中断类型号查找中断向量表，获取中断向量，然后跳转到中断服务程序入口开始执行。

中断向量表建立在内存最低端的 1 KB RAM 区，地址范围为 0～3FFH，如图 6－3 所示。256 种中断类型由中断类型号 0～255（或 0～FFH）表示。中断类型号 n 与其对应中断向量表的存储地址 V 的关系是：V=4n。约定 4n+0 和 4n+1 单元存放中断服务程序的偏移地址，4n+2 和 4n+3 单元存放中断服务程序的段基址。CPU 响应中断请求后，中断源自动给出中断类型号 n，并送给 CPU。CPU 自动完成向量表地址 4n 的运算，从向量表中取出中断服务程序的入口地址送入 CS:IP 中，将执行的流程控制转移到中断服务程序中。

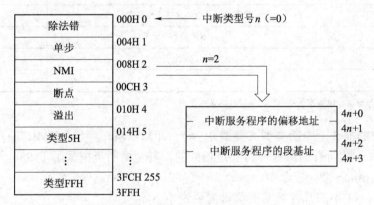

图 6－3 中断向量表

内部中断的向量地址由系统负责装入，用户不能随意修改。用户中断的向量地址在初始化编程时装入。

2. 中断向量的设置

用户在应用系统中使用中断时，需要在初始化程序中将中断服务程序的入口地址装入中断向量表中指定的存储单元中，以便 CPU 在响应中断请求后能够找到正确的中断服务程序。中断向量的设置，既可以使用传送指令把中断服务程序入口地址直接写入中断向量表中相应的内存单元，也可以使用 DOS 系统中的 25H 号功能调用。

1）用数据传送指令直接装入

用这种方法设置中断向量时，用数据传送指令将中断服务程序的地址直接送入向量表的指定单元中。

例如，设某中断源的中断类型号 n 为 40H，中断服务程序的入口地址为 ISR，则设置中断向量的程序段如下：

```
        CLI                             ; IF=0，关中断
        MOV AX, 0                       ; AX 置 0
        MOV ES, AX                      ; 初始化 ES 段基址为 0
        MOV BX, 40H*4                   ; 向量表地址送 BX
        MOV AX, OFFSET ISR              ; 中断服务程序的偏移地址送 AX
        MOV ES: WORD PTR [BX], AX       ; 中断服务程序的偏移地址写入向量表
        MOV AX, SEG ISR                 ; 中断服务程序的段基址送 AX
        MOV ES: WORD PTR [BX+2], AX     ; 中断服务程序的段基址写入向量表
        STI                             ; IF=1，开中断
        ...
ISR:    ...                             ; 中断服务子程序
        ...
        IRET                            ; 中断返回
```

2）用 DOS 系统的功能调用装入

DOS 系统的功能调用提供了设置和读取中断向量的方法。设置中断向量时可使用 25H 号功能调用，读取中断向量时可使用 35H 号功能调用。

25H 号功能调用的入口参数是：

$$（AH）=25H$$
$$（AL）=中断类型号$$
$$（DS：DX）=中断服务程序的入口地址$$

例如，设某中断源的中断类型号 n 为 40H，中断服务程序的入口地址为 ISR，则利用 25H 号功能调用装入中断向量的程序段如下：

```
        CLI                             ; IF=0，关中断
        PUSH DS                         ; 保存数据段基址
        MOV AL, 40H                     ; 中断类型号 40H 送 AL
        MOV DX, SEG ISR                 ; 中断服务程序的段基址送 DS
        MOV DS, DX
        MOV DX, OFFSET ISR              ; 中断服务程序的偏移地址送 DX
        MOV AH, 25H                     ; 25H 号功能调用
        INT 21H
        POP DS                          ; 恢复数据段基址
        STI                             ; IF=1，开中断
        ...
```

```
    ISR: …                                ; 中断服务子程序
         …
         IRET                             ; 中断返回
```

35H 号功能调用的入口参数是：

    （AH）=35H

    （AL）=中断类型号

出口参数是：

    （ES:BX）=中断服务程序的入口地址

例如，从中断向量表中获取中断类型号为 40H 的中断向量，程序段如下：

```
MOV  AH, 35H
MOV  AL, 40H
INT  21H
```

该程序段执行之后，从中断向量表中获取的中断向量存放在 ES:BX 中，ES 中存放段基址，BX 中存放偏移地址。

在实际应用中，为了不破坏向量表中的原始设置，通常在为某一中断类型装入新的中断向量之前，先将原有的中断向量取出保存，待中断处理完毕，再将该中断类型的原中断向量恢复。

例如，设某中断源的中断类型号 n 为 40H，新中断服务程序的入口地址为 ISR，执行 35H 号功能调用获取中断向量并进行保护，再执行 25H 号功能调用设置新的中断向量。其程序段如下：

```
    CLI                          ; IF=0，关中断
    MOV AL, 40H                  ; 获取中断类型号为 40H 的中断向量
    MOV AH, 35H
    INT 21H
    PUSH ES                      ; 压入堆栈，保存原中断向量的段基址
    PUSH BX                      ; 压入堆栈，保存原中断向量的偏移地址
    PUSH DS                      ; 保存数据段基址
    MOV AL, 40H                  ; 设置新的中断向量
    MOV DX, SEG ISR
    MOV DS, DX
    MOV DX, OFFSET ISR
    MOV AH, 25H
    INT 21H
    POP DS                       ; 恢复数据段基址
    STI                          ; IF=1，开中断
    …
    CLI                          ; 恢复中断类型号为 40H 的中断向量
    POP DX                       ; 将中断向量的偏移地址弹出到 DX
                                 ; 注意弹栈操作的位置与顺序
```

```
        POP AX                              ; 将中断向量的段基址弹出到 AX
        PUSH DS                             ; 保存数据段基址
        MOV DS, AX
        MOV AL, 40H                         ; 设置中断类型号为 40H 的中断向量
        MOV AH, 25H
        INT 21H
        POP DS                              ; 恢复数据段基址
        STI
        …
ISR:    …                                   ; 中断服务子程序
        …
        IRET                                ; 中断返回
```

3. 中断处理

在实模式下，CPU 可以响应外部中断 NMI 和 INTR，以及中断类型号为 0、1、3、4、5、6、7、8、9、12、13、16 的内部中断。系统规定中断处理的优先顺序是：内部中断优先级最高（类型 1 单步除外），其次为 NMI，再次是 INTR，单步中断的优先级最低。实模式下中断处理的流程如图 6-4 所示。在执行完当前指令后，CPU 按中断源的优先级顺序去查询是否有中断请求。当查询到有内部中断发生时，中断类型号 *n* 由 CPU 内部形成或由指令本身（INT n）提供；当查询到有 NMI 请求时，自动转入中断类型 2 的服务程序；当查询到有 INTR 请求时，CPU 在中断标志位 IF=1 时进行响应，其中断类型号 *n* 由请求设备在中断响应周期自动给出；当查询到单步请求 TF=1 且在 IF=1 时，自动转入中断类型 1 的服务程序。

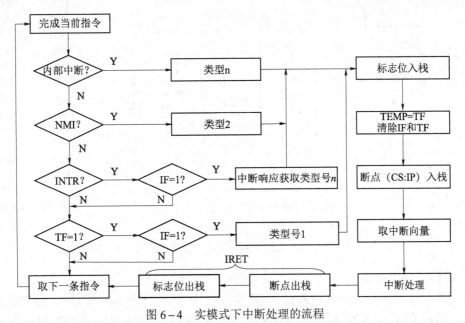

图 6-4 实模式下中断处理的流程

响应中断请求后，CPU 在执行中断服务程序之前由硬件自动地完成以下操作。

（1）获取中断类型号 n，生成中断向量表地址 $4n$。

（2）将 FLAG 的内容压入堆栈保存。

（3）先将 TF 的值保存在 TEMP 中，然后将 TF 和 IF 清除。在中断响应进入中断服务程序之前，禁止单步执行功能和再次响应新的 INTR 请求。

（4）将断点 CS:IP 压入堆栈保存。

（5）从中断向量表地址为 $4n$ 的存储单元中取出中断向量送入 CS 和 IP，转去执行中断服务子程序。

（6）中断服务子程序最后执行中断返回指令 IRET，恢复断点和标志寄存器数据，返回主程序继续执行。

6.3 中断控制器 8259A

8259A 是 Intel 公司专为 80x86 微处理器设计开发的中断控制芯片。它集中断源优先级判优、中断源识别和中断屏蔽电路于一体，不需要任何附加电路，就可以对外部中断进行管理。单片可以管理 8 级外部中断，在多片级联方式下，可以管理多达 64 级的外部中断。

6.3.1 8259A 的结构及引脚信号

8259A 是一个使用+5 V 电源，具有 28 个引脚的双列直插式芯片，其内部结构及引脚信号如图 6-5 所示。

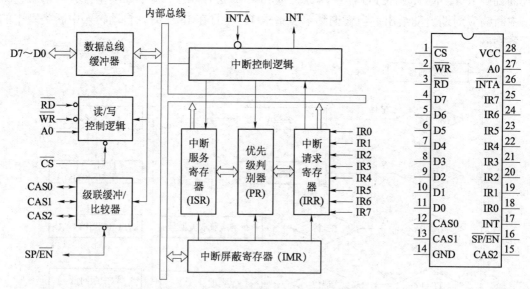

图 6-5　8259A 的内部结构及引脚信号

1. 数据总线缓冲器

数据总线缓冲器是一个 8 位双向三态缓冲器。数据线 D7～D0 与 CPU 系统数据总线相连接，构成 CPU 与 8259A 之间信息传送的通道。CPU 通过数据总线缓冲器设置 8259A 的工作方式，读取 8259A 的工作状态信息和中断类型号。

2. 读/写控制逻辑

读/写控制逻辑用来接收 CPU 系统总线的读、写控制信号和端口选择信号，用于控制 8259A 内部寄存器的读/写操作。其引脚信号的功能如下。

$\overline{RD}$：读信号，输入，低电平有效。当 CPU 对 8259A 进行读操作时，$\overline{RD}$ 有效。

$\overline{WR}$：写信号，输入，低电平有效。当 CPU 对 8259A 进行写操作时，$\overline{WR}$ 有效。

A0：端口选择信号，输入。由 8259A 片内译码，选择内部寄存器。

$\overline{CS}$：片选信号，输入，低电平有效。$\overline{CS}$ 有效时 8259A 被选中。

8259A 的读/写操作功能如表 6-2 所示。

表 6-2　8259A 的读/写操作功能

$\overline{CS}$	$\overline{WR}$	$\overline{RD}$	A0	D4	D3	功　能
0	0	1	0	1	×	写 ICW1
0	0	1	1	×	×	写 ICW2
0	0	1	1	×	×	写 ICW3
0	0	1	1	×	×	写 ICW4
0	0	1	1	×	×	写 OCW1
0	0	1	0	0	0	写 OCW2
0	0	1	0	0	1	写 OCW3
0	1	0	0	×	×	读 IRR
0	1	0	0	×	×	读 ISR
0	1	0	1	×	×	读 IMR
0	1	0	1	×	×	查询状态

注：D4、D3 为对应寄存器中的标志位。

在 8259A 内部有两组命令字：一组为初始化命令字（initialization command word，ICW），共 4 个，即 ICW1～ICW4，用于设置 8259A 的工作方式；另一组为操作命令字（operation command word，OCW），共 3 个，即 OCW1～OCW3，用于动态设置 8259A 的操作方式。由于 8259A 受端口选择线 A0 的限制，片内寄存器只能使用两个端口地址，因此多个寄存器使用了相同的端口。为了分辨不同的寄存器，有的通过设置寄存器中标志位（如表 6-2 中 D4、D3 位）区分，有的通过固定的读/写顺序区分。

3. 级联缓冲/比较器

8259A 既可以单片工作，也可多片级联工作。级联缓冲/比较器用于 8259A 的多片级联工作模式，其中 CAS0～CAS2 是主片与从片间的级联信号线，主片作为输出，从片作为输入。在级联工作模式下，主 8259A 芯片会把发起中断请求的从片 ID 发到 CAS0～CAS2 级联信号线上来选择从片，选中的从片则把对应的中断类型号发送给 CPU。

8259A 同系统数据总线的连接方式分为缓冲和非缓冲两种。在缓冲方式下，8259A 的数据总线通过数据缓冲器与系统的数据总线相连。在非缓冲方式下，8259A 的数据总线直接与系统的数据总线相连。

4. 中断控制逻辑

中断控制逻辑管理中断请求、中断屏蔽、中断服务、优先级判别等过程。用户可以通过对 8259A 寄存器编程来设置具体的中断处理模式。

（1）中断请求寄存器（interrupt request register，IRR）。IRR 是一个 8 位寄存器，用于锁存由 IR7～IR0 输入的中断请求信号。当 8259A 的某 IRi 引脚接收到电平或边沿触发的中断请求信号时，则 IRR 中相应的 Di 位被置 1。对于 IRR 中被置 1 的中断请求能否获得 8259A 响应输出，取决于 IMR 对应位的状态。在中断响应信号 $\overline{\text{INTA}}$ 有效时，Di 位被清除。

（2）中断屏蔽寄存器（interrupt mask register，IMR）。IMR 是一个 8 位寄存器，通过编程可对中断请求输入 IR7～IR0 进行屏蔽。若编程将 IMR 中的某一位 Di 置为 0，则 8259A 便响应对应 IRi 的中断请求输入。若编程将 IMR 中的某一位 Di 置为 1，则与之相对应的 IRi 中断请求被屏蔽。

（3）中断服务寄存器（in-service register，ISR）。ISR 是一个 8 位寄存器，它同中断输入 IR7～IR0 相对应，用于记录正在响应中的中断请求，包括被其他中断请求（如优先级高的中断请求）打断而暂停处理的中断。当某 IRi 中断请求被 CPU 响应后，由 CPU 发来的第一个中断响应脉冲 $\overline{\text{INTA}}$ 将 ISR 中相应的 Di 位置 1，而复位则由 8259A 的中断结束方式决定。若定义为自动结束方式，则由 CPU 发来的第二个中断响应脉冲 $\overline{\text{INTA}}$ 的结束将其复位；若定义为非自动结束方式，则由 CPU 发来的中断结束命令将其复位。

（4）优先级判别器（priority resolver，PR）。PR 用于识别和管理各中断源请求的优先级别。当有 n 个中断源同时请求服务时，若 IMR 中各对应位为 0，则 PR 按预先编程设置的优先级规则，将 IRR 所锁存的 n 个中断源中优先级最高的中断请求送到 ISR 中。当出现新中断源请求时，PR 将新中断源请求和当前被服务的中断请求进行比较，以确定是否向 CPU 申请新的中断请求。

6.3.2 8259A 的工作方式

单个 8259A 芯片可以管理 8 级外部中断，在多片级联方式下最多可以管理 64 级外部中断，并且具有中断优先级判优、中断嵌套、中断屏蔽和中断结束等功能。

1. 8259A 的工作过程

8259A 的工作从接收到中断请求开始，其基本工作流程如下。

（1）8259A 收到引脚 IR7～IR0 上的有效中断请求信号后，将 IRR 中对应位置 1，记录该中断请求。

（2）8259A 检查中断源的屏蔽状态和优先级，在条件满足的情况下，通过 INT 引脚向 CPU 申请中断。

（3）CPU 收到 8259A 的中断请求，如允许中断，则回复中断响应信号 $\overline{\text{INTA}}$。

（4）8259A 收到中断应答 $\overline{\text{INTA}}$ 后，把 ISR 对应位置 1，并把 IRR 中的相应位清零。

（5）CPU 发出第二个 $\overline{\text{INTA}}$ 信号，8259A 把 8 位中断类型号送到数据总线上发给 CPU。

（6）若 8259A 工作在自动结束中断（automatic end of interrupt，AEOI）方式下，则在第二个 $\overline{\text{INTA}}$ 信号结束时将 ISR 对应位复位，否则，要等收到 EOI 指令后才将 ISR 中的对应位清零。

2. 8259A 的中断请求方式

8259A 支持两种中断请求方式：电平触发和边沿触发，可通过对初始化命令字 ICW1 的 LTIM（D3）位编程设置。

（1）电平触发。电平触发是用高电平表示中断请求信号。通过设置 LTIM=1，选择电平触发方式。使用电平触发，需注意电平持续时间，以避免漏请求或重触发。触发电平必须保持到 CPU 输出的第一个中断响应信号 $\overline{\text{INTA}}$ 有效（下降沿）之后。在自动 EOI 方式下，触发电平应在第二个中断响应信号 $\overline{\text{INTA}}$ 清除 ISR 的对应位之前撤销。在非自动 EOI 方式下，触发电平应在中断服务程序执行 EOI 指令之前撤销。

（2）边沿触发。边沿触发是用信号由低电平到高电平的变化来表示中断请求。通过设置 LTIM=0，选择边沿触发方式。为正确识别中断请求，要求信号在由低电平变为高电平后继续维持高电平直到 CPU 输出第一个中断响应信号 $\overline{\text{INTA}}$。

无论是电平触发还是边沿触发，中断请求信号都要求在 CPU 输出第一个 $\overline{\text{INTA}}$ 信号的下降沿之前保持高电平。如果在此之前请求信号变为低电平，那么 8259A 会缺省认为该中断请求为 IR7，但和正常的 IR7 请求不同，这种情况下 ISR 中 D7 不会置位。8259A 的这种机制可用来过滤由于随机噪声电压而引起的误中断。为此，只需安装 IR7 的中断服务程序让它直接返回（IRET）即可。

3. 8259A 的中断优先级方式

8259A 对中断优先级的管理有两种方式：优先级固定方式和优先级自动循环方式，可通过操作命令字 OCW2 来设置选择。

（1）优先级固定方式。在优先级固定方式中，IR0～IR7 的中断优先级是由系统确定好的，优先级由高到低的顺序是：IR0、IR1、IR2、IR3、IR4、IR5、IR6、IR7。

（2）优先级自动循环方式。在优先级自动循环方式中，IR0～IR7 的优先级是可以改变的。其变化规律是：当某一个中断请求 IRi 服务结束后，该中断的优先级自动降为最低，而紧跟其后的中断请求 IRi+1 的优先级自动变为最高。IR0～IR7 的优先级按如图 6-6 所示的自动右循环方式改变。

图 6-6　优先级自动右循环方式

假设 CPU 正在为当前最高级别 IR0 服务，当服务完毕，IR0 的优先级自动降为最低，排在其后的 IR1 的优先级变为最高，IR2 的优先级变次高，其余依此类推。这种优先级管理方式可以使 8 个中断请求 IRi 都拥有享受同等优先服务的权利。

优先级自动循环方式又分为普通自动循环方式和特殊自动循环方式两种。普通自动循环方式的特点是 IR0～IR7 的初始优先级固定，由高到低的优先级顺序是：IR0、IR1、IR2、IR3、IR4、IR5、IR6、IR7。特殊自动循环方式的特点是 IR0～IR7 的初始优先级可由用户设定（通过在操作命令字 OCW2 中设置最低优先级）。如果用户设定 IRi 为最低优先级，那么 IRi+1 的优先级变为最高，其他 IRi 的优先级依此类推。

4. 8259A 的中断嵌套方式

8259A 的中断嵌套方式分为完全嵌套方式和特殊完全嵌套方式两种。在 8259A 初始化编程时，可以通过 ICW4 的 SFNM（D4）位设置中断嵌套方式。

（1）完全嵌套方式。完全嵌套方式是 8259A 初始化后的默认工作方式。在 CPU 执行中断服务子程序期间，只有优先级高于当前服务中断的优先级的请求能得到响应，而"同级"或"低级"的中断请求被禁止。

（2）特殊完全嵌套方式。特殊完全嵌套方式是 8259A 在多片级联方式下使用的一种优先级管理方式。它与完全嵌套方式的不同之处是：在 CPU 中断服务期间，除了允许高级中断请求进入外，还允许同级中断请求进入，从而实现一种对同级中断请求的特殊嵌套。

在级联方式中，主片通常设置为特殊完全嵌套方式，从片设置为完全嵌套方式。由于从片的中断请求都是通过主片中的一个中断请求引脚引入，因此对于主片来说，从片的所有中断请求优先级都是相同的。只有当主片工作于特殊完全嵌套方式时，从片才能实现完全嵌套。

5. 8259A 的中断屏蔽方式

屏蔽即忽略，8259A 有两种方式来忽略 IR0～IR7 上的中断请求：普通屏蔽方式和特殊屏蔽方式，可以通过操作命令字 OCW3 中的 ESMM、SMM（D6、D5）位来设置。

（1）普通屏蔽方式。普通屏蔽方式是通过对 IMR 编程来实现的。IMR 中的 8 位分别对应于 8259A 的 8 个中断请求。如屏蔽 IRi，则将 IMR 中的 Di 位置 1 即可。如需开放某中断请求，则 IMR 中的对应位需清零。

（2）特殊屏蔽方式。8259A 的优先级管理规则不允许当前正在执行的中断服务程序被低优先级的中断请求打断，但是在有些情况下又希望能够在中断服务程序中允许低优先级中断发生，这时便可以通过设置特殊屏蔽方式实现。

特殊屏蔽方式总是在中断服务程序中设置，它会屏蔽当前级别中断的后继请求，同时又将 ISR 中所对应当前中断的 Di 位置 0，这样就开放了除本级外的其他所有中断请求。

例如，8259A 工作在完全嵌套方式下，CPU 正在执行 IR3 的中断服务程序，并在程序中执行 STI 指令允许中断嵌套。这时，8259A 只能响应更高优先级 IR2～IR0 的中断请求。如果希望能够响应 IR7～IR4 的中断请求，则需设置特殊屏蔽方式。具体操作需要设置 OCW1 屏蔽 IR3，同时设置 OCW3 使 ESMM=1，SMM=1。

6. 8259A 的中断结束方式

当一个中断请求得到响应时，8259A 都会对 ISR 中对应的 Di 位置 1，当中断处理程序结束时，该标志位应被清除，否则就意味着中断服务还在继续，致使比它优先级低的中断请求无法得到响应。8259A 的中断结束方式有自动结束方式、普通结束方式和特殊结束方式 3 种。

（1）自动结束方式。在中断响应过程中，当 8259A 接收到 CPU 输出的第二个 $\overline{\text{INTA}}$ 信号时，便自动将 ISR 寄存器中对应的位复位。这时，对 8259A 而言，中断处理过程已经结束，但是中断服务程序并非真正结束。若此时 IF 为 1，那么新的中断请求将会得到响应。尤其是当中断请求采用电平触发方式时，如果在中断响应后未能及时撤除请求引脚上的电压，就可能造成重复中断嵌套。由于自动结束方式存在上述问题，因此在使用时要特别注意。自动结束方式一般用于多个中断不会发生嵌套的情况。

（2）普通结束方式。采用普通结束方式时，CPU 需要在中断服务程序返回前向 8259A 发送 EOI 指令，然后 8259A 清除 ISR 中对应优先级别最高中断的标志位。在完全嵌套工作方式中，最高优先级即是当前正在处理的中断的优先级。

（3）特殊结束方式。特殊结束方式和普通结束方式的区别在于向 8259A 发送的 EOI

指令中具体指定了 ISR 中需要清除的标志位。特殊结束方式主要用于以下情形：在发生中断嵌套过程中，如果优先级顺序发生了变化，那么会导致无法确认当前响应中断的优先级别，这时结束中断就必须采用特殊结束方式。

6.3.3　8259A 的编程

在 8259A 内部有两组寄存器：一组为初始化命令寄存器，用于存放 CPU 写入的初始化命令字 ICW1～ICW4；另一组为操作命令寄存器，用于存放 CPU 写入的操作命令字 OCW1～OCW3。8259A 应用编程分为初始化命令编程和操作命令编程两个环节。初始化编程是在 8259A 开始工作前对初始化命令寄存器进行设置，用于建立 8259A 的基本工作方式。该编程一旦写入，在系统运行过程中一般不再改变。操作命令可在 8259A 工作前或 8259A 工作期间根据需要写入，用来设置各种具体的工作模式，如优先级自动循环方式、特殊屏蔽、查询模式等。

1. 8259A 的初始化命令字

初始化命令字有 4 个：ICW1、ICW2、ICW3 和 ICW4。由于 8259A 仅有一位地址线 A0，所以只能对两个端口寻址而无法对 4 个寄存器进行独立寻址。为此，8259A 采用和写入顺序相结合的方法来确定每个寄存器。初始化编程必须严格按照从 ICW1 到 ICW4 的顺序进行。当 A0=0 且命令字的 D4 位为 1 时，8259A 认为是写 ICW1，并开始初始化流程。随后对 A0=1 端口按顺序写入 ICW2、ICW3 和 ICW4。若 8259A 没有级联，则初始化时不需要写 ICW3，而是否需写入 ICW4，由 ICW1 的 D0 位状态决定。

（1）ICW1。ICW1 是初始化时最先写入的控制字，其格式如图 6-7 所示。写入 ICW1 时要求 8259A 的地址线 A0=0。

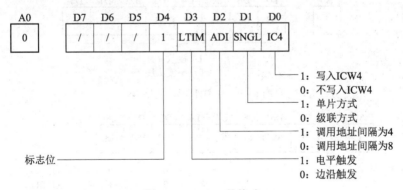

图 6-7　ICW1 的格式

D0：指示在初始化时是否需要写入初始化命令字 ICW4。在 80x86 微处理器中需要定义 ICW4，设置 IC4=1。

D1：指示 8259A 在系统中使用单片还是多片级联——SNGL=1 为单片，SNGL=0 为多片级联。

D2：用于设置 MCS-80/85 系统中断向量地址的间隔单元，在 80x86 系统中无效。

D3：定义 IRi 的中断请求触发方式——LTIM=1 为电平触发，LTIM=0 为边沿触发。

D4：ICW1 的标志位，恒为 1。

D5～D7：在 MCS-80/85 系统中使用，在 80x86 系统中未用，通常设置为 0。

（2）ICW2。ICW2 用于设置中断类型号，其格式如图 6－8 所示。写入 ICW2 时要求 8259A 的地址线 A0=1。

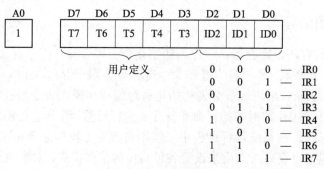

图 6－8　ICW2 的格式

在 80x86 微处理器系统中，ICW2 的低 3 位 ID2～ID0 由 8259A 在中断响应周期根据中断请求 IRi 的编码自动设置，高 5 位 T7～T3 由用户编程写入，对应于中断类型号的高 5 位。若 ICW2 写入 40H，则 IR0～IR7 对应的中断类型号分别为 40H～47H。

在 MCS-80/85 微处理器系统中，ICW2 的 D7～D0 和 ICW1 的 D7～D5 用于形成中断服务程序入口地址的高 11 位（ICW1 的 D2=1）或高 10 位（ICW1 的 D2=0，D5 未用）。

（3）ICW3。ICW3 用于定义级联方式，单片方式不需要写入。主片和从片对应的 ICW3 的格式不同，主片 ICW3 的格式如图 6－9 所示，从片 ICW3 的格式如图 6－10 所示。写入 ICW3 时要求 8259A 的地址线 A0=1。

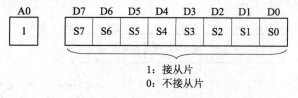

1：接从片
0：不接从片

图 6－9　主片 ICW3 的格式

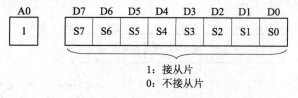

图 6－10　从片 ICW3 的格式

主片 ICW3 的 S0～S7 与 IR0～IR7 相对应，若主片 IRi 引脚上连接从片，则 $S_i = 1$；否则，$S_i = 0$。

从片 ICW3 的 ID2～ID0 为该从片接到主片 IRi 上的标识码，D7～D3 未用，通常设置为 0。例如，若从片的中断请求信号 INT 与主片的 IR2 连接时，则主片 ICW3 设置为 04H，从片 ICW3 设置为 02H。

（4）ICW4。ICW4 用于设定 8259A 的基本工作方式，其格式如图 6-11 所示。写入 ICW4 时要求 8259A 的地址线 A0=1。

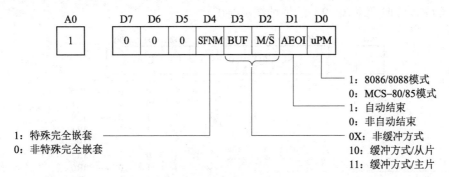

图 6-11　ICW4 的格式

D0：设置 CPU 模式。uPM=1 为 8086/8088 模式，uPM=0 为 MCS-80/85 模式。在这两种模式下，8259A 对中断的响应过程有所不同。

D1：设置 8259A 的中断结束方式。AEOI=1 为自动结束方式，AEOI=0 为非自动结束方式。

D2：选择缓冲级联方式下的主片与从片。$M/\overline{S}=1$ 为主片，$M/\overline{S}=0$ 为从片。在非缓冲级联方式下，主片 $\overline{SP}/\overline{EN}$ 接高电平，从片 $\overline{SP}/\overline{EN}$ 接低电平。

D3：设置缓冲方式。BUF=1 为缓冲方式，BUF=0 为非缓冲方式。

D4：设置特殊完全嵌套方式。SFNM=1 为特殊完全嵌套方式（用于级联方式下的主片），SFNM=0 为非特殊完全嵌套方式。

D5～D7 未定义，通常设置为 0。

2. 8259A 的操作命令字

8259A 的操作命令字包括 OCW1、OCW2 和 OCW3。

（1）OCW1。OCW1 为中断屏蔽字，写入到 IMR 中，对外部中断请求信号 IRi 进行屏蔽，其格式如图 6-12 所示。写入 OCW1 时要求 8259A 的地址线 A0=1。

图 6-12　OCW1 的格式

当某位 Mi 为 1 时，则对应的 IRi 中断请求被禁止；当 Mi 为 0 时，则对应的 IRi 中断请求被允许。IMR 中的内容的初始状态为 0，在工作期间可根据需要随时从 8259A 的端口奇地址（A0=1）写入或读出。

例如，设 8259A 的两个端口地址为 20H 和 21H，读取 IMR 的内容并屏蔽 IR3 中断请求的程序段为：

```
IN AL, 21H                          ; 读 IMR 的内容至 AL
OR AL, 00001000B
OUT 21H, AL                         ; 写 OCW1，屏蔽 IR3 的中断请求
```

（2）OCW2。OCW2 用于设置中断优先级方式和中断结束方式，其格式如图 6-13 所示。写入 OCW2 时要求 8259A 的地址线 A0=0。

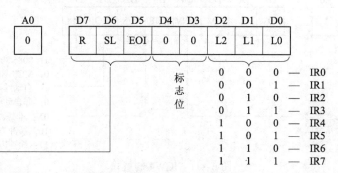

001：普通 EOI 命令，使 ISR 中当前正在执行的中断服务程序所对应的 Di 位置 0
011：特殊 EOI 命令，将 ISR 中由 L2~L0 编码所确定的 Di 位置 0
101：优先级循环普通 EOI 命令，将 ISR 中当前正在执行的中断服务程序所对应的 Di 位置 0，对 IRi 赋予最低优先级
111：优先级循环特殊 EOI 命令，将 ISR 中由 L2~L0 编码所确定的 Di 位置 0，对 IRi 赋予最低优先级
100：设置 AEOI 方式优先级循环，INTA 将 ISR 中当前正在执行的中断服务程序所对应的 Di 位置 0，对 IRi 赋予最低优先级
000：清除 AEOI 方式优先级循环
110：置位优先级（特殊循环）命令，使 L2~L0 所确定的 IRi 优先级最低
010：无操作

图 6-13 OCW2 的格式

L2~L0：8 个中断请求输入端 IR0~IR7 的标识位，用来指定是哪一级中断。L2~L0 指定的中断级别是否有效，由 SL 位控制。当 SL=1 时，L2~L0 义有效；当 SL=0 时，L2~L0 定义无效。

D4D3：OCW2 标志位。当 A0=0 且 D4D3=00 时，CPU 执行写入 OCW2 操作。

EOI：中断结束命令。若 EOI=1 时，在中断服务程序结束时向 8259A 回送中断结束命令 EOI，以便使 ISR 中当前最高优先级位复位（普通 EOI 方式）或由 L2~L0 标识指定的位复位（特殊 EOI 方式）。若 ICW4 中的 AEOI 位为 1，则 EOI 应为 0。

SL：用来确定 L2~L0 位是否有效。SL=1，L2~L0 所表示的编码有效；SL=0，L2~L0 所表示的编码无效。

R：设置优先级循环方式。R=1 为优先级自动循环方式；R=0 为优先级固定方式。

R、SL 和 EOI 的组合功能如表 6-3 所示。

表 6-3 R、SL 和 EOI 的组合功能

R	SL	EOI	功 能	说 明
0	0	1	普通 EOI 命令	当中断服务结束时执行该命令，即将 ISR 中当前正在执行的中断服务程序（所对应的 IRi 优先级最高）所对应的 Di 位置 0（注：L2~L0 无效）
0	1	1	特殊 EOI 命令	当中断服务结束时执行该命令，即将 ISR 中由 L2~L0 编码所确定的 Di 位置 0
1	0	1	优先级循环普通 EOI 命令	当中断服务结束时执行该命令，即将 ISR 中当前正在执行的中断服务程序（所对应的 IRi 优先级最高）所对应的 Di 位置 0，并对 IRi 赋予最低优先级，对 IR（i+1）赋予最高优先级，其他中断源优先级依序循环类推（注：L2~L0 无效）

R	SL	EOI	功能	说　　明
1	1	1	优先级循环 特殊 EOI 命令	当中断服务结束时执行该命令，即将 ISR 中由 L2～L0 编码所确定的 Di 位置 0，并对 IRi 赋予最低优先级，对 IR（i+1）赋予最高优先级，其他中断源优先级依序循环类推
1	0	0	设置 AEOI 方式 优先级循环	当 8259A 接收到 CPU 输出中断响应的第二个有效信号 $\overline{INTA}$ 结束时，即将 ISR 中当前正在执行的中断服务程序（所对应的 IRi 优先级最高）所对应的 Di 位置 0，并对 IRi 赋予最低优先级，对 IR（i+1）赋予最高优先级，其他中断源优先级依序循环类推（注：L2～L0 无效）
0	0	0	清除 AEOI 方式 优先级循环	在 AEOI 方式优先级自动循环时，取消优先级自动循环（注：L2～L0 无效）
1	1	0	置位优先级 （特殊循环）命令	将最低优先级赋予由 L2～L0 编码所确定的 IRi，最高优先级赋予 IR（i+1），其他中断源优先级依序循环类推。
0	1	0	无操作	—

（3）OCW3。OCW3 用于设置或清除特殊屏蔽方式、查询命令和设置读取寄存器的状态，其格式如图 6-14 所示。写入 OCW3 时要求 8259A 的地址线 A0=0。

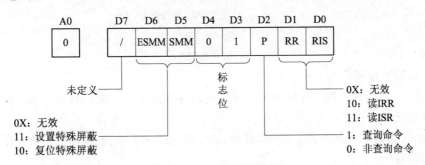

图 6-14　OCW3 的格式

① 设置读 IRR 和 ISR 命令。

RR：读 IRR 和 ISR 命令。RR=1，读 IRR 或 ISR；RR=0，无动作。

RIS：寄存器标识位。若 RIS=0，选择 IRR；若 RIS=1，则选择 ISR。

在进行读 IRR 或 ISR 操作时，要先写 OCW3，然后从 8259A 的端口偶地址（A0=0）读入 IRR 或 ISR 的内容。

例如，设 8259A 的两个端口地址为 20H 和 21H，则

读取 IRR 的内容的程序段为：

```
MOV  AL, 00001010B          ; 设置读 IRR 命令
OUT  20H, A                 ; 写入 OCW3 读 IRR 命令
IN   AL, 20H                ; 读 IRR 的内容至 AL 中
```

读取 ISR 内容的程序段为：

```
MOV  AL, 00001011B          ; 设置读 ISR 命令
OUT  20H, AL                ; 写入 OCW3 读 ISR 命令
IN   AL, 20H                ; 读 ISR 的内容至 AL 中
```

② 设置中断查询命令。

P：设置查询方式。设置 P=1，使 8259A 工作在中断查询方式下。采用这种方式时，CPU 应该断开与 8259A INT 信号的连接或屏蔽外部中断，通过软件查询 8259A 中断状态来响应外设服务请求。

查询中断状态时，要先写查询命令，然后读出中断状态字。中断查询状态字的格式如图 6-15 所示。其中，IR 为 1 表示有中断请求，IR 为 0 表示无中断请求，L2～L0 表示当前处理的最高优先级 IRi 的编码。

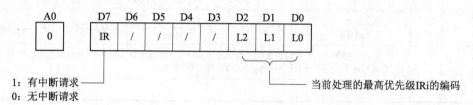

图 6-15　OCW3 中断查询状态字的格式

例如，设 8259A 的两个端口地址为 20H 和 21H，查询中断状态的程序段如下：

```
MOV  AL, 00001100B        ; 设置中断查询命令，P=1
OUT  20H, AL              ; 写入 OCW3
IN   AL, 20H              ; 读中断状态字
```

③ 设置特殊屏蔽命令。

ESMM：允许特殊屏蔽。当 ESMM=1 时，允许 SMM 设置或取消特殊屏蔽；当 ESMM=0 时，SMM 位无效。

SMM：设置特殊屏蔽方式。当 ESMM=1 时，若 SMM=1，则设置特殊屏蔽；若 SMM=0，则取消特殊屏蔽。

例如，在 IR3 中断服务程序中，若希望响应低优先级的中断请求，即可用特殊屏蔽命令将 IR3 中断暂时屏蔽。设 8259A 的两个端口地址为 20H 和 21H，则程序段如下：

```
...                       ; IR3 中断服务程序
CLI                       ; 为开放低级中断设置特殊屏蔽而关中断
IN AL, 21H                ; 读 IMR
OR AL, 00001000B          ; 设置 OCW1 的 M3 为"1"，屏蔽 IR3
OUT 21H, AL               ; 写 OCW1，A0=1
MOV AL, 68H               ; 设置 OCW3 的特殊屏蔽命令
OUT 20H, AL               ; 写 OCW3，A0=0
STI
...                       ; 此时除 IR3 中断请求外，其余中断请求均响应
CLI                       ; 为复位特殊屏蔽而关中断
MOV AL, 48H               ; 取消特殊屏蔽
OUT 20H, AL               ; 写 OCW3，A0=0
IN AL, 21H                ; 读 IMR
AND AL, 11110111B         ; 取消屏蔽 IR3
```

```
OUT 21H, AL                    ; 写 OCW1, A0=1
STI
...                            ; 继续执行 IR3 中断服务程序
MOV AL, 20H                    ; 设置 OCW2 普通 EOI 命令
OUT 20H, AL                    ; 写 OCW2 普通 EOI 命令, A0=0
IRET                           ; IR3 中断返回
```

3. 8259A 的初始化编程

8259A 初始化编程的流程如图 6-16 所示。初始化时需要写入初始化命令字 ICW1~ICW4, 对它的连接方式、中断的触发方式、中断的结束方式、中断向量号等进行设置。但由于 ICW1~ICW4 使用两个端口地址, 即 ICW1 用 A0=0 的端口, ICW2~ICW4 使用 A0=1 的端口, 因此初始化程序应按系统规定的顺序写入, 即先写入 ICW1, 接着写 ICW2、ICW3、ICW4。操作命令字 OCW1~OCW3 的写入比较灵活, 没有固定的格式, 可以在主程序初始化时写入, 也可以在中断服务程序中写入, 视需要而定。下面通过例子来说明如何编写 8259A 的初始化程序。

【例 6-1】某微机系统使用一片 8259A 管理中断, 中断请求由 IR2 引入, 工作方式采用边沿触发、完全嵌套和非自动结束, IR2 的中断类型号为 42H, 设端口地址为 20H 和 21H。试编写初始化程序。

根据要求, 写出 ICW1、ICW2 和 ICW4 的格式, 按图 6-16 所示的顺序写入。编写初始化程序如下:

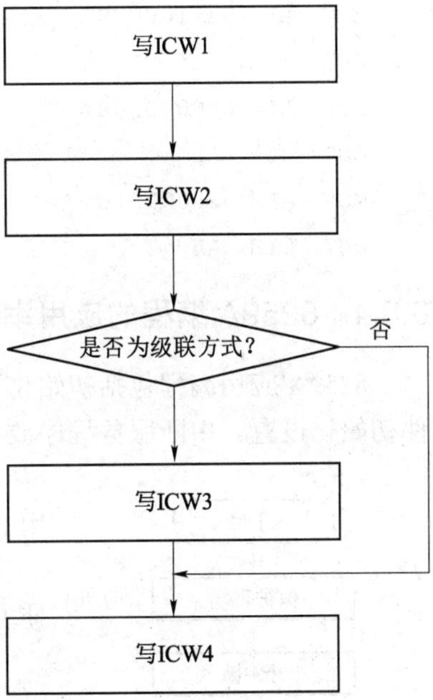

图 6-16 8259A 初始化的流程图

```
MOV AL, 00010011B              ; 单片, 边沿触发, 写 ICW4
OUT 20H, AL                    ; 写入 ICW1
MOV AL, 01000000B              ; IR0 的中断类型号为 40H
OUT 21H, AL                    ; 写入 ICW2
MOV AL, 00000001B              ; 完全嵌套, 非自动结束
OUT 21H, AL                    ; 写入 ICW4
```

【例 6-2】某微机系统使用主、从两片 8259A 管理中断, 从片中断请求 INT 与主片的 IR2 连接。设主片工作于特殊完全嵌套、非缓冲和非自动结束方式, 主片 IR0 的中断类型号为 40H, 端口地址为 20H 和 21H; 从片工作于完全嵌套、非缓冲和非自动结束方式, 从片 IR0 的中断类型号为 70H, 端口地址为 80H 和 81H。试编写主、从两片的初始化程序。

主片 8259A 的初始化程序如下:

```
MOV  AL, 00010001B             ; 边沿触发, 级联, 写 ICW4
OUT  20H, AL                   ; 写入 ICW1
MOV  AL, 01000000B             ; 主片 IR0 的中断类型号为 40H
OUT  21H, AL                   ; 写入 ICW2
```

215

```
MOV  AL, 00000100B            ; 主片的 IR2 引脚接从片
OUT  21H, AL                  ; 写入 ICW3
MOV  AL, 00010001B            ; 特殊完全嵌套, 非缓冲, 非自动结束
OUT  21H, AL                  ; 写入 ICW4
```

从片 8259A 的初始化程序如下:

```
MOV  AL, 00010001B            ; 边沿触发, 级联, 写 ICW4
OUT  80H, AL                  ; 写入 ICW1
MOV  AL, 01110000B            ; 从片 IR0 的中断类型号为 70H
OUT  81H, AL                  ; 写入 ICW2
MOV  AL, 00000010B            ; 接主片的 IR2 引脚
OUT  81H, AL                  ; 写入 ICW3
MOV  AL, 00000001B            ; 完全嵌套, 非缓冲, 非自动结束
OUT  81H, AL                  ; 写入 ICW4
```

6.3.4 8259A 编程的应用举例

8259A 应用编程包括初始化程序和中断服务程序两部分。初始化程序要完成 8259A 硬件初始化设置。中断服务程序要根据应用需求来编写, 其一般处理流程如图 6-17 所示。

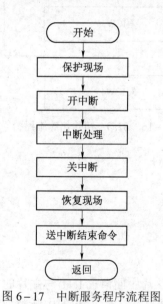

图 6-17 中断服务程序流程图

（1）保护现场: 将中断服务程序中用到的寄存器的内容用 PUSH 指令压入堆栈保存, 以防止破坏原有的内容。

（2）开中断: 若允许中断嵌套时, 用 STI 指令开中断, 使 IF=1。

（3）中断处理: 完成具体的中断服务工作。

（4）关中断: 用 CLI 指令关中断, 使 IF=0, 禁止在中断返回之前有其他的中断请求进入。

（5）恢复现场: 用 POP 指令将保护现场时压入堆栈的寄存器的内容恢复。

（6）送中断结束命令: 若采用的是非自动结束方式, 须在中断返回之前给 8259A 送中断结束命令 EOI（写 OCW2）, 清除 ISR 中当前正在处理的中断服务标志, 解除对同级或低级中断请求的屏蔽。

（7）返回: 用 IRET 指令返回到被中断的程序（如主程序）处继续执行。

【例 6-3】设计一个中断处理程序, 要求: 中断请求信号以跳变方式由 IR2 引入, 当 CPU 响应 IR2 请求时, 在屏幕上显示字符串: "Hello from INTERRUPT!", 显示 10 次后程序退出。设 8259A 的端口地址为 20H 和 21H, IR0 的中断类型号为 40H, 试编写中断处理程序。

中断处理程序如下:

```
DATA SEGMENT
  MSG DB 'Hello from INTERRUPT!', 0AH, 0DH, '$'
  COUNT DB 10                    ; 计数值为 10
```

```
DATA ENDS
STACK SEGMENT STACK
  DB 100H DUP（?）
STACK ENDS
CODE SEGMENT
  ASSUME CS：CODE，DS：DATA，SS：STACK
MAIN: MOV AX, DATA
      MOV DS, AX
      MOV AL, 13H              ; 8259A 初始化
      OUT 20H, AL             ; 单片，边沿触发
      MOV AL, 40H            ; IR0 的中断类型号为 40H
      OUT 21H, AL
      MOV AL, 01H           ; 非自动结束
      OUT 21H, AL
      MOV AX, SEG INT-P      ; 设置中断向量
      PUSH DS              ; 保护 DS 的内容
      MOV DS, AX            ; 中断服务程序入口段基址送 DS
      MOV DX, OFFSET INT-P   ; 中断服务程序入口偏移地址送 DX
      MOV AL, 42H           ; IR2 的中断类型号 42H 送 AL
      MOV AH, 25H          ; 25H 功能调用
      INT 21H
      POP DS              ; 恢复 DS 内容
      IN AL, 21H           ; 读 IMR
      AND AL, 0FBH         ; 允许 IR2 请求中断
      OUT 21H, AL          ; 写中断屏蔽字 OCW1
WAIT: STI                  ; 开中断
      CMP COUNT, 0         ; 判断 10 次中断是否结束
      JNZ  WAIT            ; 未结束，等待
      MOV AX, 4C00H        ; 结束，返回 DOS
      INT 21H
INT-P PROC                 ; 中断服务程序
      PUSH AX              ; 保护现场
      PUSH DX
      STI                  ; 开中断
      MOV DX, OFFSET MESS  ; 显示字符串
      MOV AH, 09H
      INT 21
      DEC COUNT            ; 控制 10 次循环
      JNZ NEXT
      IN AL, 21H           ; 读 IMR
```

```
        OR AL, 04H                    ; 屏蔽 IR2 请求
        OUT 21H, AL                   ; 写 OCW1
    NEXT: CLI                         ; 关中断
        MOV AL, 20 H                  ; 写 OCW2，送中断结束命令普通 EOI
        OUT 20H, AL
        POP DX                        ; 恢复现场
        POP AX
        IRET                          ; 中断返回
    INT-P ENDP
  CODE ENDS
    END MAIN
```

习题

1. CPU 响应中断时的处理过程是什么？在各个处理阶段主要完成哪些操作？

2. 中断允许标志 IF 的作用是什么？可以用什么指令对它置 1 或清零？

3. 80x86 微处理器的中断类型的优先顺序是如何排列的？

4. 中断向量表用来存放什么内容？它占用多大的存储空间？它存放在内存的哪个区域？可以用什么方法写入或读取中断向量表的内容？

5. 若给定中断类型号 n=60H，中断服务程序的入口地址为 INTP，试编写在实模式下设置中断向量表的程序段。

6. 某系统使用一片 8259A 管理中断，中断请求由 IR2 引入，采用电平触发、完全嵌套、普通 EOI 结束方式，中断类型号为 42H，端口地址为 80H 和 81H，试画出 8259A 与 CPU 的硬件连接图，并编写初始化程序。

7. 某系统使用两片 8259A 管理中断，从片的 INT 连接到主片的 IR2 请求输入端。设主片工作于边沿触发、特殊完全嵌套、非自动结束和非缓冲方式，中断类型号为 70H，端口地址为 80H 和 81H；从片工作于边沿触发、完全嵌套、非自动结束和非缓冲方式，中断类型号为 40H，端口地址为 20H 和 21H。要求：

（1）画出主、从片级联图。

（2）编写主、从片初始化程序。

8. 某系统由 8259A 的 IR2 引入外设中断请求（跳变信号有效），要求当 CPU 响应 IR2 请求时，输出显示字符串"HELLO"，并中断 10 次退出。试编写主程序和中断服务程序。

研究型教学讨论题

分析 CPU 中断处理的逻辑，编写程序进行仿真，尝试不同的中断处理策略，讨论各自的优劣。

本章教学资源

第 7 章
I/O 接口技术

提要： I/O 接口是微机系统中微处理器与 I/O 设备联系的桥梁。一个微机系统的可扩展性、兼容性及综合处理能力，与 I/O 接口有密切联系。本章从应用角度介绍 I/O 接口的相关知识，并重点讲述可编程并行接口 8255、可编程定时/计数器 8254、可编程异步串行接口 8250 和可编程 DMA 控制器 8237A 的功能和应用。

  计算机与外界进行信息交换，是通过 I/O（输入输出）设备进行的。通常 I/O 设备与微机系统的主机连接，需要通过 I/O 接口电路来实现。外部设备通过 I/O 接口电路把信息传送给微处理器进行处理，而微处理器把处理的结果通过 I/O 接口电路传送到外部设备。因此，I/O 接口电路是连接计算机和外部设备的桥梁，在微机系统中占有非常重要的地位。

  随着大规模集成电路技术的发展，接口电路往往可以集成在一个芯片上。为了适应不同的应用要求，许多接口芯片可以通过编程的方式设定其工作方式。这类接口芯片被称为可编程接口芯片。

  I/O 接口技术包括硬件接口电路及相关的软件编程技术，在学习这部分内容时，不但需要了解 I/O 接口的基本构成和工作原理，更重要的是要掌握 I/O 接口芯片在应用系统中的硬件连接方法和软件编程。

7.1 I/O 接口概述

7.1.1 I/O 接口的功能与基本结构

1. I/O 接口的功能

  I/O 设备是计算机系统的重要组成部分，用于计算机输入/输出信息。常见的输入/输出设备有键盘、鼠标、显示器、麦克风、摄像头、网卡、打印机、硬驱、光驱、扫描仪和数据采集设备等。这些设备不仅结构、特性和工作方式不同，而且传送的电平、数据格式和速度差异很大，难以直接和 CPU 连接和通信，因此，需采用 I/O 接口来匹配和协调 CPU 和 I/O 设备之间的工作。

  I/O 接口种类繁多，并且适用的场合也不同。根据不同的应用场合，I/O 接口的主要功能包括以下几个方面。

（1）数据缓冲。通常 CPU 的工作速度大于外设的工作速度，因此在两者之间进行数据交换的过程中，需要通过接口中的缓冲寄存器或锁存器，对传送的数据缓冲暂存，实现高速 CPU 与慢速外部设备的速度匹配。

（2）信号转换。实现数字量与模拟量、电压信号与电流信号、串行与并行格式的转换和信号电平的电压幅值转换等。

（3）联络和中断控制。为协调 CPU 和外设之间的数据传送，需要通过 I/O 接口传送外设和 CPU 之间的一些联络及中断控制信号，如外设"准备好""忙"等状态信息，或外设的中断请求、CPU 的响应回答等信号。

（4）定时计数。实现系统定时和外部事件计数及控制。

（5）DMA 传送。由直接存储器访问（direct memory access，DMA）控制器协调存储器和 I/O 设备直接进行信息交换。

2. I/O 接口的基本结构

一个典型的 I/O 接口电路的基本结构如图 7－1 所示，它通常包括数据输入寄存器、数据输出寄存器、控制寄存器、状态寄存器、数据缓冲器和读/写控制单元。

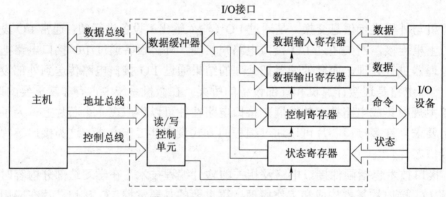

图 7－1　I/O 接口的基本结构

数据输入寄存器用来存放 I/O 设备送给主机的数据信息，数据输出寄存器则存放主机发送给 I/O 设备的数据信息。控制寄存器用来存放 CPU 向外部设备发送的控制命令和工作方式设置等。状态寄存器用来存放外部设备或 I/O 接口本身的状态信息，如设备是否工作正常、是否完成数据发送或接收等，以便供 CPU 查询。数据缓冲器与数据总线 DB 连接，I/O 设备与主机交换的信息都是通过数据缓冲器进行的。读/写控制单元与地址总线 AB 和控制总线 CB 连接，接收 CPU 发送到 I/O 接口的端口选择信号和读/写控制信号，实现 CPU 对 I/O 接口内部寄存器的选择和读/写控制。

7.1.2　I/O 端口的编址方式

I/O 接口电路内部通常包含有能被 CPU 直接访问的寄存器或某些特定的器件，称为端口。一个 I/O 接口可能有几个端口，如命令端口、状态端口、数据端口等。每个 I/O 端口都需要有自己的端口地址，以便 CPU 访问。那么，如何确定这些端口的地址呢？在微型计算机中，I/O 端口的编址通常采用以下两种方式。

1. I/O 端口与存储器统一编址方式

在这种编址方式中，将存储器地址空间的一部分作为 I/O 端口空间。也就是说，把 I/O 接口中可以访问的端口看作存储器的一个存储单元，纳入统一的存储器地址空间。CPU 可以用访问存储器的方式来访问 I/O 端口。这种编址方式的优点是不用专门设置访问端口的指令，访问存储器的指令即可以用于访问端口；缺点是端口占用了存储器空间的一部分地址，使得存储器的可用存储空间减少。单片机多数采用这种编址方法。

2. I/O 端口与存储器分别编址方式

存储器与 I/O 端口分别用两个独立的地址空间进行编址，并且对 I/O 端口的访问需要专用的输入输出指令。如 80x86 微处理器系统就采用了这种编址方式：I/O 端口地址可以为 8 位，其寻址范围为 0～255，也可以为 16 位，其寻址范围为 0～65 535。访问 I/O 端口的输入输出指令为 IN/OUT。

7.1.3　输入/输出的控制方式

输入/输出的控制方式是指 CPU 与外部设备交换数据时，可以采用哪些方法进行数据传送。下面简要介绍 4 种基本的数据传送控制方式。

1. 无条件传输方式

无条件传输方式是一种最简单的输入/输出控制方式，即在数据传输过程中，不去查询外设的工作状态，假定外设已经准备就绪，通过输入指令 IN 和输出指令 OUT 来实现 CPU 与外设之间数据的传输。其优点是程序简单，但在传送过程中，要求外设和 CPU 都处于准备好的状态，否则传送就会出错。因此，这种方式一般只用于简单的外设，如开关信号的输入、LED 显示器的输出等。

2. 查询方式

查询方式是先查询外设的工作状态，然后根据查询结果来决定是否进行输入/输出操作，其执行流程如图 7-2 所示。其工作过程是：在外设启动工作后，CPU 不断读取外设的状态信息，然后判断外设是否准备就绪。若外设准备好，则可以使用 I/O 指令进行数据传送；否则，CPU 会继续读取外设的状态信息进行判断，直到外设准备好。

查询方式的特点是不需要硬件支持，但在执行数据传送的过程中，需要 CPU 不断地读取外设的状态进行查询等待，致使 CPU 工作效率较低。如果 CPU 以此种方式与多个外设进行数据传送，就需要周期性地依次查询每个外设的状态，浪费的时间就更多。因此，这种方式适合于工作任务较轻的系统中。

3. 中断方式

在第 6 章已经介绍过中断的基本工作原理与实现技术。它实际上是一种硬件和软件相结合的技术。这种方式的特点是在系统工作期间，不需要 CPU 不断查询外设状态。当外设需要与 CPU 进行数据传送时，通过硬件触发请求的方式，通知 CPU 来处理。其他时候，CPU 与外部设备则可以并行工作。这样就避免了 CPU 的查询等待过程，提高了系统的实际工作效率，同时又能满足实时信息处理的需要。但数据的传送仍需通过 I/O 指令来完成。

4. DMA 方式

有些 I/O 设备需要高速而又频繁地与存储器进行数据交换或存取，这样上述三种使用 I/O 指令进行数据传送的方式就无法满足速度上的要求。DMA 方式可以在存储器和外设之间开辟一条高速数据通道,能够不占用 CPU 而实现存储器与外设之间批量数据的高速传递。

　　DMA 方式的工作原理如图 7-3 所示。DMA 控制器一端与 I/O 设备连接,另一端与 CPU 连接,由它控制存储器与高速 I/O 设备之间直接进行数据传送。其工作方式是:若 I/O 设备与存储器之间需要传送一批数据,先由 I/O 设备向 DMA 控制器发送请求信号 DREQ,随后 DMA 控制器向 CPU 发送请求占用总线的信号 HRQ,CPU 响应 HRQ 后向 DMA 控制器发送一个总线响应信号 HLDA,并将总线控制权让给 DMA 控制器。DMA 控制器接着向请求设备回送应答信号 DACK。此时,DMA 控制器掌握总线控制权,由它控制存储器与 I/O 设备之间数据的直接传送。当数据传送完毕后,DMA 控制器再把总线控制权归还给 CPU。由此可见,这种传送方式的特点是:在数据传送的过程中,由 DMA 控制器直接参与工作,不需要 CPU 的干预,对批量数据传送效率很高,通常用于高速 I/O 设备与内存之间的数据传送。DMA 控制器的工作原理详见 7.5 节。

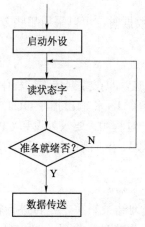

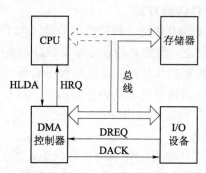

图 7-2　查询方式流程图　　　　图 7-3　DMA 方式的工作原理

7.2　并行接口芯片 8255A 及其应用

　　8255A 是 Intel 公司生产的可编程并行接口芯片,它有三个 8 位的并行 I/O 口:A 口、B 口和 C 口。每个端口都可以通过编程设定为输入端口或输出端口。C 口的高 4 位和低 4 位可以分开使用,分别作为输入和输出。另外,C 口还可以作为控制端口,为 A 口和 B 口的输入输出提供控制联络信号。

7.2.1　8255A 的结构及引脚信号

　　8255A 是一个具有 40 个引脚的双列直插式芯片,其内部结构及引脚信号如图 7-4 所示。

　　8255A 由三部分电路组成:与 CPU 的接口电路、内部控制逻辑及与外部设备连接的输入/输出接口电路。

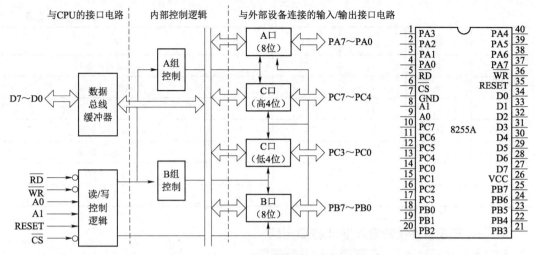

图 7-4 8255A 的内部结构及引脚信号

1. 与 CPU 的接口电路

与 CPU 的接口电路由数据总线缓冲器和读/写控制逻辑部分组成。

数据总线缓冲器是一个三态双向 8 位缓冲器，与之关联的接口信号线是数据线 D7～D0，它直接与 CPU 数据总线相连，构成 CPU 与 8255A 之间信息传送的通道。CPU 向 8255A 写入控制字或从 8255A 中读取状态信息，以及所有数据的输入和输出，都需要通过数据总线缓冲器来传递。

读/写控制逻辑接收 CPU 系统总线的读/写控制信号和端口选择信号，用于控制 8255A 内部寄存器的读/写操作，其对应的引脚信号功能如下：

$\overline{WR}$：写信号，输入，低电平有效。当 CPU 对 8255A 执行写操作时，该信号有效。

$\overline{RD}$：读信号，输入，低电平有效。当 CPU 对 8255A 执行读操作时，该信号有效。

$\overline{CS}$：片选信号，输入，低电平有效。$\overline{CS}$ 有效时 8255A 被选中。

A1A0：端口选择信号，由 8255A 片内译码，选择内部 4 个可访问的寄存器。

RESET：复位信号，输入，高电平有效。当该信号为高电平时，8255A 为复位状态，片内寄存器被清除，A、B、C 三个端口设置为输入方式。

2. 内部控制逻辑

内部控制逻辑包含 A 组控制电路、B 组控制电路两个部分。A 组控制电路用来控制 A 口和 C 口的高 4 位（PC7～PC4），B 组控制电路用来控制 B 口和 C 口的低 4 位（PC3～PC0）。

控制逻辑内部设置一个控制寄存器，它通过对应的命令端口接收来自 CPU 的控制字，根据控制字的内容决定各数据端口的工作方式，或者对端口 C 的每一位进行置位和复位。

8255A 的三个数据端口既可以写入数据又可以读出数据，但命令端口只能写入命令而不能读出命令。8255A 各端口地址及允许的读/写功能如表 7-1 所示。

表 7-1 8255A 各端口地址及允许的读/写功能

$\overline{CS}$	$\overline{WR}$	$\overline{RD}$	A1	A0	功　能
0	0	1	0	0	数据写入 A 口

续表

$\overline{CS}$	$\overline{WR}$	$\overline{RD}$	A1	A0	功　能
0	0	1	0	1	数据写入 B 口
0	0	1	1	0	数据写入 C 口
0	0	1	1	1	命令写入控制寄存器
0	1	0	0	0	读 A 口数据
0	1	0	0	1	读 B 口数据
0	1	0	1	0	读 C 口数据
0	1	0	1	1	无操作

3. 与外部设备连接的输入/输出接口电路

8255A 片内有 A、B、C 三个 8 位并行端口。

（1）端口 A：包含一个 8 位数据输出锁存/缓冲器和一个 8 位数据输入锁存器，与之相连的接口线为 PA7～PA0。

（2）端口 B：包含一个 8 位数据输出锁存/缓冲器和一个 8 位数据输入锁存器，与之相连的接口线为 PB7～PB0。

（3）端口 C：包含一个 8 位数据输出锁存/缓冲器和一个 8 位数据输入缓冲器，与之相连的接口线为 PC7～PC0。

7.2.2　8255A 的工作方式

8255A 有基本输入/输出、选通（单向）输入/输出和双向输入/输出 3 种工作方式。

1. 方式 0——基本输入/输出方式

方式 0 是 8255A 的基本输入/输出方式，其特点是与外设传送数据时，不需要联络（应答）信号，可以无条件地直接进行数据传送。这种方式常用于与简单外设之间的数据传送，如通过输出控制 LED 灯的显示，或者通过输入获得二进制开关的状态。

A、B、C 三个端口都可以在方式 0 下工作。A 口和 B 口工作于方式 0 时，数据输入或数据输出的位数只能为 8 位；C 口工作于方式 0 时，其高 4 位和低 4 位可以分别设置为数据输入或数据输出方式。方式 0 常用于与外设进行无条件数据传送或以查询方式进行数据传送。

2. 方式 1——选通（单向）输入/输出方式

方式 1 是一种带选通信号的单方向输入或输出工作方式，其特点是与外设传送数据时，需要联络信号进行协调。当 A 口和 B 口工作于方式 1 时，分别需要 C 口的 3 个引脚提供联络信号，因此只有 A 口和 B 口可以工作于方式 1。方式 1 常用于查询或中断方式传送数据。

1）方式 1 输入

A 口和 B 口以方式 1 进行数据输入时，C 口的引脚信号定义如图 7-5 和图 7-6 所示。C 口的 PC4、PC5 和 PC3 定义为 A 口的联络信号线 $\overline{STBa}$、IBFa 和 INTRa，PC2、PC1 和 PC0 定义为 B 口的联络信号线 $\overline{STBb}$、IBFb 和 INTRb，剩余的 PC6 和 PC7 仍可以工作在方式 0，作为基本 I/O 线使用。

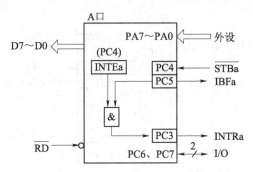 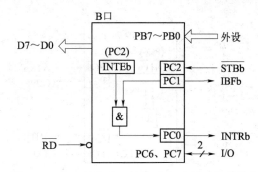

图 7-5　A 口以方式 1 输入时 C 口的引脚信号定义　　图 7-6　B 口以方式 1 输入时 C 口的引脚信号定义

方式 1 输入时的联络信号线定义如下。

$\overline{STB}$：选通信号，输入，低电平有效。此信号由外设产生输入，当 $\overline{STB}$ 有效时，选通 A 口或 B 口的输入数据锁存器，锁存由外设输入的数据，供 CPU 读取。

IBF：输入缓冲器满信号，输出，高电平有效。当 A 口或 B 口的输入数据锁存器接收到外设输入的数据时，IBF 变为高电平，作为对外设送来的 $\overline{STB}$ 的应答信号，CPU 读取数据后，IBF 被复位。

INTE：为了能实现用中断方式传送数据，在 8255A 内部设有中断允许触发器 INTE，该触发器为 1 时允许中断请求，为 0 时禁止中断请求。图 7-5 中 INTEa 是 A 口方式 1 输入时的中断允许触发器，在利用 A 口接收外设输入数据之前，先通过置位/复位命令将 PC4 置位或复位，从而对 INTEa 置 1 或清零。类似的，图 7-6 中 INTEb 是 B 口方式 1 输入时的中断允许触发器，通过置位/复位命令对 PC2 置位或复位操作，从而对 INTEb 置 1 或清零。

INTR：中断请求信号，输出，高电平有效。它是以中断方式传送数据时，8255A 向 CPU 发出的中断请求信号。

方式 1 数据输入工作时序如图 7-7 所示。当外设的数据准备就绪后，向 8255A 发送 $\overline{STB}$ 信号以便锁存输入的数据，$\overline{STB}$ 的宽度至少应为 500 ns，在 $\overline{STB}$ 有效之后的约 300 ns，IBF 变为高电平，并一直保持到 $\overline{RD}$ 由低电平变为高电平，待 CPU 读取数据之后约 300 ns 变为低电

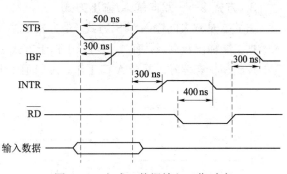

图 7-7　方式 1 数据输入工作时序

平，表示一次数据传送结束。INTR 是在中断允许标志 INTE=1 且 IBF=1（8255A 接收到数据）的条件下，在 $\overline{STB}$ 的上升沿后约 300 ns 时使 INTR 变为高电平，用这个信号可以向 CPU 发送中断请求，待 $\overline{RD}$ 变为低电平之后的约 400 ns 撤销 INTR。

2）方式 1 输出

在 A 口和 B 口以方式 1 进行数据输出时，C 口的引脚信号定义如图 7-8 和 7-9 所示。PC7、PC6 和 PC3 定义为 A 口联络信号线 $\overline{OBFa}$、$\overline{ACKa}$ 和 INTRa，PC1、PC2 和 PC0 定义为 B 口联络信号线 $\overline{OBFb}$、$\overline{ACKb}$ 和 INTRb，剩余的 PC4 和 PC5 仍可以工作在方式 0，作为基本 I/O 线使用。

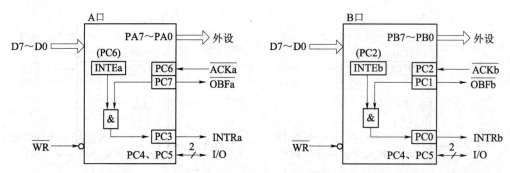

图7-8 A口以方式1输出时C口的引脚信号定义 图7-9 B口以方式1输出时C口的引脚信号定义

方式1输出时的联络信号线定义如下。

$\overline{OBF}$：输出缓冲器满信号，输出，低电平有效。当该信号有效时，表明CPU已经把数据输出到指定的数据端口，通知外设可以读取该端口中的数据。

$\overline{ACK}$：应答信号，输入，低电平有效。此信号由外设送给8255A，作为对$\overline{OBF}$的应答信号，表示输出的数据已被外设接收，用来清除$\overline{OBF}$。

INTR：中断请求信号，输出，高电平有效。它是以中断方式输出数据时，8255A向CPU发出的中断请求信号。

方式1数据输出工作时序如图7-10所示。当CPU向8255A写入数据时，$\overline{WR}$信号上升沿之后约650 ns $\overline{OBF}$变为有效，发送给外设，作为外设接收数据的选通信号。当外设接收到送来的数据后，向8255A回送$\overline{ACK}$信号，作为对$\overline{OBF}$的应答信号。$\overline{ACK}$有效之后的约350 ns使$\overline{OBF}$变为无效，一次数据传送结束。INTR信号是在中断允许标志INTE=1且$\overline{ACK}$信号无效之后的约350 ns变为高电平。

3. 方式2——双向输入/输出方式

方式2是双方向输入/输出方式，是方式1输入和输出的组合，即同一端口的信号线既能输入数据又能输出数据。只有A口可以工作于方式2，此时C口的PC7～PC3用来给A口提供相应的控制和状态信号，配合A口工作。A口工作于方式2时的引脚信号定义如图7-11所示。

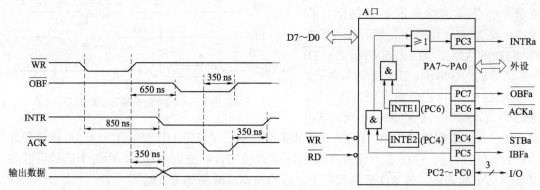

图7-10 方式1数据输出工作时序　　图7-11 A口工作于方式2时的引脚信号定义

PA7～PA0为双方向数据端口，既可以输入数据又可以输出数据。C口的PC7～PC3是A口的联络信号线，其中PC4和PC5作为数据输入时的联络信号线，PC4定义为输入选通信号$\overline{STBa}$，PC5定义为输入缓冲器满IBFa；PC6和PC7作为数据输出时的联络信号线，PC7 定义为输出缓冲器满 $\overline{OBFa}$，PC6 定义为输出应答信号 $\overline{ACKa}$；PC3 定义为中断请求信号 INTRa。数据输入/输出共用一个中断请求线 PC3，但中断允许触发器有两个，即数据输入的中断允许触发器 INTE2（由 PC4 来设置）和数据输出的中断允许触发器 INTE1（由 PC6 来设置）。

当 A 口工作于方式 2 时，B 口可工作于方式 0 或方式 1。如果 B 口工作于方式 0，则 C 口的 PC2～PC0 可用作数据的输入输出，即也工作于方式 0；如果 B 口工作于方式 1，则 C 口的 PC2～PC0 用于给 B 口提供控制和状态信号。

7.2.3 8255A 的编程

8255A 的 A、B、C 三个端口的工作方式是在初始化编程时，通过向 8255A 的命令端口写入控制字来设定的。8255A 编程时写入的控制字有两个：方式控制字和置位/复位控制字。方式控制字用于设置 A、B、C 口的工作方式和数据传送的方向；置位/复位控制字用于设置 C 口 PC0～PC7 中某一条引脚线 PCi（i = 0, 1, …, 7）的电平。两个控制字共用一个端口地址，由控制字的最高位作为标志位来区分。

1. 方式控制字

8255A 方式控制字的格式如图 7-12 所示。

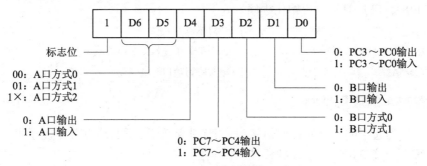

图 7-12 8255A 方式控制字的格式

D0：设置 C 口 PC3～PC0 的数据传送方向。D0=1 为输入，D0=0 为输出。

D1：设置 B 口的数据传送方向。D1=1 为输入，D1=0 为输出。

D2：设置 B 口的工作方式。D2=0 为方式 0，D2=1 为方式 1。

D3：设置 C 口 PC7～PC4 的数据传送方向。D3=1 为输入，D3=0 为输出。

D4：设置 A 口的数据传送方向。D4=1 为输入，D0=0 为输出。

D6D5：设置 A 口的工作方式。D6D5=00 为方式 0，D6D5=01 为方式 1，D6D5=10 或 11 为方式 2。

D7：方式控制字的标志位，恒为 1。

例如，将 8255A 的 A 口设定为工作方式 1 输出，B 口设定为工作方式 0 输入，C 口没有定义，工作方式控制字为 10100010B。

2. 置位/复位控制字

8255A 置位/复位控制字的格式如图 7-13 所示。

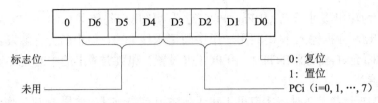

图 7-13　置位/复位控制字的格式

置位/复位控制字用于设置 C 口某一位 PCi（i=0, 1, …, 7）输出为高电平（置位）或低电平（复位），因此可通过该字来设置中断允许触发器的状态。D3D2D1 的 8 种状态组合 000～111 对应表示 PC0～PC7，D0 位用来设定指定的 PCi 是高电平还是低电平。当 D0=1 时，指定的 PCi 引脚输出高电平；当 D0=0 时，指定的 PCi 引脚输出低电平。D6D5D4 没有定义，状态可以任意，通常设置为 0。最高位 D7 为该字的标志位，恒为 0。例如，若 A 口工作于方式 1，采用中断方式输入数据，需要把 PC4 输出状态设置为高电平，则置位/复位控制字为 00001001B。

3. 8255A 的初始化编程

8255A 的初始化编程比较简单，通常只需要往命令端口写入工作方式控制字即可。置位/复位控制字只有在需要指定 C 口某一位的输出电平时，才在初始化时写入。

例如，设 8255A 的 A 口工作于方式 0 输入，B 口工作于方式 0 输出；8255A 的端口地址为 FFE0H～FFE3H，则初始化程序。

```
MOV DX, 0FFE3H              ; 控制端口为 FFE3H
MOV AL, 10010000B           ; A 口方式 0 输入，B 口方式 0 输出
OUT DX, AL                  ; 写入控制端口
```

7.2.4　8255A 的应用举例

8255A 作为通用的 8 位并行通信接口，用途非常广泛。下面通过几个例子来讨论 8255A 在应用系统中的接口设计方法及编程技巧。

【例 7-1】 8255A 作为 LED 显示器的接口。

要求： 8255A 的 B 口和 C 口各连接一个共阴极 LED 显示器。CPU 通过 A 口从外设接收 8 位二进制数，然后通过与 B 口和 C 口相连的两个 LED 显示器，将其对应的 2 位十六进制数（00H～FFH）的低位和高位分别显示出来。画出接口电路连接图，并编制程序实现之。

分析： 本例题是 8255A 方式 0 应用的一个例子。根据题意，需将 B 口和 C 口设定为方式 0 输出，A 口设定为方式 0 输入。其接口电路如图 7-14 所示。8255A 的 D7～D0、$\overline{WR}$、$\overline{RD}$ 与 CPU 的 D7～D0、$\overline{WR}$、$\overline{RD}$ 对应连接，A0 和 A1 与 CPU 的地址线 A0 和 A1 连接，$\overline{CS}$ 与 3-8 译码器 74LS138 的输出端连接。

8255A 的端口地址由地址线 A0、A1 和片选信号 $\overline{CS}$ 的逻辑组合确定。若 CPU 的地址线 A2、A3、A4 连接 3-8 译码器的输入，译码器的输出端 $\overline{Y0}$ 连接 $\overline{CS}$，把未连接的 CPU 的地址线 A5～A15 的状态设定为 1，则可确定 8255A 的四个端口地址为 FFE0H～FFE3H。

LED 显示器由 8 个发光二极管组成（见图 7-15），其中 7 个发光二极管分别对应 a、b、c、d、e、f、g 七个段，另外一个发光二极管为小数点 dp。LED 有共阳极和共阴极两种结

构。共阳极 LED 的二极管阳极共接+5 V，输入端为低电平时，二极管导通发亮；共阴极 LED 的二极管阴极共接地，输入端为高电平时，二极管导通发亮。因此，通过七段组合可以显示 0～9 和 A～F 等字符。表 7-2 给出了共阴极和共阳极 LED 输出显示 0～9 和 A～F 所对应的七段显示代码。

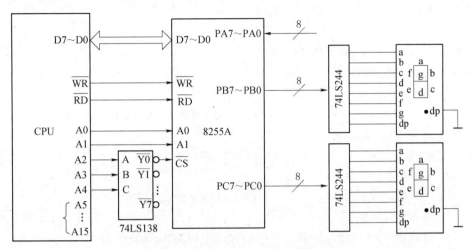

图 7-14　8255A LED 显示器的接口电路

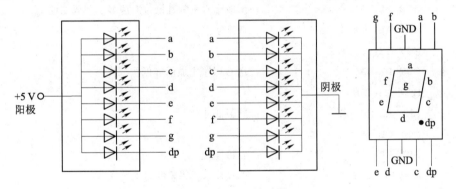

图 7-15　LED 显示器

表 7-2　LED 显示器的七段显示代码

显示字符	0	1	2	3	4	5	6	7	8	9	A	B	C	D	E	F
共阴极七段显示代码（H）	3F	06	5B	4F	66	6D	7D	07	7F	6F	77	7C	39	5E	79	71
共阳极七段显示代码（H）	C0	F9	A4	B0	99	92	82	F8	80	90	88	83	C6	A1	86	8E

　　B 口、C 口输出经过 74LS07 驱动之后与 LED 显示器连接。本例采用共阴极 LED。如果要显示 A 口输入的 8 位二进制数对应的 2 位十六进制数，则需要分别从 B 口和 C 口输出此十六进制数低位和高位对应的共阴极七段显示代码。例如，当 A 口输入的二进制数为 01000011B（43H）时，B 口对应输出七段显示代码为 4FH，LED 显示数字 3，C 口对应输

出七段显示代码为 66H，则 LED 显示数字 4。

程序编制如下：

```
DATA SEGMENT
    LIST  DB  3FH, 06H, 5BH, 4FH, …, 71H
DATA ENDS
CODE SEGMENT
    ASSUME CS: CODE, DS: DATA
START: MOV AX, DATA
       MOV DS, AX
       MOV AL, 90H              ; A 口方式 0 输入，B 口、C 口方式 0 输出
       MOV DX, 0FFE3H
       OUT DX, AL               ; 写入控制端口
   L0: MOV DX, 0FFE0H
       IN AL, DX                ; 读取 A 口输入的二进制数
       MOV AH, AL
       MOV BX, OFFSET LIST      ; 七段显示代码表的首地址送 BX
       AND AL, 0FH              ; 屏蔽高 4 位
       ADD BL, AL               ; 形成十六进制数低位对应显示代码的地址
       MOV AL, [BX]             ; 取出字符送 AL
       MOV DX, 0FFE1H
       OUT DX, AL               ; 送 B 口输出显示（低位）
       MOV AL, AH
       AND AL, 0F0H             ; 屏蔽低 4 位
       MOV CL, 4
       SHR AL, CL               ; 右移 4 位
       MOV BX, OFFSET LIST      ; 七段显示代码表的首地址送 BX
       ADD BL, AL               ; 形成十六进制数高位对应显示代码的地址
       MOV AL, [BX]             ; 取出字符送 AL
       MOV DX, 0FFE2H
       OUT DX, AL               ; 送 C 口输出显示（高位）
       CALL DELAY               ; 显示延时
       JMP L0                   ; 显示循环
DELAY PROC                      ; 延时子程序
       PUSH CX                  ; 保护现场
       PUSH AX
       MOV CX, 0010H
   T1: MOV AX, 0010H
   T2: DEC AX
       JNZ T2
```

```
        LOOP T1
        POP AX
        POP CX
        RET                        ; 子程序返回
CODE ENDS
    END START
```

此程序是循环显示程序，可由 Ctrl＋C 键强迫中断。

【例 7－2】8255A 作为并行打印机的接口（方式 0）。

要求：将 8255A 的 A 口设定为方式 0 输出，作为打印机与 CPU 之间的并行输出接口。用查询方式将内存输出缓冲区 OBUF 中的 100H 个字节数据打印出来。设计接口电路，编制打印驱动程序。

分析：以查询方式传送数据时，打印机的基本工作过程是：当接口将数据送至打印机的输入线 D0～D7 上时，利用一个负的锁存脉冲 $\overline{\text{DSTB}}$ 将数据锁存到打印机内部的数据缓冲区中，此时打印机将忙信号 BUSY 置 1，表示打印机正在处理输入的数据。等到输入的数据处理完毕，撤销忙信号，将 BUSY 清零，这时打印机又可以接收新的数据。根据此工作过程，需将 8255A 的 PA0～PA7 与打印机的数据线 D0～D7 连接，可将 C 口的 PC6 作为输出信号与打印机的数据选通端 $\overline{\text{DSTB}}$ 连接，PC2 作为输入信号接打印机的忙信号 BUSY。端口地址为 40H～43H。方式 0 下 8255A 打印机接口电路如图 7－16 所示。

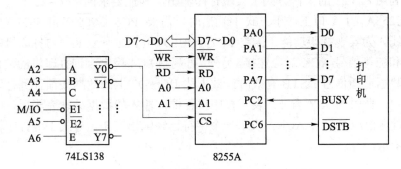

图 7－16　方式 0 下 8255A 打印机接口电路

程序编制如下：

```
DATA SEGMENT
    OBUF DB 100H DUP（?）
DATA ENDS
CODE SEGMENT
    ASSUME CS: CODE, DS: DATA
START: MOV AX, DATA
       MOV DS, AX
       MOV AL, 81H            ; 写方式控制字：A 口方式 0 输出，PC2 输入，PC6 输出
       OUT 43H, AL            ; 将方式控制字写入控制端口
       MOV CX, 100H           ; 传送字节数送 CX
```

```
        MOV SI, OFFSET OBUF    ; 缓冲区首地址送 SI
    L1: MOV AL, 0DH            ; 写置位/复位控制字
        OUT 43H, AL            ; 将 PC6 设置为 1
        IN AL, 42H             ; 读 C 口
        AND AL, 04H            ; 测试 PC2, BUSY=1?
        JNZ L1                 ; 是, 继续查询
        MOV AL, [SI]           ; 否, 取数据
        OUT 40H, AL            ; A 口输出数据
        MOV AL, 0CH
        OUT 43H, AL            ; 将 PC6 设置为 0
        INC SI                 ; 修改缓冲区地址
        LOOP L1                ; 未完, 继续
        MOV AX, 4C00H          ; 结束, 返回 DOS
        INT 21H
CODE ENDS
    END START
```

【例 7-3】8255A 作为并行打印机的接口（方式 1）。

要求：利用 8255A 的工作方式 1 实现打印输出，其他要求同例 7-2。

分析：8255A 的 A 口工作于方式 1 输出时，需要 PC6（$\overline{\text{ACK}}$）和 PC7（$\overline{\text{OBF}}$）作为其联络信号线。为实现打印功能，需将 PC7（$\overline{\text{OBF}}$）和 PC6（$\overline{\text{ACK}}$）与打印机的数据选通信号 $\overline{\text{DSTB}}$ 和应答信号 $\overline{\text{ACK}}$ 对应连接。另外，可利用 PC4 用来查询打印机的忙信号 BUSY 的状态。当数据选通信号 $\overline{\text{DSTB}}$ 有效时，数据线 D0～D7 上的数据被锁存到打印机内部的数据缓冲区中，此时 BUSY 置 1，表示打印机正忙，输入的数据处理完毕后，BUSY 变为低电平，同时送出应答信号 $\overline{\text{ACK}}$，表示一个字符已经输出完毕。方式 1 下打印机接口电路如图 7-17 所示。

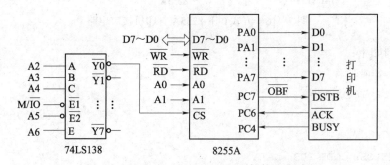

图 7-17　方式 1 下 8255A 打印机接口电路

程序编制如下：

```
        ...                    ; 省略的指令
        MOV AL, 0A8H           ; A 口方式 1 输出, PC4 输入
        OUT 43H, AL            ; 写入控制端口
```

```
        MOV CX, 100H                ; 传送字节数送 CX
        MOV SI, OFFSET OBUF         ; 缓冲区首地址送 SI
L1: IN AL, 42H                      ; 读 C 口，查询 BUSY
        AND AL, 10H                 ; BUSY=1?
        JNZ L1                      ; 是，继续查询
        MOV AL, [SI]                ; 否，取数据
        OUT 40H, AL                 ; A 口输出数据
        INC SI                      ; 修改缓冲区地址
        LOOP L1                     ; 循环
        …                           ; 省略的指令
```

【例 7-4】 8255A 作为双机并行双向数据通信的接口（方式 0 和方式 2）。

要求： 主、从两台微机进行并行通信，主机为 PC 机，从机为 8031 单片机，主机一侧的 8255A 工作于方式 2，用中断方式传送数据，从机一侧的 8255A 工作于方式 0，用查询方式传送数据。设主机发送数据块的起始地址为 1000H，接收数据块的起始地址为 3000H，传送数据块的字节数为 256 个。试设计通信接口电路，并编制主机的接发送通信程序。

分析： 本例题是 8255A 方式 2 和方式 0 综合应用的一个例子，通信接口电路如图 7-18 所示。主机 8255A 的 A 口工作于方式 2。从机 8255A 的 A 口工作于方式 0 输入，B 口工作于方式 0 输出，C 口用于数据传送联络。

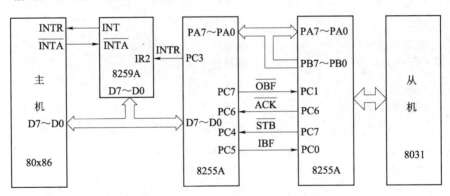

图 7-18　8255A 双机并行数据通信接口电路

主机 8255A 的 A 口与从机 8255A 的 A 口和 B 口连接，实现双方向数据传送。输入输出联络信号线 PC4～PC7 连到从机 8255A 的 C 口，中断请求线 PC3 连到 8259A 的请求输入端 IR2。设 8255A 的端口地址为 400H～403H，8259A 的端口地址为 20H 和 21H。主机和从机通信过程大体如下：

当主机输出数据后，主机的 8255A 发送输出缓冲器满信号 $\overline{OBF}$，当从机查询到 $\overline{OBF}$ 有效便开始接收数据，当接收完数据后，从机发送应答信号 $\overline{ACK}$，表示数据已被从机接收。主机的 8255A 接收到 $\overline{ACK}$ 信号后，向主机产生中断请求信号 INTR，主机的中断请求服务程序便开始新一轮的数据传送。

当从机向主机输入数据后，从机的 8255A 发送选通信号 $\overline{STB}$，以便锁存从机 8255A 向

主机 8255A 输入的数据，主机的 8255A 向从机发送应答信号 IBF，表示已接收到从机输入的数据，同时产生中断请求信号 INTR，主机的中断请求服务程序接收数据。

由于 8255A 工作在方式 2，输入中断请求和输出中断请求共用 PC3 一条线，究竟是输入中断请求还是输出中断请求呢？在中断服务程序中，通过查询 8255A 的 C 口的 IBF 的状态来决定执行输入操作还是输出操作。

程序编制如下：

```
          ...                  ; 省略的指令
          MOV DX, 403H         ; 8255A 初始化
          MOV AL, 0C0H         ; A 口方式 2
          OUT DX, AL
          MOV AL, 09H          ; 置位 PC4，使输入中断允许 INTE2 为 1
          OUT DX, AL
          MOV AL, 0DH          ; 置位 PC6，使输出中断允许 INTE1 为 1
          OUT DX, AL
          MOV SI, 1000H        ; 发送数据块的首地址送 SI
          MOV DI, 3000H        ; 接收数据块的首地址送 DI
          MOV CX, 256          ; 数据块字节数送 CX
          ...                  ; 8259A 初始化及中断向量设置（省略）
NEXT:     STI                  ; 开中断
          HLT                  ; 等待中断
          CLI                  ; 关中断
          DEC CX               ; 字节数减 1
          JNZ NEXT             ; 未完，继续
          MOV AX, 4C00H        ; 已完，退出
          INT 21H              ; 返回 DOS
INTP PROC                      ; 中断服务程序
          MOV DX, 403H         ; 8255A 控制口
          MOV AL, 08H          ; 复位 PC4，使 INTE2=0，禁止输入中断
          OUT DX, AL
          MOV AL, 0CH          ; 复位 PC6，使 INTE1=0，禁止输出中断
          OUT DX, AL
          CLI                  ; 关中断
          MOV DX, 402H         ; 8255A 的 C 口
          IN AL, DX            ; 读状态信息，查中断源
          MOV AH, AL           ; 保存状态信息
          AND AL, 20H          ; 检查状态位 IBF=1，是否为输入？
          JZ OUTP              ; 不是，则为输出中断，跳转输出程序 OUTP
INP:      MOV DX, 400H         ; 是，则从 A 口读数
          IN AL, DX
```

```
        MOV [DI], AL              ; 存入接收区
        INC DI                    ; 修改地址
        JMP RETURN                ; 跳 RETURN
  OUTP: MOV DX, 400H              ; 发送, 向 A 口写数
        MOV AL, [SI]              ; 从发送区取数
        OUT DX, AL                ; 输出
        INC SI                    ; 修改地址
RETURN: MOV DX, 403H              ; 8255A 控制口
        MOV AL, 0DH               ; 允许输出中断
        OUT DX, AL
        MOV AL, 09H               ; 允许输入中断
        OUT DX, AL
        MOV AL, 62H               ; 中断结束 OCW2
        OUT 20H, AL
        IRET                      ; 中断返回
INTP ENDP
```

7.3　定时/计数器 8254 及其应用

计算机及控制系统，常常需要定时功能，如系统基准定时、动态存储器定时刷新、定时的控制输出及状态输入等。有时还需要计数功能，如当外部事件发生的次数达到规定值时，需要向计算机发出中断请求的场合。

实现定时的方法通常有 3 种：软件定时、不可编程硬件定时和可编程硬件定时。

软件定时，通过 CPU 执行延时子程序来实现。正常情况下 CPU 执行每条指令所需时间是固定的，因此通过选择合适的指令或程序的循环次数，就可以实现任意的时间间隔。这种方式的优点是不需要增加硬件设备，缺点是执行过程中需占用 CPU，降低了 CPU 的工作效率。

不可编程硬件定时，常用小规模集成电路（如 555 芯片），外接若干定时元件（如电阻和电容）来实现。通过改变电阻和电容，可以实现定时时间在一定范围内的改变。这种方式的优点是电路相对简单，缺点是定时时间只能通过更改元件参数或电路结构实现，使用的灵活性较差。

可编程硬件定时是软、硬件相结合的方式。采用专门开发的可编程定时/计数器，其定时值和调整范围可以很容易地通过软件来确定和改变。可编程定时器工作时不占用 CPU 的工作时间，而且功能灵活，使用方便。

Intel 公司生产的 8253、8254 是目前广泛使用的可编程定时/计数器芯片。8254 是 8253 的改进型，两者的引脚信号、硬件结构、工作方式和编程方式基本相同，如 8253、8254 芯片内都有 3 个独立的 16 位计数器，每个计数器可编程设定为 6 种不同的工作方式，可作为频率发生器、实时时钟、外部事件计数和单脉冲发生器等。两者的主要区别有以下两点。

（1）计数器允许的最高计数脉冲（CLK）频率不同，8254 为 10 MHz，而 8253 仅为

2 MHz。

（2）8254 每个计数器内部都有一个状态寄存器，并可通过读回命令字来读取该状态寄存器当前的内容，而 8253 没有。有关读回命令字的格式和使用这里不予介绍，如有兴趣，可通过查阅资料获取相关内容。

8254 具有 8253 全部命令的功能，对 8253 向下兼容，即凡是使用 8253 的地方均可用 8254 来代替。本节重点介绍 8254 的内部结构、工作方式、编程和应用。

7.3.1 8254 的结构及引脚信号

8254 是一个具有 24 个引脚的双列直插式芯片，其内部结构及引脚信号如图 7-19 所示。

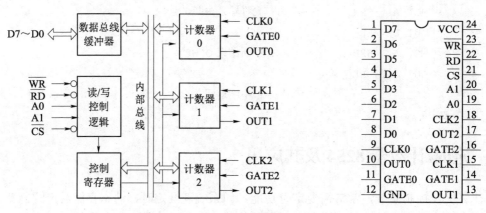

图 7-19 8254 的内部结构及引脚信号

由图 7-19 可见，8254 内部包括与 CPU 接口的电路、控制寄存器和 3 个计数器。其中，与 CPU 接口的电路由数据总线缓冲器和读/写控制逻辑组成。

1. 与 CPU 接口的电路

1）数据总线缓冲器

数据总线缓冲器是一个三态、双向、8 位寄存器，8 位数据线 D7~D0 与 CPU 的系统数据总线连接，构成 CPU 和 8254 之间信息传送的通道。CPU 通过数据总线缓冲器与 8254 传递的信息主要有 3 种。

（1）CPU 向 8254 内部控制寄存器写入的控制命令。

（2）CPU 向某计数器写入的计数初值。

（3）CPU 读取某个计数器当前的计数值或状态寄存器的当前内容。

2）读/写控制逻辑

读/写控制逻辑用来接收 CPU 系统总线的读、写控制信号和端口选择信号，实现对 8254 内部各计数器和控制寄存器的读/写控制，引脚信号功能如下。

$\overline{WR}$：写信号，输入，低电平有效。当 CPU 对 8254 执行写操作时，该信号有效。

$\overline{RD}$：读信号，输入，低电平有效。当 CPU 对 8254 执行读操作时，该信号有效。

$\overline{CS}$：片选信号，输入，低电平有效。$\overline{CS}$ 有效时 8254 芯片被选中。

A1A0：端口选择信号，由 8254 片内译码，选择内部 3 个计数器和控制寄存器。8254

的端口地址分配及读/写功能如表 7-3 所示。8254 共有 4 个端口地址：A1A0=00～10，对应分配给计数器 0、计数器 1 和计数器 2，用这些地址可以向对应的计数器写入计数初值，或从对应的计数器读出当前的计数值；地址 11 分配给控制寄存器，可以通过它给 8254 写入编程命令。

表 7-3   8254 的端口地址分配及读/写功能

$\overline{CS}$	$\overline{WR}$	$\overline{RD}$	A1	A0	功　能
0	0	1	0	0	计数初值写入计数器 0
0	0	1	0	1	计数初值写入计数器 1
0	0	1	1	0	计数初值写入计数器 2
0	0	1	1	1	命令写入控制寄存器
0	1	0	0	0	读计数器 0 当前计数值
0	1	0	0	1	读计数器 1 当前计数值
0	1	0	1	0	读计数器 2 当前计数值
0	1	0	1	1	无操作

2. 控制寄存器

每个计数器都有一个对应的控制寄存器，用来接收 CPU 写入的控制字（CW）。控制字决定计数器的工作方式和计数形式。控制字只能写入，不可以读出，但 8254 可以通过读状态寄存器获取控制字信息。8254 的三个控制寄存器只占用一个端口地址，由控制字的最高两位来确定该控制字发给哪个计数器的控制寄存器。

3. 计数器

8254 内部有 3 个结构完全相同又相互独立的 16 位计数器，每个计数器有 6 种工作方式，各自可按照编程设定的方式工作。

每个计数器的内部逻辑结构如图 7-20 所示。其中，16 位计数初值寄存器用来保存初始化写入的计数初值，并由它将计数初值加载到减 1 计数器，在允许计数的条件下进行减 1 计数。16 位锁存寄存器由锁存操作命令锁存当前计数值，供 CPU 读取。由于 8254 的内部总线是 8 位的，16 位的计数初值寄存器和锁存寄存器分别由 2 个 8 位的寄存器和锁存器构成。状态寄存器记录计数器当前的方式控制字、OUT 引脚的状态等信息。引脚信号功能如下：

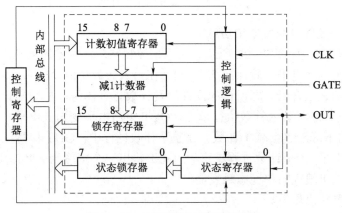

图 7-20   计数器的内部逻辑结构

CLK：计数脉冲输入信号，用来输入定时基准脉冲或计数脉冲。

GATE：门控输入信号，用来控制计数器的启动或停止。

OUT：计数器输出信号，对于 6 种不同的工作方式，OUT 输出波形不同。

7.3.2　8254 的工作方式

8254 的每个计数器有 6 种工作方式，在初始化编程时，通过写入控制字来设定。

1. 方式 0——计数结束中断

方式 0 的工作时序如图 7-21 所示。为了使 8254 的某个计数器工作于方式 0，首先需向该计数器所对应的控制寄存器写入方式 0 的控制字（CW），在写控制信号 $\overline{\text{WR}}$ 的上升沿，OUT 初始为低电平（如果原来为低电平，就保持低电平）。然后，需向计数初值寄存器写入计数初值 N，写入计数初值 N 后即可启动计数，即所谓的软件触发。具体为，在写入 N 之后的第一个 CLK 的下降沿将 N 装入计数执行单元，当 GATE 为高电平时，对后续的每一个 CLK 脉冲的下降沿进行减 1 计数。在计数过程中，OUT 一直保持低电平，直到计数到 0，此时 OUT 由低电平变为高电平，并且保持高电平直到新的方式 0 控制字或计数初值被写入。这个由低到高的跳变信号，可以作为计数结束的中断请求信号。

方式 0 的主要特点如下。

（1）计数初值无自动重装入功能，若要继续从计数初值开始计数，则需要重新写入计数初值。

（2）在计数过程中，可以改变计数初值。在写入计数初值后，计数器立即按新的计数值重新计数。

（3）可由门控信号 GATE 控制计数过程。GATE 变为低电平时，停止计数；GATE 变为高电平时，又接着计数。GATE 的变化不会改变 OUT 的输出。

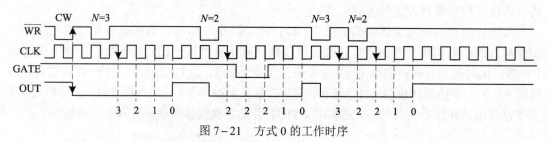

图 7-21　方式 0 的工作时序

2. 方式 1——硬件可触发单拍负脉冲

方式 1 的工作时序如图 7-22 所示。在写入控制字后（$\overline{\text{WR}}$ 的上升沿），OUT 初始为高电平（如果原来为高电平，就保持高电平）。在写入计数初值 N 后，计数器并不开始计数，而是利用 GATE 上升沿，即所谓的硬件触发计数。具体为，在 GATE 上升沿之后的第一个 CLK 的下降沿将 N 装入计数执行单元，OUT 由高电平变为低电平，然后对后续的每一个 CLK 脉冲的下降沿进行减 1 计数。在整个计数过程中，OUT 保持低电平，直到计数达 0 时才变为高电平。一个计数过程结束后，OUT 输出一个宽度为 $N \times T_{\text{CLK}}$ 的单拍负脉冲，此工作方式可作为可编程的单稳态触发器。

方式 1 的主要特点如下。

（1）如果计数初值为 N，则输出负脉冲的宽度为 $N \times T_{CLK}$。

（2）在一次计数结束之后，可用 GATE 上升沿重新触发，计数器自动恢复初值重新开始计数。

（3）如果在计数过程中（负脉冲输出期间），GATE 又来一次触发脉冲，则计数器将从初值开始重新计数，其效果是输出脉冲变宽。

（4）如果在计数过程中，改变计数初值，不会影响当前的计数过程。只有在当前计数过程完成后，并由 GATE 再次触发，计数器才会按新的计数初值开始计数。

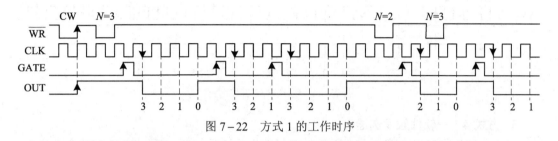

图 7-22　方式 1 的工作时序

3. 方式 2——频率发生器

方式 2 的工作时序如图 7-23 所示。在写入方式 2 的控制字之后，OUT 初始为高电平。在写入计数初值 N 之后的第一个 CLK 的下降沿将 N 装入计数执行单元，在 GATE 为高电平时，对后续的每一个 CLK 脉冲的下降沿进行减 1 计数。在计数过程中 OUT 始终保持高电平，直到计数器减到 1 时 OUT 变为低电平，再经过一个 CLK 周期，OUT 又恢复为高电平，同时自动将计数初值 N 加载到计数执行单元，重新开始计数，形成循环计数过程。OUT 输出周期为 $N \times T_{CLK}$ 的脉冲信号，其正脉冲宽度为 $(N-1) \times T_{CLK}$，负脉冲宽度为 $1 \times T_{CLK}$。此工作方式可作为分频器或产生定时中断。

方式 2 的主要特点如下。

（1）如果计数初值为 N，则 OUT 端输出信号的频率为 CLK 的 $1/N$。

（2）一旦设定计数初值，计数器可连续工作，输出固定频率的脉冲。即计数初值可自动重装。

（3）GATE 变为低电平时，停止计数。GATE 由低电平变为高电平时，从计数初值重新开始计数，即方式 2 也可以采用硬件触发。

（4）如果在计数过程中，改变计数初值，不会影响当前的计数过程。在当前计数过程完成后，计数器才会按新的计数初值改变输出脉冲频率。

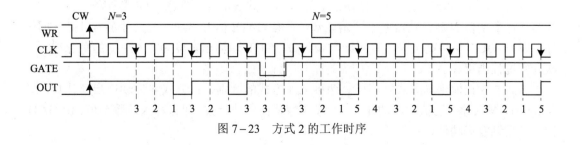

图 7-23　方式 2 的工作时序

4. 方式3——方波发生器

方式 3 的工作时序如图 7-24 所示,其工作特点与方式 2 类似,这里不再复述,只是 OUT 输出的波形是对称方波或基本对称的矩形波,即如果计数初值 N 为偶数,OUT 输出对称的方波信号,正、负脉冲的宽度都为 $(N/2) \times T_{CLK}$;如果计数初值 N 为奇数,OUT 输出基本对称的矩形波,正脉冲宽度为 $[(N+1)/2] \times T_{CLK}$,负脉冲宽度为 $[(N-1)/2] \times T_{CLK}$。

方式 3 的典型应用是产生一定频率的方波。

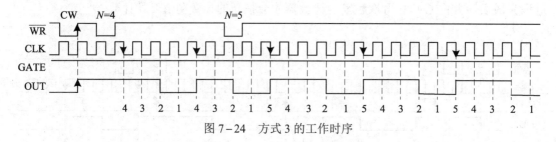

图 7-24 方式 3 的工作时序

5. 方式4——软件触发选通

方式 4 的工作时序如图 7-25 所示。在写入方式 4 的控制字后,OUT 初始为高电平。在写入计数初值 N 之后的下一个 CLK 的下降沿且 GATE 为高电平时,开始启动计数过程。当计数到 0 后,OUT 由高电平变为低电平,再经过一个 CLK 周期后,OUT 由低电平变为高电平。一次计数过程结束后,OUT 输出宽度为 $1 \times T_{CLK}$ 的负脉冲信号。

方式 4 的工作特点与方式 0 基本一样,具体如下。

(1)计数初值无自动重装入功能,若要再次启动计数,则需要重新写入计数初值。

(2)如果在计数过程中修改计数初值,则计数器在下一个计数脉冲按新的计数初值开始重新计数,即改变计数值是立即有效的。

(3)GATE=1 允许计数,GATE=0 不允许计数。GATE 对 OUT 无影响。

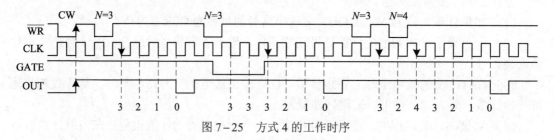

图 7-25 方式 4 的工作时序

6. 方式5——硬件触发选通

方式 5 的工作时序如图 7-26 所示。在写入方式 5 的控制字后,OUT 初始为高电平。在写入计数初值 N 后计数器并不开始计数,只有 GATE 信号出现上升沿才触发计数(即硬件触发)。OUT 保持高电平,直到计数减到 0,OUT 端输出宽度为 $1 \times T_{CLK}$ 的负脉冲,一次计数过程结束。

方式 5 输出波形与方式 4 相同。两种工作方式的区别是:方式 4 为软件启动计数,即 GATE=1,写入计数初值时启动计数;方式 5 为硬件启动计数,即先写入计数初值,由 GATE 的上升沿触发启动计数。

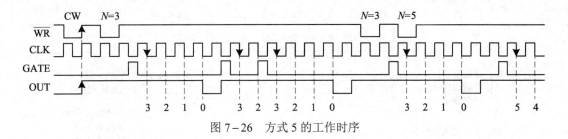

图 7-26 方式 5 的工作时序

方式 5 的主要特点如下。

（1）一次计数过程完成后，停止计数。计数器自动重新装入计数初值，直到出现 GATE 上升沿触发信号才开始下一轮计数。

（2）如果在计数过程中出现 GATE 上升沿触发信号，则不论计数是否结束，计数器按计数初值重新开始计数。

（3）如果在计数过程中修改计数初值，不会影响当前的计数过程。在下一个 GATE 上升沿出现后，计数器按新的计数值进行下一轮计数。

为了便于理解和掌握 8254 的 6 种工作方式，表 7-4 概括总结了 8254 六种工作方式的一些特点、OUT 基本波形（不考虑重新写入计数初值和 GATE 电平变化对输出波形的影响）及主要的应用。

表 7-4 8254 六种工作方式的特点、OUT 基本波形及主要的应用

方式	启动计数	终止计数	自动重复	OUT 基本波形	主要的应用
0	软件	GATE=0	否		计数（定时）中断
1	硬件	/	否		单脉冲发生器
2	软（硬）件	GATE=0	是		频率发生器、分频器
3	软（硬）件	GATE=0	是		方波发生器、分频器
4	软件	GATE=0	否		单脉冲发生器
5	硬件	/	否		单脉冲发生器

7.3.3 8254 的编程

8254 的每个计数器必须在写入方式控制字和计数初值后，才能启动工作，此过程即为 8254 的初始化编程。

1. 8254 的方式控制字

8254 方式控制字的格式如图 7-27 所示。

D0：计数值格式选择。D0=0，二进制计数；D0=1，BCD 码计数。

8254 有二进制和 BCD 码两种计数格式。若采用二进制计数，计数初值的范围为 0000H～FFFFH。当计数初值为 0000H 时，其计数范围最大，为 $2^{16} = 65\ 536$。这是由于计数器是减 1 计数，直至减为 0，每一轮工作结束。因此，只有把计数初值设为 0000H，才能有 65536 的最大计数范围。类似地，若采用 BCD 码计数，计数初值的范围为 0000～9999。当计数初值为 0000 时，其计数范围最大，为 $10^4 = 10\ 000$。

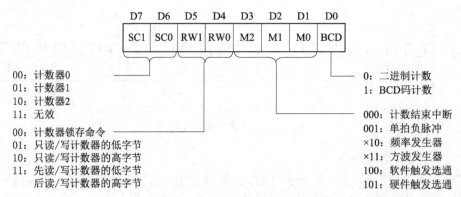

图 7−27　8254 方式控制字的格式

D3D2D1：工作方式选择位。M2M1M0 的二进制编码有 8 种（即 000～111），而 8254 有 6 种工作方式，所以方式 2 和方式 3 的 M2 可设为任意值。

D5D4：读/写计数器方式控制。D5D4=00，表示将 D7D6 位所指定计数器执行单元中的内容锁存，以便 CPU 读取。D5D4=01，表示执行写操作时，只能对指定计数器的低 8 位计数初值寄存器写入计数初值，高 8 位计数初值寄存器自动置 0。当执行读操作时，读出的内容是锁存寄存器的低 8 位内容。D5D4=10，表示执行写操作时，只能对指定计数器的高 8 位计数初值寄存器写入计数初值，低 8 位计数初值寄存器自动置 0。当执行读操作时，读出的内容是锁存寄存器的高 8 位内容。D5D4=11，表示执行写操作时，将计数初值的低 8 位和高 8 位依次写入指定计数器计数初值寄存器。当执行读操作时，先读锁存寄存器低 8 位的内容，再读锁存寄存器高 8 位的内容。

D7D6：计数器选择。SC1SC0=00～10 分别对应选择计数器 0～2。

2. 8254 的计数初值

计数初值 N（或称计数常数）可根据 8254 的实际应用和工作方式来设定，一般有如下几种情况。

（1）作为计数器，通常用来记录来自系统外部的脉冲个数。外部脉冲通过计数器的 CLK 端输入。外部事件所产生脉冲的个数=N−当前计数值。

（2）作为定时器，此时计数器的 CLK 端通常接系统内部时钟，由 OUT 端输出定时中断信号。可选择方式 0、1、4 或 5。计数初值就是定时系数，即 $N=T/T_{CLK}=T \times f_{CLK}$。（$T$ 为定时时间，T_{CLK} 为时钟周期，f_{CLK} 为时钟频率）。

（3）作为频率发生器（即分频器），计数器的 CLK 端接输入频率，输出频率由 OUT 端输出。应选择方式 2 或 3。计数初值就是分频系数，即 $N=f_i/f_o$。（f_i 为 CLK 端输入频率，f_o 为 OUT 输出频率）

3. 8254 的初始化编程

8254 的 3 个计数器的控制字都是独立的，并且它们的计数初值都有各自的寄存器，因此初始化编程顺序比较灵活。可以写入一个计数器的控制字和计数初值之后，再写入另一个计数器的控制字和计数初值，也可以把所有计数器的控制字都写入之后，再写入计数初值。但需要注意的是：同一计数器的控制字须在其计数初值之前写入，计数初值的低 8 位须在高 8 位之前写入。下面通过例子来说明 8254 的初始化编程方法。

【例 7−5】某系统使用一片 8254，要求完成如下功能：

（1）计数器 0 对外部事件计数，计满 100 次向 CPU 发中断请求；

（2）计数器 1 产生频率为 1 kHz 的方波信号，设输入计数频率为 5 MHz；

（3）计数器 2 作为标准时钟，每秒钟向 CPU 发一次中断请求，输入计数频率由计数器 1 的 OUT1 提供。

根据题意，确定相应通道的工作方式控制字及计数初值。

计数器 0 的控制字为 00010000B=10H（方式 0、二进制计数），计数初值为 100。

计数器 1 的控制字为 01110110B=76H（方式 3、二进制计数），计数初值 $N=f_i/f_0=$ 5 MHz/1 kHz=5000。

计数器 2 的控制字为 10110101B=B5H（方式 2、BCD 计数），计数初值 $N=T\times f_{CLK}=1\,s\times$ 1 kHz=1000。

设 8254 的端口地址为 40H～43H，初始化程序编制如下：

```
MOV AL, 10H          ; 计数器 0 控制字
OUT 43H, AL          ; 写入控制端口
MOV AL, 100          ; 计数值为 100
OUT 40H, AL          ; 写入计数器 0 的低字节
MOV AL, 76H          ; 计数器 1 控制字
OUT 43H, AL          ; 写入控制端口
MOV AX, 5000         ; 计数值为 5000
OUT 41H, AL          ; 写入计数器 1 低字节
MOV AL, AH
OUT 41H, AL          ; 写入计数器 1 高字节
MOV AL, 0B5H         ; 计数器 2 控制字
OUT 43H, AL          ; 写入控制端口
MOV AX, 1000H        ; 计数值为 1000（BCD 码为 1000H）
OUT 42H, AL          ; 写入计数器 2 的低字节
MOV AL, AH
OUT 42H, AL          ; 写入计数器 2 的高字节
```

4. 计数值的读取

8254 每个计数器的当前计数值，都可以通过指令读出。8254 的数据线是 8 位的，但计数器为 16 位。如果计数初值采用 8 位，可直接用 IN 指令将当前计数值一次全部读出。但如果是 16 位，则当前计数值需分两次读至 CPU。第一次读出的是计数值的低 8 位，第二次为高 8 位。而计数器在工作过程中，其计数值是在不断变化的，如不采取合适的方法，两次读出的计数值就可能不是同一时刻的 16 位计数值的低 8 位和高 8 位，从而造成错误的读数结果。当计数初值采用 16 位时，通常采用如下两种方法读取 8254 的当前计数值。

（1）计数器暂停。利用门控 GATE 信号为低电平或停止 CLK 脉冲输入，来使计数器暂停工作，以读取确定的计数值。此方法需要软件和硬件的配合。当计数器暂停工作后，需要用两条 IN 指令分别读取 16 位计数值的低 8 位和高 8 位。

例如，8254 的端口地址为 40H～43H，采用禁止 CLK 脉冲输入的方法，读取计数器 0 的 16 位计数值，其程序段如下：

```
IN  AL, 40H          ;读计数器 0 当前计数值的低 8 位
MOV BL, AL           ;存于 BL
IN  AL, 40H          ;读计数器 0 当前计数值的高 8 位
MOV BH, AL           ;存于 BH
```

（2）计数值锁存。8254 每个计数器都有一个 16 位的锁存寄存器。在没有接到锁存命令前，锁存寄存器的值随计数执行部件计数值的变化而变化。接到锁存命令后，锁存寄存器中的计数值被锁存，不再随执行部件计数值变化，直到锁存寄存器中的数据被读出或对该计数器重新编程，锁存才能解除。因此，可以先向 8254 写入计数值锁存命令，再用 IN 指令读取计数值。与第一种方法相比，此方法虽然增加了送锁存命令的操作，却不需要硬件配合。同时读数过程中，计数器的减 1 操作仍持续进行，对计数器现行计数过程没有任何影响。

D7	D6	D5	D4	D3	D2	D1	D0
SC1	SC0	0	0	×	×	×	×

图 7-28 8254 计数值锁存命令字的格式

计数值锁存命令是一种特殊的方式控制字，因此写入的端口地址就是控制寄存器的端口地址。8254 计数值锁存命令字的格式如图 7-28 所示。D7D6 位确定选择的计数器。D5D4 位必须为 00，表示对选定计数器的锁存寄存器锁存。锁存命令的低 4 位可以为任意值，一般设定为全 0。

例如，8254 的端口地址为 40H～43H，采用锁存的方法，读取计数器 1 的 16 位计数值，其程序段如下：

```
MOV AL, 40H          ;锁存命令字，计数器 1 计数值锁存
OUT 43H, AL          ;写入计数器 1 的控制寄存器
IN  AL, 41H          ;读计数器 1 计数值的低 8 位
MOV BL, AL           ;存于 BL
IN  AL, 41H          ;读计数器 1 计数值的高 8 位
MOV BH, AL           ;存于 BH
```

7.3.4 8254 的应用举例

8254 是定时/计数控制的常用芯片，下面通过几个例子来讨论 8254 的应用及编程技巧。

【例 7-6】对外部事件的计数。

要求：使用 8254 计数器 0 对外部脉冲计数。当脉冲达到 2500 个时，产生一个中断请求信号，并在计算机屏幕上显示"COUNT TERMINATED"。设 8254 端口地址为 380H～383H。画出接口电路连接图，并编制程序实现。此处不用考虑中断服务程序的编写。

分析：本例题是 8254 计数器工作方式 0 应用的一个例子。根据题意，需将计数器 0 设定为工作方式 0，外部脉冲接该计数器 CLK 端，GATE 接+5 V。计数初值设为 2500，当 CLK 端输入脉冲个数达到 2500 时，OUT 端产生一个由低变高的上升沿，作为中断请求信号。通过锁存的方式查询当前计数值，当前计数值可存于 BX，当 BX=0 时，调用 INT 21H 类型中断的 09H 号功能，显示"COUNT TERMINATED"。A1A0 为片内地址，高位地址 A9～A2 可通过 74LS30 八输入端与非门产生低电平的片选信号，与 8254 的 $\overline{CS}$ 端连接。图 7-29 为 8254 对外部事件计数的电路连接简图。

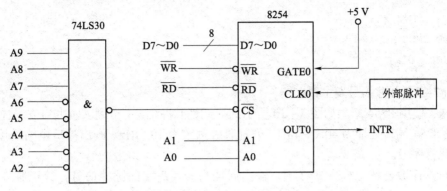

图 7-29　8254 对外部事件计数的电路连接简图

程序编制如下：

```
DATA SEGMENT
  STR1 DB 'COUNT TERMINATED', 0AH, 0DH, '$'
DATA ENDS
CODE SEGMENT
  ASSUME CS: CODE, DS: DATA
START: MOV AX, DATA
      MOV DS, AX
      MOV DX, 383H
      MOV AL, 30H            ; 设计数器 0 为方式 0，二进制计数
      OUT DX, AL
      MOV DX, 380H
      MOV AX, 2500          ; 计数初值 2500
      OUT DX, AL            ; 写入计数器 0 的低字节
      MOV AL, AH
      OUT DX, AL            ; 写入计数器 0 的高字节
CONTI: MOV AL, 00H          ; 锁存命令字，计数器 0 的计数值锁存
      MOV DX, 383H
      OUT DX, AL            ; 写入计数器 0 的控制寄存器
      MOV DX, 380H
      IN AL, DX             ; 读计数器 0 计数值的低 8 位
      MOV BL, AL            ; 存于 BL
      IN AL, DX             ; 读计数器 0 计数值的高 8 位
      MOV BH, AL            ; 存于 BH
      CMP BX, 0
      JNZ CONTI
      MOV DX, OFFSET STR1
      MOV AH, 9
      INT 21H
      MOV AH, 4CH
```

```
        INT 21H
CODE ENDS
    END START
```

【例7-7】脉冲信号发生器。

要求：使用 8254 产生如图 7-30 所示的周期性脉冲信号，正脉冲宽度 1 μs，重复周期 5 μs。设 8254 端口地址为 40H～43H，外部时钟频率为 10 MHz。画出接口电路连接图，编写初始化程序段。

分析：计数器在工作方式 2 下，输出周期为 $N \times T_{CLK}$ 的脉冲信号，其正脉冲宽度为 $(N-1) \times T_{CLK}$，负脉冲宽度为 $1 \times T_{CLK}$。如果该计数器 CLK 端输入时钟周期 $T_{CLK}=1$ μs 的方波，计数初值 N（即分频系数）为 5，其输出反相后，即可生成正脉冲宽度变为 1 μs、负脉冲宽度为 4 μs 的周期性脉冲信号。但题中所给外部时钟频率为 10 MHz，对应的周期为 0.1 μs。因此还需要一个工作在方式 3 下的计数器，由它提供 $T_{CLK}=1$ μs 的方波，则该计数器的分频系数应为 10。

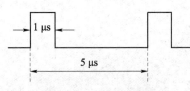

图 7-30 脉冲信号波形图

为实现题目要求，可设 8254 计数器 0 工作在方式 3，计数初值 $N=10$；计数器 1 工作在方式 2，计数初值 $N=5$。计数器 0 的 CLK 端接 10 MHz 外部时钟，其 OUT 输出接计数器 1 的 CLK 端。图 7-31 为脉冲信号发生器的电路连接简图。

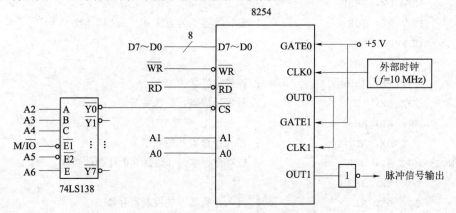

图 7-31 脉冲信号发生器的电路连接简图

初始化程序段编制如下：

```
MOV AL, 16H          ; 计数器 0 控制字
OUT 43H, AL          ; 写入计数器 0 的控制寄存器
MOV AL, 10           ; 分频系数为 10
OUT 40H, AL          ; 写入计数器 0 的低字节
MOV AL, 54H          ; 计数器 1 控制字
OUT 43H, AL          ; 写入计数器 1 的控制寄存器
MOV AL, 5            ; 分频系数为 5
OUT 41H, AL          ; 写入计数器 1 的低字节
```

【例 7－8】 8254 在微机中的应用。

在微机系统中，经常需要采用定时/计数器进行定时或计数控制。如在 PC/XT 系统中，8254 的通道 0 用于系统日时钟定时，通道 1 用于 DRAM 刷新定时，通道 2 用于驱动扬声器，产生不同的音频信号。8254 在 PC/XT 系统中的应用如图 7－32 所示。8254 的端口地址为 40H～43H。8255A 的端口地址为 60H～63H。

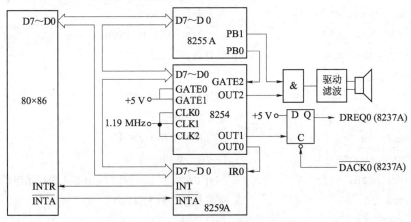

图 7－32　8254 在 PC/XT 系统中的应用

1. 计数器 0

计数器 0 用于产生日时钟信号，工作于方式 3，门控信号 GATE0 接 +5 V，时钟 CLK0 端输入的时钟信号频率是 1.19 MHz，OUT0 同中断控制器 8259A 的 IR0 连接。计数初值为 0，所以 OUT0 引脚上输出 1.19 MHz/65 536 ≈ 18.2 Hz 的方波信号，即每隔 55 ms 向 8259A 产生一次定时中断请求，用于系统实时时钟和磁盘驱动器的马达定时。计数器 0 的初始化程序为：

```
MOV  AL, 00110110B      ;方式 3，16 位二进制计数
OUT  43H, AL            ;写控制端口
MOV  AL, 0              ;计数初值为 0000H，即 65 536
OUT  40H, AL            ;写计数器 0 的低 8 位
OUT  40H, AL            ;写计数器 0 的高 8 位
```

2. 计数器 1

计数器 1 用于对 DRAM 定时刷新的控制，工作于方式 2，门控信号 GATE1 接 +5 V，时钟 CLK1 端输入的时钟信号频率是 1.19 MHz，计数初值为 18（12H），这样每隔约 15 μs（=18/1.19 MHz），OUT1 输出的低电平脉冲通过 D 触发器，产生一个正脉冲，作为向 DMA 控制器的请求信号启动 DMA，周期性地对 DRAM 进行刷新。计数器 1 的初始化程序为：

```
MOV  AL, 01010100B      ;方式 2，8 位二进制计数
OUT  43H, AL            ;写控制端口
MOV  AL, 18             ;计数初值为 18
OUT  41H, AL            ;写计数器 1 的低字节
```

3. 计数器 2

计数器 2 用于产生向扬声器输出的音频信号，工作于方式 3。门控信号 GATE2 由 8255A 芯片的 PB0 控制。OUT2 输出的方波和 8255A 芯片的 PB1 进行"与"之后，再经放大、滤

波后形成驱动扬声器的音频信号。改变计数初值即可改变信号频率。例如，时钟 CLK2 端输入的时钟信号频率是 1.19 MHz，如果计数初值为 1190，则 OUT2 输出的方波频率为 1 kHz（=1.19 MHz/1190）。计数器 2 的发声驱动程序为：

```
BEEP PROC FAR
        MOV  AL, 10110110B       ; 方式 3，16 位二进制计数
        OUT  43H, AL             ; 写控制端口
        MOV  AX, 1190            ; 1.19 MHz/1000=1190
        OUT  42H, AL             ; 写计数器 2 的低字节
        MOV  AL, AH
        OUT  42H, AL             ; 写计数器 2 的高字节
        IN   AL, 61H             ; 读 8255 的 B 口
        MOV  AH, AL              ; B 口数据暂存于 AH 中
        OR   AL, 03H             ; 使 PB1 和 PB0 均为 1
        OUT  61H, AL             ; 打开 GATE2 门，OUT2 输出方波送到扬声器
        MOV  CX, 0               ; 循环计数，最大值为 2^16
L0: LOOP L0                      ; 循环延时
        DEC  BL                  ; 控制发声时间，如果 BL=6，发声约 3 s
        JNZ  L0
        MOV  AL, AH              ; 恢复 8255A 的 B 口值，停止发声
        OUT  61H, AL
        RET
BEEP ENDP
```

7.4 串行接口芯片 8250 及其应用

7.4.1 串行通信概述

微机与外部设备交换信息时，有并行通信和串行通信两种基本方式。并行通信一次可以通过多条传输线传送一个或 n 个字节的数据，传输速度快。但远距离并行通信线路复杂、成本高，并且传输线间信号的互相干扰（即串扰）问题难以解决，因此这种通信方式只适合近距离通信，如芯片内部的数据传送、同一块电路板上芯片之间的数据传送以及同一系统中的电路板之间的数据传送。串行通信是在一根传输线上，从低位到高位一位一位地依次传送数据。相对于并行通信，串行通信成本低，虽然速度较慢，但不必担心传输线间的串扰问题，适合远距离通信。

1. 串行通信方式

在串行通信中，根据通信线路的数据传送方向，有单工、半双工和全双工 3 种通信方式。

（1）单工通信方式。单工通信方式如图 7-33（a）所示。其特点是通信双方的通信设备，一方只有发送器，另一方只有接收器，数据只能按一个固定的方向传送。

（2）半双工通信方式。半双工通信方式如图 7-33（b）所示。其特点是通信双方的通

信设备既有发送器，也有接收器。当一方为发送状态时，另一方只能为接收状态。通过发送/接收开关，控制通信线路上数据的传送方向。

（3）全双工通信方式。全双工通信方式如图 7−33（c）所示。其特点是通信双方的通信设备既有发送器，也有接收器，并且允许双方同时进行发送和接收数据。

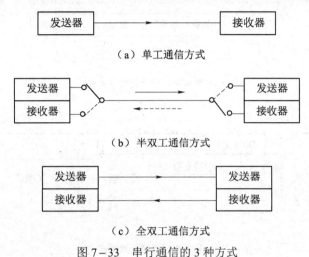

（a）单工通信方式

（b）半双工通信方式

（c）全双工通信方式

图 7−33　串行通信的 3 种方式

目前，在微机通信系统中，单工通信方式很少采用，多数是采用半双工或全双工通信方式。

2. 数据传送速率

数据传送的速率用波特率（baud rate）来表示，它的含义是指每秒钟传送码元的个数，单位为 Baud 或 symbol/s。比特率是指每秒钟传送二进制数的个数，单位为 bps（bit per second）或 bit/s。波特率和比特率的关系为：比特率=波特率×每个码元对应的二进制位数。例如，对于四相相移键控（QPSK）信号，每个码元携带的信息量为 2 位二进制数，所以其比特率等于 2 倍的波特率。

计算机传送的数据采用二进制，所以其波特率等于比特率。例如，波特率为 1 200 Baud，表示每秒传送 1 200 个二进制数。如果一个字符用 10 位的数据帧表示，包括 7 位 ASCII 码、1 位起始位、1 位奇偶校验位、1 位停止位，那么每秒钟可传送的字符个数为 1 200/10=120 个。在微机通信中，常用的波特率标准系列有：1 200、2 400、4 800、9 600、19 200 等。

3. 串行通信的数据格式

在串行通信中，数据格式有同步和异步两种。

（1）同步串行通信的数据格式。同步串行通信的数据格式如图 7−34（a）所示。一帧同步信息包括 1~2 个同步字符、固定长度的 n 个数据组成的一个数据块（数据之间不能有空隙）和校验字符组成。

同步字符作为数据块同步传输的起始标志，在通信双方起联络作用。当对方接收到同步字符后，就可以开始接收数据。同步字符通常占用 1 个字节宽度，可以采用 1 个同步字符（单同步方式），也可以采用 2 个同步字符（双同步方式）。在通信协议中，通信双方约定同步字符的编码格式和同步字符的个数。在传送过程中，接收设备首先搜索同步字符，与事先约定的同步字符进行比较，若比较结果相同，则说明同步字符已经到来，接收方就开始接收数据，直至整个数据块接收完毕。经过校验无传送错误时，一帧信息传送结束。

（2）异步串行通信的数据格式。异步串行通信的数据格式如图 7-34（b）所示。一帧信息由起始位、字符数据、奇偶校验位和停止位组成。

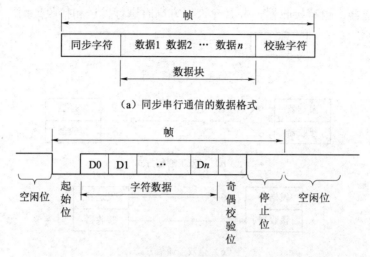

（a）同步串行通信的数据格式

（b）异步串行通信的数据格式

图 7-34　串行通信的数据格式

起始位表示一帧信息的开始标志，占 1 位，低电平有效。

字符数据可以是 5 位、6 位、7 位或 8 位，由初始化编程设定，数据排列方式是低位在前、高位在后。

奇偶校验位占 1 位，可以有也可以没有，由初始化编程设定。当采用奇校验时，发送设备自动检测发送数据所包含的 1 的个数。如果是奇数，则校验位自动写 0；如果是偶数，则校验位自动写 1。当采用偶校验时，若发送数据所包含的 1 的个数是奇数，则校验位自动写 1；如果是偶数，则校验位自动写 0。接收设备按照约定的奇偶校验方式，检验接收到的数据是否正确。

停止位根据字符数据的长度，可以选择 1 位、1.5 位或 2 位，由初始化编程设定。停止位高电平有效。

异步通信是以字符为单位传送的，每传送一个字符，以起始位作为开始标志，以停止位作为结束标志。字符之间的间隔（空闲位）传送高电平。

异步串行通信的工作过程是：数据传送开始后，接收设备不断地检测传输线是否有起始位到来，当接收到一系列的 1（空闲位或停止位）之后，检测到第一个 0，说明起始位出现，就开始接收所规定的数据位、奇偶校验位及停止位。经过接收器处理，将奇偶校验位、停止位去掉，把数据位拼装成一字节数据，并且经奇偶校验无错误，才算是正确地接收到了一个字符。当一个字符接收完毕，接收设备又继续测试传输线，即监视一系列 1（空闲位或停止位）之后是否有 0 电平的到来（下一个字符的开始），如果检测到 0，重复上述过程，直到全部数据接收完毕。

异步串行通信每一帧只能传送一个字符数据，还要配备起始位、奇偶校验位和停止位，而同步串行通信以数据块为单位进行传输，因而同步串行通信相对于异步串行通信，其传输效率更高、速率更快。但在进行同步串行通信时，为保持发送设备和接收设备的完全同步，要求接收设备和发送设备必须使用同一时钟。在近距离通信时，可以在通信线路中增加一根时钟信号线而使收发双方使用同一时钟；在远距离通信时，可采用锁相技术从数据流中提取同步信号。相对而言，异步串行通信对时钟同步的要求不太严格，收发双方可用本地时钟而不必传送同步时钟信号即可满足要求。

4. RS-232C 串行接口标准

常见的串行通信接口标准有 RS-232C、RS-422A/485 和 20 mA 电流环等。PC 机上配置的 COM1 和 COM2 两个串行接口，都是采用了 RS-232C 标准。

RS-232C 是美国电子工业协会（Electronic Industries Association，EIA）制定的国际通用的一种串行通信接口标准。它最初是为远程通信连接数据终端设备（data terminal equipment，DTE）与数据通信设备（data communication equipment，DCE）制定的标准，目前已广泛用作计算机与外设的串行通信接口。该标准规定了通信设备之间信号传送的机械特性、信号功能、电气特性及连接方式。

1）机械特性及信号功能

在 PC 机中使用两种 RS-232C 连接器（插头座）。一种是 DB-9 连接器，插头外形如图 7-35 所示。它有 9 根信号线，分为两排排列，1～5 信号线为一排，6～9 信号线为另一排。DB-9 连接器的主要引脚信号定义及功能如表 7-5 所示。

表 7-5　DB-9 连接器的主要引脚信号定义及功能

引脚	信号	方向	功能	引脚	信号	方向	功能
1	CD	入	载波检测	6	DSR	入	数据设备就绪
2	RxD	入	接收数据	7	RTS	出	请求传送
3	TxD	出	发送数据	8	CTS	入	允许传送
4	DTR	出	数据终端就绪	9	RI	入	振铃指示
5	GND		信号地				

另一种是 DB-25 连接器，插头外形如图 7-36 所示。它具有 25 根信号线，也是分为两排排列的，1～13 信号线为一排，14～25 信号线为另一排。在 25 根信号线中，已定义的信号线有 22 根，其中 15 根信号线供主信道使用，其余的信号线供辅助信道使用。表 7-6 给出了 DB-25 连接器的主要引脚信号定义及功能。

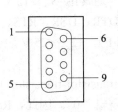

图 7-35　DB-9 连接器的插头外形

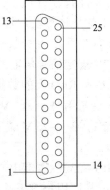

图 7-36　DB-25 连接器的插头外形

表 7 – 6　DB – 25 连接器的主要引脚信号定义及功能

引脚	信号	方向	功能	引脚	信号	方向	功能
1			保护地	12	CD	入	辅信道载波检测
2	TxD	出	发送数据	13	CTS	入	辅信道允许传送
3	RxD	入	接收数据	14	TxD	出	辅信道发送数据
4	RTS	出	请求发送	16	RxD	入	辅信道接收数据
5	CTS	入	允许发送	19	RTS	出	辅信道请求传送
6	DSR	入	数据设备就绪	20	DTR	出	数据终端就绪
7	GND		信号地	22	RI	入	振铃指示
8	CD	入	载波检测				

RS – 232C 主要的引脚信号及功能如下。

（1）TxD（transmit data，发送数据）：输出，通过该引脚向外设输出数据。

（2）RxD（receive data，接收数据）：输入，通过该引脚接收从外设输入的数据。

（3）DTR（data terminal ready，数据终端就绪）：输出，这是由数据终端设备向数据通信设备（例如计算机→modem）输出的联络信号，表示数据终端设备已准备好接收或发送数据。

（4）DSR（data set ready，数据设备就绪）：输入，这是数据通信设备向数据终端设备（例如 modem→计算机）输入的联络信号，表示数据通信设备已准备好。

（5）RTS（request to send，请求发送）：输出，这是由数据终端设备向数据通信设备输出的联络信号，表示数据终端设备请求向数据通信设备发送数据。

（6）CTS（clear to send，允许发送）：输入，这是数据通信设备向数据终端设备输入的联络信号，表示数据通信设备已经做好接收数据的准备，允许发送数据。

（7）CD（carrier detect，载波检测）：输入，这是数据通信设备向数据终端设备输入的联络信号，表示数据通信设备已检测到数据线路上的载波信号。

（8）RI（ringing，振铃指示）：输入，这是数据通信设备向数据终端设备输入的联络信号，表示数据通信设备已接收到电话交换台的拨号呼叫，通知数据终端设备准备接收数据。

信号 DTR、DSR、RTS、CTS、CD、RI 的作用是在数据终端设备和数据通信设备之间进行联络，信号的输出和输入是针对数据终端设备而言的。在计算机通信系统中，数据终端设备通常指的是计算机，数据通信设备通常指调制解调器（modem）。

2）电气特性及连接方式

RS – 232C 规定信号传输的逻辑电平为 EIA 电平。

对于 TxD 和 RxD 上的数据信号，规定：–3～–25 V（通常用–3～–15 V）表示逻辑"1"，+3～+25 V（通常用+3～+15 V）表示逻辑"0"；对于 DTR、DSR、RTS、CTS、CD 等控制信号，规定：–3～–25 V 表示信号无效，即断开（OFF），+3～+25 V 表示信号有效，即接通（ON）。

显然，RS – 232C 逻辑电平与计算机采用的 TTL（transistor-transistor logic）电平不兼容。TTL 标准是：用+5 V 表示逻辑"1"；用 0 V 表示逻辑"0"。因此，RS – 232C 与计算

机连接时，必须进行 EIA 电平与 TTL 电平之间的转换。

常见的电平转换芯片有 MC1488/MC1489、MAX232 和 MAX202 等。MC1488 芯片的功能是将 TTL 电平转换为 EIA 电平，MC1489 芯片的功能是将 EIA 电平转换为 TTL 电平。MAX232 内部集成两个线路驱动器，可以将 TTL 电平转换为 EIA 电平，同时还集成两个线路接收器，可以将 EIA 电平转换为 TTL 电平，即 MAX232 可以完成 TTL 和 EIA 电平的双向转换。MC1488/MC1489 属于早期的电平转换芯片，现在基本被 MAX232 等芯片所取代。MAX232 的内部结构、引脚信号及使用时的基本连线如图 7-37 所示。

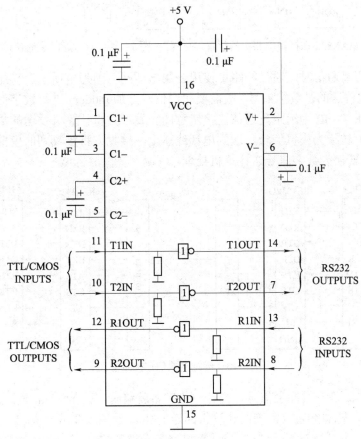

图 7-37 MAX232 的内部结构、引脚信号及使用时的基本连线

MAX232 用于 EIA 电平与 TTL 电平的转换，其在接口电路中的位置如图 7-38 所示。MAX232 一侧是 RS-232C 连接器，另一侧是计算机的串行接口芯片（如 8250 或 16550）。计算机发送数据时，由串行接口芯片发送端 TxD 送出的 TTL 电平，经 MAX232 转换为 RS-232C 的 EIA 电平进行发送。同样的道理，计算机接收数据时，由 MX232 将 RS-232C 送来的 EIA 电平转换为 TTL 电平，经串行接口芯片接收端 RxD 送入计算机。

需要注意的是，由于 RS-232C 的信号电平较高，在带电情况下插拔 RS-232C 连接器容易产生过电压、过电流（即电涌），从而损害电平转换芯片。因此，在使用 RS-232C 串口过程中，应避免带电插拔。

RS-232C 通信接口的信号线有近距离和远距离两种连接方法。近距离（传输距离小于

15m）线路连接比较简单，只需要 3 根信号线（TxD、RxD 和 GND），将通信双方的 TxD 与 RxD 对接，地线连接即可。图 7-39 为双机近距离通信连接示意图。

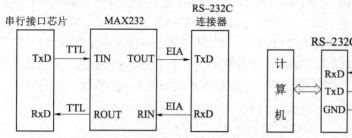

图 7-38 MAX232 在接口电路中的位置

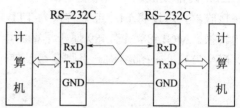

图 7-39 双机近距离通信连接示意图

在进行远距离通信时，通信线路可使用公用电话网。因为电话线上只能传输音频模拟信号，而计算机传送的是数字信号，故需要在通信双方加 modem 进行数字信号和模拟信号之间的转换。图 7-40 为远距离通信连接示意图。发送方将计算机发送的数字信号由调制器（modulator）转换为模拟信号，送到电话线路上，接收方将接收到的模拟信号由解调器（demodulator）转换为数字信号送计算机处理。

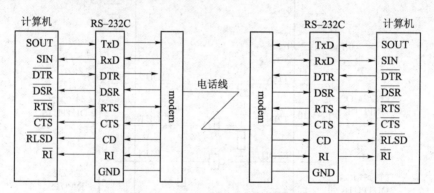

图 7-40 远距离通信连接示意图

$\overline{\text{DTR}}$ 和 $\overline{\text{DSR}}$ 是一对握手信号，当计算机准备就绪时，向 modem 发送 $\overline{\text{DTR}}$，modem 接收到 $\overline{\text{DTR}}$ 后，若同意通信，则向计算机回送 $\overline{\text{DSR}}$，于是"握手"成功。

$\overline{\text{RTS}}$ 和 $\overline{\text{CTS}}$ 也是一对握手信号，当计算机准备发送数据时，向 modem 发送 $\overline{\text{RTS}}$，modem 接收到 $\overline{\text{RTS}}$ 后，若同意发送，则向计算机回送 $\overline{\text{CTS}}$，于是"握手"成功，可以开始传送数据。

RS-232C 的数据发送线和数据接收线的信号回路采用同一根地线，这种共地传输容易产生共模干扰，所以其最大传输距离仅为 15 m，波特率不超过 20 kbps。在要求通信距离为几十米到上千米时，广泛采用 RS-422A/485A 串行总线标准。

RS-485A 采用平衡发送和差分接收，因此具有抑制共模干扰的能力。加上总线收发器具有高灵敏度，能检测低至 200 mV 的电压，故传输信号能在千米以外得到恢复。RS-485A 使用一对双绞线传输数据，因此收发不能同时进行，只能工作于半双工方式。

RS-422A 和 RS-485A 的电路原理基本相同，但使用两对双绞线传输数据，因此可以全双工工作。平衡双绞线的长度与数据传输速率成反比，即传输距离越远，其最大传输速率越小。RS－422A 和 RS－485A 在传输速率为 19 kbps 时的最大传输距离为 1200 m。

7.4.2　8250 的结构及引脚信号

1. 8250 的主要性能特点

8250 是支持异步串行通信的可编程接口芯片，由美国国家半导体公司生产。它的主要特点如下。

（1）可编程。

（2）芯片内部包含发送控制电路和接收控制电路，可实现全双工通信。

（3）支持串行异步通信，数据传送的格式如图 7－34（b）所示。

（4）具有控制 modem 的功能。

（5）具有完整的状态报告功能。

（6）具有按优先级进行中断控制的系统。

（7）具有内部诊断功能等。

2. 8250 的结构

8250 是一个具有 40 引脚的双列直插式接口芯片，采用单一+5 V 电源供电，内部结构如图 7－41 所示。除与 CPU 系统总线连接的数据总线缓冲器和读/写控制逻辑外，还有以下几个功能部件。

1）数据发送器

数据发送器是由数据发送寄存器、发送移位寄存器和发送控制电路构成。当 CPU 发送数据时，首先检查数据发送寄存器是否为空。如果为空，则将发送的数据并行输出到数据发送寄存器中，然后在发送时钟信号（$\overline{\text{BAUDOUT}}$）的控制下送入发送移位寄存器，由发送移位寄存器将并行数据转换为串行数据，经输出线 SOUT 输出。在输出过程中，由发送控制电路依据初始化编程时约定的通信格式，自动插入起始位、奇偶校验位和停止位，装配成完整的一帧发送信号。

2）数据接收器

数据接收器是由接收移位寄存器、数据接收缓冲器和接收控制电路组成。在接收串行输入的数据时，在接收时钟信号（RCLK）的控制下，首先搜寻起始位低电平（线路空闲时为高电平）；一旦在传输线上检测到第一个低电平信号，就确认是一帧信息的开始，然后将接收线 SIN 输入的数据逐位送入接收移位寄存器，当接收到停止位后，将移位寄存器中的数据送入接收数据缓冲器，供 CPU 读取。在接收过程中，由接收控制电路按照初始化编程时约定的通信格式，自动删除起始位、奇偶校验位和停止位，通过接收移位寄存器将串行数据转化成并行数据。接收器在接收数据的同时，还对接收数据的正确性和接收过程进行监视。如果出现溢出错、奇偶错、帧格式错、接收到中止符，则在线路状态器中相应位置位，并可通过中断控制逻辑向 CPU 申请中断。

注意：接收时钟频率通常为数据传送波特率的 16 倍，即一个数据位宽对应 16 个接收时钟周期。这样做的目的是排除线路上的瞬时干扰，保证可靠检测起始位和在接收数据位的中央位置采样数据。数据接收采样时序如图 7－42 所示。接收端在检测到数据输入线 SIN 的电平由 1 变到 0 之后，将继续检测，若连续的 8 个接收时钟周期内都检测到数据输入线的电平为 0，才确认这是起始位，以后将以 16 倍的时钟周期（即以位宽时间为间隔）接收各数据位，直到停止位。

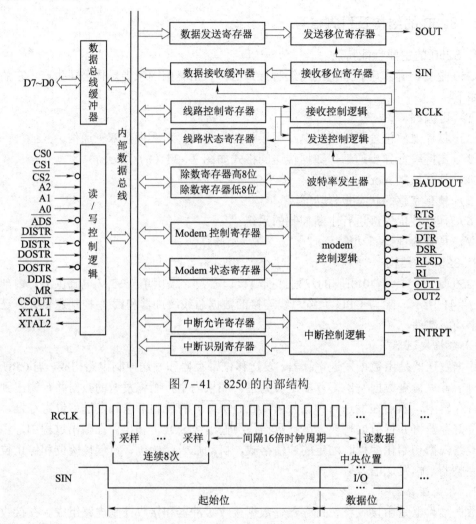

图 7-41　8250 的内部结构

图 7-42　数据接收采样时序

3）波特率发生器

8250 的数据传送速率是由其内部的波特率发生器控制的。它实际上是一个由软件控制的分频器，其输入频率为芯片的基准时钟 XTAL1，输出频率 $\overline{\text{BAUDOUT}}$ 为发送时钟，除数寄存器的值是基准时钟 XTAL1 与发送时钟 $\overline{\text{BAUDOUT}}$ 的分频系数，并要求 $\overline{\text{BAUDOUT}}$ 输出的频率为 16 倍的波特率，即：发送时钟频率=波特率×16=基准时钟频率/除数。在基准时钟 XTAL1 确定之后，可以通过改变除数寄存器的值来选择所需要的波特率。

4）modem 控制逻辑

modem 控制逻辑由 modem 控制寄存器、modem 状态寄存器和 modem 控制电路组成。在串行通信中，当通信双方距离较远时，为了增加抗干扰能力，防止传输数据发生畸变，需要在通信双方使用 modem。发送方将数字信号经 8250 送至 modem 进行调制，转换成模拟信号后再通过电话线传输；接收方 modem 对接收到的模拟信号进行解调，转换为数字信号后经 8250 送至 CPU 处理。计算机通过 8250 与 modem 相连接，实现远程通信。

5）中断控制逻辑

中断控制逻辑由中断允许寄存器、中断识别寄存器和中断控制电路组成，可以处理 4 级中断，即：接收数据出错、接收缓冲器满、发送寄存器空和 modem 输入状态改变。

3. 8250 的引脚信号

8250 的引脚信号如图 7-43 所示。

图 7-43 8250 的引脚信号

D7～D0：数据线，三态、双向。

CS0、CS1、$\overline{CS2}$：片选输入信号。当 CS0=1，CS1=1，$\overline{CS2}$=0 时，8250 被选中。

CSOUT：片选输出信号。当 3 个片选输入信号 CS0、CS1、$\overline{CS2}$ 同时有效时，CSOUT=1，作为选中 8250 的指示信号。当 CSOUT 为高电平时，才可启动数据传输；当芯片未选中时，CSOUT=0，禁止数据传输。

A2、A1、A0：端口选择信号。用来确定片内 10 个可访问寄存器的端口地址，端口地址分配见 7.4.3 节中的表 7-8。

$\overline{ADS}$：地址选通输入信号。当 $\overline{ADS}$=0 时，将片选信号 CS0、CS1、$\overline{CS2}$ 和地址信号 A2～A0 输入锁存。

DOSTR/$\overline{DOSTR}$：写控制信号，输入。两个信号极性相反，作用相同。在片选信号有效时，当 DOSTR=1 或者 $\overline{DOSTR}$=0 时，CPU 对芯片进行写入操作。

DISTR/$\overline{DISTR}$：读控制信号，输入。两个信号极性相反，作用相同。在片选信号有效时，当 DISTR=1 或者 $\overline{DISTR}$=0 时，CPU 对芯片进行读出操作。

DDIS：禁止数据传送，输出，高电平有效。当 DDIS=1 时，禁止对 8250 进行传送。

MR：复位信号，输入，高电平有效。当 MR=1 时，芯片内部寄存器及控制逻辑复位初始化，其复位状态见 7.4.3 节中的表 7-8。

XTAL1、XTAL2：基准时钟信号输入、输出端。XTAL1 为基准时钟信号输入引脚，作为 8250 的工作时钟；XTAL2 为基准时钟信号的输出引脚，可用做其他功能的定时控制。当使用外部时钟电路时，外部时钟电路产生的时钟信号送到 XTAL1 引脚；当使用芯片内部时钟电路时，在 XTAL1 与 XTAL2 之间外接石英晶振和微调电容。

SOUT：数据输出线。

SIN：数据输入线。

$\overline{BAUDOUT}$：波特率发生器的输出信号，作为数据发送时钟脉冲，其频率为波特率的 16 倍。

RCLK：接收数据时钟脉冲，其频率为波特率的 16 倍，若接收与发送数据波特率相同，该引脚可与 $\overline{BAUDOUT}$ 端连接。

INTRPT：中断信号，输出，高电平有效。当接收数据出错（溢出错、奇偶错、帧格式错、接收到中止符）、接收缓冲器满、发送寄存器空或者 modem 输入状态改变并且对应中断允许时，该信号有效，向 CPU 申请中断。8250 复位后，该信号为低电平。

与 modem 联络的引脚信号如下。

$\overline{DTR}$：数据终端就绪，输出，低电平有效。用来通知 modem，计算机已准备好，要求与 modem 进行通信。

$\overline{DSR}$：数据设备就绪，输入，低电平有效。用来回答计算机，modem 已准备好。

$\overline{RTS}$：请求发送，输出，低电平有效。用来通知 modem，计算机请求发送数据。

$\overline{CTS}$：允许发送，输入，低电平有效。用来回答计算机，modem 可以接收数据。

$\overline{RLSD}$：接收线路信号检测，输入，低电平有效。表示 modem 已检测到数据线路上传送的数据串。

$\overline{RI}$：振铃信号，输入，低电平有效。用来通知计算机，modem 已收到电话振铃信号。

$\overline{OUT1}$、$\overline{OUT2}$：用户编程定义的对外部的控制信号，输出，低电平有效。

上述与 modem 的联络信号中，输出信号通过写 modem 控制寄存器的对应位来设置。输入信号可通过读 modem 状态寄存器的对应位来获知，具体内容见 7.4.3 节。

7.4.3　8250 的内部寄存器

8250 内部供编程设定的寄存器有如下几个。

1. 线路控制寄存器

线路控制寄存器（line control register，LCR）主要用于指定串行异步通信的数据帧格式，其格式如图 7-44 所示。

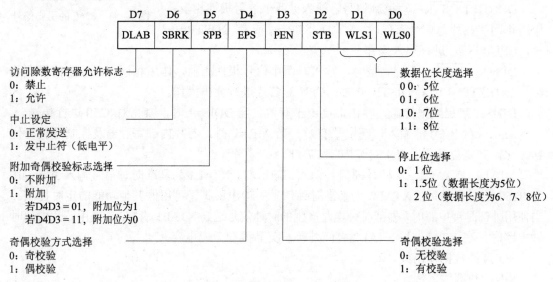

图 7-44　线路控制寄存器的格式

D1D0：数据位长度选择。指定发送和接收字符的位数。WLS1WLS0=00～11，分别对应字符的长度为 5、6、7 或 8 位。

D2：停止位选择。指定一帧信息中停止位的位数。STB=0 时，只有 1 位停止位；STB=1 时，若字符的长度为 5 位，则有 1 位半停止位；若字符的长度为 6、7 或 8 位，则有 2 位停止位。

D3：奇偶校验允许。指定在一帧信息中是否允许有奇偶校验位。PEN=0，无校验；PEN=1，有校验。

D4：奇偶校验方式选择。指定是奇校验还是偶校验。EPS=0 为奇校验，EPS=1 为偶校验。

D5：附加奇偶校验标志选择。指定是否在校验位与停止位之间插入一位附加的奇偶校验标志位。当 SPB=0 时不插入，当 SPB=1 时插入。这时，若采用奇校验，附加的校验标志位为 1；若采用偶校验，附加的校验标志位为 0。

选用附加位的作用是发送设备把奇偶校验方式通过发送的信息告诉接收设备，接收方在收到数据后，只要将附加位分离出来，便可以知道发送方采用的是奇校验还是偶校验。显然，在收发双方已约定奇偶校验方式的情况下，就不需要附加奇偶校验标志位。由此可见，8250 的数据通信的奇偶校验规则由 D5、D4、D3 共同规定，如表 7-7 所示。

表 7-7　8250 的数据通信的奇偶校验规则

SPB	EPS	PEN	功　能
0	0	0	无校验
0	0	1	奇校验
0	1	1	偶校验
1	0	1	奇校验，附加位为 1
1	1	1	偶校验，附加位为 0

D6：中止设定。指定正常发送还是中止发送。SBRK=0 为正常发送，SBRK=1 时，强制 SOUT 输出低电平。当接收方接收到低电平信号，并且该信号持续超过传送一个字符所需的时间时，便知道发送方已中止数据的发送。

D7：访问除数寄存器允许标志。设定方式如表 7-8 所示，当 DLAB=1 时，允许读/写除数寄存器的低字节（A2A1A0=000）和高字节（A2A1A0=001）；当 DLAB=0 时，则可以写数据发送寄存器（A2A1A0=000）、读数据接收寄存器（A2A1A0=000），以及读/写中断允许寄存器（A2A1A0=001）。

2. 线路状态寄存器

线路状态寄存器（line status register，LSR）表示数据传输的状态信息，其格式如图 7-45 所示。

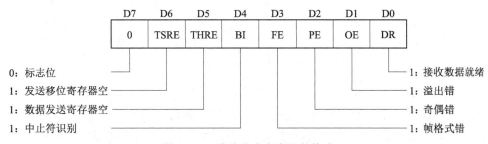

图 7-45　线路状态寄存器的格式

D0：接收数据就绪。DR=1 表示已接收一帧数据，并已送入数据接收缓冲器。在编写数据接收程序时，查询 DR 的状态，若 DR 为 1 便可读取数据接收缓冲器的数据。当 CPU 将接收数据缓冲器的数据读取完时，DR 位自动复位。

D1：溢出错。OE=1 表示接收缓冲寄存器的数据还没有被 CPU 读取时又接收到新的数据，造成数据丢失错误。

D2：奇偶错。PE=1 表示接收到的数据奇偶校验错误。

D3：帧格式错。FE=1 表示被接收的一帧信息中停止位出现了错误，例如停止位为低电平。

D4：中止符识别。在接收数据过程中，连续地接收到中止符（低电平），BI 置 1，表示线路信号中断。

D5：数据发送寄存器空。THRE=1 表示数据发送寄存器中的数据已送入发送移位寄存器中。当 CPU 查询到 THRE = 1 时，便可以发送下一个数据。当数据写入数据发送寄存器时，THRE = 0。

D6：发送移位寄存器空。TSRE = 1 表示发送移位寄存器中的数据已经由 SOUT 发出。当 CPU 查询到 TSRE = 1 时，可以确认数据已全部送上发送线。当数据发送寄存器中的数据送入发送移位寄存器时，TSRE = 0。

D7：标志位，恒为 0。

注意：一旦 CPU 读过线路状态寄存器的内容，D1、D2、D3、D4 位都自动复位。

3. 除数寄存器

除数寄存器（divisor latch，DL）是一个 16 位可读/写寄存器，用来存放输入基准时钟 XTAL1 与输出发送时钟 $\overline{\text{BAUDOUT}}$ 的分频系数，一般要求 $\overline{\text{BAUDOUT}}$ 输出的频率为 16 倍的波特率，即：

$$除数 = 基准时钟频率/发送时钟频率 = 基准时钟频率/（波特率 \times 16）$$

因此，在基准时钟 XTAL1 确定之后，可以通过改变除数寄存器的值来选择所需的波特率。

4. modem 控制寄存器

modem 控制寄存器（modem control register，MCR）用来控制 8250 芯片的 4 个 modem 信号的输出和芯片的环路检测，其格式如图 7-46 所示。

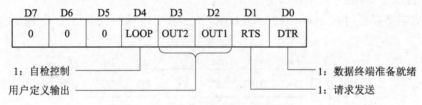

图 7-46　modem 控制寄存器的格式

D0：数据终端准备就绪。DTR=1 表示数据终端准备好，可以进行数据通信，$\overline{\text{DTR}}$ 引脚输出为 0；DTR=0 表示数据终端未准备好，$\overline{\text{DTR}}$ 引脚输出为 1。

D1：请求发送。RTS=1 表示数据终端要求发送数据，$\overline{\text{RTS}}$ 引脚输出为 0；RTS=0 表示发送数据未准备好，$\overline{\text{RTS}}$ 引脚输出为 1。

D2：OUT1 输出控制。当 OUT1 设置为 1 时，$\overline{\text{OUT1}}$ 引脚输出低电平；当 OUT1 设置为 0 时，$\overline{\text{OUT1}}$ 引脚输出高电平。

D3：OUT2 输出控制。当 OUT2 设置为 1 时，$\overline{\text{OUT2}}$ 引脚输出低电平；当 OUT2 设置为 0 时，$\overline{\text{OUT2}}$ 引脚输出高电平。

可以通过编程设定 $\overline{\text{OUT1}}$ 和 $\overline{\text{OUT2}}$ 引脚的输出，作为对外部的控制信号。

注意：D3～D0 的信号功能与相应的 8250 芯片引脚信号功能相同，而极性相反。即控制位为 1 时，对应引脚信号输出有效低电平，控制位为 0 时，对应引脚信号输出高电平。

D4：自检控制。当 LOOP=0 时，8250 正常工作；当 LOOP=1 时，8250 处于自校验方式。在这种方式下，8250 的 SIN、SOUT 引脚自动与内部断开，发送移位寄存器的输出在内部与接收移位寄存器的输入相连，构成环路并进行自发自收校验操作。

5. modem 状态寄存器

modem 状态寄存器（modem status register，MSR）用于检测 8250 芯片的 4 个 modem 输入引脚信号，并记录它们的状态改变，其格式如图 7－47 所示。

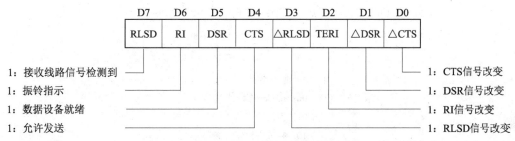

图 7－47　modem 状态寄存器的格式

modem 状态寄存器的低 4 位来记录 modem 的 4 个输入信号变化的信息。如某位置 1，表示对应引脚输入信号发生变化。当 CPU 读 modem 状态寄存器时，D3～D0 自动清零。

modem 状态寄存器的高 4 位用来显示 modem 的 4 个输入信号当前状态，极性与相应的引脚信号相反。例如当 $\overline{\text{RLSD}}$ 引脚为低电平时，D7=1。

6. 中断允许寄存器

中断允许寄存器（interrupt enable register，IER）用于对四类中断请求源的请求进行允许或禁止控制，其格式如图 7－48 所示。

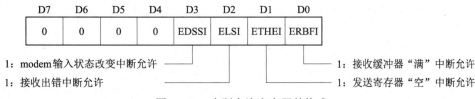

图 7－48　中断允许寄存器的格式

D0：接收缓冲器"满"中断允许标志。ERBFI=1，允许中断；ERBFI=0，禁止中断。

D1：发送寄存器"空"中断允许标志。ETHEI=1，允许中断；ETHEI =0，禁止中断。

D2：接收出错中断允许标志。ELSI=1，允许中断；ELSI=0，禁止中断。接收出错是指线路状态寄存器中 4 个接收错误标志 OE、PE、FE 和 BI 中，只要有一个为 1 时的情况。

D3：modem 输入状态改变中断允许标志。EDSSI=1，允许中断；EDSSI=0，禁止中断。modem 输入状态改变是指 modem 状态寄存器中 4 个 modem 输入状态改变指示位△CTS、

△DSR、TERI 和△RLSD 中，只要有一个为 1 时的情况。

需要指出的是：虽然有多个中断源，但是 8250 只有一个中断请求输出端 INTRPT，所有中断源共用这一信号线向 CPU 发起中断申请。

7. 中断识别寄存器

当 8250 处于中断工作方式时，中断识别寄存器（interrupt identification register，IIR）用于指出有无待处理的中断请求，以及其中优先级最高的中断源类型。中断识别寄存器的格式如图 7-49 所示。

由于 8250 不同的中端请求只能通过一个 INTRPT 信号线向外发出中断申请，CPU 只有通过查询中断识别寄存器确认当前待处理的最高优先级的中断源类型。

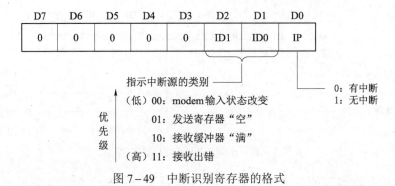

图 7-49　中断识别寄存器的格式

D0：指示是否有中断请求发生。IP=0，有中断请求；IP=1，无中断请求。

D2D1：指示中断源的类型。D2D1=00～11 分别对应表示 modem 输入状态改变中断、发送寄存器"空"中断、接收缓冲器"满"中断和接收出错中断。4 个中断源的优先级由高到低的顺序为：接收出错中断、接收缓冲器"满"中断、发送寄存器"空"中断、modem输入状态改变中断。

上面介绍了 8250 内部寄存器的格式及功能。表 7-8 列出了 8250 内部 10 个可访问寄存器（除数寄存器为两个 8 位的寄存器）的端口地址分配、读/写方式及复位状态。

这些寄存器的端口地址由 A2～A0 决定。而三位二进制数只能表示 8 个地址，为解决8250 寄存器多而端口地址少的矛盾，可采用以下两条措施。

（1）数据接收寄存器和数据发送寄存器共用一个端口地址，通过读、写信号区分。

（2）除数寄存器的低字节与数据接收/发送寄存器共用一个端口地址，除数寄存器的高字节与中断允许寄存器共用一个端口地址。通过线路控制寄存器的 D7（DLAB）位来区分这些共用地址的寄存器：当 DLAB = 1 时，访问除数寄存器；当 DLAB = 0 时，访问共用地址的其他寄存器。

表 7-8　8250 内部寄存器的端口地址分配、读/写方式及复位状态

A2	A1	A0	DLAB 标志	读/写	寄 存 器	复 位 状 态
0	0	0	0	写	数据发送寄存器	全 0
0	0	0	0	读	数据接收寄存器	全 0
0	0	0	1	读/写	除数寄存器低字节	全 0

A2	A1	A0	DLAB 标志	读/写	寄 存 器	复 位 状 态
0	0	1	1	读/写	除数寄存器高字节	全 0
0	0	1	0	读/写	中断允许寄存器	全 0
0	1	0	×	读	中断识别寄存器	D0=1，其余位为 0
0	1	1	×	读/写	线路控制寄存器	全 0
1	0	0	×	读/写	modem 控制寄存器	全 0
1	0	1	×	读/写	线路状态寄存器	D6=D5=1，其余位为 0
1	1	0	×	读/写	modem 状态寄存器	D3～D0 为 0，其余取决于输入

7.4.4　8250 的编程

在编制使用 8250 进行串行通信的程序时，需要先对 8250 进行初始化编程，以设置通信速率（波特率）、数据的传送格式、modem 信号的输出状态和中断允许标志等。需要编程的寄存器有：除数寄存器、线路控制寄存器、modem 控制寄存器和中断允许寄存器。8250 初始化流程如图 7–50 所示。

注意：为了确定波特率，需要将除数（分频系数）写入除数寄存器。而为了能对除数寄存器进行写操作，需要先将线路控制寄存器的 D7（DLAB）位置 1。分频系数写入除数寄存器后，对线路控制寄存器进行编程时，其 D7（DLAB）位应置 0。下面举例说明 8250 的初始化过程。

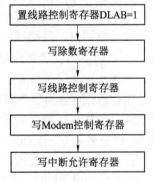

图 7–50　8250 的初始化流程

【例 7–9】设 8250 输入的基准时钟频率为 1.843 2 MHz，要求以 9 600 波特率进行异步通信，数据长度为 7 位，2 位停止位，奇校验，屏蔽全部中断，试编写初始化程序（设端口地址为 3F8H～3FEH）。

根据要求，求得除数值为：

除数 = 基准时钟/（波特率×16）= 1.843 2 MHz/（9 600×16）= 12= 0CH

初始化程序编制如下：

```
MOV  DX, 3FBH
MOV  AL, 10000000B
OUT  DX, AL                    ; 置线路控制寄存器的 DLAB 位为"1"
MOV  DX, 3F8H
MOV  AL, 0CH                   ; 除数=1.843 2 MHz/（9 600×16）
OUT  DX, AL                    ; 写除数寄存器的低 8 位
INC  DX
MOV  AL, 0
OUT  DX, AL                    ; 写除数寄存器的高 8 位
```

```
        MOV  DX, 3FBH
        MOV  AL, 00001110B              ; 数据位长度为 7, 2 位停止位, 奇校验
        OUT  DX, AL                     ; 写线路控制寄存器
        MOV  DX, 3FCH
        MOV  AL, 00000011B              ; DTR=0, RTS=0
        OUT  DX, AL                     ; 写 modem 控制寄存器
        MOV  DX, 3F9H
        MOV  AL, 00000000B
        OUT  DX, AL                     ; 写中断允许寄存器, 屏蔽全部中断
```

7.4.5 8250 的应用举例

利用 8250 实现异步串行通信, 其程序设计包括 8250 的初始化和接/发送数据两部分内容。接收和发送数据既可以采用查询方式, 也可以采用中断方式, 根据实际需要选择。下面通过示例, 说明采用查询方式和中断方式编制通信程序的设计方法。

1. 查询方式

采用查询方式控制数据传输、实现串行通信的基本思想是: CPU 循环读取 8250 的线路状态寄存器, 根据当前的状态来判定是否接收或发送一个字符。

发送数据时, 需测试线路状态寄存器的 D5 位。当 D5=1 时, 表示数据发送寄存器空, CPU 可以向数据发送寄存器写入一个新字符; 当 D5=0 时, 表明数据发送寄存器的字符还没有传送到发送移位寄存器, 需暂停写入字符。

接收数据时, 需要先测试线路状态寄存器的 D4~D1 位。如果这 4 位中有一位为 1, 表明接收存在错误, 需要确定错误源并进行错误处理。如果在接收过程中无错误出现, 再测试 D0 位是否为 1。若 D0=1, 表明 CPU 可以从数据接收缓冲器读取字符; 若 D0=0, 说明数据尚未接收完, 应等待。

【例 7−10】用查询方式实现数据发送。

要求: 由键盘读入字符, 该字符由显示器显示并经 8250 发出, 当接收到键入的"Ctrl+C"时返回 DOS。设每帧包含 7 位数据位、1 位停止位和奇校验。波特率为 1 200, 输入的基准时钟频率为 1.843 2 MHz。8250 的端口地址为 3F8H~3FEH。

采用查询方式传送数据的完整程序编制如下:

```
CODE SEGMENT
   ASSUME CS: CODE
     START: MOV AL, 80H        ; 8250 初始化, 设 DLAB=1
            MOV DX, 3FBH
            OUT DX, AL
            MOV AX, 60H         ; 除数寄存器的值: 1.843 2 MHz/(1 200×16)=96=60H
            MOV DX, 3F8H
            OUT DX, AL          ; 写入除数低字节
            MOV AL, AH
            MOV DX, 3F9H
```

```
            OUT DX，AL              ；写入除数高字节
            MOV AL，0AH             ；7 位数据，1 位停止，奇校验
            MOV DX，3FBH
            OUT DX，AL              ；写入线路控制寄存器
            MOV AL，03H
            MOV DX，3FCH
            OUT DX，AL              ；置 modem 控制寄存器
            MOV AL，0
            MOV DX，3F9H
            OUT DX，AL              ；写中断允许寄存器，屏蔽中断
WAIT_FOR：MOV DX，3FDH              ；读线路状态寄存器
            IN AL，DX
            TEST AL，00100000B      ；发送寄存器空否
            JZ WAIT_FOR            ；不空，返回等待
            MOV AH，1               ；空，发送数据
            INT 21H                ；读键盘
            MOV DX，3F8H            ；发送
            OUT DX，AL
            CMP AL，03H             ；是"Ctrl+C"？
            JZ TERMNT
            JMP WAIT_FOR           ；返回等待
    TERMNT：MOV AX，4C00H           ；返回 DOS
            INT 21H
CODE ENDS
    END START
```

【例 7-11】 用查询方式实现数据接收。

要求： CPU 通过 8250 接收来自通信线上的字符，并将该字符在显示器上显示。如果接收出错，在显示器上显示 "?"。如果接收的字符为 "Ctrl+C"，返回 DOS。其余条件同例 7-10。

8250 的初始化程序同例 7-10。采用查询方式接收数据的程序段如下：

```
            …                      ；省略的指令
WAIT_FOR：MOV DX，3FDH              ；读线路状态寄存器
            IN AL，DX
            TEST AL，00011110B      ；出错否
            JNZ ERROR
            TEST AL，00000001B      ；接收数据就绪否
            JNZ RECEIVE            ；转接收
            JMP WAIT_FOR           ；返回等待
```

```
    RECEIVE: MOV DX, 3F8H          ; 读接收数据
             IN AL, DX
             AND AL, 01111111B     ; 保留 7 位数据
             CMP AL, 03H           ; 是"Ctrl+C"?
             JNZ CHAR
             MOV AX, 4C00H         ; 返回 DOS
             INT 21H
       CHAR: MOV DL, AL            ; 显示接收字符
             MOV AH, 2
             INT 21H
             JMP WAIT_FOR          ; 返回等待
      ERROR: MOV DX, 3FDH          ; 出错则读线路状态寄存器, 使其复位
             IN AL, DX
             MOV DL, '?'           ; 显示字符"? "
             MOV AH, 02H
             INT 21H
             JMP WAIT_FOR
CODE ENDS
    END START
```

2. 中断方式

CPU 以查询方式传送数据时, 大部分时间都处于循环等待状态, 工作效率较低。如果采用中断方式接收和发送数据, CPU 则可以在通信线路上无数据传输时, 进行其他处理。

采用中断方式实现串行通信的程序应包括以下几个步骤。

（1）8250、8259A 的初始化。

（2）为 8250 的中断请求设置中断向量。

（3）设置中断允许寄存器, 开放相应中断源的请求。

（4）读取中断识别寄存器, 判断中断源, 然后转向相应的处理子程序。例如当中断识别寄存器 $D_2D_1=01$ 时, 表明发送寄存器空, 需要执行发送一个字符到发送寄存器的子程序。

（5）不同中断处理子程序。

（6）中断返回。在中断结束返回时, 需要对 8259A 发 EOI 命令, 保证可以重新响应8250 的中断请求。

【例 7-12】用 8250 实现近距离双机通信。

要求:

（1）2000:C000H 存放接收数据的个数（设 1000 个字节）

  2000:C002H 存放接收缓冲区的地址指针（设指针为 2000:4000H）

（2）2000:C010H 存放发送数据的个数（设 1000 个字节）

2000:C012H 存放发送缓冲区的地址指针（设指针为 2000:8000H）

（3）数据格式为：8 位数据位、1 位停止位、奇校验、波特率为 2400，用中断方式接收、发送数据。

设 8250 的端口地址为 3F8H～3FEH，8259A 的端口地址为 20H 和 21H，8259A 分配给 8250 中断请求的中断类型号为 80。

采用中断方式的通信程序编制如下：

```
DATA SEGMENT
  DB 6000H DUP（?）
DATA ENDS
STACK SEGMENT PARA STACK
  DW 20H DUP（0）
STACK ENDS
CODE SEGMENT
  ASSUME CS: CODE, DS: DATA, SS: STACK
START: CLI                              ; 关中断
       XOR AX, AX                       ; AX=0
       MOV DS, AX                       ; 实模式下中断向量表的基地址
       LEA AX, INTSERV                  ; 取中断服务程序的偏移地址
       MOV DS: WORD PTR [0140H], AX     ; 中断类型号 80 的向量表地址: 80×4=320D=
                                          140H
       MOV AX, CS                       ; 取中断服务程序的段基址
       MOV DS: WORD PTR [0142H], AX
       MOV AX, 2000H                    ; 置接/发数据存放区的段基址
       MOV DS, AX
       MOV AX, 1000                     ; 传送字节数
       MOV DS: WORD PTR [0C000H], AX
       MOV DS: WORD PTR [0C010H], AX
       MOV DS: WORD PTR [0C002H], 4000H ; 置接收缓冲区的偏移地址
       MOV DS: WORD PTR [0C012H], 8000H ; 置发送缓冲区的偏移地址
       MOV AL, 80H                      ; 8250 初始化, 设 DLAB=1
       MOV DX, 3FBH
       OUT DX, AL
       MOV AX, 30H                      ; 除数寄存器的值: 1.8432 MHz/（2400×16）=48=30H
       MOV DX, 3F8H
       OUT DX, AL                       ; 写入除数低字节
       MOV AL, AH
       MOV DX, 3F9H
```

```
              OUT  DX, AL                    ; 写入除数高字节
              MOV  AL, 0BH                   ; 8 位数据，1 位停止，奇校验
              MOV  DX, 3FBH
              OUT  DX, AL                    ; 写入线路控制寄存器
              MOV  AL, 03H                   ; 允许接/发中断
              MOV  DX, 3F9H
              OUT  DX, AL                    ; 写入中断允许寄存器
              …                              ; 8259 初始化：写 ICW1、ICW2、ICW4（省略）
      WAIT1:  STI                            ; 开中断
              MOV  AX, DS: [0C000H]          ; 是否接收完
              CMP  AX, 0
              JNE  WAIT1                      ; 未接收完，等待中断
              MOV  AX, DS: [0C010H]          ; 是否发送完
              CMP  AX, 0
              JNE  WAIT1                      ; 未发送完，等待中断
              MOV  AH, 4CH                   ; 接收、发送完成，返回操作系统
              INT  21H
   INTSERV:   PUSH AX                        ; 中断服务程序，保护现场
              PUSH DX
              PUSH SI
              PUSH DI
              STI                            ; 开中断
              MOV  DX, 3FAH                  ; 读中断识别寄存器，查询中断
              IN   AL, DX
              CMP  AL, 02H                   ; 是否发送中断？
              JZ   SEND                       ; 如果是，则转发送子程序入口
        REC:  MOV  DX, 3F8H                  ; 否则接收数据
              IN   AL, DX
              MOV  DI, DS: [0C002H]
              MOV  DS: BYTE PTR [DI], AL
              INC  DI                         ; 保存下一个接收数据的存放地址
              MOV  DS: WORD PTR [0C002H], DI
              MOV  AX, DS: [0C000H]          ; 上一次接收数据的个数送 AX
              DEC  AX                         ; 还剩下的接收数据的个数
              MOV  DS: WORD PTR [0C000H], AX ; 保存还剩下的接收数据的个数
              CMP  AX, 0                      ; 接收完否？
              JNZ  RETURN                     ; 未接收完，返回
              MOV  DX, 3F9H                  ; 接收完，关闭接收中断
              MOV  AL, 02H
```

```
            OUT DX, AL
            JMP  RETURN
     SEND: MOV DX, 3F8H                    ; 发送数据
            MOV SI, DS: [0C012H]
            MOV AL, [SI]                   ; 发送数据送 AL
            OUT DX, AL
            INC SI                         ; 保存下一个发送数据的存放地址
            MOV DS: WORD PTR [0C012H], SI
            MOV AX, DS: [0C010H]           ; 上一次发送数据的个数送 AX
            DEC AX                         ; 还剩下的发送数据的个数
            MOV DS: WORD PTR [0C010H], AX
            CMP AX, 0                      ; 发送完否?
            JNZ RETURN                     ; 未发送完, 返回
            MOV DX, 3F9H                   ; 发送完, 关闭发送中断
            MOV AL, 01H
            OUT DX, AL
  RETURN: MOV AL, 20H                      ; 向 8259 写入 EOI
            OUT 20H, AL
            POP DI                         ; 恢复现场
            POP SI
            POP DX
            POP AX
            IRET                           ; 中断返回
   CODE ENDS
     END START
```

7.5　DMA 控制器 8237A 及其应用

7.5.1　DMA 概述

数据传输的查询方式和中断方式适用于 CPU 与外设之间进行少量的、中低速率的数据传输。对于外设与存储器或者存储器内部不同区域间大量数据的快速传输，这两种方法并不适用，而是采用 DMA 方式。

DMA 方式是指在 DMA 控制器（DMA controller，DMAC）的控制下，外部设备与存储器之间直接进行数据传送的一种 I/O 控制方式。在这种方式下，DMAC 获得系统的总线控制权，由它控制高速 I/O 设备（如磁盘）和存储器之间直接进行数据传送，此时 DMAC 工作于主控状态。数据传送结束后，DMAC 再将总线控制权还给 CPU，DMAC 作为从设备由 CPU 控制，此时 DMAC 由主控状态变为从属状态。

相对于查询方式和中断方式，DMA 方式在数据传送时不需要 CPU 执行指令，数据也

不经过 CPU 内部存储器，并且地址不是通过程序修改而是由专门的硬件电路发出，因此可以达到快得多的数据传输速率。

7.5.2 8237A 的结构及引脚信号

8237A 是 8080、8086、8088 等系统通用的、高性能可编程的 DMA 控制器，它的主要性能如下。

（1）最高数据传送速率可达 2.5 MBps。

（2）每个 8237A 内部有四个独立的 DMA 通道，每一个通道有 64 KB 的寻址和字计数能力。可通过编程设置是否响应每个通道的 DMA 请求，以及各通道的优先级。

（3）有单字节传送、数据块传送、请求传送和级连传送 4 种工作方式，可通过编程设定。

（4）可以通过多片级联的方式增加 DMA 通道。

（5）可实现 I/O 设备和存储器或存储器到存储器的数据传输。

目前的微机系统不使用独立的 8237A 芯片，8237A 的功能已集成到主板的芯片组（chipset）。

1. 8237A 的结构

8237A 是一个具有 40 个引脚信号的双列直插式芯片，其内部结构如图 7−51 所示。

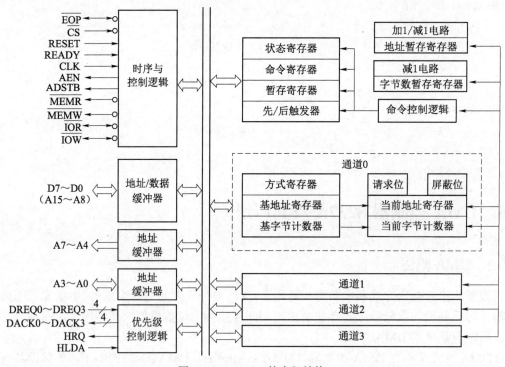

图 7−51　8237A 的内部结构

8237A 由下列几部分电路组成。

（1）DMA 通道。8237A 包含 4 个独立的 DMA 通道：通道 0、通道 1、通道 2 和通道 3。每一个 DMA 通道都包含四个 16 位的寄存器：基地址寄存器、当前地址寄存器、基字节计数器、当前字节计数器，另外还有一个 6 位的方式寄存器、1 位请求触发器和 1 位屏蔽触发器。基地址寄存器和当前地址寄存器的初值为本通道 DMA 传送时存储器的首地址，在初始化编程时写入。在 DMA 传送过程中，基地址寄存器的内容保持不变，而当前地址寄存器的内容在每传送一个字节后会自动进行加 1 或减 1 修改。基字节计数器和当前字节计数器的初值为本通道 DMA 传送数据块的字节数，在初始化编程时写入。在 DMA 传送过程中，基字节计数寄存器的内容保持不变，而当前字节计数寄存器的内容每传送一个字节会自动进行减 1 操作，直到减至 0 时产生 DMA 传送结束信号 $\overline{\text{EOP}}$。

（2）时序与控制逻辑。时序与控制逻辑是根据初始化编程时设置的工作方式及其他命令，在输入时钟的定时控制下，产生 8237A 的内部定时信号和外部控制信号（如存储器读写信号、I/O 外设读写信号等）。

（3）优先级控制逻辑。优先级控制逻辑裁决 DMA 通道的优先服务顺序，8237A 具有固定优先级和循环优先级两种管理方式。固定优先级是指四个 DMA 通道的优先级是固定的，优先级从高到低的顺序是：通道 0、通道 1、通道 2、通道 3，当它们同时请求 DMA 传送时，当前优先级最高的 DMA 请求优先得到响应。循环优先级是指 4 个 DMA 通道的优先级循环变化，即当某个通道 DMA 传送结束后，其优先级变为最低，紧邻其后的通道的优先级变为最高。循环优先级的循环变化规律如图 7－52 所示。

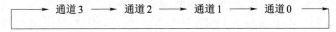

图 7－52　循环优先级的循环变化规律

（4）命令控制逻辑。命令控制逻辑对 CPU 送来的命令进行译码，产生 8237A 内部的控制信号。

（5）地址/数据缓冲器单元。8237A 内部有 3 组缓冲单元：一个 8 位地址/数据缓冲器和两个 4 位地址缓冲器。其中 8 位缓冲器用于数据 D7～D0 输入/输出和高 8 位地址 A15～A8 输出缓冲，两个 4 位地址缓冲器分别作为地址 A7～A4 的输出缓冲和 A3～A0 的输入/输出缓冲。

2. 8237A 的引脚信号

8237A 的引脚信号如图 7－53 所示。

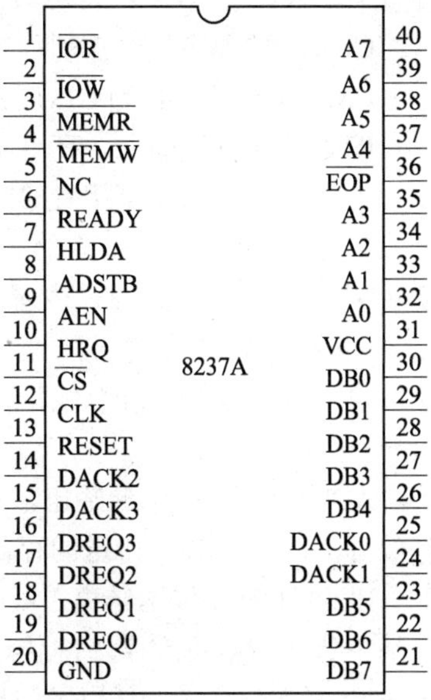

A3～A0：地址线，双向，三态。当 8237A 工作于从属状态时，A3～A0 为输入，作为 CPU 访问 8237A 内部寄存器的端口选择线；当 8237A 工作于主控状态控制数据传输时，A3～A0 为输出，为访问存储器低 8 位地址信号 A7～A0 中的低 4 位。

A7～A4：地址线，单向，三态。当 8237A 工作于主控状态控制数据传输时，输出访问存储器低 8 位地址信号 A7～A0 中的高 4 位。

DB7～DB0：数据/地址线，双向，三态。当 8237A 工作于从属状态时，DB7～DB0 作为双向数据线，在 CPU

图 7－53　8237A 的引脚信号

和 8237A 内部的寄存器间传递数据；当 8237A 工作于主控状态时，DB7～DB0 作为地址/数据复用总线，首先作为高 8 位地址信号 A15～A8，并由 ADSTB 信号选通锁存在外部地址锁存器中，同 A7～A0 共同组成要访问存储器单元的 16 位物理地址 A15～A0。而后，DB7～DB0 再作为 8 位数据线传输数据。

$\overline{\text{IOR}}$：I/O 读，双向，三态，低电平有效。当 CPU 控制总线时，$\overline{\text{IOR}}$ 为输入信号，用于 CPU 读 8237A 内部寄存器的状态信息；当 8237A 控制总线时，$\overline{\text{IOR}}$ 为输出信号，用于读取 I/O 设备的数据，$\overline{\text{IOR}}$ 与 $\overline{\text{MEMW}}$ 配合控制数据由外设传送至存储器。

$\overline{\text{IOW}}$：I/O 写，双向，三态，低电平有效。当 CPU 控制总线时，$\overline{\text{IOW}}$ 为输入信号，用于将 CPU 输出的内容写入到 8237A 的内部寄存器；当 8237A 控制总线时，$\overline{\text{IOW}}$ 为输出信号，用于将指定存储单元中的内容写入到 I/O 设备中，$\overline{\text{MEMR}}$ 与 $\overline{\text{IOW}}$ 配合控制数据由存储器传送至外设。

$\overline{\text{MEMR}}$：存储器读，输出，三态，低电平有效。$\overline{\text{MEMR}}$ 与 $\overline{\text{IOW}}$ 配合控制数据由存储器传送至外设，或与 $\overline{\text{MEMW}}$ 配合控制数据在存储器内部不同区域间传送。

$\overline{\text{MEMW}}$：存储器写，输出，三态，低电平有效。$\overline{\text{IOR}}$ 与 $\overline{\text{MEMW}}$ 配合控制数据由外设传至存储器，或与 $\overline{\text{MEMR}}$ 配合控制数据在存储器内部不同区域间传送。

DREQ3～DREQ0：4 个通道的 DMA 请求输入信号，由请求 DMA 传送的外部设备输入，其有效极性（电平）和优先级可以通过编程设定。

DACK3～DACK0：4 个通道的 DMA 响应输出信号，作为对提出 DREQ 请求的外部设备的回答，其有效极性（电平）由编程设定。

HRQ：总线请求，输出，高电平有效。与 CPU 的总线请求信号 HOLD 连接，用于向 CPU 请求总线控制权。当 8237A 接收了任何一个未被屏蔽通道的 DREQ 请求之后，HRQ 变为有效。

HLDA：总线响应，输入，高电平有效。与 CPU 的总线响应信号 HLDA 连接，当 HLDA 有效后，表示 8237A 获得总线的控制权。

CLK：时钟输入。控制片内操作定时和数据传送速率。

$\overline{\text{CS}}$：片选输入。当 CPU 控制总线时，若 $\overline{\text{CS}}$ 为低电平，该片被选中。

RESET：复位输入，高电平有效。芯片复位后，屏蔽寄存器置 1，其他寄存器被清除，该片处于空闲周期，可接受 CPU 初始化操作。

READY：外设准备就绪，输入，高电平有效。当 READY=1 时，表示外设已准备好读/写；当 READY=0 时，表示外设未准备好，需在总线周期中插入等待周期 SW。

AEN：地址允许输出，高电平有效。当 AEN 有效时，将 8237A 控制器输出的存储器地址信号送上系统地址总线，禁止其他总线控制设备使用总线。在 DMA 传送过程中，AEN 信号一直有效。

ADSTB：地址选通输出，高电平有效，作为外部地址锁存器的选通信号。当 ADSTB 有效时，DB7～DB0 传送的存储器高 8 位地址信号 A15～A8 被锁存到外部地址锁存器中。

$\overline{\text{EOP}}$：DMA 传送结束，双向，低电平有效。当 8237A 的任一个 DMA 通道完成由该通道基字节计数器规定字节的传送时，便输出 $\overline{\text{EOP}}$ 信号，表示 DMA 传送结束。也可以由外部在 $\overline{\text{EOP}}$ 端输入一个低电平信号，强迫当前正在工作的 DMA 通道停止数据传送。无论 $\overline{\text{EOP}}$ 信号是由外部产生还是由内部产生，8237A 都会终止当前执行的 DMA 操作并复位内部寄存器。

7.5.3　8237A 的工作方式与时序

1. 8237A 的工作方式

8237A 有从属和主控两种工作状态，这两种工作状态的转换过程如下。

（1）当外设需要以 DMA 方式传送数据时，通过 I/O 接口向 DMAC 发出 DMA 请求信号 DREQ，该信号必须维持到 DMAC 响应为止。

（2）DMAC 在接收到外设请求后，向 CPU 的总线请求引脚 HOLD 发出总线请求信号 HRQ。

（3）CPU 接收到 HRQ 信号后，如果允许，则将地址总线、数据总线、控制总线置高阻状态，放弃对总线的控制权，并向 DMAC 发出响应信号 HLDA。

（4）DMAC 在接收到 HLDA 信号后，即由从属工作状态转为主控工作状态，控制系统总线，同时通过 I/O 接口向外设发出 DACK 信号，通知外设做好数据传送或接收准备。

（5）DMAC 获得总线控制权后，发出地址信号、读/写控制信号，控制数据在外设和存储器间的传送。

（6）数据传输结束后，DMAC 发出结束信号 $\overline{EOP}$，并撤销发往 CPU 的 HOLD 信号。CPU 检测到 HOLD 失效后，撤销 HLDA 信号，并恢复系统的总线控制权，DMAC 则由主控工作状态转为从属工作状态。

8237A 由从属状态转换为主控状态的过程如图 7-54 所示。

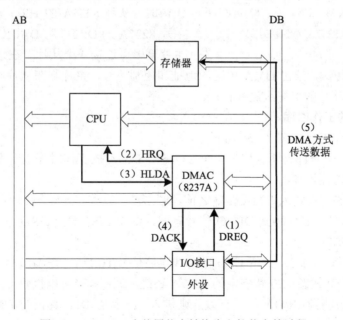

图 7-54　8237A 由从属状态转换为主控状态的过程

8237A 获得总线控制权后，作为主控设备执行 DMA 传送时有以下 4 种数据传送方式。

（1）单字节传送。这种传送方式是每次 DMA 请求只传送一个字节的数据。当一个字节的数据传送完后，当前字节计数器减 1，当前地址寄存器加 1 或减 1，然后撤销 HRQ 信号，DMAC 把总线控制权交还给 CPU。如果 DMA 通道还有 DREQ 信号，8237A 再重新向 CPU 申请总线控制，进行下一个字节的数据传输。此过程交替进行，直到当前字节计数器中的内容为 0 或由外部输入有效的 $\overline{\text{EOP}}$ 信号，终止 DMA 过程。

（2）块传送。这种传送方式是一旦 8237A 获得总线控制权，就连续地传送一个数据块，直到当前字节计数寄存器减为 0 或外部输入 $\overline{\text{EOP}}$ 信号有效时终止 DMA 传送，并释放系统总线。另外，在数据传送过程中，即使通道请求信号 DREQ 变为无效，DMAC 也不会释放总线控制权，只是暂停数据传送，当 DREQ 信号有效后，又继续数据传送。在块传送时，HRQ 信号一直保持有效。

（3）请求传送。这种传送方式与块传送类似，也是一种连续的数据传送方式。请求传送与块传送的区别是：8237A 每传送一个字节就要检测一次 DREQ 信号是否有效，若有效则继续传送下一个字节；若无效则停止传送，结束 DMA 过程，并释放总线控制权，但 DMA 的传送现场全部保留，待请求信号 DREQ 再次有效时，8237A 又发出 HRQ 信号，获得总线控制权后，接着原来的字节计数值和地址值继续进行传送，直到当前计数寄存器的内容减为 0 或外部输入 $\overline{\text{EOP}}$ 信号有效时才终止 DMA 传送，并释放系统总线。

（4）级联传送。当一片 8237A 通道不够使用时，可通过多片级联的方式增加 DMA 通道。8237A 的级联方式如图 7-55 所示，由主、从两级构成。从片 8237A 的 HRQ 和 HLDA 引脚与主片 8237A 的 DREQ 和 DACK 引脚连接，一个主片至多可连接 4 个从片。在这种工作方式下，

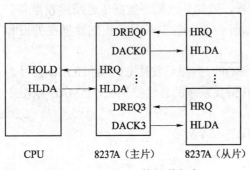

图 7-55　8237A 的级联方式

从片进行 DMA 传送，给出 DMA 传送的地址和控制信号，主片则在从片和 CPU 之间传递联络信号，并对从片的优先级进行管理。

2. 8237A 的工作时序

8237A 的工作时序如图 7-56 所示。

DMA 的每一个时钟周期也称为一个 S 状态，8237A 的工作时序包含 SI、S0、S1、S2、S3、S4、SW 共 7 种状态。

SI：空闲状态。在进入 DMA 传输之前，8237A 一直处在连续的 SI 状态。8237A 不断地采样 DREQ 信号。若检测到 DREQ 信号有效，则向 CPU 发出 HRQ 信号。同时结束 SI 状态，进入 S0 状态。

S0：过渡状态。8237A 等待 CPU 的总线响应信号 HLDA，在 HLDA 信号有效之前，8237A 一直重复 S0 状态。S0 状态中的 8237A 还是从属状态，可以接收 CPU 的读写。如果在 S0 的上升沿检测到 HLDA 信号有效，则进入下一状态 S1，真正的 DMA 传送是从 S1 状态开始到 S4 状态结束。

S1：首先产生 AEN 信号，使 CPU 等其他总线器件的地址线和总线的地址线断开，而使 8237A 的地址线 A15～A0 接通。AEN 信号一旦产生，在整个 DMA 过程中就一直有效。S1 状态还有一个作用是产生 DMA 地址选通信号 ADSTB，将 DB7～DB0 线上送出的地址信号 A15～A8 在 ADSTB 的下降沿（S2 状态）锁存到外部地址锁存器中。在块传送方式

中，相邻字节的高位地址往往是相同的，在最极端的情况下，连续传送 256 个字节，地址
A15～A8 才变化一次，因此不必每次都用 ADSTB 信号将一个不变的 A15～A8 锁存一次。
在这种情况下，后续的 DMA 时序中将省去 S1 状态，直接从 S2 状态开始。图 7-56 中第
一个 S4 状态之后，又从 S2 状态开始。

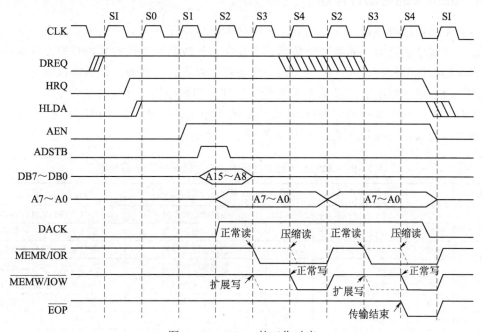

图 7-56 8237A 的工作时序

S2：8237A 产生 DMA 响应信号 DACK 给外部设备。得到响应的外部设备，可用 DACK
信号代替 CPU 控制总线的片选信号，使自己在整个 DMA 期间都处于选中状态。同时，8237A
输出所要访问存储器单元的低 8 位地址，与 S1 状态在地址锁存器锁存的高 8 位地址，一
同构成所要访问存储器单元的 16 位物理地址 A15～A0。

S3：产生 $\overline{\text{MEMR}}$ 或 $\overline{\text{IOR}}$ 读信号。将需传送的数据从指定的存储器单元或 I/O 接口读
出并送到数据总线上等待在 S4 状态写入。

正常情况下，$\overline{\text{MEMR}}$ 或 $\overline{\text{IOR}}$ 在 S3、S4 状态有效。对于高速电路，则可以取消 S3 状
态，读信号和在 S4 状态的写信号同时产生，即所谓的压缩读，以提高数据传输速率。相
反，如果 DMA 传送数据的源或目的电路速度较慢，不能在 S4 状态前使读出的数据稳定，
则可以将 8237A 的 Ready 信号变低，使 S3 和 S4 之间插入等待状态 SW，直到数据稳定读
出后，Ready 信号变高结束 SW 进入 S4 状态。

S4：产生 $\overline{\text{MEMW}}$ 或 $\overline{\text{IOW}}$ 写信号，将 DB7～DB0 上的数据写入目的单元。

正常情况下，$\overline{\text{MEMW}}$ 或 $\overline{\text{IOW}}$ 在 S4 状态有效。写信号也可以提前到 S3 状态，这样可
使一些需较长写时间的设备具有足够的写操作时间。这就是所谓的扩展写。

扩展写和压缩读可在初始化编程时通过写命令寄存器设置。

在 S4 状态后，如果 8237A 继续执行数据传输操作，当高 8 位地址没有发生变化时，
执行 S2～S4 状态，若高 8 位地址发生变化，则执行 S1～S4 状态。

若是单字节传输或是块传输的最后一个字节传输完成，则产生传输结束信号 $\overline{\text{EOP}}$，并撤销总线请求信号 HRQ，释放系统总线。外部输入的 $\overline{\text{EOP}}$ 信号强制 8237A 在完成传输当前字节的 S4 状态后结束 DMA 过程。DMA 结束，8237A 进入空闲状态 SI。

7.5.4　8237A 的内部寄存器

8237A 的内部寄存器可分为两类。一类称为通道寄存器，每个通道有 5 个：基地址寄存器、当前地址寄存器、基字节计数器、当前字节计数器和工作方式寄存器，这些寄存器的内容在初始化编程时写入。另一类为命令寄存器和状态寄存器，这类寄存器是 4 个通道共用的，命令寄存器用来设置 8237A 的传送方式、请求控制、屏蔽与软件复位等，在初始化编程时写入；状态寄存器用来存放 8237A 的工作状态信息，供 CPU 读取查询。8237A 内部寄存器的端口地址分配及读/写功能如表 7−9 所示。

表 7−9　8237A 内部寄存器的端口地址分配及读/写功能

通道号	A3	A2	A1	A0	读操作（$\overline{\text{IOR}}=0$）	写操作（$\overline{\text{IOW}}=0$）
0	0	0	0	0	当前地址寄存器	基（当前）地址寄存器
	0	0	0	1	当前字节计数器	基（当前）字节计数器
1	0	0	1	0	当前地址寄存器	基（当前）地址寄存器
	0	0	1	1	当前字节计数器	基（当前）字节计数器
2	0	1	0	0	当前地址寄存器	基（当前）地址寄存器
	0	1	0	1	当前字节计数器	基（当前）字节计数器
3	0	1	1	0	当前地址寄存器	基（当前）地址寄存器
	0	1	1	1	当前字节计数器	基（当前）字节计数器
	1	0	0	0	状态寄存器	命令寄存器
	1	0	0	1		请求寄存器
	1	0	1	0		单通道屏蔽寄存器
	1	0	1	1		方式寄存器
	1	1	0	0		清除先/后触发器
	1	1	0	1	暂存寄存器	主清除（软件复位）
	1	1	1	0		清除屏蔽寄存器
	1	1	1	1		四通道屏蔽寄存器

1. 命令寄存器

命令寄存器的格式如图 7−57 所示。

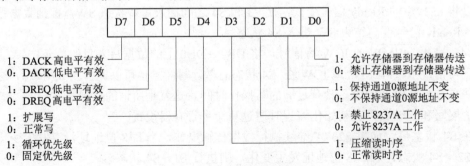

图 7−57　命令寄存器的格式

　　D0：存储器到存储器传送控制。D0=1，允许；D0=0，禁止。在存储器之间传送数据时，由通道 0 和通道 1 进行操作。由通道 0 从源地址单元中读出数据存放到暂存寄存器中，再由通道 1 从暂存寄存器中读出数据写入目的单元中，当通道 1 的当前字节计数器减为 0时，产生 $\overline{\text{EOP}}$ 信号，结束 DMA 传送。

　　D1：存储器到存储器传送过程中，通道 0 源地址保持控制。D1=1，保持；D1=0，不保持。其作用是当 D0=1，且 D1=1 时，可以使源地址内的同一个数据传送到一组目的存储单元中去。

　　D2：8237A 工作控制。D2=1，禁止工作；D2=0，允许工作。

　　D3：8237A 读时序控制。D3=1 时，压缩读时序（省略 S3 状态）；D3=0 时，正常读时序。

　　D4：通道优先级选择。D4=1 为循环优先级；D4=0 为固定优先级。

　　D5：8237A 写时序控制。D5=1，扩展写（写操作提前到 S3 状态）；D5=0，正常写。

　　D6：DREQ 极性（电平）设置。D6=1 时，DREQ 低电平有效；D6=0 时，DREQ 高电平有效。

　　D7：DACK 极性（电平）设置。D7=1 时，DACK 高电平有效；D7=0 时，DACK 低电平有效。

2. 工作方式寄存器

工作方式寄存器的格式如图 7-58 所示。

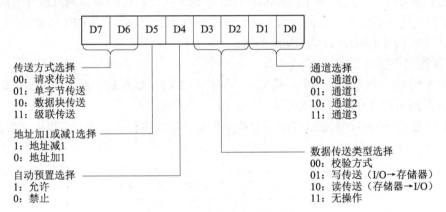

图 7-58　工作方式寄存器的格式

　　D1D0：通道选择。D1D0=00～11，分别对应通道 0～通道 3。

　　D3D2：数据传送类型选择。D3D2=00 为校验方式，此时不产生存储器和 I/O 接口的读写控制信号，没有实际的数据传输，只是在每一个 DMA 周期，地址寄存器加 1 或减 1、字节计数器减 1，直至减到 0，产生 $\overline{\text{EOP}}$ 信号；D3D2=01，写传送，把外设的数据写入存储器；D3D2=10，读传送，把存储器数据读出送至外设；D3D2=11，无效。

　　D4：自动预置选择。D4=1 时，在 DMA 数据传输结束输出 $\overline{\text{EOP}}$ 时，当前地址寄存器和当前字节计数器自动从对应通道的基地址寄存器和基字节计数器获取初值，准备开始下一轮 DMA 传输。D4=0 时，无自动预置功能。

　　D5：地址加 1 或减 1 选择。一个字节数据传送完毕，D5=1，存储器地址减 1；D5=0，存储器地址加 1。

D7D6：传送方式选择。D7D6=00，请求传送；D7D6=01，单字节传送；D7D6=10，数据块传送；D7D6=11，级联传送。

3. 请求寄存器

DMA 请求方式有两种：一是通过 8237A 4 个通道的 DREQ（硬件）产生，二是通过设置请求寄存器（软件）产生。

请求寄存器的格式如图 7-59 所示。

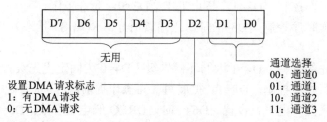

图 7-59　请求寄存器的格式

D1D0：通道选择。D1D0=00～11，对应通道 0～通道 3。

D2：设置 DMA 请求标志。D2=1，有 DMA 请求；D2=0，无 DMA 请求。

在执行存储器到存储器 DMA 传送时，由通道 0 读出数据，由通道 1 将数据写入目的单元，此时启动 DMA 过程不是由外部的 DREQ 请求实现，而必须由内部软件 DMA 请求实现。即对通道 0 的请求寄存器写入 DMA 请求 04H，通过软件产生 DREQ 请求，使 8237A 产生总线请求信号 HRQ，启动 DMA 传送。

4. 屏蔽寄存器

8237A 的每一个通道有一个屏蔽位，当该位为 1 时，屏蔽对应通道的 DMA 请求。屏蔽位可用下列两种命令字置位或清除。

（1）单通道屏蔽字。单通道屏蔽字对某一个通道单独进行屏蔽设置，其格式如图 7-60 所示。

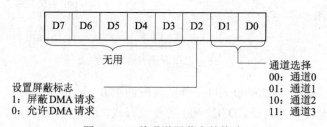

图 7-60　单通道屏蔽字的格式

D1D0：通道选择。D1D0=00～11，对应选择通道 0～通道 3。

D2：设置屏蔽标志。D2=1，屏蔽 DMA 请求；D2=0，允许 DMA 请求。

（2）四通道屏蔽字。四通道屏蔽字可以同时对 4 个通道进行屏蔽设置，其格式如图 7-61 所示。

D3、D2、D1、D0 分别对应通道 3、2、1、0 的屏蔽位标志，若为 1，禁止 DMA 请求；若为 0，允许 DMA 请求。

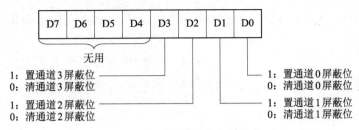

图 7-61　四通道屏蔽字的格式

5. 状态寄存器

状态寄存器用来存放各通道的工作状态与请求标志，其格式如图 7-62 所示。

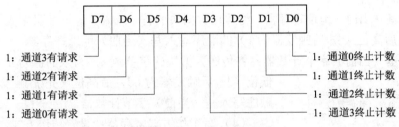

图 7-62　状态寄存器的格式

D3、D2、D1、D0 分别对应通道 3、2、1、0 的终止计数状态，当某通道计数达到 0 或接收到外部输入的有效 $\overline{\text{EOP}}$ 信号时，则相应位置 1。复位或 CPU 读后被清除。

D7、D6、D5、D4 分别对应通道 3、2、1、0 的 DREQ 信号是否有效。

6. 暂存寄存器

用于通道 0 和通道 1 执行存储器到存储器的传输操作时，暂时保存传输的数据。

7. 清除命令

清除命令（软件命令）不需要通过写入命令寄存器来执行，而是只对特定的 DMA 端口执行一次写操作即可执行清除操作。

（1）主清除。主清除命令的功能与复位信号 RESET 类似，可以对 8237A 进行软件复位。只要对 A3～A0=1101 的端口执行一次写操作，便可以使 8237A 处于复位状态，将命令、状态、请求及暂存寄存器和先/后触发器复位，屏蔽寄存器置位，8237A 进入空闲状态。

（2）清除先/后触发器。8237A 通道内有四个 16 位寄存器（基地址寄存器和当前地址寄存器、基字节计数数和当前字节计数器），而内部数据总线是 8 位。先/后触发器用来控制读、写 16 位寄存器的高字节还是低字节。先/后触发器为 0，对低字节操作；先/后触发器为 1，对高字节操作。需要注意的是：该触发器有自动反转功能，执行 RESET 或主清除命令后，该触发器为 0，CPU 可访问寄存器的低字节。访问之后，先/后触发器自动反转为 1，CPU 可访问寄存器的高字节。再访问之后，该触发器又自动反转为 0。先/后触发器的端口地址为 A3～A0=1100。

（3）清除屏蔽位。在 8237A 复位之后，所有的屏蔽位都被置 1，即禁止所有的 DMA 请求。在非自动预置方式下，一旦某通道的 DMA 传送结束，该通道的屏蔽位也被置 1。因此，在 DMA 通道初始化时，为了开放通道的 DMA 请求，必须清除屏蔽位。即对清除屏蔽寄存器的端口地址 A3～A0=1110 进行一次写 0 操作，就可清除四个通道的屏蔽位，开放全部通道的 DMA 请求。例如，设 8237A 的端口地址为 00H～0FH，可用下列指令清除 4 个通道的屏蔽位。

```
MOV AL, 0                        ; 清除 4 个通道的屏蔽位
OUT 0EH, AL                      ; 写入端口地址 A3～A0=1110
```

7.5.5　8237A 的编程

8237A 初始化编程的流程如图 7-63 所示。

8237A 初始化编程的一般步骤如下。

（1）发主清除命令（软件复位）：向 A3～A0=1101，$\overline{CS}$=0 的端口执行一次写操作，即可复位内部寄存器。

（2）写基（当前）地址寄存器：将传送数据块的首（或末）地址按照先低位（先/后触发器为 0），后高位（先/后触发器为 1）的顺序写入基（当前）地址寄存器。

（3）写基（当前）字节计数器：将传送数据块的字节数 n（写入的值为 $n-1$）按照先低位（先/后触发器为 0），后高位（先/后触发器为 1）的顺序写入基（当前）字节计数器。

（4）写工作方式寄存器：设置传送方式、传送类型、地址修改方式、是否自动预置。

（5）写命令寄存器：设置 DREQ 和 DACK 的有效电平、读写时序、优先级方式、是否允许存储器到存储器传送、是否保存通道 0 源地址不变、是否允许 8237A 工作。

（6）写请求寄存器：用软件请求 DMA 传送（如存储器之间的数据块传送）时，才需要写入该寄存器。

（7）写屏蔽寄存器：开放指定 DMA 通道的请求。

下面举例说明如何编写 8237A 的初始化程序。

【例 7-13】编写外设到内存 DMA 传送的初始化程序。

要求：利用 8237 通道 0，将外设长度为 2 000 个字节的数据块传送到内存 8000H 开始的存储单元中（地址自增），采用块传送。外设的 DREQ 和 DACK 都为高电平有效。8237 的 I/O 地址为 70H～7FH。

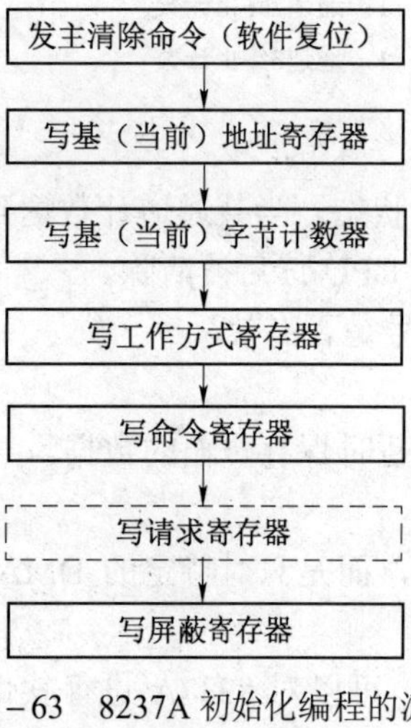

图 7-63　8237A 初始化编程的流程

```
发主清除命令（软件复位）
写基（当前）地址寄存器
写基（当前）字节计数器
写工作方式寄存器
写命令寄存器
写请求寄存器
写屏蔽寄存器
```

初始化程序编制如下：

```
OUT 7DH, AL                      ; 软件复位，先/后触发器为 0
MOV AL, 00H
OUT 70H, AL                      ; 写入通道 0 基（当前）地址寄存器的低 8 位
MOV AL, 80H
OUT 70H, AL                      ; 写入通道 0 基（当前）地址寄存器的高 8 位
MOV AX, 2000                     ; 传输的字节数为 2000
DEC AX                           ; 计数值调整为 2000-1
OUT 71H, AL                      ; 计数值写入基（当前）字节计数器
MOV AL, AH
OUT 71H, AL
```

```
    MOV AL，84H                    ；块传送，地址增 1，写传送
    OUT 7BH，AL                    ；写方式字
    MOV AL，80H
    OUT 78H，AL                    ；写命令字
    MOV AL，00H
    OUT 7AH，AL                    ；写屏蔽字，允许通道 0 请求
```

注意：当传送的数据块的字节数为 n 时，写入计数器的值应调整为 $n-1$。这是因为当计数器的值从初值减到 0 后，还要继续传送一个字节才发送传送结束信号 $\overline{EOP}$。

【例 7－14】编写存储器到存储器 DMA 传送的初始化程序。

要求：将内存 2000H 开始的 2 000 个字节的数据块传送到 8000H 开始的目的单元中，由通道 0 和通道 1 完成传送（设 8237 的 I/O 地址为 70H～7FH）。

初始化程序编制如下：

```
    OUT 7DH，AL                    ；软件复位，先/后触发器为 0
    MOV AL，00H                    ；源地址写入通道 0 基（当前）地址寄存器
    OUT 70H，AL
    MOV AL，20H
    OUT 70H，AL
    MOV AL，00H                    ；目的地址写入通道 1 基（当前）地址寄存器
    OUT 72H，AL                    ；写低位地址
    MOV AL，80H
    OUT 72H，AL                    ；写高位地址
    MOV AX，2000                   ；字节数 2000 写入通道 1 基（当前）字节计数寄存器
    DEC AX                        ；调整计数值
    OUT 73H，AL                    ；写低位计数值
    MOV AL，AH
    OUT 73H，AL                    ；写高位计数值
    MOV AL，88H                    ；块传送，地址增 1，读传送
    OUT 7BH，AL                    ；写通道 0 工作方式字
    MOV AL，85H                    ；块传送，地址增 1，写传送
    OUT 7BH，AL                    ；写通道 1 工作方式字
    MOV AL，81H                    ；允许存储器到存储器传送
    OUT 78H，AL                    ；写命令寄存器
    MOV AL，04H                    ；通道 0 请求 DMA 传送
    OUT 79H，AL                    ；写请求寄存器
    MOV AL，00H                    ；开放全部 DMA 请求
    OUT 7FH，AL                    ；写屏蔽寄存器
```

7.5.6　8237A 的应用举例

【例 7－15】8237A 在微机中的应用。

在 PC/XT 机中使用了一片 8237A 控制 DMA 传送，其硬件连接如图 7-64 所示。8237A 通道 0 用于动态 RAM 刷新，通道 1 为用户保留，通道 2 用做软盘数据传输，通道 3 用做硬盘数据传输，端口地址为 00H～0FH。

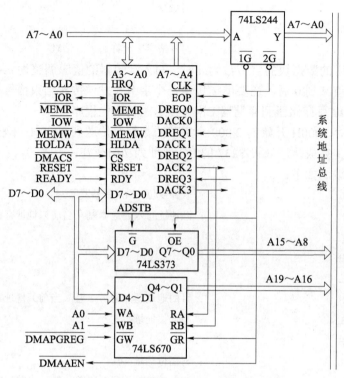

图 7-64　8237A 在 PC/XT 机中的硬件连接图

由于 8237A 每个通道只能提供 16 位地址（A15～A0），但系统地址总线有 20 位，为此在系统中使用一片页面地址寄存器 74LS670 产生 DMA 通道的高 4 位地址 A19～A16。由图 7-64 可知，当 DMA 的地址允许信号 $\overline{\text{DMAAEN}}$ 为低电平时，存储器的 20 位地址 A19～A0 是由页面地址寄存器（输出 A19～A16）、地址锁存寄存器 74LS373（输出 A15～A8）和地址驱动器 74LS244（输出 A7～A0）共同生成的，可实现在 1MB 的存储空间内进行 DMA 传送。

页面地址寄存器 74LS670 片内有 4 个三态输出的 4 位寄存器，端口地址在写入和读出时是分开的。74LS670 的写入功能如表 7-10 所示，由 WB 和 WA 编码选择写入的寄存器，$\overline{\text{GW}}$ 为写入控制信号，低电平有效。74LS670 的读出功能如表 7-11 所示，由 RB 和 RA 编码选择读出寄存器，$\overline{\text{GR}}$ 为读出控制信号，低电平有效。

表 7-10　74LS670 的写入功能

$\overline{\text{GW}}$	WB	WA	功能
0	0	0	写入 0 号寄存器
0	0	1	写入 1 号寄存器
0	1	0	写入 2 号寄存器
0	1	1	写入 3 号寄存器

表 7-11　74LS670 的读出功能

$\overline{\text{GR}}$	RB	RA	功能
0	0	0	读出 0 号寄存器
0	0	1	读出 1 号寄存器
0	1	0	读出 2 号寄存器
0	1	1	读出 3 号寄存器

在图 7-64 中，74LS670 的 4 位数据输入端 D4～D1 连接到系统数据总线的 D3～D0，4 位数据输出端 Q4～Q1 连接到系统地址总线 A19～A16。写寄存器选择端 WA 和 WB 连接到系统地址线 A0 和 A1，写入控制端 $\overline{GW}$ 与 DMA 页面地址选择 DMAPGREG 连接。读寄存器选择端 RA 和 RB 连接到 8237A 的 DACK3 和 DACK2（低电平有效），读出控制端 $\overline{GR}$ 与系统的 DMA 地址允许输出 $\overline{DMAAEN}$ 连接，当 $\overline{DMAAEN}$ 为低电平时，地址总线就可以由 RA 与 RB 编码所指定的寄存器中获取 A19～A16。

根据表 7-11 中 74LS670 的读出寄存器端口编址及 RB 和 RA 与 DACK2 和 DACK3 连接状态可知，通道 2 的高 4 位地址是由 1 号寄存器提供，通道 3 的高 4 位地址是由 2 号寄存器提供，通道 1 的高 4 位地址是由 3 号寄存器提供。由于通道 0 作为 DRAM 刷新，只需要 16 位地址，因此不使用页面地址寄存器提供高 4 位地址。DMA 传送时，各通道的高 4 位地址 A19～A16 与页面地址寄存器 74LS670 的对应关系如表 7-12 所示。

表 7-12　8237A 通道与 74LS670 的对应关系

$\overline{GR}$ ($\overline{DMAEN}$)	RB（DACK2）	RA（DACK3）	功能	正在服务通道号
0	0	0	无效组合	
	0	1	读出 1 号寄存器	通道 2
	1	0	读出 2 号寄存器	通道 3
	1	1	读出 3 号寄存器	通道 1

在 PC/XT 机中，为了保证通道 0 的 DRAM 刷新请求（请求信号由 PC/XT 机中 8254 计数器的通道 1 产生，每隔 15 μs 便会产生 1 次刷新请求）及时得到满足，在 BIOS 初始化程序中，定义 8237A 为固定优先级，单字节传送，正常时序操作，并设置 DACK 为低电平有效，DREQ 为高电平有效。另外，PC/XT 机不支持内存到内存的 DMA 传输。

【例 7-16】编程实现将存储器缓冲区中的数据以 DMA 方式传送到外设显示。I/O 设备由一片 74LS374 锁存器、8 个反相器和 8 个 LED 显示器组成。74LS374 锁存器的输入接 I/O 通道的数据线。DREQ1 信号由外设硬件电路产生，DMA 数据显示原理如图 7-65 所示。

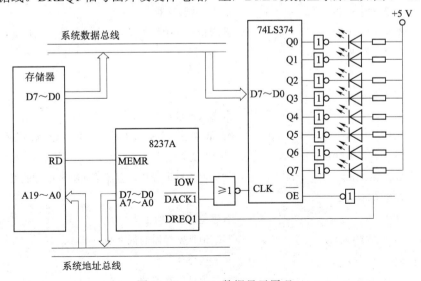

图 7-65　DMA 数据显示原理

分析：当 DREQ1=0，不向 8237A 产生 DMA 请求。当 DREQ1=1，向 8237A 产生 DMA 请求，同时使 74LS374 的 $\overline{OE}$ 有效。

8237A 进入 DMA 服务时，发出 $\overline{DACK1}$ 信号（低电平有效），并发出 16 位地址信息，与在页面寄存器中的高 4 位地址，构成将访问存储器单元的 20 位物理地址。

在 8237A 发出 $\overline{MEMR}$ 信号后，指定存储单元的内容被读出。当 8237A 发出 $\overline{IOW}$ 信号后，$\overline{IOW}$ 和 $\overline{DACK1}$ 信号通过或非门给 74LS374 的 CLK 引脚产生正脉冲信号，将从指定存储单元读出的内容 D7～D0 锁存到 Q7～Q0，通过发光二极管显示。

设 8237A 的端口地址为 00H～0FH；访问存储单元的高 4 位地址 A19～A16 由页面地址寄存器的 3 号寄存器提供，对应的端口地址为 83H。

数据以请求方式传输至外设的程序段如下：

```
DATA SEGMENT
    BUFFER DB 0FH, 55H, 0AH, 00H   ；指定数据存储单元
    DMA   EQU 0                    ；DMAC 端口地址 00H
    PREG EQU 83H                   ；页面寄存器地址
DATA ENDS
STACK SEGMENT PARA STACK
    DW 20H DUP（0）
STACK ENDS
CODE  SEGMENT
    ASSUME CS: CODE, DS: DATA, SS: STACK
START: MOV AX, DATA
       MOV DS, AX
       MOV BX, OFFSET BUFFER
       MOV AL, 05H
       OUT DMA+0AH, AL            ；屏蔽 DMA 通道 1
       OUT DMA+0CH, AL            ；清先/后触发器
       MOV AL, 09H                ；请求传送，地址加 1，无自动预置，读传送，通道 1
       OUT DMA+0BH, AL
       MOV AX, DS
       MOV CL, 4
       ROL AX, CL                 ；数据段地址左移 4 位
       MOV CH, AL                 ；AL 低 4 位为数据段地址高 4 位，送 CH 暂存
       AND AL, 0F0H               ；使 AX 低 4 位为 0
       ADD AX, BX                 ；加偏移地址形成指定存储单元物理地址的低 16 位
       JNC CON
       INC CH                     ；有进位则 CH 加 1
   CON: OUT DMA+2, AL             ；写基地址寄存器的低 8 位
       MOV AL, AH
       OUT DMA+2, AL              ；写基地址寄存器的高 8 位
```

```
        MOV AL, CH
        AND AL, 0FH            ; 取 20 位物理地址的高 4 位地址送页面寄存器
        OUT PREG, AL
        MOV AL, 03H            ; 通道 1 基字节计数寄存器的低 8 位，设传送 4 个字节
        OUT DMA+3H, AL
        MOV AL, 00H            ; 写基字节计数寄存器的高 8 位
        OUT DMA+3H, AL
        MOV AL, 0H             ; DACK 低电平有效，DREQ 高电平有效，正常读写，
                              ; 允许 8237A 工作，禁止存储器到存储器传送
        OUT DMA+08H, AL        ; 写命令寄存器
        MOV AL, 01H           ; 允许通道 1 的 DMA 请求
        OUT DMA+0AH, AL
WAIT1:  IN AL, DMA+08H         ; 读状态寄存器
        AND AL, 02H
        JZ WAIT1              ; 未传送完等待
        MOV AX, 4C00H        ; 传送完返回操作系统
        INT 21H
CODE ENDS
    END START
```

 习题

1. I/O 接口的作用是什么？具有哪些主要功能？

2. CPU 与 I/O 设备数据传送的控制方式有哪几种？它们各有什么特点？

3. I/O 端口的编址方式有哪两种？它们各有什么特点？

4. 8255A 的 3 种工作方式的特点是什么？各适合使用在什么场合？

5. 8255A 的工作方式控制字和 C 口置位/复位控制字的端口地址一样吗？如何区分？

6. 当 CPU 从 8255A 的端口 A 读数据时，8255A 的控制信号 $\overline{CS}$、$\overline{RD}$、$\overline{WR}$、A0、A1 分别是什么电平？

7. 设 8255A 的 A 口工作于方式 0 输入，B 口工作于方式 1 输出，试编写初始化程序（设端口地址为 80H～83H）。

8. 8255A 的 PA0 和 PA1，通过驱动电路，与直流电机的电源输入端相接。利用 8255A 实现直流电机转动方向的控制。当 PA0=1，PA1=0 时，电机正向转动。当 PA0=0，PA1=1 时，电机反向转动。编程实现使电机正向转动 20 s 后反向转动 10 s，并且此过程连续重复进行。设有运行时间为 1s 的延时子程序 DELAY1 可供调用。8255A 的端口地址为 80H～83H。

9. 8255A 的 A 口连接 4 个开关 K0～K3，设定为方式 0 输入，B 口连接一个共阴极 LED 显示器，设定为方式 0 输出。CPU 通过 A 口接收 4 个开关的组合状态，然后通过与 B 口

相连的 LED 显示器，将其对应的十六进制数（0H～FH）显示出来。自己设定 8255A 的端口地址，画出接口电路连接图，并编制程序实现之。

10. 8255A 的 C 口连接 8 只发光二极管的正极（8 个负极共接地）。使用置位/复位控制字来控制这 8 只发光二极管依次亮灭，即当 PC_i 连接的二极管亮时，其余的二极管灭，持续一定时间后，PC_{i+1} 连接的二极管亮，其余的二极管灭，依次循环。设 8255A 端口地址为 380H～383H。画出接口电路连接图，并编制程序。

11. 在甲、乙两台微机之间并行传送 1 KB 的数据，甲机发送，乙机接收。要求甲机一侧的 8255A 工作在方式 1，乙机一侧的 8255A 工作在方式 0，双机都采用查询方式传送数据。试画出通信接口电路图，并编写甲机的发送程序和乙机的接收程序。

12. 8254 定时/计数器有哪几种工作方式？它们主要特点是什么？

13. 如何读取 8254 计数器当前计数值？

14. 外部时钟频率 CKL1=2.5 MHz，利用 8254 产生 5 Hz 的方波信号，设端口地址为 FFA0H～FFA3H。说明实现方法，并编制初始化程序。

15. 使用 8254 产生正脉冲宽度为 2 μs、重复周期为 10 μs 的周期性脉冲信号。设 8254 端口地址为 40H～43H，外部时钟频率为 10 MHz。画出接口电路连接图，编写初始化程序段。

16. 外部时钟频率为 2 MHz，使用 8254 的 3 个计数器分别输出毫秒、秒、时的定时脉冲。画出级联框图，编写初始化程序段。

17. 某系统使用 8254 的计数器 2 中 OUT2 连接一发光二极管，要使发光二极管以点亮 2 s、熄灭 2 s 的间隔工作。计数器 1 中的 OUT1 输出 500 Hz 方波信号通过低通滤波产生驱动扬声器发声的音频信号。两通道的 CLK2、CLK1 接系统时钟，系统时钟频率为 2.5 kHz。8254 各通道端口地址为 BFF8H～BFFBH。编写实现上述工作的完整程序。

18. 使用 8254 计数器 1 对外部脉冲计数。当脉冲达到 10 个时，点亮 1 个发光二极管，并在计算机屏幕上显示"M"。画出接口电路连接图，并编制程序实现（端口地址自设）。

19. 串行通信有哪几种通信方式？它们的特点是什么？

20. 异步串行通信的数据格式是什么？

21. RS－232C 的逻辑电平是如何定义的？它与计算机连接时，为什么要进行电平转换？

22. 试简述串行接口芯片 8250 的基本组成与功能。

23. 什么是波特率？假设异步传输的一帧信息由 1 位起始位、7 位数据位、1 位校验位和 1 位停止位构成，传送的波特率为 9 600，则每秒钟能传输的字符个数是多少？

24. 使用 8250 异步传输 7 位 ASCII 码，如果需要数据传输速率为 120 cps，使用 1 位奇偶校验位和 1 位停止位，波特率是多少？如果基准时钟频率为 1.843 2 MHz，则除数寄存器的值是多少？

25. 试简述 8250 的初始化流程。

26. 设 8250 为自检方式，由键盘读入字符，经 8250 发出，又自行接收回来，再由显示器输出显示，当接收到键入的 Ctrl＋C 时返回 DOS。要求：7 位数据位，1 位停止位，奇校验，波特率为 2 400，输入的基准时钟频率为 1.843 2 MHz，用查询方式实现，8250 的端口地址为 3F8H～3FEH。

27. 采用 8250 实现甲、乙两站之间的近距离通信，甲方发送，乙方接收，传送的数据块为 2 KB。要求：

（1）设计通信电路，画出系统硬件连接图；

（2）完成系统中芯片的初始化；

（3）编写甲方发送程序和乙方接收程序。

28. 为什么要引入 DMA 方式？DMA 方式的特点是什么？DMA 控制器在系统中起什么作用？

29. 8237A 有几个通道？其工作方式有哪几种？通道的优先级如何确定？

30. 试简述 8237A 的初始化流程。

31. 利用 8237 通道 1，将外设长度为 1 000 个字节的数据块传送到内存 2000H 开始的连续的存储单元中。采用块传送，外设的 DREQ1 为高电平有效，DACK1 为低电平有效，设 8237 的 I/O 地址为 70H～7FH。试编写初始化程序。

32. 某系统使用一片 8237A 完成从存储器到存储器的数据传送，已知源数据块的首地址为 2000H，目标数据块中的首地址为 4000H，数据块长度为 2 KB，试编写初始化程序。

研究型教学讨论题

1. 设计一微机监测系统。该系统使用 8250 接收从远方数据发送设备发来的温度数据，并将该温度值通过 8255A 驱动 2 个 8 段 LED 数码显示器（共阴）显示。8250 的基准频率为 1.843 2 MHz。设 8250 接收的温度数据为 BCD 码，对应的温度范围为 0～99℃。画出电路连接图，并编制程序实现（端口地址、通信速率、数据格式自设）。

2. 不用任何连线，编写汇编语言程序，测试某台计算机的 COM1 口是否能够正常工作。

本章教学资源

第 8 章
A/D 与 D/A 转换器接口

提要： 本章首先介绍计算机控制系统中的模拟接口的功能和组成，然后分别以 DAC0832 和 ADC0809 为例，详细说明了 D/A 和 A/D 转换的分类、性能参数及工作原理，并举例进行了应用编程分析。重点阐述了 D/A 和 A/D 转换的工作原理、应用接口电路和程序实现。

　　微型计算机属于数字逻辑设备，需要通过 A/D 和 D/A 转换完成模/数和数/模的转换，才能采集现实世界的物理量信息并控制实际设备。A/D 和/DA 器件就是连接模拟信号源与数字设备、数字计算机或其他数据系统之间联系的桥梁。A/D 转换器的任务是将连续变化的模拟信号转换为离散的数字信号，以便于数字系统进行处理、存储、控制和显示，D/A 转换器的作用是将经处理的数字信号转换成模拟信号以进行控制。

8.1 控制系统中的模拟接口

8.1.1 微机与控制系统的接口

　　微机不能直接处理模拟量，但在许多工业生产过程中，参与测量和控制的物理量，往往是连续变化的模拟量，例如，电流、电压、温度、压力、位移、流量等。为了利用微机实现对工业生产过程的监测和自动调节及控制，必须将连续变化的模拟量转换成微机所能接受的信号，即经过 A/D 转换器转换成相应的数字量，再经输入电路进入微机。另外，为了实现对生产过程的控制，有时需要输出模拟信号，即要经 D/A 转换变成相应的模拟量，再经功率放大，去驱动模拟调节执行机构工作，这就需要通过模拟量输出接口完成此任务。这样，模拟量输入/输出问题，就归结到微机如何与 A/D 转换器和 D/A 转换器的接口上来。

　　微机控制系统对所要监视和控制的生产过程的各种参数，如温度、压力等，必须先由传感器进行检测，并转换为电信号，然后对电信号进行放大处理。接着，通过 A/D 转换器将标准的模拟信号转换为等价的数字信号，再传给微机。微机对各种信号进行处理后输出数字信号，再由 D/A 转换器将数字信号转换为模拟信号，作为控制装置的输出去控制生产过程的各种参数。其过程如图 8-1 所示。图 8-1 中线框 1 为模拟量输入通道，线框 2 为模拟量输出通道。

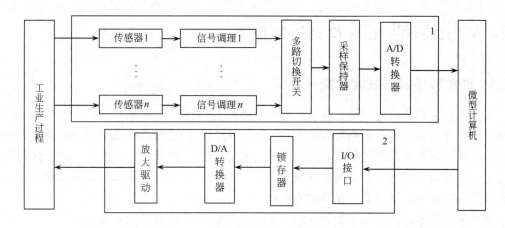

图 8-1　微机与控制系统的接口

8.1.2　模拟量输入通道的组成

能够把生产过程的非电物理量转换成电量（电流或电压）的器件，被称为传感器。例如热电耦能够把温度这个物理量转换成几毫伏或几十毫伏的电信号，因此可作为温度传感器。有时为了电气隔离对电流或电压也采用传感器，原理是利用电流或电压的变化产生的光或磁的变化，电量传感器将光或磁转换成电量。有些传感器不是直接输出电量，而是把电阻值、电容值或电感值的变化作为输出量，反映相应的物理量的变化，例如，热电阻也可作为温度传感器。

不同传感器的输出电信号不同，因此需要通过信号处理环节，将传感器输出的信号放大或处理成与 A/D 转换器的输入相适配的电压范围。另外，传感器与现场信号相连接，处于恶劣的工作环境，其输出叠加有干扰信号。因此信号处理包括低通滤波电路，以滤去干扰信号。通常可采用 RC 低通滤波电路，也可采用由运算放大器构成的有源滤波电路，可以取得更好的滤波效果。

A/D 转换器是模拟量输入通道的核心环节，其作用是将模拟输入量转换成数字量。由于模拟信号是连续不断地在变化，而 A/D 转换总需要一定时间，所以采样后的信号需要保持一段时间。模拟信号一般变化比较缓慢，可以用多路开关把多个模拟信号用一个 A/D 转换器转换，以简化电路与减少成本。

8.1.3　模拟量输出通道的组成

微机输出的信号是以数字的形式给出的，而有的执行元件要求提供模拟的电流或电压，故必须采用模拟量输出通道来实现。它的作用是把微机输出的数字量转换成模拟量，这个任务主要是由数/模（D/A）转换器来完成。由于 D/A 转换器需要一定的转换时间，在转换期间，输入待转换的数字量应该保持不变，而微机输出的数据，在数据总线上稳定的时间很短，因此在微机与 D/A 转换器间必须用锁存器来保持数字量的稳定，经过 D/A 转换器得到的模拟信号，一般要经过低通滤波器，使其输出波形平滑。同时为了能驱动受控设备，可以采用功率放大器作为模拟量输出的驱动电路。

8.2 数/模转换器芯片及其接口技术

8.2.1 D/A 转换器的性能参数和术语

为了设计好微机应用系统，特别关心的是微机与数据转换器件（A/D 及 D/A）的接口、数据转换器件的模拟输入或模拟输出特性，以及为使它们正常工作需要附加的外接电路。为此，必须对转换器件的性能有正确的了解。但是当为了选择一个合理的、适用的器件去查阅数据转换器件的数据手册时，常常会碰到一些比较生疏的技术术语。正确地了解这些术语的含义对正确地选择器件是非常有益的。

需要指出的是，各个厂家对同一技术术语往往给出不尽相同的定义。下面介绍的是通常使用的定义。

1. 分辨率（resolution）

这个参数表明 D/A 转换器对模拟值的分辨能力，它是最低有效位（LSB）所对应的模拟值。它确定了能由 D/A 产生的最小模拟量的变化。分辨率通常用二进制数的位数表示，如分辨率为 8 位的 D/A 能给出满量程电压的 1/256 的分辨能力。

2. 精度（accuracy）

顾名思义 D/A 的精度表明 D/A 转换的精确程度。它可分为绝对精度和相对精度。

（1）绝对精度（absolute accuracy）。D/A 的绝对精度（绝对误差）指的是在数字输入端加有给定的数码时，在输出端实际测得的模拟输出值（电压或电流）与应有的理想输出值之差。它是由 D/A 的增益误差、零点误差、线性误差和噪声等综合引起的。因此，在 D/A 的数据图表上往往是以单独给出各种误差的形式来说明绝对误差。

（2）相对精度（relative accuracy）。D/A 的相对精度指的是满量程值校准以后，任一数字输入的模拟输出与它的理论值之差。对于线性 D/A 来说，相对精度就是非线性度。

在 D/A 数据图表中，精度特性一般是以满量程电压（满度值）V_{FS} 的百分数或以最低有效位（LSB）的分数形式给出，有时用二进制数的形式给出。

精度 $\pm 0.1\%$ 指的是：最大误差为 V_{FS} 的 $\pm 0.1\%$。如满度值为 10 V 时，则最大误差为 $V_E = \pm 10\,mV$。

n 位 D/A 的精度为（$\pm 1/2$）LSB 指的是最大可能误差为：

$$V_E = \pm \frac{1}{2} \times \frac{1}{2^n} V_{FS} = \pm \frac{1}{2^{n+1}} V_{FS}$$

精度为 n 位指的是最大可能误差为：

$$V_E = \frac{1}{2^n} V_{FS}$$

注意：精度和分辨率是两个截然不同的参数。分辨率取决于转换器的位数，而精度则取决于构成转换器和各个部件的精度和稳定性。

3. 线性误差和微分线性误差

（1）线性误差（linearity error）。有时称为非线性度。由于种种原因，D/A 的实际转换特性（各数字输入值所对应的各模拟输出值之间的连线）与理想的转换特性（始终点连线）之间是有偏差的，这个偏差就是 D/A 的线性误差。图表中给出的线性误差通常是误差的最大值，并通常以 LSB 的分数值的形式给出。好的 D/A 的线性误差不应大于（±1/2）LSB。

（2）微分线性误差（differential linearity error）。一个理想的 D/A，任意两个相邻的数字码所对应的模拟输出值之差应恰好是一个 LSB 所对应的模拟值。如果大于或小于 1 个 LSB 就是出现了微分线性误差，其差值就是微分线性误差值。微分线性误差通常也是以 LSB 的分数值的形式给出。微分线性误差为（±1/2）LSB 指的是转换器在整个量程中，任意两个相邻数字码所对应的模拟输出值之差，都在（1±1/2）LSB 所对应的模拟值之间。微分线性误差是一个非常重要的特性参数，因为这个误差如果超过一个 LSB，必将导致特性曲线的非单调性（数字值增大，模拟输出反而减小）。D/A 的非单调性（non-monotonicity）是由于解码网络电阻值的不精确或由于某种原因出现变值所引起的，而且都是出现在进位的转折点上。例如，当数字 1000 B 所产生的模拟值小于 0111 B 所产生的模拟值时，就会出现非单调性。而开关树型 D/A，由于采用分压器结构，就从根本上保证了单调性特性。

4. 数据转换器的温度系数

（1）温度系数（temperature coefficient）。这个术语用于说明转换器受温度变化影响的特性。有几个转换器参数都受温度变化的影响，如增益、线性度、零点及偏移等。这些参数的温度系数都指的是在规定的温度范围内，温度每变化 1 ℃这些参数的变化量。在这些参数的温度系数中，影响最大的是增益温度系数。

（2）增益温度系数（gain temperature coefficient）。它定义为周围温度变化 1 ℃所引起的满量程模拟值变化的百万分数（10^{-6}/℃）。对于典型的转换器，增益温度系数可能在 $10\times10^{-6}\sim100\times10^{-6}$/℃ 范围内。虽然每度（℃）只有万分之一的变化，是一个非常小的值，但对于一个 10 位的转换器来说，温度变化 10 ℃就导致 1LSB 的满量程电压误差。大多数转换器的工作温度范围为 0～70 ℃，这就意味着将产生 0.7%的误差，这样大的误差在很多应用中是不容许的，所以要特别给予注意。

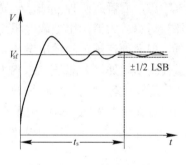

5. 建立时间（settling time）

这是 D/A 的一个重要性能参数。它通常定义为：在数字输入端发生满量程码的变化以后 D/A 的模拟输出稳定到最终值（±1/2）LSB 时，所需要的时间，如图 8-2 所示的 t_s。

图 8-2　D/A 的建立时间

当输出的模拟量为电流时，这个时间很短；如输出形式是电压，则它主要是输出运算放大器所需的时间。

6. 电源敏感度（power supply sensitivity）

这个性能参数术语反映转换器件对电源电压变化的敏感程度。它通常被定义为：当电源电压的变化 ΔU_s 为电源电压 U_s 的 1%时，所引起的模拟值变化的百分数。典型的要求为 0.05%/%ΔU_s，这指的是电源电压变化 1%导致数据转换器的模拟值出现不大于 0.5%的误差。电源敏感度特性或称为电源抑制比，有时它以百万分数（10^{-6}/%ΔU_s）的形式给出，以代替前面给出的"%/%"形式的定义。性能良好的转换器当电源电压变化 3%时，满量程模拟值的变化应不超过（±1/2）LSB。

7. 输出电压一致性（顺从性）（output voltage compliance）

当 D/A 只提供电流输出时，它的输出电阻应该很大，这时可以直接用负载电阻把电流输出转变为电压输出，而省掉运算放大器。但是负载电阻值（输出电压值）不是可以无限增加的，当增加到一定程度时，就将使它对电流输出的影响超过一定程度，而使电流输出特性遭到破坏。在可以使 D/A 仍然提供规定的电流输出特性条件下，在电流输出端通过负载电阻能得到的电压输出的最大范围称为输出电压一致性（与电流输出特性一致）。

8.2.2　D/A 转换器的分类

D/A 转换器（DAC）的内部电路构成无太大差异，一般按输出是电流还是电压、能否作乘法运算等进行分类。大多数 D/A 转换器由电阻阵列和 n 个电流开关（或电压开关）构成。按数字输入值切换开关，产生比例于输入的电流（或电压）。此外，也有为了改善精度而把恒流源放入器件内部的。一般来说，由于电流开关的切换误差小，大多采用电流开关型电路，电流开关型电路直接输出生成的电流，用于电流输出型 D/A 转换器，电压开关型电路直接输出电压，用于电压输出型 D/A 转换器。

1. 电压输出型 D/A 转换器

电压输出型 D/A 转换器虽有直接从电阻阵列输出电压的，但一般采用内置输出放大器以低阻抗输出。直接输出电压的器件仅用于高阻抗负载，由于无输出放大器部分的延迟，故常作为高速 D/A 转换器使用。

2. 电流输出型 D/A 转换器

电流输出型 D/A 转换器很少直接利用电流输出，大多外接电流—电压转换电路得到电压输出，后者有两种方法：一是只在输出引脚上接负载电阻而进行电流—电压转换，二是外接运算放大器。用负载电阻进行电流—电压转换的方法，虽可在电流输出引脚上出现电压，但必须在规定的输出电压范围内使用，而且由于输出阻抗高，所以一般外接运算放大器使用。此外，大部分 CMOS D/A 转换器当输出电压不为零时不能正确动作，所以必须外接运算放大器。当外接运算放大器进行电流电压转换时，则电路构成基本上与内置放大器的电压输出型相同，这时由于在 D/A 转换器的电流建立时间上加入了运算放大器的延迟，使响应变慢。此外，这种电路中运算放大器因输出引脚的内部电容而容易起振，有时必须作相位补偿。

3. 乘算型 D/A 转换器

D/A 转换器中有使用恒定基准电压的，也有在基准电压输入上加交流信号的，后者由于能得到数字输入和基准电压输入相乘的结果而输出，因而称为乘算型 D/A 转换器。乘算型 D/A 转换器不仅可以进行乘法运算，而且可以作为使输入信号数字化地衰减的衰减器及对输入信号进行调制的调制器使用。

4. 一位 D/A 转换器

一位 D/A 转换器与前述转换方式全然不同，它将数字值转换为脉冲宽度调制或频率调制的输出，然后用数字滤波器作平均化而得到一般的电压输出（又称位流方式），用于音频等场合。

8.2.3　典型 D/A 转换器的工作原理

目前市场上 D/A 转换器的种类很多，功能、特性各异，下面仅介绍较为典型的 D/A 转换器芯片 DAC0832。

1. 简介

DAC0832 是一款 CMOS 8 位乘法数模转换器，它用于直接与 8086、Z80 等微处理器接口。芯片中的 R－2R 电阻梯形网络可分配参考电流，并为电路提供良好的温度跟踪特性（满量程最大线性误差随温度变化 0.05%）。该电路使用 CMOS 电流开关和控制逻辑来降低功耗和输出泄漏电流误差，使用专门的电路来保证与 TTL 逻辑输入电平兼容。

双缓冲输入方式使得数模转换器能够在输出某一数字信号对应的模拟电压的同时，保存下一个数字信号。这样多个转换器可以同时进行数模转换。

2. 主要性能和特点

DAC0832 是 NS 公司（National Semiconductor Corporation）生产的内部带有数据输入寄存器和梯形电阻网络的 8 位 D/A 转换器。DAC0832 与微机接口方便，转换控制容易，具有一定的代表性。

DAC0832 具有以下主要特性。

（1）电流输出型 D/A 转换器。

（2）数字量输入具有双重缓冲功能，且可双缓冲、单缓冲或直通方式数字输入。

（3）与所有微处理器可直接接口。

（4）输入数据的逻辑电平满足 TTL 电平规范。

（5）分辨率为 8 位。

（6）满量程误差为 ±1 LSB。

（7）转换时间（建立时间）为 1 μs。

（8）增益温度系数为 $20 \times 10^{-6}/℃$。

（9）参考电压为 ±10 V。

（10）单电源 +5 V～+15 V。

（11）功耗为 20 mW。

（12）仅用零点和满量程调整确定线性关系。

（13）可工作于电压切换模式。

3. 内部结构及引脚功能

DAC0832 是一种具有 20 个引脚的芯片，内部结构及外部引脚如图 8－3 所示。

由图 8－3 可知，DAC0832 内部由二级缓冲寄存器（一个 8 位输入寄存器和一个 8 位 DAC 寄存器）和一个 D/A 转换器（R－2R 梯形电阻解码网络）及转换控制电路组成。两个 8 位输入寄存器可以分别选通，从而使 DAC0832 实现双缓冲工作方式，即可把从 CPU 送来的数据先打入输入寄存器，在需要进行转换时，再选通 DAC 寄存器，实现 D/A 转换，这种工作方式称为双缓冲工作方式。

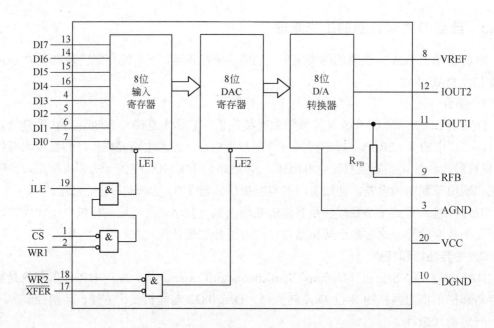

图 8-3　DAC0832 的内部结构及外部引脚

图 8-4 为 DAC0832 的引脚图。

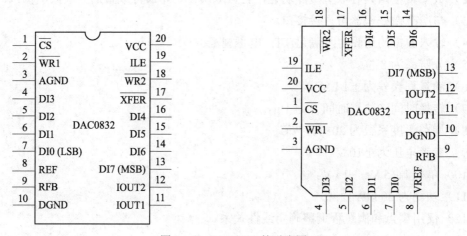

图 8-4　DAC0832 的引脚图

各引脚的功能说明如下。

ILE：输入锁存允许信号，输入，高电平有效。

$\overline{\text{CS}}$：片选信号，输入，低电平有效，它和输入锁存允许信号 ILE 合起来决定 $\overline{\text{WR1}}$ 是否起作用。

$\overline{\text{WR1}}$：写信号 1，它作为输入寄存器的写选通信号（锁存信号）将输入数据锁入 8 位输入锁存器。$\overline{\text{WR1}}$ 必须与 $\overline{\text{CS}}$、ILE 同时有效，即当 ILE 为高电平、$\overline{\text{CS}}$ 和 $\overline{\text{WR1}}$ 同为低电平时，$\overline{\text{LE1}}$ 为高电平，输入寄存器的输出随输入而变化（即输入不锁存），当 $\overline{\text{WR1}}$ 变为高电平时，$\overline{\text{LE1}}$ 为低电平，输入数据被锁存在输入寄存器中。输入寄存器的输入不再随外部数据的变化而变化。

$\overline{\text{WR2}}$：写信号 2，即 DAC 寄存器的写选通信号。$\overline{\text{WR2}}$ 有效将锁存在输入寄存器中的数据送到 8 位 DAC 寄存器中进行锁存，此时传送控制信号 $\overline{\text{XFER}}$ 必须为有效。

$\overline{\text{XFER}}$：数据传送控制信号，输入，低电平有效。用来控制 $\overline{\text{WR2}}$，对 8 位 DAC 寄存器来说，其锁存信号 $\overline{\text{LE2}}$ 由 $\overline{\text{WR2}}$ 和 $\overline{\text{XFER}}$ 的组合产生，当 $\overline{\text{WR2}}$ 和 $\overline{\text{XFER}}$ 同为低电平时，$\overline{\text{LE2}}$ 为高电平，DAC 寄存器的输出随它的输入（8 位输入寄存器输出）而变化；当 $\overline{\text{WR2}}$ 或 $\overline{\text{XFER}}$ 由低变高时，$\overline{\text{LE2}}$ 变为低电平，$\overline{\text{LE2}}$ 的负跳变将输入寄存器的数据锁存在 DAC 寄存器中，即输入寄存器送来的数据被锁存在 DAC 寄存器的输出端，可加到 D/A 转换器去进行转换。

DI7～DI0：8 位数字量输入端，DI0 为最低位，DI7 为最高位。

IOUT1：DAC 电流输出 1，它为数字输入端逻辑电平为 1 的各位输出电流之和。DAC 寄存器内部随输入代码线性变化，当 DAC 寄存器的内容为全 1 时，I_{OUT1} 为最大；DAC 寄存器的内容为全 0 时，I_{OUT1} 为最小。

IOUT2：DAC 电流输出 2，I_{OUT2} 等于常数减去 I_{OUT1}，即 $I_{\text{OUT1}}+I_{\text{OUT2}}=$ 常数。此常数对应于一固定基准电压的满量程电流。

RFB：片内反馈电阻引脚，与外接运算放大器配合构成 I/V 转换器。

VREF：参考电源或叫基准电源输入端，此端可接一个正电压或一个负电压，范围为 +10 V～−10 V，由于它是转换的基准，要求电压准确，稳定性好。

VCC：芯片供电电压端，范围为 +5 V～+15 V，最佳值为 +15 V。

AGND：模拟地，即芯片模拟电路接地点，所有的模拟地要连在一起。

DGND：数字地，即芯片数字电路接地点，所有的数字电路地连在一起。使用时，再将模拟地和数字地连到一个公共接地点，以提高系统的抗干扰能力。

4．工作原理

图 8-5 所示的模拟电路由芯片表面氧化层上的 R-2R 梯形网络组成。梯形电路不存在寄生二极管问题，所以即使芯片的 VCC 为 5 V，参考电压 V_{REF} 也可以在 −10 V 至 +10 V 的范围内取值。DAC 的数字输入码仅仅只是控制 SPDT（单刀双掷开关）电流开关的位置，并将输入梯形网络的电流分别转换为逻辑输入电平（1 或 0）对应的输出电流 I_{OUT1} 或 I_{OUT2}，如图 8-5 所示。MOS 开关在电流模式下工作压降比较小，因此可以切换任一极性的电流，这是 DAC0832 实现四象限乘法的基础。

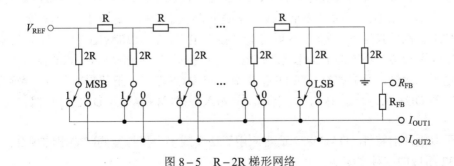

图 8-5　R-2R 梯形网络

5. DAC0832 的工作方式

DAC0832 最大的特点是 8 位数字输入是双缓冲的，也就是说数据通过两个独立控制的 8 位锁存寄存器进行传输，然后才能通过 R-2R 梯形网络来产生相应的模拟输出。增加第二个寄存器为芯片提供了两个实用的功能，首先，系统中的任何 DAC 都可以同时将 DAC 当前数据保存在一个寄存器（DAC 寄存器）中，将下一个数据保存在第二个寄存器（输入寄存器）中，以便根据需要快速更新 DAC 输出。其次，双缓冲允许系统中的任意数量的 DAC 通过共同的选通信号同时更新其模拟输出电平。寄存器控制信号的时序要求和逻辑电平约定的设计尽量简化外部接口逻辑，以方便对于大多数微处理器和系统开发的应用。这些 DAC 的所有输入都符合 TTL 电压电平规范，并且还可以在非微处理器系统中直接采用高压 CMOS 逻辑驱动。为防止静电放电对芯片造成损坏，所有未使用的数字输入应连接到 VCC 或地。对于悬空的数字输入，DAC 将该引脚电平视为逻辑 1。

改变图 8-3 中几个转换控制信号的时序和电平，就可使 DAC0832 处于 3 种不同的工作方式。

（1）直通方式。直通方式就是使 DAC0832 内部的两个寄存器（输入寄存器和 DAC 寄存器）处于不锁存状态，数据一旦到达输入端 DI7~DI0，就直接送入 D/A 转换器，被转换成模拟量。输入数据变化，D/A 转换器的输出模拟量跟着变化。为实现直通方式，必须使 ILE 为高电平，$\overline{CS}$、$\overline{WR1}$、$\overline{WR2}$ 和 $\overline{XFER}$ 端都须接数字地，这时锁存信号 $\overline{LE1}$、$\overline{LE2}$ 均为高电平，输入寄存器和 DAC 寄存器便均处于不锁存状态，即直通方式。

直通方式一般可用于一些不采用微机的控制系统中。例如，在构成波形发生器时，是把要产生的基本波形的数据存放在 ROM 中，然后连续地取出这些数据送到 DAC 去转换成电压信号，而不需要用任何外部控制信号，这时就可以用直通方式。

（2）单缓冲方式。单缓冲方式就是使两个寄存器中的一个处于直通方式，另一个处于锁存方式，输入数据只经过一级缓冲器送入 D/A 转换器，通常的做法是将 $\overline{WR2}$ 和 $\overline{XFER}$ 均接地，使 DAC 寄存器处于直通方式，而把 ILE 接高电平，$\overline{CS}$ 接端口地址译码信号，$\overline{WR1}$ 接 CPU 系统总线的 $\overline{IOW}$ 信号，使输入寄存器处于锁存方式，这样便可通过执行一条 OUT 指令，选中该端口，使 $\overline{CS}$ 和 $\overline{WR1}$ 有效，从而启动 D/A 转换器。单缓冲方式只需执行一次写操作即可完成 D/A 转换。一般当不需要多个模拟量同时输出时，可采用单缓冲方式。

（3）双缓冲方式。双缓冲方式就是使输入寄存器和 DAC 寄存器均处于锁存状态，数据要经过两级锁存（即两级缓冲）后再送入 D/A 转换器，这就是说，要执行两次写操作才能完成一次 D/A 转换。利用双缓冲方式可在 D/A 转换的同时，进行下一个数据的输入，这样可有效地提高转换速度。这时，只要将 ILE 接高电平，$\overline{WR1}$ 和 $\overline{WR2}$ 接 CPU 的 $\overline{IOW}$，$\overline{CS}$ 和 $\overline{XFER}$ 分别接两个不同的 I/O 地址译码信号。当执行 OUT 指令时，$\overline{WR1}$ 和 $\overline{WR2}$ 均变为有效低电平。这样，可先执行一条 OUT 指令，选中 $\overline{CS}$ 端口，把数据写入输入寄存器；再执行第二条 OUT 指令，选中 $\overline{XFER}$ 端口，把输入寄存器内容写入 DAC 寄存器，实现 D/A 转换。

由于双缓冲的特性，DAC0832 适合应用于 2 个或多个模拟量同时输出的场合。由 3 片 DAC0832 组成的这种系统如图 8-6 所示。

ILE 置为高电平，在 $\overline{WR}$ 和片选信号 CS1、$\overline{CS2}$ 和 $\overline{CS3}$ 分别为低电平的控制下，有关数据分别被输入给相应 DAC0832 的输入寄存器。当需要进行同时模拟输出时，在 $\overline{XFER}$ 和

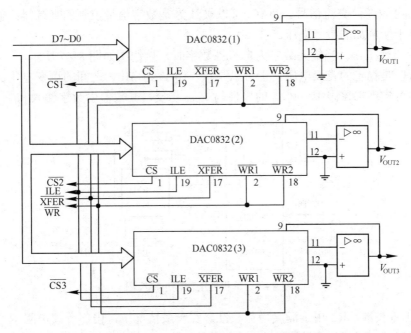

图 8-6　3 个模拟量同时输出的接线图

$\overline{\text{WR}}$ 均为低电平的作用下，把各输入寄存器中的数据同时传送给各自的 D/A 寄存器。3 个 D/A 转换器同时转换，同时给出模拟输出。

可以看出，工作在双缓冲方式时，能做到在对某数据转换的同时，进行下一个数据的采集，因此转换速度较高。

为了保证 DAC0832 可靠工作，一般情况下 $\overline{\text{WR}}$ 脉冲的宽度应不小于 500 ns；若 V_{cc}=15 V，则可小至 100 ns。输入数据保持时间不应小于 90 ns，否则可能锁存错误数据。无用的数字信号端应根据要求接地或接 VCC，不能悬空，否则 D/A 将视为 1。

6. DAC0832 的模拟输出

任何 DAC 的基本目的都是提供一个精确的模拟输出量，它对应着所输入的数字量。在使用 DAC0832 的情况下，I_{OUT1} 输出的是与施加的参考电压和数字输入量的乘积成正比的模拟电流。对于多功能应用，I_{OUT2} 的输出电流与数字输入的余量（数字输入的最大值与数字输入的差）成正比。一般地：

$$I_{\text{OUT1}} = \frac{V_{\text{REF}}}{15\,\text{k}\Omega} \cdot \frac{\text{数字输入}}{256}$$

$$I_{\text{OUT2}} = \frac{V_{\text{REF}}}{15\,\text{k}\Omega} \cdot \frac{255 - \text{数字输入}}{256}$$

数字输入是 8 位的二进制数（0 到 255），V_{REF} 是引脚 8 的电压，15 kΩ 是 R-2R 梯形网络内阻 R 的标称值。

在大多数应用中，输出电流通过使用运算放大器转换为电压，运算放大器的反相输入是通过内部电阻 R_{FB} 的输出反馈产生的"虚拟地"，输出电流（由数字输入和参考电压决定）将通过 R_{FB} 流向放大器的输出。该参考电压可以是稳定的直流电压源，也可以是−10 V 至

+10 V 范围内的任何交流信号。DAC 可以被认为是数字信号控制的衰减器：输出电压总是小于或等于所施加的参考电压。

（1）单极性工作。当输入数字为单极性数字时，接线图如图 8−7 所示。

V_{REF} 可以是稳定的直流电压，也可以是从 −10 V 到 +10 V 之间的可变电压。当为可变电压时，即可实现二象限乘。V_{OUT} 的极性与 V_{REF} 相反，其数值由数字输入和 V_{REF} 决定。

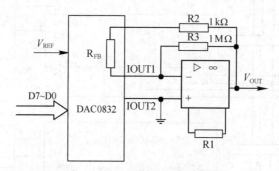

图 8−7 单极性工作输出接线图

R1 用于零校准，R2 用于满度增益校准。在一般情况下，内部反馈电阻 R_{FB} 能满足满度增益精度要求，因而在反馈回路中不需串加校准电阻 R2，也不需并联 R3。

（2）双极性工作。当输入为双极性数字（偏移二进制码）时，接线图如图 8−8 所示。如果基准电压 V_{REF} 也是可变电压，则可实现四象限乘。

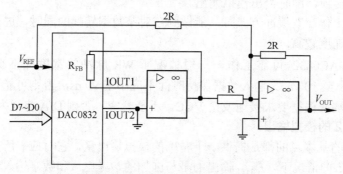

图 8−8 双极性工作输出接线图

7. DAC0832 的调零与满量程调整

（1）调零。为了保证转换的准确性，输出放大器的输入失调电压必须始终为零，否则放大器失调电压误差会造成 DAC 线性度的整体下降。调零的根本目的是使 DAC 输出端的电压尽可能接近 DC 0 V。通过将放大器反馈电阻 R_{FB} 短路，然后调整运算放大器的调零电位器，使得输出为 0 V，这样就可以实现典型的 DAC 与运放连接方式。除此之外，如果用 I_{OUT1} 驱动运算放大器则需要数字输入码全为零（I_{OUT2} 驱动则全为 1），然后将 R_{FB} 重新接入，就完成了对 DAC 转换器的调零。

（2）满量程调整。在某些应用中，如果 R_{FB} 与 R−2R 梯形图的 R 值（通常为 ±0.2%）匹配不足以实现满量程精度，可以调整 V_{REF} 电压或者增加一个外部电阻和电位器（如图 8−9 所示）来实现满量程调整。

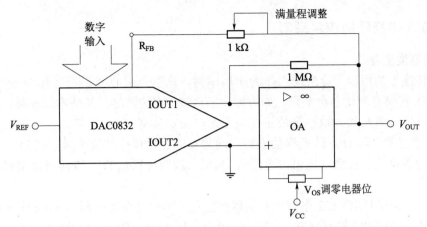

图 8-9　满量程调整

用于满量程调整的电阻的温度系数是一个需要关注的重要问题。为了防止外部电阻引起增益误差温度系数的降低，理想情况下它们的温度系数必须与 DAC 内部电阻的温度系数相匹配，但这在现实中是非常不容易实现的。对于图 8-9 中给出的值，如果电阻和电位器各自的温度系数最大为 $\pm 100 \times 10^{-6}/℃$，则当电位器设置为 $\leqslant 3\% R_{FB}$ 时，整体增益误差温度系数最大将减少 0.002 5%FS/℃。

8. DAC0832 与 CPU 的接口

因为 DAC0832 本身有数据锁存器，所以与 CPU 的接口很简单，只需外加地址译码给出片选信号即可。如果不要求几片 DAC0832 同时输出模拟量，则可只用一级缓冲。这时，可将 $\overline{CS}$ 和 $\overline{XFER}$ 接在地址译码的同一个输出端上，把 $\overline{WR1}$ 和 $\overline{WR2}$ 接同一个控制信号。因为没有外界的禁止输入锁存控制，ILE 可以简单地接+5 V。整个数字接口电路如图 8-10 所示，这里转换器的地址设定为 88H。

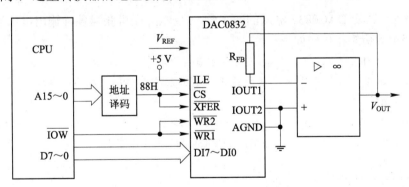

图 8-10　DAC0832 与 CPU 的接口电路

微处理器只要执行输出指令：

```
OUT  88H,AL
```

即可把累加器中的数据送入 DAC0832 进行转换输入。

DAC0832 为电流输出型 DAC，使用时需用运算放大器，芯片的电源电压最好工作在 +15 V，经过运算放大器后，输出电压极性与 V_{REF} 极性相反。

8.2.4 D/A 转换器的应用举例

1. 波形发生器

D/A 转换器的用途十分广泛，作为应用举例，这里介绍 D/A 转换器作为波形发生器。即利用 D/A 转换器产生各种波形，如方波、三角波、锯齿波等。其基本原理是：利用 D/A 转换器输出模拟量与输入数字量成正比关系这一特点，将 D/A 转换器作为微机的输出接口，CPU 通过程序向 D/A 转换器输出随时间呈不同变化规律的数字量，则 D/A 转换器就可输出各种各样的模拟量（电流或电压）。利用示波器可以从 D/A 转换器输出端观察到各种波形。

图 8-11 是用 DAC0832 作波形发生器产生各波形的硬件连接图。图 8-11 中利用并行接口 8255A 作为 CPU 与 DAC0832 之间的接口，且 8255A 的 A 口为数据输出口，通过它把变化的数据传送到 DAC0832，用 C 口 PC4～PC0 共 5 位作为控制信号来控制 DAC0832 的数据锁存和转换操作。设 8255A 的端口地址分别为 3F0H、3F1H、3F2H、3F3H。

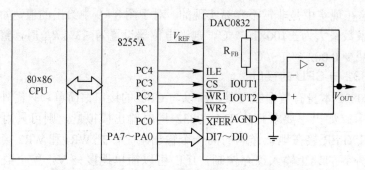

图 8-11 用 DAC0832 作波形发生器的硬件连接图

通过编程，改变 DAC0832 输入的数字量，在 V_{OUT} 端可获得各种输出电压波形。
对 8255A 的初始化程序如下：

```
MOV   DX, 3F3H          ；8255A 控制器地址
MOV   AL, 80H           ；设置 8255A 的方式字，PA、PB、PC 均为方式 0 输出
OUT   DX, AL
MOV   DX, 3F2H          ；8255A 的 C 口地址
MOV   AL, 10H           ；置 DAC0832 为直通工作方式
OUT   DX, AL
```

生成锯齿波循环的程序段如下：

```
LOP: MOV   DX, 3F0H      ；8255A 的 A 口地址
     MOV   AL, 00H       ；输出数据初值
     OUT   DX, AL        ；锯齿波输出
     INC   AL            ；修改数据
     JMP   LOP           ；锯齿波循环
```

上述程序段能产生如图 8-12 所示的正向锯齿波形。

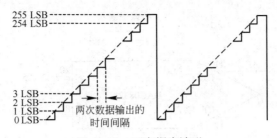

图 8-12　正向锯齿波形

从 0 增长至最大输出电压，中间要分成 256 个小台阶，但从宏观看，仍是一个线性增长的电压。对于锯齿波的周期可以用延时进行调整，在 JMP 指令前加延时程序，可以控制台阶的大小，从而调整锯齿波的周期，当延时时间较短时可用几条 NOP 指令来实现。此外，若要产生负向锯齿波，只要将数据从最大（全 1）逐渐减小到 0 即可。

生成三角波循环，将正、负问锯齿波组合，就可产生三角波。

程序如下：

```
        MOV   DX, 3F3H        ; 8255A 控制器地址
        MOV   AL, 80H         ; 8255A 的方式字
        OUT   DX, AL
        MOV   DX, 3F2H        ; 8255A 的 C 口地址
        MOV   AL, 10H         ; 置 DAC0832 为直通工作方式
        OUT   DX, AL
LOP:    MOV   DX, 3F0H        ; 置 8255A 的 A 口地址
        MOV   AL, 00H         ; 三角波正向初值
LADD:   OUT   DX, AL
        INC   AL
        JNZ   LADD
        MOV   AL, 0FFH        ; 三角波负向初值
LDEC:   OUT   DX, AL
        DEC   AL
        JNZ   LDEC
        JMP   LOP
```

按类似方法可以产生方波和梯形波，方波的宽度可以用延时程序来实现。

2. DAC 控制放大器

$$V_{OUT} = \frac{-V_{IN}(256)}{D}$$

当 $D=0$ 时，放大器将开路并且输出饱和。

随着 DAC 的数字输入从满量程变至零，放大器负输入端到输出端的反馈阻抗将从 15 kΩ 变化至无穷大。图 8-13 是 DAC 控制的放大器（音量控制）。

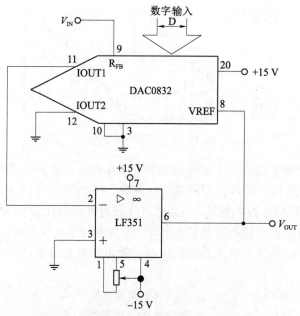

图 8-13　DAC 控制的放大器（音量控制）

8.3　模/数转换器芯片及其接口技术

8.3.1　A/D 转换器的分类及特点

1. A/D 转换器的分类及特点

A/D 转换器（ADC）的分类及特点如表 8-1 所示。

表 8-1　A/D 转换器的分类及特点

分　类			特　点
计数型	V/F 型	单积分型	分辨率高，结构简单，便宜，能抑制周期性干扰，速度低
		电荷平衡型	
		量子化平衡型	
		脉宽调制型	
		二重平衡型	
	积分型	双积分型	分辨率高，响应快，抑制噪声，速度低
		四重积分型	
		同时积分型	
		五相比较型	
		逐次比较型	
比较型	反馈型	跟踪型	转换速度快，精度高
		串行	转换快，适合单通道采集，对噪声敏感
	非反馈型	并行	集成度高，速度较快
		串并行	转换速度最快，元件多，复杂，价格高，精度低
		分级型	速度快，精度高

2. A/D 转换器的基本原理

下面简要介绍常用的几种类型的基本原理及特点：积分型、逐次比较型、并行比较型/串并行比较型、$\Sigma-\Delta$ 调制型、电容阵列逐次比较型及压频变换型。

（1）积分型。积分型 A/D 转换器的工作原理是将输入电压转换成时间（脉冲宽度信号）或频率（脉冲频率），然后由定时器/计数器获得数字值。其优点是用简单电路就能获得高分辨率，但缺点是由于转换精度依赖于积分时间，因此转换速率很低。初期的单片 A/D 转换器大多采用积分型，现在逐次比较型已逐步成为主流。

（2）逐次比较型。逐次比较型 A/D 转换器由一个比较器和 D/A 转换器通过逐次比较逻辑构成，从 MSB 开始，顺序地对每一位将输入电压与内置 D/A 转换器输出进行比较，经 n 次比较而输出数字值。其电路规模属于中等。其优点是速度较高、功耗低，在低分辨率（＜12 位）时价格便宜，但高精度（＞12 位）时价格很高。

（3）并行比较型/串并行比较型。并行比较型 A/D 转换器采用多个比较器，仅做一次比较而实行转换，又称 Flash（快速）型。由于转换速率极高，n 位的转换需要 2^n-1 个比较器，因此电路规模也极大，价格也高，只适用于视频 A/D 转换器等速度特别高的领域。

串并行比较型 A/D 转换器的结构介于并行比较型和逐次比较型之间，最典型的是由 2 个 $n/2$ 位的并行比较型 A/D 转换器配合 D/A 转换器组成，用两次比较实行转换，所以称为 half flash（半快速）型。还有分成三步或多步实现 A/D 转换的，叫作分级（multistep/subrangling）型 A/D，而从转换时序角度又可称为流水线（pipelined）型 A/D，现代的分级型 A/D 中还加入了对多次转换结果作数字运算而修正特性等功能。这类 A/D 速度比逐次比较型高，电路规模比并行比较型小。

（4）$\Sigma-\Delta$ 调制型。$\Sigma-\Delta$ 调制型 A/D 转换器由积分器、比较器、1 位 D/A 转换器和数字滤波器等组成。原理上近似于积分型，将输入电压转换成时间（脉冲宽度）信号，用数字滤波器处理后得到数字值。电路的数字部分基本上容易单片化，因此容易做到高分辨率。$\Sigma-\Delta$ 调制型 A/D 转换器主要用于音频和测量。

（5）电容阵列逐次比较型。电容阵列逐次比较型 A/D 转换器在内置 D/A 转换器中采用电容矩阵方式，也可称为电荷再分配型。一般的电阻阵列 D/A 转换器中多数电阻的值必须一致，在单芯片上生成高精度的电阻并不容易。如果用电容阵列取代电阻阵列，可以用低廉成本制成高精度单片 A/D 转换器。最近的逐次比较型 A/D 转换器大多为电容阵列式的。

（6）压频变换型。压频变换型（voltage-frequency converter）A/D 转换器是通过间接转换方式实现模数转换的。其原理是首先将输入的模拟信号转换成频率，然后用计数器将频率转换成数字量。从理论上讲这种 A/D 转换器的分辨率几乎可以无限增加，只要采样的时间能够满足输出频率分辨率要求的累积脉冲个数的宽度。其优点是分辨率高、功耗低、价格低，但是需要外部计数电路共同完成 A/D 转换。

8.3.2 A/D 转换器的主要技术指标

（1）分辨率。分辨率指数字量变化一个最小量时模拟信号的变化量，定义为满刻度与 2^n 的比值，通常以数字信号的位数来表示。

（2）转换速率（conversion rate）。转换速率指完成一次从模拟转换到数字的 A/D 转换所需的时间的倒数。积分型 A/D 转换器的转换时间是毫秒级，属低速 A/D 转换器，逐次比较型 A/D 转换器是微秒级，属中速 A/D 转换器，并行比较型/串并行比较型 A/D 转换器可达到纳秒级。采样时间则是另外一个概念，是指两次转换的间隔。为了保证转换的正确完成，采样速率（sample rate）必须小于或等于转换速率。因此有人习惯上将转换速率在数值上等同于采样速率也是可以接受的。常用单位是 ksps 和 Msps，表示每秒采样千/百万次（kilo/million samples per second）。

（3）量化误差（quantizing error）。是指由于 A/D 转换器的有限分辨率而引起的误差，即有限分辨率 A/D 转换器的阶梯状转移特性曲线与无限分辨率 A/D 转换器（理想 A/D 转换器）的转移特性曲线（直线）之间的最大偏差。通常是 1 个或半个最小数字量的模拟变化量，表示为 1 LSB、1/2 LSB。

（4）偏移误差（offset error）。指输入信号为零时输出信号不为零的值，可外接电位器调至最小。

（5）满刻度误差（full scale error）。指满度输出时对应的输入信号值与理想输入信号值之差。

（6）总不可调整误差（total unadjusted error）。总不可调整误差包括偏移误差、满量程误差、线性误差和多路复用器误差。

（7）线性度（linearity）。指实际转换器的转移函数与理想直线的最大偏移。

其他指标还有：绝对精度（absolute accuracy）、相对精度（relative accuracy）、微分非线性、单调性和无错码、总谐波失真（total harmonic distortion，THD）和积分非线性。

8.3.3 典型 A/D 转换器的工作原理

目前市场上 A/D 转换器的种类很多，功能、特性各异。为了方便学习与实验，下面以 A/D 转换器芯片 ADC0809 为例来加以说明。

1. 简介

ADC0809 数据采集组件是一款单芯片 CMOS 器件，具有 8 位 A/D 转换器、8 通道多路复用器和微处理器兼容控制逻辑。8 位 A/D 转换器使用逐次逼近转换技术。该转换器具有一个高阻抗斩波稳定比较器，一个带模拟开关树的 256R 分压器和一个逐次逼近寄存器。8 通道多路复用器可以直接访问 8 路中任何一路的模拟信号。

该芯片无须外部零点和满量程调整。具有锁存和译码功能的多路复用器的地址输入和具有锁存功能的 TTL 三态输出，使得该芯片与微处理器进行接口非常方便。

ADC0809 的设计整合了几种 A/D 转换技术中最令人满意的方面，并进行了优化。ADC0809 速度快，精度高，温度依赖性非常小，具有长期准确性和可重复性，并且功耗极低。这些特性使该器件非常适合应用于过程控制、机器控制以及零售和汽车工业上。

2. 主要性能和特点

ADC0809 是 CMOS 数据采集器件，由于它不仅包括一个 8 位的逐次逼近型的 A/D 部分，而且还提供一个 8 通道的模拟多路开关和联合寻址逻辑。它的主要特性如下。

（1）分辨率为 8 位。

（2）总不可调整误差：±1 LSB。

（3）转换时间为 100 μs。

（4）工作温度范围为 −40～+85 ℃。

（5）功耗为 15 mW。

（6）输入电压范围为 0～5 V。

（7）采用了由电阻阶梯和开关组成的开关树型 D/A 转换器，能确保无漏码。

（8）零偏差和满量程误差均小于（1/2）LSB，故不需校准。

（9）输出符合 TTL 电压等级规范。

（10）按比例运算进行操作，或根据 5 V 直流电压/模拟量程调整后的参考电压进行操作。

（11）单电源+5 V 供电。

（12）8 个模拟输入通道，有通道地址锁存。

（13）数据有三态输出能力，易于与微机相连，也可独立使用。

3. 内部结构及引脚功能

ADC0809 的原理框图如图 8-14 所示。

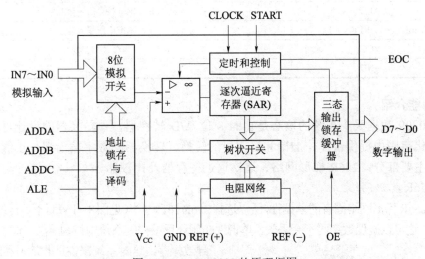

图 8-14   ADC0809 的原理框图

图 8-14 中的树状开关和电阻网络一起来实现单调性的 D/A 转换。

图 8-15 给出了 ADC0809 的引脚图，表 8-2 给出了 ADC0809 的引脚功能说明。

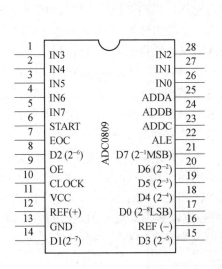

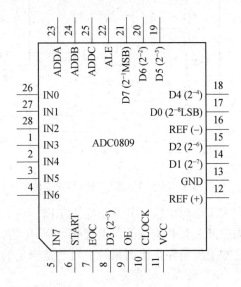

图 8-15   ADC0809 的引脚图

表 8−2　ADC0809 的引脚功能说明

引脚名	功能说明
D7～D0	数字数据输出端
IN7～IN0	8 个模拟信号输入端
START	启动转换信号输入端
EOC	转换结束状态信号输出端
OE	允许输出数据信号输入端
CLOCK	时钟脉冲输入端
ADDA、ADDB、ADDC	选择模拟通道的地址输入端
ALE	允许地址锁存信号输入端
REF（+）、REF（−）	基准电压输入端
VCC	电源（+5 V）
GND	地

4. 功能介绍

ADC0809 数据采集系统的核心是它的 8 位 A/D 转换器。该转换器的设计目的是在较大温度变化范围内提供快速、准确和可重复的转换。转换器的数字输出都是正值。转换器分为 3 个主要部分：256R 梯形网络、逐次逼近寄存器及比较器。

1）256R 梯形网络

由于256R 梯形网络固有的单调性，所以选择256R 梯形网络（见图8−16）而不是传统的 R−2R 梯形网络，这可以确保数字码不会丢失。单调性在闭环反馈控制系统中特别重要。非单调关系会导致振荡，这对系统来说是非常不利的。此外，256R 梯形网络不会导致参考电压的负载变化。

图 8−16 中梯形网络的底层电阻和顶层电阻与网络其余部分的电阻值不同。这些电阻的不同使得输出特性曲线与传输曲线的零点和满量程点对称。当模拟信号达到（+1/2）LSB 时进行第一个输出转换，并且随后每 1 LSB 都进行一次输出转换直到达到满量程。

在一次转换中，梯形电阻网络的电压与所选的通道的模拟电压分 8 次进行比较。这些电压通过与参考电源相连的模拟开关树连接到比较器。必须控制梯形电阻网络电压的最大值、中间值和最小值以维持正常操作。

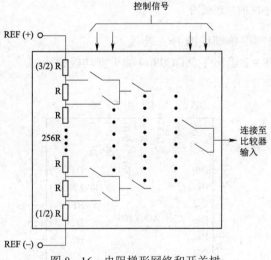

图 8−16　电阻梯形网络和开关树

梯形电阻网络的最大电压 REF（+）不应大于电源电压，其最小电压 REF（−）不应小于 GND 电压。由于模拟开关树存在从 N 沟道开关到 P 沟道开关的变化，梯形电阻网络电压的中心值也必须靠近电源电压的中心值。这些限制条件在比例系统中自然是满足的，在以地面电压为参考的系统中也容易达到。

2）逐次逼近寄存器

逐次逼近寄存器（SAR）执行 8 次迭代以逼近输入电压。对于任何 SAR 型转换器，n

位转换器都需要 n 次迭代。ADC0809 使用 256R 梯形网络将逼近技术扩展到 8 位。

A/D 转换器的逐次逼近寄存器在转换启动脉冲的上升沿复位。转换在转换启动脉冲的下降沿开始。正在进行的转换会在接收到新的转换启动脉冲时中断。通过将转换结束信号输出（EOC）与启动转换输入相连接，可以实现连续转换。如果需要使用这种模式，应在上电后使用外部转换启动脉冲来启动转换。在开始转换的上升沿之后的 0 到 8 个时钟脉冲之间，转换结束信号将变为低电平。

3）比较器

A/D 转换器最重要的部分是比较器，它负责整个转换器的最终精度。同时，比较器的漂移对器件的重复性影响最大。斩波稳定比较器能满足对于转换器的所有要求。斩波稳定比较器将直流输入信号转换为交流信号，然后该信号通过高增益 AC 放大器馈送，并恢复 DC 电平。这种技术限制了放大器的漂移分量，因为漂移是 DC 分量产生的，它不能通过 AC 放大器。这使得整个 A/D 转换器对温度、长期漂移和输入失调误差极其不敏感。

5. 模拟输入与数字输出

该片有 8 个模拟输入通道，每个通道输入电压范围为 0～5 V。8 个模拟通道由 3 个地址输入 ADDA、ADDB、ADDC 来选择模拟通道，地址输入通过 ALE 信号予以锁存。地址输入可直接取自地址总线或数据总线。ADC0809 地址输入与选中通道的关系如表 8-3 所示。

表 8-3　ADC0809 地址输入与选中通道的关系

选中通道	地址		
	C	B	A
IN0	0	0	0
IN1	0	0	1
IN2	0	1	0
IN3	0	1	1
IN4	1	0	0
IN5	1	0	1
IN6	1	1	0
IN7	1	1	1

模拟输入通道的锁存可以相对于转换开始操作独立地进行（当然，不能在转换过程中进行），然而通常是把通道锁存和启动转换结合起来完成（同一条指令）。

ADC0809 的最大模拟输入范围为 0～5.25 V。基准电压 V_{REF} 根据 V_{CC} 确定，典型值为 $V_{REF(+)}=V_{CC}$，$V_{REF(-)}=0$，$V_{REF(+)}$ 不允许比 V_{CC} 正，$V_{REF(-)}$ 不允许比地电平负。如果 ADC0809 用于测量电压或电流的绝对值，则基准电压必须是精确的，如基准电压选为 5.12 V，1 LSB 的误差为 20 mV。

图 8-17 显示了一个电源电压和参考电压分别由两个独立电源单独供电的转换系统（以地面电压为参考）。在这个系统中，必须调整电源电压与参考电压相匹配。例如，如果使用 5.12 V，应将电源电压调整到（5.12±0.1）V。

ADC0809 需要的电源电流不到 1 毫安，因此参考电源就可以提供。在图 8-18 中显示了一个以地面电压为参考的系统，它可以从参考电源产生电源电流。图 8-18 中所示的缓冲器可以是具有较强驱动能力的运算放大器，以提供毫安级电源电流和所需的总线驱动。

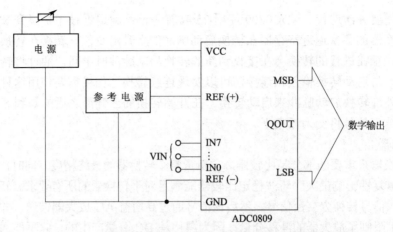

图 8-17 电源电压和参考电压分别使用独立电源的转换系统

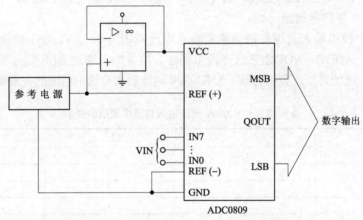

图 8-18 参考电压产生 VCC 电源的转换系统

梯形电阻网络电压最大值和最小值分别不能超过 V_{CC} 和地面电压，但它们可以对称地小于 V_{CC} 并且大于地面电压。梯形电阻网络电压的中心值应始终靠近电源电压中心值。通过使用对称参考电压系统可以增加转换器的灵敏度（即 LSB 电压等级减小）。在图 8-19 中，

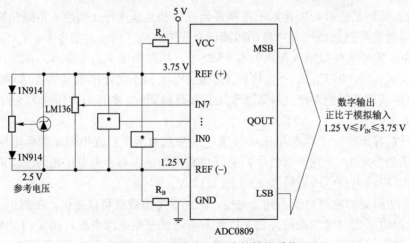

图 8-19 参考电压对称的转换系统

由于同一电流流过两个相同的电阻，2.5 V 的参考电压以 $V_{CC}/2$ 为中心对称。具有 2.5 V 参考电压的该系统使得其 LSB 位为 5 V 电压参考系统的一半。

ADC0809 特别适用于模拟量来自比例感应器（电位计、应变仪热敏电阻、电桥等）的比例测量系统。这时关心的是相对于满度值的比值，而不是它的绝对值。因而对基准电压的要求可以大大降低，消除了一些误差源，并为应用降低了成本。对于比例测量系统，输入到 ADC0809 的电压与输出的数字量之间的关系由以下等式表示：

$$\frac{V_{IN}}{V_{fs} - V_Z} = \frac{D_X}{D_{MAX} - D_{MIN}}$$

其中，V_{IN} 为模拟输入电压；V_{fs} 为满量程模拟电压；V_Z 为零电压（模拟）；D_X 为输入模拟电压对应的数字量，即 ADC0809 的输出值；D_{MAX} 为数字量最大值；D_{MIN} 为数字量最小值。

然而，对于许多类型的被测量，在实际应用中使用的并非其相对于满量程的比值，而是它的绝对值，例如电压或电流，所以必须将满量程电压与标准电压相关联，这样就可以根据被测量与满量程的比值求出其绝对值及 1 LSB 对应模拟值。例如，令 $V_{CC} = V_{REF} = 5.12$ V，那么满量程范围分为 256 个标准电压等级。最小的标准电压等级是 1 LSB，也就是 20 mV。

因输入电压范围正是电源电压范围，所以这些比例传感器能直接与芯片的电源相接，而它们的输出又能直接送入多路开关的输入端，如图 8-20 所示。

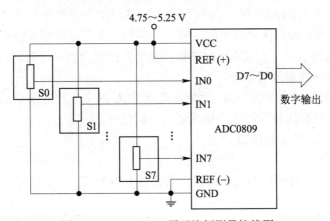

图 8-20　ADC0809 用于比例测量接线图

6. 工作时序

数据输出线 D0～D7（TTL 电平）来自具有三态输出能力的 8 位锁存器，除 OE 为高电平外，其余均为高阻状态，故可直接接到系统数据总线上。

启动信号 START，要求持续时间在 200 ns 以上，大多数微机产生的读或写信号都符合这一要求，因此可用它们产生 START 信号，启动 A/D 转换。

时钟脉冲 CLOCK，要求频率范围为 10 kHz～1 MHz（典型值为 640 kHz），可由微处理器时钟分频得到。

转换结束信号 EOC，转换正在进行时，为低电平，其余时间为高电平，用于指示转换已经完成，结果数据已存入锁存器。这个状态信号可用作中断申请。

ADC0809 的工作时序如图 8-21 所示。

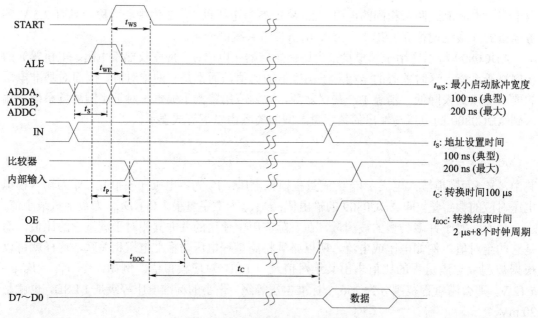

图 8-21 ADC0809 的工作时序

转换由 START 为高电平来启动（START 对 CLOCK 可不同步），START 的上升沿将 SAR 复位，真正转换从 START 的下降沿开始。在 START 上升沿之后的 2 μs+8 个时钟周期内（不定），EOC 状态输出信号将变低，以指示转换操作正在进行。EOC 保持低电平直至转换完成后再变为高电平。当 OE（允许数据输出）被置为高电平时，三态门打开。数据锁存器的内容输出到数据总线上。

如果用 EOC 信号产生中断申请，要特别注意 EOC 的变低相对于启动信号有 2 μs+8 个时钟周期的延迟，要设法使它不致产生虚假的中断申请。

7. ADC0809 与 CPU 的接口

1）查询法接口

ADC0809 与 CPU 可采用查询法接口，其接口电路如图 8-22 所示。

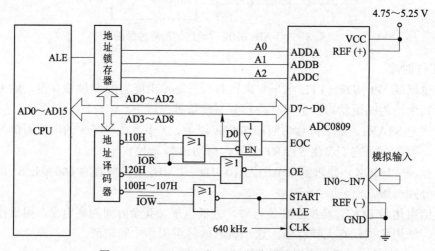

图 8-22 ADC0809 与 CPU 的查询法接口电路

假设仅对模拟通道 IN0 进行 A/D 转换。译码器输出的地址分别为 100H、110H、120H，采用查询法接口的程序如下（对通道 0 采样一个点）：

```
         MOV DX, 100H
         OUT  DX, AL          ; 选通 IN0, 启动 A/D 转换
         NOP                  ; 延时 2μs+8 个时钟周期（不定）
         NOP                  ; 可根据 CPU 的速度决定 NOP 的个数
         NOP
         NOP
         MOV DX, 110H
WT: IN   AL, DX               ; 输入 EOC 标志
         TEST AL, 01H
         JZ  WT               ; 未结束，返回等待
         MOV DX, 120H
         IN   AL, DX          ; 结束，把结果送入 AL 中
```

对 IN0～IN7 的 8 个通道的模拟量各采样 100 个点并转换成数字量的查询法接口的程序如下（伪指令省略）：

```
         MOV  BX, OFFSET  WP  ; 设置 BX 为数据存储指针，WP 为存放数据的变量
         MOV  CL, 100         ; 设置 CL 的计数初值
NA: MOV  DX, 100H
P8: OUT  DX, AL               ; 选通一个通道，启动 A/D
         NOP                  ; 可根据 CPU 的速度决定 NOP 的个数
         PUSH DX
         MOV  DX, 110H
WT: IN   AL, DX               ; 输入 EOC 标志
         TEST AL, 01H         ; 测试状态
         JZ   WT              ; 未结束，返回等待
         MOV  DX, 120H
         IN   AL, DX          ; 结束，读数据
         MOV  [BX], AL        ; 存数
         INC  BX              ; 修改存储地址指针
         POP  DX
         INC  DX              ; 修改 A/D 的通道地址
         CMP  DX, 108H        ; 判断 8 个通道是否转换完
         JNZ  P8              ; 未完，返回启动新通道
         DEC  CL              ; 100 个点是否采样完了，未完则返回再启动 IN0 通道
         JNZ  NA
         HLT                  ; 100 个点完成，暂停
```

2）中断响应法接口

ADC0809 与 CPU 可采用中断响应法接口，其接口电路如图 8-23 所示。

图 8-23 中，通道的地址 ADDA、ADDB、ADDC 通过地址锁存器分别接到数据总线的 AD0、AD1、AD2 上。转换结束信号 EOC 通过 D 触发器经中断控制器 8259A 后，将中断请求信号送到 CPU。

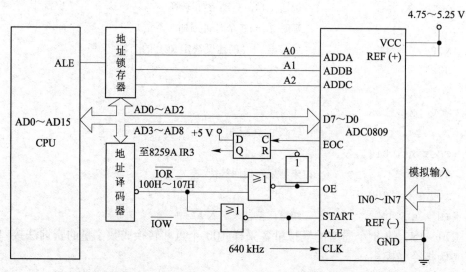

图 8-23　ADC0809 与 CPU 的中断响应法接口电路

假设 ADC0809 端口地址为 100H～107H，仅对模拟通道 IN0 进行 A/D 转换。采用中断响应法接口的程序为：

```
CLI
MOV AL, 00H
MOV DX, 100H
OUT DX, AL            ;选通 IN0，并启动 A/D 转换
NOP
NOP
STI
...
```

而在中断服务程序中用以下 2 条指令

```
MOV DX, 100H
IN AL, DX             ;读取转换结果的数字量
```

对 IN0～IN7 的 8 个通道的模拟量各采样 100 个点并转换成数字量的中断响应法接口的程序如下（伪指令省略）：

```
MOV  AL, 13H          ;ICW1, 8259A 初始化
OUT  20H, AL
MOV  AL, 70H          ;ICW2
OUT  21H, AL
MOV  AL, 03H          ;ICW4
OUT  21H, AL
```

```
        PUSH DS
        MOV  AX, 0                  ; 中断矢量表段基址
        MOV  DS, AX
        MOV  BX, OFFSET XY          ; 分离中断服务程序偏移地址
        MOV  SI, SEG   XY           ; 分离中断服务程序段地址
        MOV  [01CCH], BX            ; 存放中断服务程序偏移地址
        MOV  [01CEH], SI            ; 存放中断服务程序段基址
        POP  DS                     ; 其中 73H×4 = 01CCH
        MOV  CX, 100                ; 计数器
        MOV  DI, OFFSET WP          ; 设置数据缓冲区地址
    PP: MOV  BL, 00H                ; 设置通道初值
        MOV  DX, 100H
    LL: MOV  AL, BL
        OUT  DX, AL                 ; 启动 A/D 转换器
        HLT                         ; 等待中断
        INC  DX                     ; 修改通道
        CMP  DX, 108H               ; 8 个通道是否转换完
        JNZ  LL                     ; 未完，返回启动新通道
        DEC  CX                     ; 100 个点是否转换完
        JNZ  PP                     ; 未完返回通道 0
        HLT
```

中断服务程序如下：

```
XY: PUSH AX
    STI
    IN   AL, DX                     ; 读数据
    MOV  [DI], AL                   ; 存数据
    INC  DI
    CLI
    POP  AX
    IRET
```

8.3.4　ADC0809 的应用举例

应用 ADC0809 可以制作简单的数字电压表，其与 CPU 的接口电路如图 8-24 所示。

在图 8-24 所示的电路中，数码管为共阳极接法。假设模拟电压从模拟通道 IN0 输入，译码器输出的地址如图 8-24 所示。假设 $V_{CC} = V_{REF} = 5.12\,\text{V}$，那么 1 LSB = 20 mV，ADC0809 的数字输出量 D_{OUT} 对应的模拟输入电压值为 20 mV×D_{OUT}，这也是要送到数码管显示的数值，其最大为 5 120 mV。利用 ADC0809 采用查询方式实现数字电压表的程序如下：

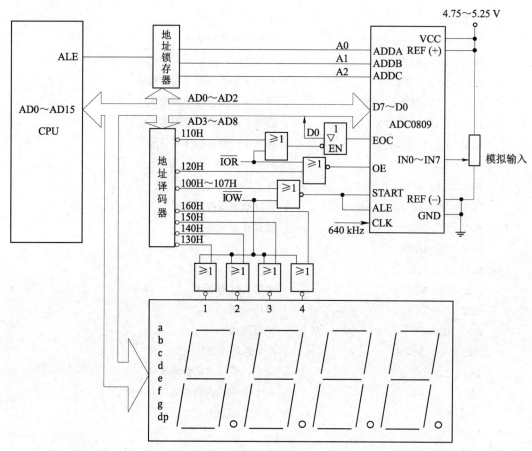

图 8-24 应用 ADC0809 制作数字电压表时 ADC0809 与 CPU 的接口电路

```
DATA SEGMENT
  TAB DB C0H, F9H, A4H, B0H, 99H, 92H, 82H, F8H, 80H, 90H
  RESULT DB 4 DUP（?）              ；用于存储模拟电压个、十、百、千位数值的存储单元
DATA ENDS
CODE SEGMENT
  ASSUME CS: CODE, DS: DATA
START: MOV AX, DATA
       MOV DS, AX
AGAIN: AND AX, 0000H               ；AX 清零
       MOV DX, 100H
       OUT DX, AL                  ；选通 IN0，启动 A/D 转换
       NOP                         ；延时 2μs+8 个时钟周期（不定）
       NOP                         ；可根据 CPU 的速度决定 NOP 的个数
       NOP
       NOP
       MOV DX, 110H
```

```
WT: IN   AL, DX                ; 输入 EOC 标志
    TEST AL, 01H
    JZ   WT                    ; 未结束, 返回等待
    MOV  DX, 120H
    IN   AL, DX                ; 结束, 把结果送入 AL 中
    LEA  SI, RESULT            ; 取转换结果存储单元首地址
    MUL  20                    ; D_OUT×20 mV, 求数字输出对应模拟电压值
    DIV  1000                  ; 取模拟电压值千位数
    MOV  [SI], AL              ; 模拟电压值千位数送存
    MOV  AL, AH
    AND  AH, 00H
    DIV  100                   ; 取模拟电压值百位数
    MOV  [SI+1], AL            ; 模拟电压值百位数送存
    MOV  AL, AH
    AND  AH, 00H
    DIV  10                    ; 取模拟电压值十位数和个位数
    MOV  [SI+2], AL            ; 模拟电压值十位数送存
    MOV  [SI+3], AH            ; 模拟电压值个位数送存
    LEA  DI, TAB               ; 取段码表首地址
    MOV  AH, [SI]              ; 取千位数
    MOV  AL, [DI+AH]           ; 取千位数对应的段码
    SUB  AL, 80H               ; 求千位数加小数点对应的段码, 使数码管显示以 V 为单位
    MOV  DX, 130H
    OUT  DX, AL                ; 显示千位数
    CALL DELAY                 ; 延时
    MOV  AH, [SI+1]            ; 取百位数
    MOV  AL, [DI+AH]           ; 取百位数对应的段码
    MOV  DX, 140H
    OUT  DX, AL                ; 显示百位数
    CALL DELAY                 ; 延时
    MOV  AH, [SI+2]            ; 取十位数
    MOV  AL, [DI+AH]           ; 取十位数对应的段码
    MOV  DX, 150H
    OUT  DX, AL                ; 显示十位数
    CALL DELAY                 ; 延时
    MOV  AH, [SI+3]            ; 取个位数
    MOV  AL, [DI+AH]           ; 取个位数对应的段码
    MOV  DX, 160H
    OUT  DX, AL                ; 显示个位数
```

```
        CALL DELAY                    ; 延时
        JMP AGAIN                     ; 下一次转换
    DELAY PROC
        PUSH AX
        PUSH CX
        MOV CX, 0010H
    T1: MOV AX, 0010H
    T2: DEC AX
        JNZ T2
        LOOP T1
        POP CX
        POP AX
        RET                           ; 子程序返回
    CODE ENDS
        END START
```

8.3.5 A/D 转换器与微机接口需注意的问题

1. A/D 转换器与微机接口必须考虑的问题

设计 ADC 芯片与微机的接口时，需考虑 ADC 的数字输出特性、ADC 的转换时间、ADC 的分辨率和数据总线的位数、ADC 的控制和状态信号等问题。

1）ADC 的数字输出特性

ADC 与处理器之间除了明显的电平兼容特性外，其数字输出最好具有三态能力。这样转换结果数据在外界控制下才被送到数据总线上，从而使接口简化。

2）ADC 与 CPU 间的时间配合问题

A/D 转换器从接到启动命令到完成转换给出转换结果数据需要一定的转换时间，一般来说快的要零点几个微秒，慢的要几十或几百微秒。通常最快的 ADC 转换时间都比机器的指令周期长。为了得到正确的转换结果，必须根据要求解决好启动转换和读取数据这两种操作的时间配合问题。通常有固定延时等待法、中断响应法、保持等待法等。

2. A/D 转换器与微机接口常见的技术问题

1）模拟量输入信号的连接

许多 A/D 转换器要求输入模拟量为 0～5 V 标准电压信号，但其他器件有单极性输入和双极性输入两种工作方式，有时可根据模拟信号的性质选定。

2）A/D 转换器的启动方式

任何一个 A/D 转换器在开始转换之前，都必须加一个启动信号才能开始工作，启动信号分为脉冲启动和电平启动。

（1）脉冲启动：在启动转换引脚加一个脉冲启动信号，即可启动工作。

（2）电平启动：在 A/D 转换器启动引脚上加上要求的电平后，即启动工作，转换过程中，必须保持电平不变，否则将停止转换。另外，不同器件要求启动信号的电平不同，有的要求高电平，有的要求低电平，可查阅手册确定。

3）转换结束信号的处理

A/D 转换器在转换结束时会输出转换结束信号，CPU 根据此信号读取转换后的数据。判断转换是否结束的方法大致有 3 种。

（1）中断方式：将转换结束信号接到 CPU 的中断申请端，转换结束信号作为中断申请信号，CPU 响应中断后在中断服务程序中读取数据。该方式适合于对实时性要求高的系统。

（2）查询方式：编写查询软件，使 CPU 不断查询 A/D 转换是否结束，一旦查到结束信号就读取数据。此方式简单，但占用机时较多。

（3）软件延时方式：根据完成转换所需要的时间，调用一段延时程序或执行一段时间已知的程序，执行完毕后，A/D 转换也结束，立即读取数据。

8.4　A/D 转换器及 D/A 转换器的选择

8.4.1　A/D 转换器及 D/A 转换器选择的主要依据

随着电子技术的飞速发展，ADC0809 及 DAC0832 除了教学实验与一些简单的应用外，已被更多、更好的器件所取代。在进行电路设计时，面对林林总总的 A/D 转换器和 D/A 转换器芯片，如何选择你需要的转换器呢？这要综合考虑诸项因素，如系统技术指标、成本、功耗、安装等，最主要的依据还是速度和精度。

（1）精度。与系统中所测量控制的信号范围有关，但估算时要考虑其他因素，转换器位数应该比总精度要求的最低分辨率高一位。常见的 A/D 转换器或 D/A 转换器器件有 8 位、10 位、12 位、14 位、16 位、20 位、24 位等。

（2）速度。应根据输入信号的最高频率来确定，保证转换器的转换速率高于系统要求的采样频率。

（3）通道。有的单芯片内部含有多个 A/D 或 D/A 模块，可同时实现多路信号的转换；常见的多路 A/D 转换器只有一个公共的 A/D 模块，由一个多路转换开关实现分时转换。

（4）数字接口方式。接口有并行和串行之分，串行又有 SPI、I^{2}C 等多种不同标准。数字编码通常是二进制，也有 BCD 码、双极性的补码、偏移码等。

（5）模拟信号类型。通常 A/D 转换器的模拟输入信号都是电压信号，而 D/A 转换器输出的模拟信号有电压和电流两种。同时根据信号是否过零，还可分成单极性（unipolar）和双极性（bipolar）。

（6）电源电压。有单电源、双电源和不同电压范围之分，早期的 A/D 或 D/A 转换器要有+15 V／−15 V，如果选用单+5 V 电源的芯片则可以使用系统电源。

（7）基准电压。有内、外基准和单、双基准之分。

（8）功耗。一般 CMOS 工艺的芯片的功耗较低。对功耗要求比较高的场合一定要注意功耗指标。

（9）封装。常见的封装是 DIP，现在表面安装工艺的发展使得表贴型（SO）封装的应用越来越多。

（10）跟踪/保持（track/hold，T/H）。原则上直流和变化非常缓慢的信号可不用采样保持，其他情况都应加采样保持。

（11）满幅度输出（rail-to-rail）。满幅度输出是近年来出现的新概念，最先应用于运算放大器领域，指输出电压的幅度可达输入电压范围。在 D/A 转换器中一般是指输出信号范围可达到电源电压范围。

8.4.2　世界主要厂家的 A/D 转换器和 D/A 转换器简介

目前生产 A/D 转换器和 D/A 转换器的厂家有很多，每个厂家都有自己的产品系列，且各具特色。现在的许多型号的单片机及数字信号处理器中集成了 A/D 转换器和 D/A 转换器，使用也很方便。

每种 A/D 或 D/A 转换器都有相应的数据手册，应用时应仔细阅读，数据手册通常可以从出版物中找到，但现在从网上下载更快、更全、更方便。

生产 A/D 转换器和 D/A 转换器的主要厂家及其网址如下。

（1）美国模拟技术（ADI）公司，网址：http://www.analog.com。

（2）德州仪器（TI）公司，网址：http://www.ti.com。

（3）美国国家半导体（NS）公司，网址：http://www.national.com。

（4）飞利浦（PHILIPS）公司，网址：http://www.semiconductors.philips.com。

（5）马克西姆（MAXIM）公司，网址：http://www.maxim-ic.com。

（6）摩托罗拉（MOTOROLA）公司，网址：http://www.motorola.com。

下面仅对 ADI 公司、TI 公司的主要 A/D 转换器和 D/A 转换器进行介绍。

1. ADI 公司的 A/D 转换器和 D/A 转换器

ADI 公司生产的各种 A/D 转换器（ADC）和 D/A 转换器（DAC）（统称数据转换器）一直保持市场领导地位，包括高速、高精度数据转换器和目前流行的微转换器系统（MicroConverters^{TM}）。

1）带信号调理、1 mW 功耗、双通道 16 位 A/D 转换器：AD7705

AD7705 是 ADI 公司出品的适用于低频测量仪器的 A/D 转换器。它能将从传感器接收到的很弱的输入信号直接转换成串行数字信号输出，而无须外部仪表放大器。采用 $\Sigma-\Delta$ 的 ADC，实现 16 位无误码的良好性能，片内可编程放大器可设置输入信号增益。通过片内控制寄存器调整内部数字滤波器的关闭时间和更新速率，可设置数字滤波器的第一个凹口。在 +3 V 电源和 1 MHz 主时钟时，AD7705 功耗仅是 1 mW。AD7705 是基于微控制器（MCU）、数字信号处理器（DSP）系统的理想电路，能够进一步节省成本、缩小体积、减小系统的复杂性。AD7705 应用于微处理器（MCU）、数字信号处理（DSP）系统，手持式仪器，分布式数据采集系统。

2）3 V/5 V CMOS 信号调节 A/D 转换器：AD7714

AD7714 是一个完整的用于低频测量应用场合的模拟前端，用于直接从传感器接收小信号并输出串行数字量。它使用 $\Sigma-\Delta$ 转换技术实现高达 24 位精度的代码而不会丢失。输入信号加至位于模拟调制器前端的专用可编程增益放大器，调制器的输出经片内数字滤波器进行处理。数字滤波器的第一次陷波通过片内控制寄存器来编程，此寄存器可以调节滤波的截止时间和建立时间。AD7714 有 3 个差分模拟输入（也可以是 5 个伪差分模拟输入）和一个差分基准输入，单电源工作（+3 V 或 +5 V）。因此，AD7714 能够为含有多达 5 个通道的系统进行所有的信号调节和转换。AD7714 适合于灵敏的基于微控制器或 DSP 的系统，它的串行接口可进行 3 线操作，通过串行端口可用软件设置增益、信号极性和通道选择。AD7714 具有自校准、系统和背景校准选择，也允许用户读写片内校准寄存器。CMOS 结构保证了很低的功耗，省电模式使待机功耗减至 15 μW（典型值）。

3）微功耗 8 通道 12 位 A/D 转换器：AD7888

AD7888 是高速、低功耗的 12 位 A/D 转换器，单电源工作，电压范围为 2.7～5.25 V，转换速率高达 125 ksps，输入跟踪—保持信号宽度最小为 500 ns，单端采样方式。AD7888 包含 8 个单端模拟输入通道，每一通道的模拟输入范围均为 0～V_{REF}。该器件转换满功率信号可至 3 MHz。AD7888 具有片内 2.5 V 电压基准，可用于 A/D 转换器的基准源，引脚 REFin/REFout 允许用户使用这一基准，也可以反过来驱动这一引脚，向 AD7888 提供外部基准，外部基准的电压范围为 1.2～VDD。CMOS 结构确保正常工作时的功率消耗为 2 mW（典型值），省电模式下为 3 μW。

4）微功耗、满幅度电压输出、12 位 D/A 转换器：AD5320

AD5320 是单片 12 位电压输出 D/A 转换器，单电源工作，电压范围为+2.7～5.5 V。片内高精度输出放大器提供满电源幅度输出，AD5320 利用一个 3 线串行接口，时钟频率可高达 30 MHz，能与标准的 SPI、QSPI、MICROWIRE 和 DSP 接口标准兼容。AD5320 的基准来自电源输入端，因此提供了最宽的动态输出范围。AD5320 含有一个上电复位电路，保证 D/A 转换器的输出稳定在 0 V，直到接收到一个有效的写输入信号。该器件具有省电功能，以降低器件的电流损耗，5 V 时典型值为 200 nA。在省电模式下，提供软件可选输出负载。通过串行接口的控制，可以进入省电模式。正常工作时的低功耗性能，使该器件很适合手持式电池供电的设备。5 V 时功耗为 0.7 mW，省电模式下降为 1 μW。

5）24 位智能数据转换系统：ADuC824

ADuC824 是 MicroConverters™ 系列的最新成员，它是 ADI 公司率先推出的带闪存（Flash/EEPROM）的 Σ－Δ 转换器。它的独特之处在于将高性能数据转换器、带程序和数据闪存及 8 位微控制器集中在一起。当工业、仪器仪表和智能传感器接口应用要求选择高精度数据转换时，ADuC824 是一种完整的高精度数据采集片上系统。

2. TI 公司 A/D 转换器和 D/A 转换器

TI 公司是一家国际性的高科技产品公司，是全球最大半导体产品供应商之一，其中 DSP 产品销量全球排名第一，模拟产品位于全球前列。

1）TLC548/549

TLC548 和 TLC549 是以 8 位开关电容逐次逼近 A/D 转换器为基础构造的 CMOS A/D 转换器。它们设计成能通过三态数据输出与微处理器或外围设备串行接口。TLC548 和 TLC549 仅用输入/输出时钟和芯片选择输入作数据控制。TLC548 的最高 I/OCLOCK 输入频率为 2.048 MHz，而 TLC549 的 I/OCLOCK 输入频率最高可达 1.1 MHz。

TLC548 和 TLC549 的使用与较复杂的 TLC540 和 TLC541 非常相似，不过 TLC548 和 TLC549 提供了片内系统时钟，它通常工作在 4 MHz 且不需要外部元件。片内系统时钟使内部器件的操作独立于串行输入/输出端的时序并允许 TLC548 和 TLC549 像许多软件和硬件所要求的那样工作。I/OCLOCK 和内部系统时钟一起可以实现高速数据传送，对于 TLC548 为每秒 45 500 次转换，对于 TLC549 为每秒 40 000 次转换。

TLC548 和 TLC549 的其他特点包括通用控制逻辑,可自动工作或在微处理器控制下工作, 片内有采样–保持电路, 具有差分高阻抗基准电压输入端, 易于实现比率转换 (ratio metric conversion)、定标 (scaling) 及与逻辑和电源噪声隔离的电路。整个开关电容逐次逼近转换器电路的设计允许在小于 17 μs 的时间内, 以最大总误差为 (±1/2) LSB 的精度实现转换。

2) TLV5616

TLV5616 是一个 12 位电压输出 D/A 转换器 (DAC), 带有灵活的 4 线串行接口, 可以无缝连接 TMS320、SPI、QSPI 和 Microwire 串行口。数字电源和模拟电源分别供电, 电压范围 2.7～5.5 V。输出缓冲是 2 倍增益满摆幅输出放大器, 输出放大器是 AB 类, 以提高稳定性和减少建立时间。满摆幅输出和关电方式非常适宜单电源、电池供电应用。通过控制字可以优化建立时间和功耗比。

3) TLV5580

TLV5580 是一个 8 位 80MSPS 高速 A/D 转换器。以最高 80 MHz 的采样速率将模拟信号转换成 8 位二进制数据。数字输入和输出与 3.3V TTL/CMOS 兼容。由于采用 3.3 V 电源和 CMOS 工艺改进的单管线结构, 因此功耗低。该芯片的电压基准使用非常灵活, 有片内基准和片外基准, 满量程范围是 $1\ V_{pp}$～$1.6\ V_{pp}$, 取决于模拟电源电压。使用片外基准时, 可以关闭片内基准, 以降低芯片功耗。

 习题

1. A/D 转换器和 D/A 转换器在微机控制系统中起何作用?

2. A/D 转换器与 D/A 转换器的分辨率和精度有何区别?

3. D/A 转换器有哪些性能参数及术语? 它们的含义是什么?

4. A/D 转换器是如何分类的?主要类型的 A/D 转换器的工作原理是什么?

5. A/D 转换器和微机接口中的关键问题有哪些?

6. 有几种方法解决 A/D 转换器和微机接口中的时间配合问题?各有何特点?

7. DAC0832 与 ADC0809 是否需要进行调零和满量程调整? 若需要,试简述调整方法。

8. 试简述 DAC0832 是如何实现数字量到模拟量转换的。

9. 试简述 ADC0809 是如何实现模拟量到数字量转换的。

10. DAC0832 输出端接运算放大器的作用是什么?

11. 试设计一个 CPU 和两片 DAC0832 的接口电路,并编制程序使之分别输出锯齿波和反锯齿波。

12. 试设计一个采用查询法并用 8255A 选择 ADC0809 通道的接口电路,并编制程序使之把所采集的 8 个通道的数据送入给定的内存区。

13. 选择 A/D 转换器或 D/A 转换器时的主要依据是什么? 试上网查询一种能与微机并行直接接口的 16 位的 D/A 转换器,并下载其数据手册。

14. 设被测温度变化范围为 300～3 000 ℃,如果要求测量误差不超过 ±1 ℃,应选用分辨率和精度都为多少位的 A/D 转换器 (设 A/D 转换器的分辨率和精度的位数一样)?

15. 编写用 DAC0832 转换器芯片产生三角波的程序，其在 0～10 V 之间变化。若要在 −5～+5 V 之间变化，要采用什么措施实现？

 研究型教学讨论题

试利用 ADC0809 和 8086CPU 设计一个简单的测温电路，并编制实现测温功能的程序。

第9章
微机总线

本章教学资源

提要：本章首先介绍了总线的分类和主要参数，然后分别对 ISA 总线、PCI 总线、USB 总线以及一些专用总线的特点、定义、配置、协议和性能进行了说明。通过本章的学习，读者重点掌握总线的定义、作用、分类和主要参数。

微机总线是计算机各模块之间传递信息的通道，总线技术在整个计算机系统中占有十分重要的位置，它在微机中的地位相当于现代化城市中的道路交通及数据通信网络。

9.1 总线概述

任何一个微处理器都要与一定数量的部件和外围设备连接，但如果将各部件和每一种外围设备都分别用一组线路与 CPU 直接连接，那么连线将错综复杂，甚至难以实现。为了简化硬件电路设计、简化系统结构，常用一组线路，配置以适当的接口电路，与各部件和外围设备连接，这组共用的连接线路称为总线。采用总线结构便于部件和设备的扩充，尤其是制定了统一的总线标准后，更容易使不同设备之间实现互连。

微机总线一般包括内部总线、系统总线和外部总线。内部总线是微机内部各外围芯片与处理器之间的总线，用于芯片一级的互连；而系统总线是微机中各插件板与系统板之间的总线，用于插件板一级的互连；外部总线则是微机和外部设备之间的总线，用于设备一级的互连。

从广义上说，计算机通信方式可以分为并行通信和串行通信，相应的通信总线称为并行总线和串行总线。并行通信速度快、实时性好，但由于占用的口线多，不适合小型化产品；而串行通信速率虽低，但在数据通信吞吐量不是很大的微处理电路中则显得更加简易、方便、灵活。串行通信一般可分为异步模式和同步模式。随着微电子技术和计算机技术的发展，总线技术也在不断地发展和完善，从而使计算机总线技术种类繁多，各具特色。

9.1.1 总线的分类

首先讨论总线的分类。总线就是各种信号线的集合，是计算机各部件之间传送数据、地址和控制信息的公共通路。在微机系统中，有各式各样的总线。这些总线可以从不同的层次和角度进行分类。

1. 按总线的功能分类

（1）地址总线（address bus）。用来传送地址信息。

（2）数据总线（data bus）。用来传送数据信息。

（3）控制总线（control bus）。用来传送各种控制信号。

通常所说的总线都包括上述三个组成部分。例如，ISA 总线共有 98 条线（即 ISA 插槽有 98 个引脚），其中数据线有 16 条（构成数据总线），地址线 24 条（构成地址总线），其余各条为控制信号线（构成控制总线）、接地线和电源线。

2. 按总线的层次结构分类

（1）CPU 总线。包括地址线（CAB）、数据线（CDB）和控制线（CCD），它用来连接 CPU 和控制芯片。

（2）存储总线。包括地址线（MAB）、数据线（MDB）和控制线（MCD），用来连接存储控制器和 DRAM。

（3）系统总线。也称为 I/O 通道总线，包括地址线（SAB）、数据线（SDB）和控制线（SCB），用来与扩充插槽上的各扩充板卡相连接。系统总线有多种标准，以适用于各种系统。

（4）外部总线。用来连接外设控制芯片，如主机板上的 I/O 控制器和键盘控制器。包括地址线（XAB）、数据线（XDB）和控制线（XCB）。

CPU 总线、存储总线、外部总线在系统板上，不同的系统采用不同的芯片集。这些总线不完全相同，也不存在互换性问题。系统总线是与 I/O 扩充插槽相连的，I/O 扩充插槽中可插入各式各样的扩充板卡，作为各种外设的适配器与外设连接。系统总线必须有统一的标准，以便按照这些标准设计各类适配卡。因此，实际上要讨论的总线就是系统总线，各种总线标准也主要是指系统总线的标准。

3. 按总线在微机系统中的位置分类

（1）机内总线。上面介绍的各类总线都是机内总线。

（2）机外总线（peripheral bus，也称外设总线）。指与外部设备接口的总线，实际上是一种外设的接口标准。目前在 PC 机上流行的接口标准有 PCIe、SATA、USB、IEEE 1394 等几种。前两种主要是与硬盘、光驱、显卡等设备接口，后两种可以用来连接多种外部设备。

4. 系统总线分类

PC 机上的系统总线又可分为 ISA、PCI、AGP 等多种标准。

（1）ISA（industry standard architecture）。是 IBM 公司为 286/AT 计算机制定的总线工业标准，也称为 AT 标准。

（2）PCI（peripheral component interconnect）。是 Intel 公司推出的总线结构。从 1992 年起，先后有 Intel、HP、IBM、Apple、DEC、Compaq、NEC 等著名厂商加盟重新组建。

（3）AGP（accelerated graphics port）。即加速图形端口，是一种为了提高视频带宽而设计的总线规范。因为它是点对点连接，即连接控制芯片和 AGP 显示卡，因此严格说来，AGP 也是一种接口标准。

5. 局部总线分类

在以 Windows 为代表的图形用户接口（GUI）进入 PC 机之后，就要求微处理器有高速的图形描绘能力和 I/O 处理能力。这不仅要求图形适配卡要改善其性能，也对总线的速度提出了挑战。实际上当时外设的速度已有了很大的提高，如硬磁盘与控制器之间的数据传输率已达到 10 MBps 以上，图形控制器和显示器之间的数据传输率也达到 69 MBps。通常认为 I/O 总线的速度应为外设速度的 3～5 倍。因此原有的 ISA 已远远不能适应要求，而成为整个系统的主要瓶颈。

局部总线是 PC 体系结构的重大发展，它打破了数据 I/O 的瓶颈，使高性能 CPU 的功能得以充分发挥。从结构上看，局部总线是在 ISA 总线和 CPU 总线之间增加的一级总线或管理层。这样可将一些高速外设，如图形卡、硬盘控制器等从 ISA 总线上卸下而通过局部总线直接挂接到 CPU 总线上，使之与高速的 CPU 总线相匹配。

局部总线可分为专用局部总线和 PCI（peripheral component interconnect）总线。

专用局部总线是一些大公司，如 NEC、Dell、HP 等，为自己系统开发的专用总线，用于图形处理、网络传输等。它们是非标准的，不能通用，也不被广大兼容机采用。586 以上档次的微机普遍采用 PCI 总线。

9.1.2 总线的主要参数

（1）总线带宽。总线带宽指的是一定时间内总线上可传送的数据量，即常说的每秒钟传送多少兆字节的最大稳态数据传输率。与总线带宽密切相关的两个概念是总线的位宽和总线的工作时钟频率。

（2）总线位宽。总线位宽指的是总线能同时传送的数据位数，即常说的 32 位、64 位等。总线位宽越宽，总线每秒数据传输率越大，也即总线带宽越宽。

（3）总线工作时钟频率。总线工作时钟频率以 MHz 为单位，工作频率越高，总线工作速度越快，也即总线带宽越宽。

总线带宽、总线位宽、总线工作时钟频率之间的关系可以用以下例子说明。高速公路上的车流量取决于公路车道的数目和车辆行驶速度，车道越多、车速越快，则车流量越大；总线带宽就像是高速公路的车流量，总线位宽就像是高速公路上的车道数，总线时钟工作频率相当于车速，总线位宽越宽、总线工作时钟频率越高，则总线带宽越大。

当然，单方面提高总线位宽或总线工作时钟频率都只能部分提高总线带宽，并容易达到各自的极限。只有两者配合才能使总线带宽得到更大的提升。

9.2 ISA 总线

最早的 PC 总线是 IBM 公司于 1981 年推出的基于 8 位机 PC/XT 的总线，称为 PC 总线。1984 年 IBM 公司推出了 16 位 PC 机 PC/AT，其总线称为 AT 总线。然而 IBM 公司从未公布过 AT 总线规格。为了能够合理地开发外插接口卡，Intel 公司、IEEE 和 EISA 集团联合开发了与 IBM PC/AT 原装机总线意义相近的 ISA 总线，即 8/16 位的"工业标准结构"（ISA）总线。

9.2.1 ISA 总线的主要特点和性能指标

8 位 ISA 总线扩展 I/O 插槽由 62 个引脚组成，用于 8 位的插卡；8/16 位的扩展插槽除了具有一个 8 位 62 线的连接器外，还有一个附加的 36 线连接器。ISA 总线插槽结构及位置如图 9-1 所示。这种扩展 I/O 插槽既可支持 8 位的插卡，也可支持 16 位插卡。ISA 总线的主要性能指标如下：① I/O 地址空间 0100H～03FFH；② 24 位地址线可直接寻址的内存容量为 16 MB；③ 8/16 位数据线；④ 62+36 引脚；⑤ 最大位宽 16 位；⑥ 最高时钟频率 8 MHz；⑦ 最大稳态传输率 16 MBps；⑧ 中断功能；⑨ DMA 通道功能；⑩ 开放式总线结构，允许多个 CPU 共享系统资源。

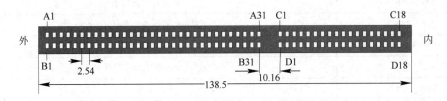

图 9-1　ISA 总线插槽结构及位置

9.2.2　I/O 地址分配

IBM PC/AT 机的外围设备通过插在 ISA 插槽上的适配器同系统连接，利用 I/O 口地址对这些设备进行寻址，有 16 位 I/O 地址（A0～A15），因而寻址能力有 64 KB，但是 PC/AT 机只使用了其中的 10 位（A0～A9）对外围接口电路进行编址。这样可以选中 1 024 个 I/O 口地址。其可寻址范围为 000H～3FFH，其中系统板上使用 000H～0FFH，ISA 插槽上使用 100H～3FFH。如表 9-1 所示（注：不要使用已定义的地址，否则系统可能不正常工作）。

表 9-1　ISA 总线 I/O 地址分配

十六进制地址	设　　备
000～01F	DMA 控制器 1（8237A）
020～03F	主中断控制器（8259A）
040～05F	定时器（8254）
060～06F	键盘控制器（8042）控制/状态口
070～07F	NMI 控制寄存器实时时钟
080～09F	DMA 页面寄存器
0A0～0BF	从中断控制器（8259A）
0C0～0DF	DMA 控制器 2（8237A）
0E0～0FF	协处理器（80287）
100～1F0	用户可用空间
1F0～1F8	硬磁盘
1F9～1FF	用户可用空间
200～207	游戏 I/O 口
208～277	用户可用空间
278～27F	并行打印机口 2
280～2F7	用户可用空间

十六进制地址	设 备
2F8~2FF	RS-232 串行口 2
300~35F	用户可用空间
360~36F	保留
378~37F	并行打印机口 1
380~38F	SDLC 同步通信控制器 2
3A0~3AF	BSC 同步通信控制器 1
3B0~3BF	单色显示器/打印机适配器
3C0~3CF	保留
3D0~3DF	彩色/图形监视器适配器
3F0~3F7	软盘控制器
3F8~3FF	RS-232 串行口 1

9.3 PCI 总线

9.3.1 PCI 总线简介

1. PCI 的提出

20 世纪 90 年代以来，随着多媒体技术及高速数据采集的发展，要求有高速的图形描绘能力和 I/O 处理能力。ISA 总线逐渐满足不了上述要求。在 ISA 总线之后，先后出现了 EISA 总线和 VESA（video electronic standards association）VL 总线，EISA 总线是 ISA 总线的扩充，VL 总线是一种解决 CPU 与显卡之间快速数据传输的总线。但它们都没有从根本上解决总线对系统高速数据传输的支持问题。

1991 年下半年，Intel 公司首先提出了 PCI 的概念，并联合 100 多家公司成立了 PCI 集团，其英文全称为 Peripheral Component Interconnect Special Interest Group（外围部件互连专业组），简称 PCI-SIG。

随着微处理器性能的不断提高，Intel 公司于 1992 年 6 月发布了第一个（1.0 版）PCI 总线规范。继而于 1993 年 4 月发布了 2.0 版，于 1995 年 6 月发布了 2.1 版，并于 1998 年 12 月发布了 2.2 修改版。PCI 总线克服了上述总线的不足，成为当时微机总线的主流。在此后相当长的一段时间里，PCI 总线连接了 PC 处理器的大多数外部设备。

2. 系统结构

PCI 的含义是周边器件互连。PCI 能够支持处理器快速访问系统存储器并支持适配器之间的相互访问。图 9-2 是一个典型的 PCI 系统，它表示了 PCI、扩展设备、CPU 及存储器总线之间的连接关系。

典型的 PCI 系统包括两个桥接器：Host/PCI 桥和 PCI/ISA 桥。Host/PCI 桥也称为北桥（north bridge），连接主 CPU 和基本 PCI 总线，北桥中包括存储器管理部件和 AGP 接口部

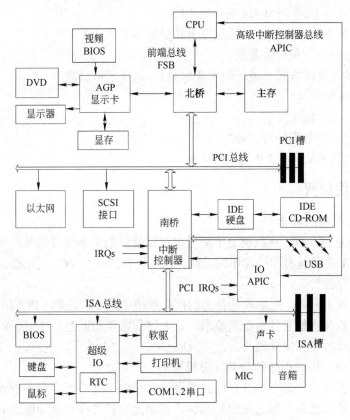

图 9-2　典型的 PCI 系统

件。PCI/ISA 桥也称为南桥（south bridge），连接基本 PCI 到 ISA 总线或 EISA 总线。南桥中还包括中断控制器、IDE 控制器、USB 主控制器和 DMA 控制器。北桥和南桥构成芯片组。在基本 PCI 总线上，可以连接一个或多个 PCI/PCI 桥，一个芯片组可以支持一个以上北桥。PCI 系统由桥接器将处理器、存储器、PCI 和扩展设备联系在一起。

3. PCI 总线的主要性能和特点

PCI 总线是一种不依附于某个具体处理器的局部总线。从结构上看，PCI 总线是在 CPU 和原来的系统总线之间插入的一级总线，具体由一个桥接电路实现对这一层的管理，并实现上下之间的接口以协调数据的传送。管理器提供了信号缓冲，使之能支持 10 种外设，并能在高时钟频率下保持高性能。PCI 总线也支持总线主控技术，允许智能设备在需要时取得总线控制权，以加速数据传送。下面是 PCI 总线的主要性能和特点。

（1）支持 10 台外设。

（2）总线时钟频率为 33.3 MHz/66 MHz。

（3）最大数据传输速率为 133 MBps。

（4）时钟同步方式。

（5）与 CPU 及时钟频率无关。

（6）总线宽度为 32 位（5 V）/64 位（3.3 V）。

（7）能自动识别外设。

（8）特别适合与 Intel 公司的 CPU 协同工作。

（9）具有与处理器和存储器子系统完全并行操作的能力。

（10）具有隐含的中央仲裁系统。

（11）采用多路复用方式（地址线和数据线），减少了引脚数。

（12）支持 64 位寻址。

（13）完全的多总线主控能力。

（14）提供地址和数据的奇偶校验。

（15）可以转换 5 V 和 3.3 V 的信号环境。

9.3.2　PCI 总线配置

1. PCI 总线配置的概念

不同于 ISA 总线，PCI 总线制定了配置寄存器要求的全部位级规范，支持自动的设备检测和配置，PCI 设备具有即插即用的功能。PCI 设备的每个 PCI 功能必须根据规范定义一组基本配置寄存器。

当机器第一次上电时，配置软件首先扫描在系统中的不同总线（PCI 和其他），确定总线上存在什么设备及它们有什么配置要求。这个过程常常指的是：① 扫描总线；② 激活总线；③ 检查总线；④ 发现过程；⑤ 总线枚举。

执行 PCI 总线扫描的程序称为 PCI 总线枚举。

为了实现配置过程，每个 PCI 功能必须设计一组由 PCI 规范定义的配置寄存器。配置软件首先读取设备配置寄存器的相应标志位，以确定功能的存在及功能的类型。在确定设备存在以后，配置软件访问功能的其他配置寄存器，确定该设备需要多少存储器或 I/O 空间。然后根据可用地址范围，编程设备的存储器和/或 I/O 地址译码器，保证与已分配给其他系统设备地址范围的互斥。

如果功能的配置寄存器相应位表示它需要使用一个 PCI 中断请求引脚，配置软件根据功能的 PCI 中断请求引脚与系统中断请求线（IRQ）的连接信息来编程功能的配置寄存器。

如果设备具有总线主设备能力，配置软件可以读取配置寄存器中的两个值，了解该设备对获得 PCI 总线访问权的速度要求（它具有什么仲裁优先权），以及它为达到足够的数据流通量对总线权保持时间的要求。系统配置软件再根据这种信息，编程总线设备的延迟定时器（或时间片）寄存器和 PCI 总线仲裁器（如果它可编程），提供优化的 PCI 总线性能供设备使用。

2. 配置地址空间

理论上系统可以连接 256 条目标 PCI 总线，每条 PCI 总线可以连接 32 个物理 PCI 设备（如嵌入在系统板上的 PCI 器件或 PCI 扩展板）。每个 PCI 设备可以包含 1～8 个独立的 PCI 功能（即逻辑设备）。为了给每个功能提供配置能力，PCI 规定功能的配置寄存器为 64 个双字，或称为 256 字节的基本配置地址空间。功能的配置寄存器为系统提供功能的基本参数，如功能的类型、需要多少存储器或 I/O 空间等，同时为系统对功能编程提供配置空间。

Intelx86 和 PowerPC 60x 处理器可以寻址两类不同的地址空间：存储器和 I/O 空间。而 PCI 总线主设备（包括主/PCI 桥）可以寻址三种地址空间。除了存储器和 PCI I/O 空间以外，还能够进行第三种类型的访问——配置空间的访问。配置访问用于访问设备功能的配置寄存器。功能的配置寄存器在系统起动时初始化，进行功能配置，反映出由配置软件分配给它的存储器和/或 I/O 地址范围。

PCI 存储器空间的容量是 4 GB，如果使用 64 位扩展寻址，则是 264 B。PCI I/O 空间容量是 4 GB（但是 Intel x86 处理器不能产生第一个 64 KB I/O 空间以上的 I/O 地址）。PCI 配置空间被分成独立的、为包含在 PCI 设备中的每一个功能（在芯片内或在卡上）专用的配置地址空间。

配置功能是系统设计上的一种进步，它可以实现即插即用功能，避免像 ISA 板卡那样必须手动配置。因此，必须根据 PCI 规范为 PCI 设备的每个 PCI 功能定义一组基本配置寄存器，用以保存设备功能的配置参数。这是一组专用的、不同于存储器空间和 I/O 空间的另一类地址空间。图 9－3 表示了 PCI 功能的基本配置地址空间的格式。配置空间的大小为 64 个双字。双字第 0～15 是功能配置头空间地址，PCI 规范定义了该区域的格式和用法，并定义了类型 0（用于除 PCI/PCI 桥以外的全部设备）的配置头寄存器的格式。

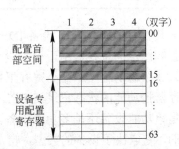

图 9－3　PCI 功能的基本配置
地址空间的格式

3. 配置寄存器

对一个设备或功能进行配置，系统需要读取哪些参数并做哪些设定呢？PCI 规范对配置寄存器的首部空间做了规定。设备或功能的配置空间是 256 字节，或 64 个双字。前 16 个双字是首部空间（见表 9－2）。首部寄存器用于识别设备、控制 PCI 功能，并以一般的方式检查 PCI 状态。配置空间其他 48 个双字的作用是由设备指定的。PCI 规范专门为 PCI/PCI 桥和 CardBus 桥定义了首部寄存器格式，称为首部类型 1 和首部类型 2。除 PCI/PCI 桥和 CardBus 桥之外的所有设备的首部寄存器格式相同，称为首部类型 0。

表 9－2　配置寄存器头空间结构

31		16	15		0	
设备标志			厂商标志			00H
状态			命令			04H
分类代码				版本标志		08H
内含自测	头区域类型		延时计时		cache 大小	0CH
基地址寄存器 0						10H
基地址寄存器 1						14H
基地址寄存器 2						18H
基地址寄存器 3						1CH
基地址寄存器 4						20H
基地址寄存器 5						24H

续表

卡总线 CLS 指针				28H
子系统标志		子系统厂商标志		2CH
扩展 ROM 基地址寄存器				30H
保留		性能指针		34H
保留				38H
Max-Lat	Min-Gnt	中断引脚	中断线	3CH

其中，供应商 ID、设备 ID、版本、类代码、子系统供应商 ID、子系统版本 ID，这 6 个强制规定的寄存器用于识别设备类型，操作系统根据这一寄存器组的内容，确定为设备装载哪个驱动程序。命令寄存器提供了对设备响应和执行 PCI 访问能力的基本控制。状态寄存器把功能的状态记录在 PCI 设备中。配置头类型定义了配置头寄存器的格式及这个设备是单功能设备还是多功能设备。头空间中其他寄存器既可以是可选择的，也可以是强制性的，它取决于设备的类型。自测寄存器（built-in self-test，BIST），可以由主设备和/或目标设备提供，设置后，设备可以实现内置自检。延迟定时器也叫时间片寄存器，它对于执行突发交易的主设备是强制性（可读/可写）的。延迟定时器定义了以 PCI 时钟周期为单位的最小时间量，在这个时间片中，总线主设备只要启动一次新交易，就能保持总线所有权。启动交易后，总线主设备在每个时钟上升沿将延迟定时器减 1。cache 行容量寄存器用于存储器写和使失效命令，为读/写寄存器，指出系统以双字为单位的 cache 行大小（例如，一个 P6 系统，该寄存器的值为 08h，表示 cache 行容量为 8 个双字，即 32 字节），这个寄存器的操作必定是由提供存储器写与使失效命令的总线主设备来完成的。Max-Lat 优先级请求寄存器，只读，对于总线主设备是可选择的，不用于非主设备，它的值表示主设备访问总线的频度（多长时间访问总线一次，从仲裁器收到 GNT #计算，250 ns 递增），这个寄存器的硬连线值由配置软件确定，用来决定总线仲裁器分配给主设备（假设仲裁器可编程）的优先级及仲裁器使用的仲裁方案。Min-Gnt 时间片请求寄存器，只读，该寄存器对于总线主设备是可选择的，但不用于非主设备，由总线主设备提供，由硬连线设定该寄存器的值，表示主设备要达到好的性能，须保持 PCI 总线所有权的时间，指出设备进行一个突发周期需要多长时间（以 250 ns 为单位）。Interrupt PIN 寄存器，只读，中脚引脚寄存指出功能连接了 4 个 PCI 中断请求引脚 INTA #～INTD #中的哪一个。Interrupt Line 寄存器，可读、可写，用于识别功能的 PCI 中断请求引脚（由中断引脚寄存器指定）连接到中断控制器的哪个输入端，在 PC 环境中，寄存器的值 00H～0FH 对应于中断控制器的 IRQ0～IRQ15。占据 6 个双字空间的基地址寄存器是为设备的存储器和/或 I/O 译码器提供基地址的寄存器。

PCI 设备必须按照 PCI 规范设置配置头区域有关字段。系统启动时，系统软件的配置程序读取配置头中的设备信息并根据设备的要求按照 PCI 规范配置设备。

配置机制使得 PCI 设备具有即插即用的功能。配置寄存器的前 16 个双字是配置头区域，其中不少单元是 PCI 规范规定必须设定的。

9.3.3　PCIe 总线

PCI 总线的最高版本是 2.2 版，虽然在理论上达到了 66 MHz 的时钟频率，但对于新型的 CPU 和高总线频率主板是完全不能适应的。Intel 公司推出的新一代 PCI 总线规范称为 PCI-X 及 PCI-X 2.0，主要适用于 133 MHz 总线时钟频率及更高的台式机主板。

2001 年 5 月的 Intel 公司开发商论坛公开发布了名为 3GIO 的总线。它最初被称为 NGIO（Next Generation I/O，即下一代 I/O），旨在替代旧的 PCI、PCI-X 总线标准。2002 年 4 月，Intel 公司将 3GIO 1.0 的技术规范移交给 PCI-SIG 审核，并且获得了这个组织的正式命名——PCIe。

与 PCI 相比，PCIe 导线数量比 PCI 减少了将近 75%，在同一系统内能够以不同频率运行，而且能够延伸到系统之外，这是 PCI 无法做到的。它采用点对点技术，能够为每一设备分配独享通道，而 PCI 是所有设备共享同一条总线资源。

2003 年推出的 PCIe 1.0，每通道带宽为 250 MBps。2007 年推出的 PCIe 2.0 规范将 PCIe 1.0 的带宽提升了一倍。2010 年的 PCIe 3.0 则在此基础上又提升一倍，并将之前 8 b/10 b 的编码方案升级到了 128 b/130 b。截止到 2017 年 10 月，PCI-SIG 已经发布了 PCIe 4.0 规范，带宽提升到了 64 GBps。

PCIe 链路由多条数据通道组成，目前 PCIe 链路支持 1、2、4、8、16、32 个数据通道，即 x1、x2、x4、x8、x16 和 x32 宽度的 PCIe 链路。在基于 PCIe 总线的设备中，x1 的 PCIe 链路最为常见，Intel 公司通常在南桥芯片（又称 ICH，I/O controller hub，输入输出控制中心）中集成了多个 x1 的 PCIe 链路来连接低速外设，而在北桥芯片（又称 memory controller hub，MCH，内存控制中心）中集成了一个 x16 的 PCIe 链路用于连接显卡控制器。在实际应用中，x32 的链路宽度极少使用。

9.3.4　PCIe 的优点

（1）数据编码方式。PCIe 1.0 和 PCIe 2.0 在物理层中使用 8 b/10 b 的编码方式，即在 PCIe 链路传输的数据 10 位中含有 8 位的有效数据，在 PCIe 3.0 使用的 128 b/130 b 编码方式在链路传输的数据 130 位中含有 128 位的有效数据。为了保证高速传输的数据还能在原来的信号路径上可靠地传输较远的距离，事实上 PCIe 3.0 的时钟频率只有 8 GHz，相较于 PCIe 2.0 的 5.0 GHz 并没有提升一倍，但由于 PCIe 3.0 升级了编码规则，单通道带宽约为 1 GBps，比 PCIe 2.0 500 MBps 的单通道带宽提升了将近一倍。

（2）全双工传输。PCI 总线采用的是半双工传输，每周期只能发送一个数据，而 PCIe 总线每周期上下行都能同时传输数据。

（3）PCIe 接口的插槽支持热插拔。

（4）支持同步数据传输。PCIe 链路使用端到端的数据传送方式，发送端和接收端都含有发送逻辑和接收逻辑。PCIe 总线物理链路的一个数据通路中有两组差分信号、共 4 根信号线，一组用于发送端的发送逻辑到接收端的接收逻辑，另一组用于发送端的接收逻辑到接收端的发送逻辑。差分信号使用两根信号线传送一位数据，相比于单端信号，抗干扰能力更强。

（5）在软件层保持和 PCI 的兼容。

（6）灵活性好，可以延伸到系统外部，通过专用接口与外部设备相连接。

（7）具有错误处理和错误报告功能。PCIe 总线采用分层架构，这也是现今的接口协议都会采取的方法，并具有错误处理和保存错误报告的软件层。

9.3.5　PCIe 的总线架构

PCIe 总线的基本结构包括根组件、交换器和终端设备。根组件集成在北桥芯片中，用于处理器、内存子系统与 I/O 设备的连接。交换器主要是以软件形式提供的，它包括两个以上的逻辑 PCI 到 PCI 的连接桥，用来保持和现有的 PCI 兼容。目前，除了与内存的连接之外，其他的设备，如硬盘、显卡的连接都是使用 PCIe 总线。PCIe 插槽有多种规格（见图 9-4），18 引脚为 x1 带宽模式，32 引脚为 x4 带宽模式，49 引脚为 x8 带宽模式，82 引脚为 x16 带宽模式。

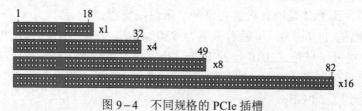

图 9-4　不同规格的 PCIe 插槽

（1）电源。PCIe 设备使用 VCC 和 Vaux 两种电源信号供电，其额定电压都为 3.3 V。其中 VCC 是主电源，给 PCIe 设备使用的逻辑模块供电。在 PCIe 设备中，为了降低功耗和缩短系统恢复时间，一些特殊的寄存器使用 Vaux 供电。

（2）PERST#。该信号为全局复位信号，处理器提供这个信号让 PCIe 插槽和 PCIe 设备复位内部逻辑。PCIe 总线定义了多种复位方式。

（3）REFCLK+ 和 REFCLK-。在一个处理器系统中可能含有多个 PCIe 设备，这些设备可以和 PCIe 插槽连接，也可以作为内置模块与处理器系统提供的 PCIe 链路直接相连。PCIe 设备和 PCIe 插槽都具有 REFCLK+ 和 REFCLK- 信号，其中 PCIe 插槽使用这组信号与处理器系统同步。

PCIe 总线物理链路间的数据传送采用基于时钟的同步传送机制，但是在物理链路上并没有时钟线，PCIe 总线的接收端含有时钟恢复模块（clock data recovery，CDR），CDR 将从接收报文中提取接收时钟，从而进行同步数据传递。

（4）WAKE#。当 PCIe 设备进入休眠状态，主电源已经停止供电时，PCIe 设备使用该信号向处理器系统提交唤醒请求，使处理器系统重新为该 PCIe 设备提供主电源 VCC。

（5）JTAG。JTAG 是一种国际标准测试协议，主要用于芯片内部测试。目前绝大多数期间都支持 JTAG 测试标准。

9.4　通用串行总线

9.4.1　通用串行总线概述

在早期的计算机系统上常用串口或并口连接外围设备。每个接口都需要占用计算机的系统资源（如中断、I/O 地址、DMA 通道等）。无论是串口还是并口都是点对点的连接，一个接口仅支持一个设备。因此每添加一个新的设备，就需要添加一个 ISA 或 PCI 卡来支持，同时系统需要重新启动才能驱动新的设备。

通用串行总线（universal serial bus，USB）是 Intel、DEC、Microsoft、IBM 等公司联合提出的一种新的串行总线标准，主要用于 PC 机与外围设备的互连。USB 的规格如表 9 – 3 所示。

表 9 – 3　USB 的规格

速度	高速 12 Mbps；低速 1.5 Mbps
支持设备	127 个
连线长度	不超过 5 m
电压定额	3.3～5 V（500 mA）
芯片组支持	Intel VX/HX/TX 及以后、SIS 5595 及以后、Ali M1431、Via MVP3
系统支持	Win 95 OSR2、MACOS/8、Linux 3.0、BeOS 及以后

USB 的功能特点如下。

（1）USB 排除了各个设备，如鼠标、调制解调器、键盘和打印机对系统资源的需求，因而减少了硬件的复杂性和对端口的占用，整个 USB 系统只有一个端口和一个中断，节省了系统资源。

（2）USB 支持热插拔（hot plug）。也就是说在不关闭 PC 的情况下可以安全地插上和断开 USB 设备，动态地加载驱动程序。其他普通的外围连接标准，如 SCSI 设备等必须在关掉主机的情况下才能增加或移走外围设备。

（3）USB 支持即插即用（PnP）。当插入 USB 设备的时候，计算机系统检测该外设并且通过自动加载相关的驱动程序来对该设备进行配置，使其正常工作。

（4）USB 在设备供电方面提供了灵活性。USB 直接连接到 Hub 或者是连接到 Host 的设备可以通过 USB 电缆供电，也可以通过电池或者其他的电力设备供电，或使用两种供电方式的组合，而且支持节约能源的挂机方式和唤醒模式。

（5）USB 提供高速 12 Mbps 的速率和低速 1.5 Mbps 的速率来适应各种不同类型的外设。

（6）针对不能处理突然发生的非连续传送的设备，如音频和视频设备，USB 可以保证其固定带宽。

（7）为了适应各种不同类型外围设备的要求，USB 提供了 4 种不同的数据传送类型。

（8）USB 使得多个外围设备可以跟主机通信。

（9）具有很高的容错性能，因为在协议中规定了出错处理和差错恢复的机制，可以对有缺陷的设备进行认定，对错误的数据进行恢复或报告。

总之，作为计算机外设接口技术的重要变革，USB 在传统计算机组织结构的基础上，引入网络的拓扑结构思想，具有终端用户的易用性、广泛的应用性、带宽的动态分配、优越的容错性能、较高的性能价格比等特点，方便了外设的增添，适应了现代计算机多媒体的功能拓展，已逐步成为计算机的主流接口。

9.4.2　USB 系统的组成及原理

在物理上，USB 接口技术由 3 个部分组成：一是具备 USB 接口的计算机系统；二是支持 USB 接口的系统软件；三是使用 USB 接口的设备。

USB 框架中包含的硬件有：USB 主机控制器、USB 根集线器、USB 集线器和 USB 设备。USB 主机控制器在主板芯片组里，用来控制整个 USB 设备。USB 集线器给所有的 USB 设备提供端口，它是 USB 所有动作的分配者。集线器采用一对多的方式连接外设，这样呈发射状的连接可以保证使用 127 个外设，因为 USB 使用 7 个位保存地址（$2^7=128$），而 USB 主机控制器必须保留一个，还有 127 个地址可以连接 USB 设备。USB 设备是指采用 USB 接口的外设，如鼠标、键盘、打印机等。

USB 框架中包含的软件有：USB 主机控制器驱动程序、USB 驱动程序、USB 设备驱动程序。USB 主机控制器驱动程序负责安排所有 USB 处理动作的顺序，USB 驱动程序负责检测 USB 设备的特性，USB 设备驱动程序通过总线将请求送给 USB 驱动程序，建立与目标设备间的传输动作。

1. USB 系统的拓扑结构

USB 系统的物理连接是有层次性的星形布局，每个集线器在星形的中心，每条线段是点点连接的。从图 9-5 中可看出典型的 USB 系统的拓扑布局。

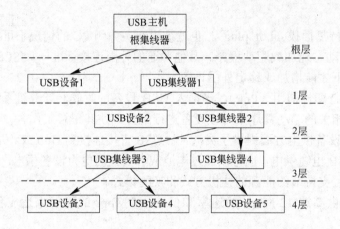

图 9-5　典型的 USB 系统的拓扑结构

任何 USB 系统中，只有一个主机。USB 和主机系统的接口称为主机控制器（host controller），它是由硬件和软件结合实现的。根集线器是综合于主机系统内部的，用以提供 USB 的连接点。USB 的设备包括集线器（hub）和功能器件（function）。集线器为 USB 提供了更多的连接点，功能器件是指键盘、扬声器等，为系统提供了具体的功能。USB 的协议实现了系统的协调。

2. USB 的物理接口

1）USB 的线电缆

USB 通过一种 4 线电缆传送信号和电源，共有两种数据传输率：12 Mbps 的高速信号和 1.5 Mbps 的低速信号。两种模式可在同一 USB 总线传输下自动切换。因为过多的低速模式的使用将降低总线利用率，所以该模式只支持有限几个低带宽设备（如鼠标等）。在同步方式中，时钟调制后与差分数据一同发送。时钟信号被转换成单极性非归零码（NRZI），并填充了比特以保证数据的连续性，每个数据包中均带有同步信号以保证接收方能还原出时钟。电缆中包括 VBUS、GND 2 条线（见图 9-6），用来向设备提供电源。VBUS 的电压为 +5 V，为了保证足够的输入电压和终端阻抗，重要的终端设备应位于电缆尾部，每个端口都可检测终端是否连接或分离，并区分出高速或低速设备。电缆中还有一对互相缠绕的数据线。所有设备都有一个上行或下行的连接，上行连接器和下行连接器不可互换，因而避免了集线器间非法的、循环往复的连接。连接器有 4 个方向，并带有屏蔽层，以避免外界干扰。

2）典型的 USB 功能器件

典型的 USB 功能器件如图 9-7 所示。

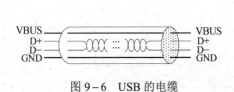

图 9-6 USB 的电缆   图 9-7 典型的 USB 功能器件

3）线缆与电阻的连接

图 9-8 是高速外设的 USB 线缆与电阻的连接图。USB 外设可以采用计算机里的电源（+5 V，500 mA），也可外接 USB 电源。在所有的 USB 信道之间动态地分配带宽是 USB 总线的特征之一，这大大提高了 USB 带宽的利用率。当一台 USB 外设长时间（3 ms 以上）不使用时，就处于挂起状态，这时只消耗 0.5 mA 电流。按 USB 1.0/1.1 标准，USB 的标准脉冲时钟频率为 12 MHz，而其总线脉冲时钟为 1 ms（1 kHz），即每隔 1 ms，USB 器件应为 USB 线缆产生 1 个时钟脉冲序列。这个脉冲系列称为帧开始数据包（SOF）。高速外设长度为每帧 12 000 位，而低速外设长度只有每帧 1 500 位。1 个 USB 数据包可包含 0～1 023 字节数据。每个数据包的传送都以 1 个同步字段开始。

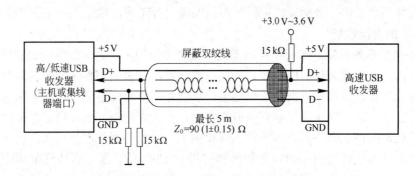

图 9-8 高速外设的 USB 线缆与电阻的连接图

4）USB 的电源

USB 的电源主要包括电源分配和电源管理两方面的内容。

电源分配是指 USB 如何分配主计算机所提供的能源。需要主机提供电源的设备称为总线供能设备，如键盘、输入笔和鼠标等。而一些 USB 设备可能自带电源，该类设备称为自供能设备。

USB 主机有与 USB 相互独立的电源管理系统，系统软件可以与主机的能源管理系统结合共同处理各种电源事件，如挂起、唤醒等。

3. USB 的总线协议

USB 是一种轮询方式的总线，主机控制器初始化所有的数据传送。每个总线执行动作按照传输前制定的原则，最多传送 3 个数据包。每次传送开始，主机控制器发送一个描述传输动作的种类、方向、USB 设备地址和端口号的 USB 数据包。这个数据包通常称为标志包（Packet ID，PID）。USB 设备从解码后的数据包中取出属于自己的数据。传输开始时，由标志包来标志数据的传输方向，然后发送端发送数据包，接收端也要相应发送一个握手的数据包以表明是否传送成功。发送端和接收端之间的 USB 传输，可视为主机和设备端口之间的一条通道（见图 9-9）。

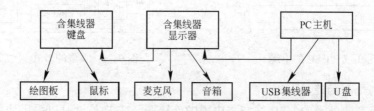

图 9-9 典型的 USB 体系结构及物理连接

有两种类型的通道：流通道和消息通道。流数据没有 USB 所定义的数据结构，而消息数据则有。通道与数据带宽、传送服务类型和端口特性（如方向、缓冲区大小）有关。多数通道在 USB 设备设置完成后即存在一条特殊的消息通道——缺省控制道通，设备一启动就存在该通道，从而为设备的设置、状况查询和输入控制信息提供了一个入口。任务安排可以对流通道进行数据控制。发送不确认握手信号可阻塞数据传输，当不确认信号发过后，若总线有空闲，数据传输将予重复。这种流控制机制允许灵活的任务安排，可使不同性质的流通道同时正常工作，多种流通道可在不同间隔进行工作，传送大小不同的数据包。

4. USB 的容错性能

USB 提供了多种机制，如使用差分驱动、接收和防护，以保证信号的完整性；使用循环冗余码，以进行外设装卸的检测和系统资源的设置，对丢失和损坏的数据包暂停传输，利用协议自我恢复，以建立数据和控制通道，从而使功能器件避免了相互影响的副作用。上述机制的建立，极大地保证了数据的可靠传输。在错误检测方面，协议对每个包中的控制位和数据位都提供了循环冗余码校验，并提供了一系列的硬件设施和软件设施来保证数据正确性，循环冗余码可对一位或两位的错误进行 100% 的恢复。在错误处理方面，协议在硬件和软件上均有措施。硬件的错误处理包括汇报错误和重新进行一次传输，传输中若还遇到错误，由 USB 的主机控制器按照协议重新进行传输，最多可进行 3 次，若错误依然存在，则对客户端软件报告错误，使之按特定方式处理。

5. USB 系统的设置

USB 设备可随时安装或拆卸。所有的 USB 设备都是通过某个端口接在 USB 上。集线器有一个状态指示器，它可指明 USB 设备是否被安装或拆除了；若安装，则指明了 USB

设备端口。主机将所有集线器排成队列，以取回其状态指示。USB 设备安装后，主机通过设备控制通道来激活该端口并以预设的地址值赋给 USB 设备。主机对每个设备指定了唯一的 USB 地址，并检测这种新装的 USB 设备是下一级的集线器还是功能器件。如果安装的是集线器，并有外设连在其端口上，则上述过程对每个 USB 设备的安装都要做一遍；如果是功能器件，则主机中关于该设备的软件将被引发。当 USB 设备从集线器的端口拆除后，集线器关闭该端口，并向主机报告该设备已不存在。USB 的系统软件将准确地进行处理，如果去除的是集线器，则系统软件将对集线器及连接在其上的所有设备进行处理。对每个连接在总线上的设备指定唯一的地址的动作称为总线标号，因为 USB 允许设备在任何时刻安装或拆卸，所以总线标号是 USB 系统软件随时要做的动作。

6. USB 的数据流

在主机和设备间的数据交换存在两种通道：流通道和消息通道。总的来说，各通道之间的数据流动是相互独立的，一个指定的 USB 设备可有几个通道。例如，一个 USB 设备可建立向其他设备发送数据和从其他设备接收数据的两个通道。USB 包含 4 种基本的数据传输类型：控制传送、同步传送、中断传送、批传送。

7. USB 的设备

USB 设备有集线器和功能器件两类。在即插即用的 USB 的结构体系中，集线器是一种重要设备，如图 9-10 所示。集线器简化了 USB 互连的复杂性。集线器串接在集线器上，可以让不同性质的更多设备连在 USB 上。连接点称为端口。每个集线器的上行端口向主机方向进行连接，每个集线器的下行端口允许连接另外的集线器或功能器件。集线器可检测每个下行端口的设备的安装或拆卸，并可对下行端口的设备分配能源，每个下行端口可分辨出连接的是高速设备还是低速设备。

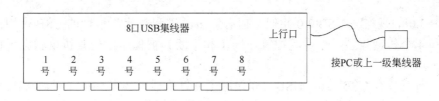

图 9-10　典型的集线器

集线器包括两部分：集线控制器和集线再生器。集线再生器位于上行端口和下行端口之间，是放大衰减信号、恢复畸变信号的器件，并且支持复位、挂起、唤醒等功能。通过集线控制器所带有的接口寄存器，主机对集线器的状态参数和控制命令进行设置，并监视和控制其端口。功能器件是通过总线进行发送、接收数据或控制信息的 USB 设备，由一根电缆连在集线器某个端口上。功能器件一般相互独立，但也有复合设备，即多个功能器件和一个内置集线器共同利用一根 USB 电缆。每个功能器件都含有描述该设备的性能和所需资源的设置信息。主机应在功能器件使用前对其进行设置，如分配 USB 带宽等。定位设备（鼠标、光笔）、输入设备（键盘）、输出设备（打印机）等都属于功能器件。当设备连接并编号后，该设备就有一个唯一的 USB 地址，系统就是通过该地址对设备进行操作的。每一个 USB 设备通过一条或多条通道与主机通信。所有的 USB 设备在零号端口上有一条指定的通道，USB 的控制通道即与之相连。通过这条控制通道，所有的 USB 设备都有一个共同的准入机制，以获得控制操作的信息。控制通道中的信息应完整地描述 USB 设备，主要包括标准信息类别和 USB 厂商信息。

9.4.3　USB 3.0 的优点

USB 3.0 具有如下优点。

（1）USB 3.0 增加了一种新的传输类型，称为 super speed，最高可达 5 Gbps，相较于 USB 2.0 最高的传输速率 480 Mbps，快了约 10 倍。

（2）USB 2.0 基于半双工二线制总线，只能提供单向数据流传输，而 USB 3.0 采用了对偶单纯形四线制差分信号线，分别使用一对线缆来进行数据的收、发，故而支持双向并发数据流传输，即全双工总线模式，这是 USB 3.0 传输速度猛增的关键原因。

（3）USB 3.0 引入了新的电源管理机制，因此最大能够提供约 900 mA 的电力，比 USB 2.0 提高了约 80%。最小工作电压从 4.4 V 降到 4 V，还能够在待机时间切断电力，不仅对智能手机充电有更佳的优势，同时能增强笔记本产品的电池续航能力。

（4）USB 3.0 采用双总线架构，具有 USB 2.0 和 USB 3.0 两者的物理结构，允许 USB 2.0（全速、低速或高速）和 USB 3.0（超高速）同时进行，从而提供向后兼容性。因为结构拓扑相同，所以能够在 USB 2.0 端口上运行 USB 3.0 设备。

（5）USB 3.0 对 USB 设备的电源管理进行了优化，采取智能型设定，支持待机、休眠和暂停等状态，摒弃了 USB 2.0 的轮询广播工作模式，采用中断驱动协议。它采用封包路由方式进行数据传输。该方式仅在接口上有数据传输时才需要为设备供电，而当设备空闲时，设备将处于空闲、睡眠和中断状态，这样更加省电。

9.4.4　USB 3.0 的物理结构

USB 3.0 的规格与 USB 2.0 相似，但有许多改进和替代。早期的 USB 使用的概念，如端点和 4 个传输类型（批量、控制、同步和中断）被保留，但是协议和电子接口是不同的。

为了向下兼容 USB 2.0，USB 3.0 采用了 9 针脚设计，其中 4 个针脚 VBUS、D+、D−、GND 和 USB 2.0 的形状、定义均完全相同，而另外 5 个（包括两个差分对）是专门为 USB 3.0 准备的，但是它们的电源线是共用的。这两个额外的差分对是为了高速数据传输和用于全双工高速信号。GND_DRAIN 引脚用于地线，还能够控制电磁干扰并保持信号完整。图 9−11 是 USB 3.0 的线缆结构，表 9−4 是 USB 3.0 的信号定义。

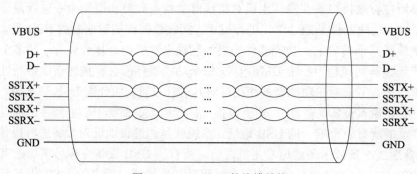

图 9−11　USB 3.0 的线缆结构

表 9−4 USB 3.0 的信号定义

引脚	颜色	信号名称		作用
		USB 公口	USB 母口	
1	红	VBUS		供电
2	白	D−		USB 2.0 差分信号对
3	绿	D+		
4	黑	GND		接地
5	蓝	StdA_SSTX −	StdB_SSTX −	超速差分信号对发送端
6	黄	StdA_SSTX +	StdB_SSTX +	
7		GND_Drain		接地
8	紫	StdB_SSTX −	StdA_SSTX −	超速差分信号对接收端
9	橙	StdB_SSTX +	StdA_SSTX+	
10			DPWR	提供给设备的电源
11			DGND	接地

数据传输和同步超速事务由主机发起，然后由设备发出响应，设备要么接受请求，要么拒绝。如果接受，设备发送数据或接收来自主机的数据。如果端点停止，设备将以一个失速握手回应。如果缺少缓冲区空间或数据，它会用一个未准备好的 NRDY 信号来告诉主机它不能处理请求。当设备准备好时，它将向主机发送一个端点准备 ERDY 信号，然后重新调度事务。

9.4.5 USB 的新发展

2013 年 1 月 6 日 USB IF 协会（USB Implementers Forum）宣布要推出 USB 3.0 加强版。2014 年 USB 3.1 正式推出，最大传输速率比 USB 3.0 提升了一倍，达到了 10 Gbps。USB 3.1 共有 3 种接口，分别是 Type-A（Standard-A）、Type-B（Micro-B）、Type-C。标准的 Type-A 目前应用最为广泛，Type-C 由于其接口尺寸更小、数据线更细更轻便、支持正反双面插入的特性，有望成为未来最受欢迎的连接标准。

由图 9−12 可知，VBUS 是供电端，共有 4 个。A6、A7 是支持 USB 2.0 功能的差分对，A2 和 A3、B11 和 B10、B2 和 B3、A11 和 A10 则是支持 USB 3.0 功能的差分对。Type-C 的接口是中心对称的，因此可以正反双面插入。图 9−13 是 USB Type-B 简化图。

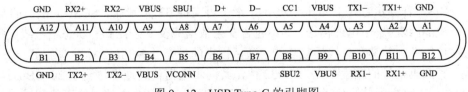

图 9−12 USB Type-C 的引脚图

USB 3.0 的编码方式为 8 b/10 b 编码，每传送 10 位数据中有 8 位是有效传输，因此会有高达 20%的损耗，而 USB 3.1 则采用了和 PCIe 3.0 相同的 128 b/130 b 的编码方式，传输损耗大幅度下降。

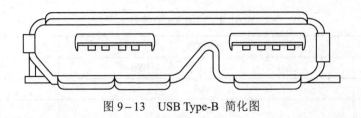

图 9-13　USB Type-B 简化图

相比 USB 2.0 的 500 mA，USB 3.0 提供了最高达 900 mA 的供电电流，但仍未满足需求。USB 3.1 将供电的最高电流提升到了 5 A，极大地提升了设备的充电速度。

2017 年，USB 3.0 Promoter Group 公布了 USB 3.2 标准，在现有基础上对 USB 3.1 进行补充，保留了 USB 3.1 的物理层和编码技术，利用双通道技术，将传输速率提升一倍，达到了 20 Gbps，理论数据传输速度达到了 2 GBps。USB 3.2 支持主机设备和外设的多通道操作，USB Type-C 线缆已经支持多通道操作，升级至 USB 3.2 后，允许两条通道 5 Gbps 或 10 Gbps 的传输速度，主机设备和外设可以用它来解决多通道问题。为了加快结束多个 USB 接口类型共存的局面，Type-C 被 USB IF 组织列为唯一推荐接口。

9.5　其他总线简介

9.5.1　小型计算机系统接口总线

小型计算机系统接口总线（small computer system interface，SCSI），即小型计算机系统接口。SCSI 也是系统级接口，可与各种采用 SCSI 接口标准的外部设备相连，如硬盘驱动器、扫描仪、光盘、打印机和磁带驱动器等。采用 SCSI 标准的这些外设本身必须配有相应的外设控制器。SCSI 早期只在小型机上使用，近年来也在 PC 机中使用。SCSI 是由美国国家标准协会（ANSI）1986 年 6 月公布的接口标准（称为 SCSI-1）。1990 年又推出了 SCSI-2 标准。SCSI 接口标准的主要特性如下。

（1）SCSI 是系统级接口，可与各种采用 SCSI 接口标准的外部设备相连，如硬盘驱动器、扫描仪、光盘、打印机、磁带驱动器、通信设备等。总线上的主机适配器和 SCSI 外设控制器的总数最大为 8 个。

（2）SCSI 是一个多任务接口，具有总线仲裁功能。因此，SCSI 总线上的适配器和控制器可以并行工作，在同一个 SCSI 控制器控制下的多台外设也可以并行工作。

（3）SCSI 可以按同步方式和异步方式传输数据。SCSI-1 在同步方式下的数据传输速率为 4 MBps，在异步方式下为 1.5 MBps，最多可支持 32 个硬盘。SCSI-1 接口的全部信号通过一根 50 线的扁平电缆传送，其中包含 9 条数据线及 9 条控制和状态信号线。其特点是操作时序简单，并具有总线仲裁功能。随后推出的扩充的 SCSI-2 标准增加了一条 68 线的电缆，把数据信号的宽度扩充为 16/32 位，其同步数据传送速率达到了 20 MBps。

（4）SCSI 可分为单端传送方式和差分传送方式。单端 SCSI 的电缆不能超过 6 m，如果数据传送距离超过 6 m，应采用差分 SCSI 传送方式。

（5）SCSI 总线上的设备没有主从之分，双方平等。启动设备和目标设备之间采用高级命令进行通信，不涉及外设特有的物理特性。因此，使用十分方便，适应性强，便于系统集成。

从 20 世纪 90 年代开始，ANSI SCSI 委员会就开始制定 SCSI-3 规范。SCSI-3 规范是一个多层结构，其协议层除了原有的并行协议外新增加了三个协议：光纤信道协议、串行协议和块传输协议。因此共有 4 种接口：SCSI-3 并行接口、SCSI-3 光纤信道接口、IEEE 1394 和 SCSI-3 串行接口。这些新型接口将以 PCI 插卡的形式出现。IEEE 1394 实际上就是以 SCSI-3 为基础制定的串行标准。SCSI-3 协议无疑是一个较为理想的标准。

20 世纪 90 年代中期，在 EIDE 接口技术迅速发展的同时，ANSI SCSI 委员会也推出了它的 Ultra SCSI 规范，作为一种过渡性的方案。在理论上，Ultra SCSI 的最大数据传输率提高到 40 MBps。但是 Ultra SCSI 作为并行总线，没有解决 SCSI 对电缆布线的苛刻要求，而且其高速的数据传输率使得电缆长度和电缆质量的问题更加突出。在单端方式下，Ultra SCSI 电缆的最大长度不能超过 1.5 m；在差分方式下，虽然能够支持较长的电缆，但是必须为每条数据线提供一条单独的地线，因此成本很高，同时引起了安装和兼容性的问题。为了解决上述问题，在 1998 年推出了 Ultra2 SCSI（LVD）规范，LVD 表示低电压差分方式。Ultra2 SCSI（LVD）规范的主要特点是：16 位数据线，最高数据传输率为 80 MBps，电缆长度最大可达 12 m。1998 年 9 月，又发表了基于 Ultra3 SCSI 的 Ultra160/m 接口标准，进一步把数据传输率提高到 160 MBps。昆腾也在 1998 年 11 月推出了第一个支持 Ultra160/m 接口标准的硬盘 Atlas10K 和 Atlas 四代。对 PC 来说，SCSI 是一种好的选择，它不仅是一个接口，更是一条总线。SCSI 接口卡和 SCSI 硬盘的价格高昂，通常用在高档服务器上。

9.5.2　高速图形显示总线

高速图形显示总线（accelerated graphics port，AGP）即加速图形端口，是一种为了提高视频带宽而设计的总线规范。它支持的 AGP 插槽可以插入符合该规范的 AGP 插卡。其视频信号的传输速率可以从 PCI 的 132 MBps 提高到 266 MBps（x1 模式）或者 532 MBps（x2 模式）。

虽然现在 PC 机的图形处理能力越来越强，但要完成细致的大型 3D 图形描绘，PCI 的性能仍然有限，为了让 PC 机的 3D 应用能力能同图形工作站一较高低，Intel 公司开发了 AGP 标准，推出 AGP 的主要目的就是要大幅提高高档 PC 机的图形，尤其是 3D 图形的处理能力。

严格说来，AGP 不能称为总线，因为它是点对点连接，即连接控制芯片和 AGP 显示卡。

PCI 总线在 3D 应用中的局限主要表现在 3D 图形描绘中。储存在 PCI 显示卡显示内存中的不仅有影像数据，还有纹理数据（texture data）、Z 轴的距离数据及 Alpha 变换数据等，其中纹理数据的信息量相当大。如果要描绘细致的 3D 图形，就要求显存容量很大；再加上必须采用较快速的显存，最终造成显示卡价格高昂。因此，3D 显示卡的制造厂商所期望的是既能增加纹理数据的储存能力，又能降低产品的成本。一个有效的办法就是将纹理数据从显示内存移到主内存，以减少显示内存的容量，从而降低显示卡的成本。从整个系统来看，增加显示内存不如增加主内存划算，因为用作主内存的 DRAM 的价格已不太昂贵，而且把纹理数据储存在主内存比储存在显示内存更能有效利用内存。存储纹理数据所需的内存空间依应用程序而定，也就是说，当应用程序结束后，它所占用的主内存空间可恢复，纹理数据并不永远占用主内存的空间。然而遗憾的是，当纹理数据从显示内存移到主内存时，由于纹理数据传输量很大，数据传输的瓶颈就从显示卡上的内存总线转移到了 PCI 总线上。例如，显示 1 024×768×16 位真彩色的 3D 图形时，纹理数据的传输速度需要 200 MBps 以上，但当时的 PCI 总线最高数据传输速度仅为 133 MBps，因而成为系统的主要瓶颈。

AGP 在主内存与显示卡之间提供了一条直接的通道，使得 3D 图形数据越过 PCI 总线，直接送入显示子系统，这样就能突破由 PCI 总线形成的系统瓶颈，实现了以相对低的价格来实现高性能 3D 图形的描绘功能。

1. AGP 的性能特点

AGP 以 66 MHz PCI Revision 2.1 规范为基础，在此基础上扩充了以下主要功能。

（1）数据读写操作的流水线操作。流水线（pipelining）操作是 AGP 提供的仅针对主内存的增强协议。由于采用流水线操作减少了内存等待时间，所以数据传输速度有了很大提高。

（2）具有 133 MHz 的数据传输频率。AGP 使用了 32 位数据总线和双时钟技术的 66 MHz 时钟。双时钟技术允许 AGP 在一个时钟周期内传输双倍的数据，即在工作脉冲波形的两边沿（即上升沿和下降沿）都传输数据，从而达到 133 MHz 的传输速率，即 532 MBps 的突发数据传输率。

（3）直接内存执行。AGP 允许 3D 纹理数据不存入拥挤的帧缓冲区（即图形控制器内存），而将其存入系统内存，从而让出帧缓冲区和带宽供其他功能使用。这种允许显示卡直接操作主内存的技术称为 DIME（direct memory execute）。应该说明的是，虽然 AGP 把纹理数据存入主内存，也可以称为 UMA（unified memory architecture，统一内存体系结构）技术，但是与一些低端机采用的 UMA 有以下区别：通过 AGP 技术使用的主内存（称为 AGP RAM）并没有完全取代显示卡的显示缓存，AGP 主内存只是对缓存区的扩大和补充。低端机的 UMA 是通过 PCI 接口运行的，其速度较慢。

（4）地址信号与数据信号分离。采用多路信号分离技术（demultiplexing），并通过使用边带寻址（sideband address，SBA）总线来提高随机内存访问的速度。

（5）并行操作。允许在 CPU 访问系统 RAM 的同时 AGP 显示卡访问 AGP 内存，显示带宽也不与其他设备共享，从而进一步提高了系统性能。

2. AGP 的工作模式

要真正达到良好的 3D 图形处理能力，应该采用 x2 以上的工作模式。在 x1 模式下，由于带宽不足，并不能适合 DIME 的速度，3D 图形处理能力仍然是不理想的。目前，x8 模式已正式推出。

3. PCI 和 AGP 的比较

在采用 AGP 的系统中，由于显示卡通过 AGP、芯片组与主内存相连，提高了显示芯片与主内存之间的数据传输速度，让原来需要存入显示内存的纹理数据，现在可以直接存入主内存，这样可提高主内存的内存总线使用效率，也提高了画面的更新速度及 Z 缓冲等数据的传输速度，而且还减轻了 PCI 总线的负载，有利于其他 PCI 设备充分发挥性能。由于在 PC98 规格中，ISA 总线已被取消，ISA 设备终将被淘汰，所以把占用了 PCI 总线大量带宽的显示卡移到 AGP 上是非常必要的。当然 AGP 不可能取代 PCI，因为 AGP 只是一个图形显示接口标准，而不是系统总线。

习题

1. 什么是总线？什么是接口？总线和接口有什么主要区别？

2. 总线是如何分类的？总线的主要参数有哪些？

3. ISA 总线的 I/O 及 MEM 的可寻址范围是多少？ISA 插槽上使用的地址范围是什么？

4. 利用 ISA 总线做一块 I/O 的扩展卡，应如何选择其 I/O 地址？试举例选择有 4 个连续 I/O 端口的地址，并用逻辑门电路实现地址译码。

5. 设计一块 ISA 扩展卡（画图），扩展一片 8255 作为输入、输出，地址如第 4 题。

6. PCI 总线的特点是什么？

7. PCI 总线信号可分为哪几类？各类信号是多少条？

8. PCI 总线命令有哪些？

9. PCI 总线中有哪几种地址空间？

10. PCIe 总线信号可分为哪几类？与 PCI 的区别是什么？

11. 试简单描述 PCIe x32 如何实现。

12. USB 总线有哪些功能特点？系统的拓扑结构是什么？

13. USB 总线有哪几种传输类型？各有什么特点？

14. USB 2.0 总线的最大传输速率是多少？

15. USB 3.0 的物理结构相比 USB 2.0 有什么变化？这样做的好处是什么？

研究型教学讨论题

通过查询资料，试阐述计算机 USB 3.0 等新的接口发展趋势。

本章教学资源

第 10 章
人机交互接口

提要：本章主要讲述微机系统的人机接口，主要有：键盘接口、鼠标接口、打印机与扫描仪、网络接口。同时，对语音接口、蓝牙技术、指纹识别、脑机接口、体感交互等新兴的人机接口技术进行简要介绍。

人机交互接口技术涉及认识心理学、应用领域学科、计算机科学、图形学、语言学、美学、行为科学等诸多学科，是一门综合技术。当前人机接口研究的主要方向集中在接口的智能化和接口的图形化。微机系统基本的人机交互接口主要有键盘、鼠标接口、打印机与扫描仪等。图形技术的引入为人机交互接口提供了技术基础，从认识科学的角度来分析，在信息含量、表达方式、存取方式、直观性和理解速度这几个重要方面，图形较之文本和数据表格具有巨大的优越性。从认识心理学的角度来看，人获取、感受、理解、记忆信息并发现问题，产生推理和联想，是人机交互过程中必然涉及的几个方面。网络技术的发展，使微机的应用及人机交互发生了质的飞跃。

10.1 PC 机键盘接口

10.1.1 PC 机键盘接口概述

目前，微机使用的键盘主要有：PC/XT 机采用的 83 个键的标准键盘（简称 PC/XT 键盘）和 PC/AT 机采用的 84 个键的键盘或者增强型的 101/103/104/105/108/109 个键的扩展键盘（简称 AT 键盘）。

键盘是独立的部件，通过电缆或无线与主机连接。键盘上的每个按键在敲击后所发出的扫描码（即是键盘的编码）实际上含两部分内容：一是按键扫描码，二是放键扫描码。若按住键不放，则不断发出按键扫描码，直到松开键后才发出放键扫描码。

PC/XT 键盘和 AT 键盘的扫描码的发送格式是不同的。PC/XT 键盘的 KBDATA 有 9位，第一位是起始位，为高电平，D0～D7 是扫描码；AT 键盘的 KBDATA 有 11 位，按照串行异步通信格式发送，第一位是起始位，为低电平，如图 10-1 所示，它与微机的通信时序与 PS/2 鼠标器的是一致的。

另外，PC/XT 键盘的放键扫描码是 1 字节，是由按键扫描码加上 80H 而得；AT 键盘的放键扫描码是 2 字节，即在按键扫描码前加一前缀字节 F0H。

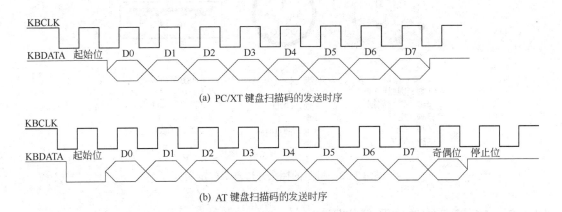

(a) PC/XT 键盘扫描码的发送时序

(b) AT 键盘扫描码的发送时序

图 10-1　键盘扫描码的发送时序

如表 10-1 所示，AT 键盘的扫描码由 3 个字节组成，1 个字节的按键扫描码和 2 个字节的放键扫描码。其中第一个字节与第三个字节相同，中间字节是断开标志 F0H。

例如，B 键的按键扫描码是 32H，放键扫描码是 F0H。B 键被按下时，32H 被发送出去，如果一直按住不放，则键盘将以按键重复率不停地发送 32H，直到该键释放，才发出放键扫描码 F0 32H。扫描码与按键的位置有关，与该键的 ASCII 码并无对应关系。

表 10-1　扫描码格式比较表

PC/XT 键盘	按键扫描码	10XXXXXXX
	放键扫描码	11XXXXXXX
AT 键盘	按键扫描码	0XXXXXXXXP1
	放键扫描码	01111000011 0XXXXXXXXP1

注：X=数据位，P=奇校验位。

键盘上还有部分扩展键（功能键和控制键等），这些键的扫描码由 5 个字节组成。与基本键的扫描码相比，按键扫描码与放键扫描码前各多了一个固定值字节 E0H。例如 Home 键的按键扫描码是 E0H 70H，放键扫描码是 E0H F0H 70H。还有两个特殊键，PrintScreen 键的按键扫描码是 E0H 12H E0H 7CH，放键扫描码是 E0H F0H 7CH E0H F0H 12H；PauseBreak 键的按键扫描码是 E1H 14H 77H E1H F0H 14H F0H 77H，无放键扫描码。

PC 键盘的插头有 3 种：大插头（5 芯）、小插头 PS/2 接口（6 芯）和 USB 接口。图 10-2 是 3 种键盘的插头外形及引脚定义。

目前市面上的无线键盘的工作原理和传统的键盘基本相同，只是在数据的传输方式上不同。无线键盘与计算机间没有直接的物理连线，通过红外线或无线电波将输入信息传送给特制的接收器。主流的无线技术有 27 MHz、2.4 G 和蓝牙 3 类。

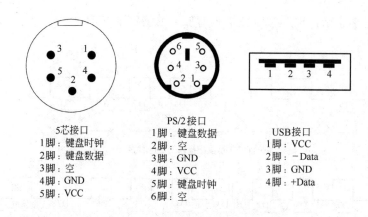

图 10-2　键盘的插头外形及引脚定义

10.1.2　AT 键盘的结构及工作原理

在 PC/AT 机主板中，用 8042 单片机作键盘数据收发器，用其内部的状态寄存器、输出缓冲器和输入缓冲器实现键盘和系统的通信。键盘通过屏蔽电缆和主板的 DIN 连接器相接。其 5 条信号线中有用的 4 条信号线分别是：双向的键盘时钟线（KBDCLK）、双向的键盘数据线（KBDDATA）、地线（KBDGND）和电源线（KBD +5 V）。

标准 AT 键盘一般用 8048（8049）单片机作控制器，其原理如图 10-3 所示。电阻 R1 和电容 C1 使系统上电时，键盘有不小于 300 ms 的上电复位时间。键盘复位后进行自检，并把检测结果送往系统主板。

键盘工作在扫描方式，由两片 3-8 译码器 74LS138 构成了带使能端的 4-16 译码器。单片机 8048 通过 P10～P14 口每隔 3～5 ms 扫描键盘矩阵中的一列，使其变为低电平，同时通过 DB0～DB7 读入当时每一行的状态。如果当时正好该列有键按下，则由于相应行列接触，读入的该行的状态就为低电平，而其余情况下都是高电平。由微控制器查找对应的键盘扫描码，再进行数据发送。

键盘与系统主板之间由时钟线（KBDCLK）和数据线（KBDDATA）两条双向线进行通信。图 10-3 中，端口 P26 和 P25 分别发送键盘送往主板的时钟和数据。由 T0 和 $\overline{\text{INT}}$ 分别接收系统主板送入键盘的时钟和数据，并对 P26 和 P25 的输出进行检测。两端发送的数据具有相同的 11 位串行格式，第一位是起始位，后面依次为 8 位数据，1 位奇偶校验位和 1 位停止位。键盘数据的收发由键盘时钟同步。

键盘在准备发送数据之前，先检测时钟线和数据线的状态。如果时钟线是低电平，表示这是禁止态，数据就先放到数据缓冲器中；如果键盘时钟线为高电平而数据线为低电平，则表示系统要求发送，那么也把数据存入键盘缓冲器，并开始接收来自系统的信息；在时钟线和数据线都是高电平的情况下，键盘开始按数据串结构发送数据。在时钟的上沿之后和下降沿之前传送数据有效。传送之后，系统将禁止键盘，直到系统已把输入处理完毕或要求键盘送出响应信号时为止。

系统在准备向键盘传送数据之前，先检查键盘是否正在发送数据。如果是，而且还没有送到第 10 个时钟脉冲（对应奇偶校验位），系统可强迫时钟线为负电位，从而使键盘停止输出。但如果系统已经传送到第 10 个脉冲,则系统接收完本次数据串的传送。

不管键盘有没有输出或者系统强迫键盘停止输出,系统至少维持时钟线低电平 60 ms 以准备向键盘传送命令或数据。输入键盘的每一个系统命令或数据,必须有键盘响应,系统才向其做下一个传送。除非系统阻止键盘输出,否则键盘要在 20 ms 之内做出响应。如果键盘响应无效,或者有奇偶校验错,系统会再一次传送命令或数据。

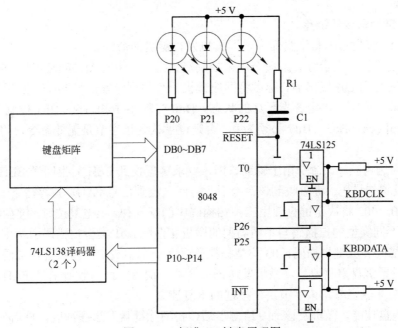

图 10-3　标准 AT 键盘原理图

10.1.3　AT 键盘与 PC 机的接口

PC 机键盘的接口原理如图 10-4 所示。图 10-4 中左边虚框是 AT 键盘部分,键盘扫描电路将按键信息传给键盘上的控制器 8048,8048 识别出是哪一个键被按下,并通过串行方式送出键盘扫描码;PC 机的键盘控制器 8042 接收到键盘扫描码后,将其转换成系统扫描码,放入 8042 的内部并行输出缓冲器中,同时产生硬件中断 1;PC 机 CPU 的硬件中断

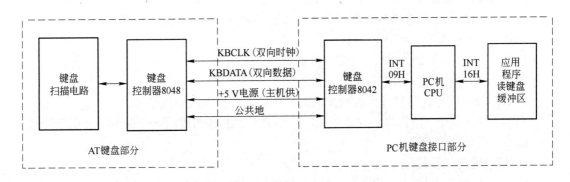

图 10-4　PC 机键盘的接口原理

1 服务程序 INT 09H 通过 I/O 口 60H 将该扫描码读入，转化成 ASCII 码存到 PC 机的内部键盘缓冲区，应用程序一般用软中断程序 INT 16H 读该缓冲区的按键信息。

PC 机和键盘的通信总是以 PC 机端的 8042 为主导，键盘控制器 8048 随时检测 PC 机输出的时钟和数据线，一旦都为高电平，则发时钟信号，双方开始传送数据。

PC 机的 8042 关于键盘的操作有：发送键盘命令给键盘、接收键盘的命令响应、接收键盘的扫描码。

1. 发送键盘命令给键盘

8042 向 8048 发送的是键盘命令，即微机发往键盘的命令。

EDH：设置状态指示灯。该命令用来控制键盘上 3 个指示灯 NumLock、ScrollLock、CapLock 的亮灭。EDH 发出后，键盘将回应微机一个收到应答信号 FAH，然后等待微机发送下一个字节，该字节决定各指示灯的状态。Bit0 控制 ScrollLock；Bit1 控制 NumLock；Bit2 控制 CapLock；Bit3～Bit7 必须为 0，否则键盘认为该字节是无效命令，将返回 FFH，要求重发。

EEH：回送响应。该命令用于辅助诊断，要求键盘收到 EEH 后也回送 EEH 予以响应。

F0H：设置扫描码。键盘收到该命令后，将回送收到信号 FAH，并等待下一命令字节。该字节的值 01～03 将决定键盘使用三种扫描码中的哪一种。上电复位时，键盘默认扫描码类型是 02。不同类型的扫描码与不同类型的微机相匹配。01 类型扫描码由两字节组成，分别为按键扫描码和放键扫描码；03 类型扫描码只有一个字节 C，为按键扫描码。

F3H：设置键盘重复速率。微机发送该命令后，键盘将回送收到信号 FAH，然后等待微机的第二个命令字节。该字节决定按键的重复速率。

F4H：键盘使能。微机发该命令给键盘后，将清除键盘发送缓冲区，重新使键盘工作，并返回收到信号 FAH。

F5H：禁止键盘。微机发该命令给键盘后，将使键盘复位，并禁止键盘扫描。键盘将返回收到信号 FAH。

F6H：设置缺省值。使键盘复位到初始态，并允许扫描输出数据。

FEH：重发命令。键盘收到此命令后，将会把上次发送的最后一个命令字节重新发送。

FFH：复位键盘。此命令将键盘复位。若复位成功，键盘回送收到信号 FAH 和复位完成信号 AAH。

2. 接收键盘的命令响应

8042 接收到键盘命令响应，即键盘发往微机的响应，不转发给 PC 机。

00H：出错或缓冲区已满。

AAH：电源自检通过。BTA（基本保证测试）完成。

EEH：回送响应。

FAH：响应信号。键盘每当收到微机的命令后，都会发此响应信号。

FEH：重发命令。微机收到此命令后，将会把上次发送的最后一个命令字节重新发送。

FFH：出错或缓冲区已满。

3. 接收键盘的扫描码

8048 在检测到有按键按下时，发送键盘扫描码；按键断开时，发送 F0H 和键盘扫描码，F0H 是命令响应字节的一个。

8042 接收到键盘扫描码时，将其转换成系统扫描码。键盘扫描码有 102 个保留字节。8042 接收到除键盘命令响应和键盘扫描码外的字节，作为无效字节处理。

10.2　鼠标接口

10.2.1　鼠标的基本工作原理

20 世纪 60 年代中叶，斯坦福研究院开发出世界上第一个鼠标。鼠标是一种非常重要的输入设备，其英文名叫 mouse。鼠标是一种定位装置，通过电缆连接到微机上。用户通过操作鼠标来选择和控制屏幕上的信息。

鼠标有机械鼠标、光电鼠标和光电机械鼠标三类，其主要区别在于它们检测坐标的装置不同。机械鼠标通过底部的橡胶球（轨迹球）在平面上移动而产生位置移动信号，即通过内部橡胶球的滚动，带动两侧的转轮，改变鼠标的位置，如图 10－5 所示。第一代光电鼠标外壳底部装有红外光发射和接收装置，与其配套的还须有一块带有网格的亮晶晶的衬垫；鼠标在这块特制的垫板上移动时，红外接收器通过检测网格产生移动信号，表示出鼠标在 X 方向和 Y 方向的位移量。光电机械鼠标的原理介于两者之间，有滚动球但不需要衬垫。

图 10－5　机械鼠标的工作原理

PC 机上常使用两键或三键鼠标。按接口分类，鼠标可分为 MS 串行鼠标、PS/2 鼠标、总线鼠标及 USB 鼠标。鼠标的主要参数是分辨率，它一般以像素点（dpi）/英寸为单位，表示鼠标移动 1 英寸所经历的像素点数。鼠标的分辨率越高，鼠标移动的距离越短。常用的鼠标的分辨率为每英寸 320～800 dpi。

10.2.2　鼠标与微机的连接方式

鼠标在微机上有 3 种连接方式：MS 串行鼠标的 DB－9 接口、PS/2 鼠标的 6Pin－Mini－DIN 接口和 USB 接口。

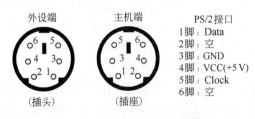

PS/2接口
1脚：Data
2脚：空
3脚：GND
4脚：VCC（+5 V）
5脚：Clock
6脚：空

图 10－6　PS/2 鼠标与微机的接口

DB－9 接口是通过标准 RS－232C 串行口与微机相连的。

PS/2 鼠标与微机的接口如图 10－6 所示。在这种接口中，只有 4 个有效的引脚：Ground、VCC（+5 V）、Data、Clock。其中 VCC（+5 V）是由主机提供给外设的电源，Data 和 Clock 都是具有集电极开路性质的双向信号线，每个信号线在外设及主机端都有一个上拉电阻。信号线的这种性质使得外设、主机都可以控制它们。在空闲情况下，时钟线和数据线处于高电平状态（+5 V），但它们可以很容易地被主机或外设拉成低电平（0 V）。

USB 接口是"通用串行总线"。目前常见的 USB 接口按照版本可分为 USB 1.1 及 USB 2.0，其最大数据传输率分别是 12 Mbps 和 480 Mbps，是一种高速的通用接口。这是一种新型的鼠标接口，目前许多新的鼠标产品都采用了 USB 接口。与前两种接口相比，其优点是非常高的数据传输率，完全能够满足各种鼠标在刷新率和分辨率方面的要求，能够使各种中高档鼠标完全发挥其性能，而且支持热插拔。随着 BTX（balanced technology extended，平衡技术延伸）规范的普及，这将是今后唯一的鼠标接口。

目前市面上的无线鼠标的工作原理和传统鼠标的工作原理基本相同，只是在数据的传输方式上有所不同。无线鼠标与计算机间没有直接的物理连线，而是通过红外线或无线电波将输入信息传送给特制的接收器。主流的无线技术有 27 MHz、2.4 GHz 和蓝牙共 3 类。

10.3 打印机与扫描仪接口

10.3.1 打印机接口

1. 打印机概述

打印机从打印原理上来说大致分为针式打印机、喷墨打印机、激光打印机（包括黑白激光打印机和彩色激光打印机）。当然，还有一些不常接触的打印机，如热转印打印机、热蜡式打印机、热升华打印机等。它们各有特点，除了后三种打印机目前还比较少地涉足大众市场以外，另外三种类型的打印机都已经在各自擅长的领域发挥着不可取代的作用。

针式打印机的工作原理是利用打印机接收到的点阵图，按照位置利用针头接触色带，在纸上打印相应的点，最后组成相应的图像。虽然针式打印机噪声大、彩色输出能力差，但是，在目前以致以后很长一段时间，针式打印机都还会在它所擅长的专用领域扮演重要角色。针式打印机的打印原理造就了针式打印的最大特点，即击打式输出，这使得它可以集打印与复写功能于一体，即常说的"多层复写打印"，一般均可实现 1+3 层打印（目前高品质的针式打印能够进行 7 层复写）。它的多层复写打印特点适应性很广，可以适应许多特别的介质，所以要想实现票据打印、存折打印、蜡纸打印等功能时，必须使用击打方式的针式打印机。另外，在几类打印机中，针式打印的工作原理最简单，所以针式打印机造价低廉、使用的耗材（色带）也很便宜。由于原理简单，操作起来既方便又可靠，目前仍然广泛地应用于银行、税务、证券、邮电、航空、铁路和其他商业领域的应用输出方面。

喷墨打印机的优点是：① 结构简单，设备体积小，可靠性好，价格便宜；② 工作噪声小，较为安静；③ 打印速度很高，每秒钟可达到 150～400 字；④ 分辨率高，图像、字迹清晰，并克服了针式打印机随着色带使用次数的增多而打印字迹越来越不清楚的现象；⑤ 可实现高品质彩色照片打印，效果彩色逼真。但是，喷墨打印机也并非无可挑剔，喷墨打印机对纸张要求较高，一般要选用稍厚、有一定硬度的纸。太薄的纸在打印时，容易起皱，纸面不平展，特别是在高精度打印照片的时候最好选用高品质的专用相片纸打印。喷墨打印机的耗材较贵，不论是纸张还是墨盒，要想保证打印品质，都应该选用正宗原厂产品为宜。喷墨打印机的喷嘴容易堵塞，造成打印品质下降，故需要定期对喷嘴进行清洗。

激光打印机的显著优点是打印速度快、品质好、工作噪声小，所以目前广泛应用于办公自动化（OA）和各种微机辅助设计（CAD）领域。在轻印刷系统的照排、微机网络共享等方面，也是激光打印机的天下。但是激光打印机的整机和耗材价格不菲。激光打印机的工作原理要复杂一点。微机首先把需要打印的内容转换成数据序列形式的原始图像，然后再把这些数据传送给打印机；打印机中的微处理器将这些数据存于打印机内存中，再经过打印机语言把这些数据破译成点阵的图样；破译后的点阵图样被送到激光发生器，激光发生器根据图样的内容迅速做出开与关的反应，把激光束投射到一个经过充电的旋转鼓上，鼓的表面凡是被激光照射到的地方电荷都被释放掉，而那些激光没有照到的地方却仍然带有电荷，通过带电电荷吸附的碳粉转印在纸张上，从而完成打印。

2. 针式打印机

1）针式打印机的机械装置

针式打印机的种类繁多，一般分为打印机械装置和控制与驱动电路两大部分。针式打印机在正常工作时有三种运动，即打印头的横向运动、打印纸的纵向运动和打印针的击针运动。这些运动都是由软件控制驱动系统，通过一些精密机械进行的。

打印机械装置主要包括字车与传动机构、打印针控制机构、色带驱动机构、走纸机构和打印机状态传感器。这些机构都为精密机械装置，以保证各种机构能实现各种运动。

（1）字车与传动机构。字车是打印头的载体，打印头通过字车传动系统实现横向左右移动，再由打印针撞击色带而印字。字车的动力源一般都用步进电动机，通过传动装置将步进电动机的转动变为字车的横向移动。针式打印机一般用钢丝绳或同步齿形带进行传动。

（2）打印针控制机构。打印针是正确打印的关键。打印针控制机构实现打印针的出针和收针动作。针式打印机通常利用电磁原理控制打印针的动作。

（3）色带驱动机构。打印针撞击色带，色带上的印油在打印纸上印出字符或图形。在打印过程中，打印头左右移动时，色带驱动机构驱动色带也同时循环往复转动，不断改变色带被打印针撞击的部位，保证色带均匀磨损，从而既延长了色带的使用寿命，又保证了打印出的字符或图形颜色均匀。色带驱动机构一般利用字车电动机带动同步齿形带（如 LQ-1600K）或钢（尼龙）丝绳驱动色带铀转动，也可采用两个单独的电动机（如某些彩色打印机）分别带动色带正、反向走带。

（4）走纸机构。该机构实现打印纸的纵向移动。当打印完一行后，由它走纸换行。走纸方式一般有摩擦走纸、齿轮馈送和压纸滚筒馈送等。其动力方式为通过牵引机构将步进电动机的转动转变为走纸移动。

（5）打印机状态传感器。对于不同的打印机来说，传感器的设置情况不同，通常有原始位置传感器（检测字车是否停在左边原始位置上）、纸尽传感器（检测所装的打印纸是否用完，用完则报警）、计时传感器（检测字车的瞬时位置）和机盖状态传感器（检测正在打印中的异常开打印机盖操作）等。

2）针式打印机打印头的工作原理

针式打印机的主要部件是打印头，通常所讲的 9 针、16 针和 24 针打印机说的就是打印头上的打印针的数量。打印头按击针方式可分为螺管式、拍合式、储能式、音因式和压电式。这里以 24 针打印机 LQ-1600K 和 AR3240 的打印头为例说明其工作原理。图 10-7 是 LQ-1600K 的打印头的工作原理图，它是拍合式打印头。在每根打印针的前面（从打印针的后面向前看）有一个环行扼铁，环行扼铁的四周排列着 12 个线圈和 12 根打印针（LQ1600K 打印头分为两层，每层 12 根打印针，上层 12 根为长针，下层 12 根为短针），每层 12 根打印针在环行圆周上均匀排列，并沿导向板上的导向槽在打印头顶部穿出，形成两列平行排列的打印针。

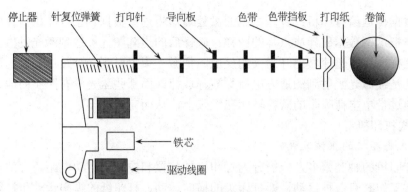

图 10-7　LQ1600K 的打印头的工作原理图

从图 10-7 可以看出，平时打印针受复位弹簧的弹力作用处于离开驱动线圈状态。当驱动线圈有电流通过时，激励打印针尾部的衔铁向驱动线圈运动，同时带动打印针沿着多层导向板向色带撞击，使色带和打印纸压向卷筒。这时，色带上的油墨被打印针的撞击渗透到打印纸上，留下一个小圆点。当驱动线圈中的电流消失后，打印针被复位弹簧复位到原始状态，完成一次打印动作。这种拍合式打印头，打印针加速快，出针频率高，由于打印针分为两层，更有利于更换打印针，且长针断了可以作短针使用。

3. 喷墨打印机

1）连续式喷墨技术

所谓喷墨打印机，就是通过将墨滴喷射到打印介质上来形成文字或图像。早期的喷墨打印机及大幅面的喷墨打印机都是采用连续式喷墨技术，而后来市面上流行的喷墨打印机都普遍采用随机喷墨技术。这两种喷墨技术在原理上是有很大差别的。

连续喷墨技术以电荷调制型为代表。这种喷墨技术的原理是利用压电驱动装置对喷头中墨水加以固定压力，使其连续喷射。为进行记录，利用振荡器的振动信号激励射流生成墨水滴，并对墨水滴的大小和间距进行控制。由字符发生器、模拟调制器而来的打印信息对控制电报上电荷进行控制，形成带电荷和不带电荷的墨水滴，再由偏转电极来改变墨水滴的飞行方向，使需要打印的墨水滴飞行到纸面上，生成字符或图形记录。不参与记录的墨水滴由导管回收。对偏转电极而言，有的系统采用两对互相垂直的偏转电极，对墨水滴打印位置进行二维偏转型；有的系统对偏转电极采用多维控制，即多维偏转型。

2）随机式喷嘴技术

在随机式喷墨系统中，墨水只在需要打印时才喷射，所以又称为按需式喷墨技术。它与连续式喷墨技术相比，结构简单，成本低，可靠性也高。但是，因受射流惯性的影响墨滴喷射速度低。在这种随机喷墨系统中，为了弥补这个缺点，不少随机喷墨打印机采用了多喷嘴的方法来提高打印速度。随机式喷墨技术主要有热气泡式喷墨技术和微压电式喷墨技术两大类。

（1）热气泡式喷墨技术。喷墨打印机一般多采用热气泡式喷墨技术，即通过墨水在短时间内的加热、膨胀、压缩，将墨水喷射到打印纸上形成墨点，增加墨滴色彩的稳定性，实现高速度、高质量打印。由于除了墨滴的大小以外，墨滴的形状、浓度的一致性都会对图像质量产生重大影响，而墨水在高温下产生的墨点方向和形状均不容易控制，所以高精度的墨滴控制十分重要。热气泡式喷墨打印的原理是：将墨水装入一个非常微小的毛细管中,通过一个微型的加热垫迅速将墨水加热到沸点;这样就生成了一个非常微小的蒸汽泡,蒸汽泡扩张就将一滴墨水喷射到毛细管的顶端;停止加热,墨水冷却,导致蒸汽凝结收缩,从而停止墨水流动,直到下一次再产生蒸汽并生成一个墨滴。

(2) 微压电式喷墨技术。微压电式喷墨技术把喷墨过程中的墨滴控制分为 3 个阶段:在喷墨操作前,压电元件首先在信号的控制下微微收缩;然后,压电元件产生一次较大的延伸,把墨滴推出喷嘴;在墨滴马上就要飞离喷嘴的瞬间,压电元件又会进行收缩,干净利索地把墨水液面从喷嘴收缩。这样,墨滴液面得到了精确控制,每次喷出的墨滴都有完美的形状和正确的飞行方向。微压电式喷墨打印机打印头的工作原理如图 10-8 所示。

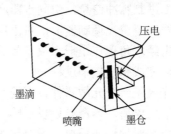

图 10-8　微压电式喷墨打印机打印头的工作原理

微压电式喷墨系统在装有墨水的喷头上设置换能器,换能器受打印信号的控制,从而控制墨水的喷射。根据微压电式喷墨系统换能器的工作原理及排列结构可将微压电式喷墨打印机分为:压电管型、压电薄膜型、压电薄片型等几种类型。

采用微电压的变化来控制墨点的喷射,不仅避免了热气泡式喷墨技术的缺点,而且能够精确控制墨点的喷射方向和形状。微压电式喷墨打印头在微型墨水贮存器的后部采用了一块压电晶体。对压电晶体施加电流,就会使它向内弹压。当电流中断时,晶体反弹回原来的位置,同时将一滴微量的墨水通过喷嘴射出去。当电流恢复时,晶体又向后外延拉,进入喷射下一滴墨水的准备状态。

4. 激光打印机

1) 激光打印机的基本结构

激光打印机由激光器、声光调制器、高频驱动、扫描器、同步器及光偏转器等组成。其作用是把接口电路送来的二进制点阵信息调制在激光束上,之后扫描到感光体上。感光体与照相机构组成电子照相转印系统,把射到感光鼓上的图文映像转印到打印纸上。其原理与复印机相同。激光打印机是将激光扫描技术和电子显像技术相结合的非击打输出设备。激光打印机的机型不同,打印功能也有区别,但工作原理基本相同,都要经过:充电、曝光、显影、转印、消电、清洁、定影 7 道工序,其中有 5 道工序是围绕感光鼓进行的。首先,把要打印的文本或图像输入到微机中,通过微机软件对其进行预处理;然后,由打印机驱动程序转换成打印机可以识别的打印命令(打印机语言)送到高频驱动电路,以控制激光发射器的开与关,形成点阵激光束;再经扫描转镜对电子显像系统中的感光鼓进行轴向扫描曝光,纵向扫描由感光鼓的自身旋转实现。

2) 激光打印机的基本原理

激光打印机工作过程所需的控制装置和部件的组成、设计结构、控制方法会因品牌和机型不同而有所差别。

(1) 对感光鼓充电的极性不同。

(2) 感光鼓充电采用的部件不同。有的机型使用电极丝放电方式对感光鼓进行充电,有的机型使用充电胶辊(FCR)对感光鼓进行充电。

(3) 高压转印采用的部件有所不同。

（4）感光鼓曝光的形式不同。有的机型使用扫描镜直接对感光鼓扫描曝光，有的机型使用扫描后的反射激光束对感光鼓进行曝光。

不过，它们的工作原理基本一样。由激光器发射出的激光束，经反射镜射入声光偏转调制器。与此同时，由微机送来的二进制图文点阵信息从接口送至字形发生器，形成所需字形的二进制脉冲信息，由同步器产生的信号控制 9 个高频振荡器，再经频率合成器及功率放大器加至声光调制器上，对由反射镜射入的激光束进行调制。调制后的光束射入多面转镜，再经广角聚焦镜把光束聚焦后射至光导鼓（硒鼓）表面上，使角速度扫描变成线速度扫描，完成整个扫描过程。

感光鼓是一个光敏器件，有受光导通的特性。表面的光导涂层在扫描曝光前，由充电辊充上均匀电荷。当激光束以点阵形式扫射到感光鼓上时，被扫描的点因曝光而导通，电荷由导电基对地迅速释放。没有曝光的点仍然维持原有电荷。这样在感光鼓表面就形成了一幅电位差潜像（静电潜像）。当带有静电潜像的感光鼓旋转到载有墨粉磁辊的位置时，带相反电荷的墨粉被吸附到感光鼓表面形成墨粉图像。当载有墨粉图像的感光鼓继续旋转，到达图像转移装置时，一张打印纸也同时被送到感光鼓与图像转移装置的中间。此时，图像转移装置在打印纸背面施放一个强电压，将感光鼓上的墨粉像吸引到打印纸上，再将载有墨粉图像的打印纸上送入高温定影装置加温、加压热熔。墨粉熔化后浸入到打印纸中，最后输出的就是打印好的文本或图像。在打印图文信息前，清洁辊把未转印走的墨粉清除，消电灯把鼓上残余电荷清除，再经清洁纸系统做彻底的清洁，即可进入新一轮的工作周期。激光打印机看似简单，但它却集合了声、光、电及机械、化工等众多的高新技术。

3）彩色激光打印机

彩色激光打印机包含了众多高新技术，不仅有品质优异的成像核心技术，还有精美绝伦的分辨率和色彩优化技术，这些高新技术极大地提高了彩色激光打印机的色彩表现能力。

（1）成像技术。硒鼓是保证激光打印机成像品质的核心部件，是保证彩色激光打印机高品质色彩打印和高负荷量打印的关键技术，从彩色激光打印机的工作原理来看，每张精美图像的彩色打印都需要四色硒鼓对四种彩色墨粉反复成像四次。因此，只有充分保证不同颜色的墨粉硒鼓具有相同的物理性能，才能保证彩色图像色彩输出的协调一致。

（2）分辨率和色彩优化技术。目前的彩色激光打印机的物理分辨率一般只有 600 dpi 至 1 200 dpi。为了进一步提高打印的颜色处理能力，各彩色激光打印机厂商纷纷研制各自的分辨率和色彩优化技术。所谓分辨率和色彩优化技术，就是指彩色激光打印机利用先进的技术和设备固有的物理分辨率和有限的色彩处理能力，使之能够达到照片品质的打印输出效果。

10.3.2 扫描仪接口

1. 扫描仪概述

扫描仪是利用光电技术和数字处理技术将图形或图像信息转换为数字信号的装置，由扫描头、控制电路和机械部件组成。平板式扫描仪又称平台式扫描仪，诞生于 1984 年，是目前办公扫描仪的主流产品。平板式扫描仪的光源为冷光源，通过一系列反光镜、透镜、棱镜聚焦到图像传感器上，再通过模数转换变成数码信号提供给微机。在平板式扫描仪中，镜头及 CCD 的品质很重要。

　　胶片扫描仪是专用于扫描各种胶片的，它具有较高的光学分辨率，可以将面积较小的胶片放大到充满整个杂志或广告画面。一般胶片扫描仪可以自动对焦以保证获得满意的清晰度。胶片扫描仪的动态范围一般在 3.0～3.7，分辨率从 2 000 dpi 到 4 000 dpi。

　　手持式扫描仪在扫描仪发展初期曾经很流行，现已逐渐被平板式扫描仪取代，因为它的各种指标均低于平板式扫描仪，但它在扫描一些笨重物体的表面时还是比较方便的。

　　滚筒扫描仪的品质极高，专用于专业领域。其原稿的载体是一个非常干净的有机玻璃柱体，可以高速旋转；其光源为非常亮的卤素灯或氙灯，用一个极细小的锥体光圈对原稿一次一个像素地采样，经三棱镜分色后，由光电倍增管放大、滤色，再模数转换，其动态范围高达 3.6～4.0，分辨率为每通道 12 位或 16 位采样。

2. 扫描仪成像的基本原理

　　扫描光源发出的光线经原稿面反射/透射后，穿过一聚焦透镜聚焦为一窄条图像，这时的图像包含了红（R）、绿（G）、蓝（B）3 种成分，经过一个棱镜或分光镜把光束分离成红、绿、蓝 3 种成分。红、绿、蓝 3 束光分别照射到电荷偶合器件（CCD）阵列上，每个CCD 单元就把它感受到的光强信息转换成模拟电平，最后每个单元的模拟电平经模数转换器（ADC）转换为 8 位或更高位元的数字信号。这是对图像中一行像素的处理。随着扫描光源的纵向移动，就可以将整幅图像扫描到微机中。因此，扫描仪一般的工作流程为：光源→原稿→反射镜→聚焦镜头→棱镜→CCD→模拟/数字转换接口→微机→扫描软件→图像处理软件。图 10-9 就是扫描仪完成一幅影像作品扫描的基本工作过程。

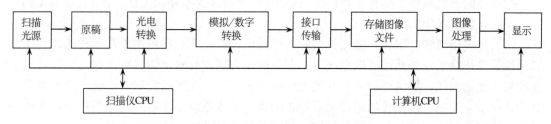

图 10-9　扫描仪工作原理示意图

　　扫描仪进行光电转换是由内部的电路系统完成的，它同时还有处理、传输图像信号等作用。扫描仪的电路系统主要是由模数转换器、图像处理器、缓冲区和输入输出接口组成的。其中，模数转换器（A/D）是最重要的器件，它接受 CCD 传来的模拟信号，将其转化成二进制数字信号，再传回图像处理器处理。模数转换器的数据宽度决定扫描仪的色彩位数和灰度级。例如色彩参数值为 24 位的扫描仪，红（R）、绿（G）、蓝（B）各个通道分别采用 8 位采样的模数转换器转换信道数据，那么一种原色可划分为 256 个色阶，总共可表示 2^{24} 种颜色，就是通常所说的百万种色彩，也就是 24 位真彩。模数转换器将模拟信号调制成二进制信号传送到处理主机前，扫描仪要调校好图像的黑白平衡、亮度、对比度等参数。而现代扫描仪必备的新技术（如色彩提升、硬件去网功能等）也要扫描仪内的电路去处理，大多数扫描仪都有专用的内嵌式处理器，再配上缓冲存储器，以达到加快处理速度的目的。

3. 扫描仪的基本参数

　　（1）分辨率。分辨率是扫描仪最主要的技术指标，它表示扫描仪对图像细节的表现能力，一般可用 dpi（dots per inch，点数/英寸）来表示。分辨率越高，读入的信息量越大，对原稿的细节再现就越好。

扫描仪的分辨率分为光学分辨率和最高分辨率两种。扫描仪的光学分辨率指可以真实读取到的物理分辨率，其值是由 CCD 传感器的点数除以扫描的最大宽度得到的。在扫描仪的标称上通常可以达到 300 dpi×600 dpi、600 dpi×1 200 dpi、1 000 dpi×2 000 dpi 等。目前高档平板式扫描仪已经可以达到 6 000 dpi。最大分辨率指通过光学扫描后，再进行软件插值法而达到的分辨率，故也称为插值分辨率。在扫描彩色图像或灰度图像时不应使用插值分辨率，因为插值并没有真正增加图像的细节，所用的插值分辨率越高，则图像质量越差，而且色调也会产生偏差。

（2）色彩位数。扫描仪的色彩位数也叫"色彩深度"，经常用来表示扫描图像的色彩，一般有 30 b、36 b、42 b、48 b 等。色彩位数越高，则采集到的数量越大，色彩的样本空间就越大，颜色也更准确。30 位的扫描仪能够区分 1 024 级灰度和 10 亿种颜色；36 位的扫描仪能够区分 4 096 级灰度和 6 871 亿种颜色；48 位的扫描仪能够区分 65 536 级灰度和 281 兆种颜色。

（3）动态范围。扫描仪的动态范围对于图像制作是非常重要的。动态范围也叫"密度范围"，是扫描仪所能记录到的色调范围，即扫描仪所能探测到的最亮颜色与最暗颜色之间的差值。动态范围是扫描仪再现色调细微变化的能力。

4. 扫描仪的感光器件

扫描仪的感光器件主要有 4 种：光电倍增管、硅氧化物隔离 CCD、半导体隔离 CCD、接触式感光器件（CIS 或 LIDE）。

（1）光电倍增管。这种扫描器件实际是一种电子管，感光材料主要是一种稀有金属的氧化物，并掺杂了一些其他活性金属（主要是镧系金属）的氧化物进行改性，以提高灵敏度和修正光谱曲线。用这种材料制成的光电阴极射线管在光线的照射下，能够发射电子，称为光电子。光电子经栅极加速放大后冲击阳极，形成电流。在各种感光器件中，光电倍增管是性能最好的一种，无论是灵敏度、噪声系数还是动态范围都遥遥领先于其他感光器件。而且，它的输出信号在相当大范围上保持着高度的线性输出，使输出信号几乎不用做任何修正就可以获得准确的色彩还原。

（2）硅氧化物隔离 CCD 和半导体隔离 CCD。这两种感光器件与日常使用的半导体集成电路相似，在一个片硅单晶片上集成几千到几万个光电三极管。这些光电三极管分为 3 列，分别用红、绿、蓝 3 色的滤色镜罩住，从而实现彩色扫描。光电三极管在受到光线照射时可以产生电流，经放大后输出。其中，半导体隔离 CCD 的性能近年来提高很大，其高端产品的性能已经接近低档的光电倍增管产品，但由于数千个光电三极管的距离很近（微米级），并且各个三极管之间是依靠半导体 PN 结来绝缘，隔离电阻较小，因此在各光电三极管之间存在明显的漏电现象，从而使各感光单元的信号相互干扰，降低了扫描仪的实际清晰度。

（3）接触式感光器件。接触式感光器件又称 CIS 器件或 LIDE 器件。其实，这种技术与 CCD 技术几乎是同时出现的。它所使用的感光材料一般是用来制造光敏电阻的硫化镉。它很容易制成一条长的阵列，而且生产成本只有半导体隔离 CCD 的 1/3 或 1/4，主要用在低档黑白手持式扫描仪和传真机上。由于它尺寸太大，无法使用镜头成像，只能依靠贴近目标来识别，因此光学分辨率初期最高只能达到 200 dpi，经过改进后可达到 600 dpi。不过就性能而言，接触式感光器件存在严重的先天不足。首先，由于不使用镜头，只能贴近原件扫描，实际清晰度达不到标称指标；同时，硫化镉光敏电阻本身漏电严重，各个感光单元之间干扰严重，进一步降低了清晰度。其次，由于无法实现同时制造 3 条平行的感光单元，因此无法同时实现 3 色扫描。最后，接触式感光器件不能使用常用的冷阴极灯管，因而不得不使用 LED 发光二极管阵列作为光源，这种光源无论在光色还是在光线的均匀度上都是比较差的；而且，由于 LED 阵列是由数百个发光二极管组成，一个单元损显的漏电现象，使各感光单元的信号相互干扰，降低了扫描仪的实际清晰度。

常用的扫描仪感光器件的性能、成本及适用范围如表 10−2 所示。

表 10−2　常用的扫描仪感光器件的性能、成本及适用范围

类　型	灵敏度	噪声系数	动态范围	成　本	适用范围
光电倍增管	10^{-12}	10^{-12}	90～100 DB	极高	滚筒扫描仪
硅氧化物隔离 CCD	10^{-8-9}	10^{-9-11}	80～95 DB	高	专业平板扫描仪
半导体隔离 CCD	10^{-8-9}	10^{-8-9}	70～80 DB	低	办公、家用扫描仪
接触式感光器件（CIS 或 LIDE）	10^{-6-7}	10^{-5-6}	50～60 DB	很低	办公、家用扫描仪

5．扫描仪与 PC 机的接口

扫描仪与 PC 机的接口主要有 3 种：SCSI 接口、EPP 接口、USB 接口。

（1）SCSI 接口。SCSI 接口是小型微机系统接口的缩写，是为了在微机上接多台高速外设而发明的。它的主要特点是：传输速度高，SCSI 卡最快的传输速度为 160 MBps，是常用的接口中最快的；SCSI 接口自带的一块微处理器，大大降低了 CPU 的负担，使微机的总体性能比较高，因而高级服务器必须使用 SCSI 接口；可连接的设备比较多，一个 SCSI 接口可同时连接至 15 台设备；SCSI 卡的安装比较复杂，须由专业的用户或技术人员调试。

（2）EPP 接口。EPP 接口从打印机口发展而来，故又叫增强型并行接口。它的特点是：价格便宜；安装方便——EPP 接口是所有个人计算机的标准配置，无须另加接口卡，所以安装使用比较方便；应用的范围有限，一般只能连接打印机、扫描仪等少数设备，扫描仪、打印机可串联起来使用，但不能同时工作；EPP 接口传输速度较慢，但随着技术的进一步发展，EPP 接口的速度在不断提高。

（3）USB 接口。USB 接口的主要特点是：即插即用，使用方便——USB 接口支持热插拔，使用方便；由于不占用 EPP 接口，所以不存在与打印机冲突的问题；速度较快——USB 1.1 接口的速度可达到 12 MBps，USB 2.0 接口的速度可达到 480 MBps。

10.4　网络接口

10.4.1　非对称数字用户专线

1．非对称数字用户专线的接入模型

非对称数字用户专线（asymmetric digital subscriber line，ADSL）使用普通电话线作为传输介质，却有很高的带宽（理论上最高可达 15 Mbps），因而得到了迅速发展。传统的电

话线使用了 0～4 kHz 的低频段进行语音传送,而电话线理论上有接近 2 MHz 的带宽,ADSL 正是使用了 26 kHz 以后的高频带才能有如此高的速度。

ADSL 的接入模型如图 10－10 所示。其具体工作流程是:经 ADSL modem 编码后的信号通过电话线传到电话局后再通过一个信号识别/分离器,如果是语音信号就传到电话交换机上,如果是数字信号就接入因特网。

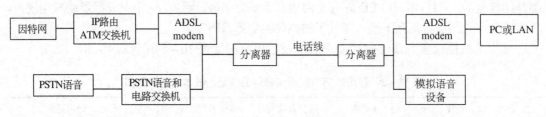

图 10－10　ADSL 的接入模型

2. ADSL 的编码技术

ADSL 的核心是编码技术,目前有离散多音复用(discrete multitone,DMT)和抑制载波幅度和相位(carrierless amplitude/phase modulation,CAP)两种主要方法。两者的共同点是:DMT 和 CAP 都使用正交幅度调制(QAM)。两者的区别是:在 CAP 中,数据被调制到单一载波之上;在 DMT 中,数据被调制到多个载波之上,每个载波上的数据使用 QAM 进行调制。两者相比,DMT 技术复杂且成本也要稍高一些。但由于 DMT 对线路的依赖性低,并且有很强的抗干扰和自适应能力,已被定为标准。

DMT 使用 0～4 kbps 频带传输电话音频,用 26 K～1.1 Mbps 频带传送数据,并把它以 4 K 的宽度分为 25 个上行子通道和 249 个下行子通道。其速度计算公式为:信道数×每信道采样值位数×调制速度,所以 ADSL 的理论上行速度为 25×15×4 kHz= 1.5 Mbps,理论下行速度为 249×15×4 kHz=14.9 Mbps。与 ISDN 单纯划分独占信道不同的是,ADSL 中使用了调制技术,即采用频分多路复用(FDM)技术或回波消除(echo cancellation)技术实现在电话线上分隔有效带宽,从而产生多路信道,使频带得到复用,可用带宽大大增加。同时,回波消除技术使上行频带与下行频带叠加,通过本地回波抵消来区分两频带。

由于电话铜线的质量问题及外界环境干扰的存在,在不同时刻对不同频率上的信号有不同的影响。DMT 可根据探测到的信噪比－频率曲线自动调整各个子通道的速度,使总体传输速度尽可能地接近给定条件下的最高速度。也就是说,DMT 理论上可以每赫兹传送 15 b(位)数据,在干扰到来时受干扰的频率上的子通道可能降为每赫兹 8 b,在不受干扰或干扰较小的子通道上仍然可保持 15 b/Hz 或稍低。但对于 CAP 这类单载波单通道的方式,只要干扰存在,各处都会降为 8 b/Hz,这样没受干扰的频段也被浪费了。基于 DMT 的 ADSL 还连续地对每个子通道进行监测,当某些通道噪声增大时,DMT 系统会自动地把分配给这个通道的数据流转移到其他通道去。我国使用的 ADSL 就是基于 DMT 编码方式。

10.4.2　以太网

以太网(ethernet)和微机的接口是通过网卡实现的,网卡也叫网络适配器或网络接口卡(network interface card,NIC)。网卡通常插在微机主板的扩展槽中或集成到主板上,通过它的尾部的接口与网络线缆相连。

局域网中，微机只有通过网卡才能与网络进行通信。微机要在网络上发送数据时，把相应的数据从内存中传送给网卡，网卡便对数据进行处理。网卡把这些数据分割成数据块，并对数据块进行校验，同时加上地址信息。这种地址信息包含了目标网卡的地址及自身的地址，从而提出数据来自哪里，将发送到哪里（注意，以太网卡和令牌环网卡出厂时，已经把地址固化在网卡上，这种地址是全球唯一的）。这种地址属于 ISO/OSI－RM 的第二层地址，即数据链路层地址。然后，网卡观察网络是否允许自己发送这些数据，如果网络允许则发出，否则就等待时机再发送。反之，当网卡接收到网络上传来的数据时，它分析该数据块中的目标地址信息，如果正好是自己的地址时，它就把数据取出来传送到微机的内存中交给相应的程序处理，否则将不予理睬。

网卡的分类有很多种。

（1）按网络的类型来分，有以太网卡、令牌环网卡、ARCnet 网卡等。目前，绝大多数网卡是以太网卡。

（2）按网卡与主板的接口方式来分，有 16 位的 ISA 网卡、32 位的 PCI 网卡。

（3）按网络的传输速度来分，有 10 Mbps 的网卡、100 Mbps 的网卡、10/100 Mbps 的自适应网卡和 1 000 Mbps 的网卡。10 000 Mbps 的网卡也将面世。

（4）按网卡与微机或设备的物理连接方式来分，有插在微机内的内插网卡、连接网络设备（如网络打印机）用的外接口袋型网卡（pocket lan card）、连接笔记本微机用的外接 PCMCIA 网卡。

常见的网卡尾部接口有以下几种。

（1）RJ45 接口，用于星形网络中连接双绞线。

（2）BNC 接口，用于总线网络中连接细同轴电缆。

（3）AUI 接口，用于总线网络中连接粗同轴电缆。

（4）ST 接口，用于连接光纤。

一个网卡上一般有一个或多个不同的接口。网卡是网络中最基本、最关键的硬件，它的性能的好坏直接影响整个网络的性能。网卡的位数代表的是它一次能和微机交换的数据量，16 位代表一次能交换 2 个字节的数据，32 位代表一次能交换 4 个字节的数据。一个网卡的最高数据处理能力可以用下面的公式粗略地加以估计：

$$网卡处理能力 = 网卡位数 × 网卡接口总线的时钟的频率$$

例如，ISA 总线的时钟频率是 8 MHz，所以一个 ISA 网卡的最高数据处理能力是 8×16=128 Mbps。PCI 总线的时钟频率是 33 MHz，所以一个 PCI 网卡的最高数据处理能力是 33×32=1 056 Mbps。当然，实际情况远远没有这么乐观，因为网卡还要进行数据格式转换、校验、流量控制等处理，这些处理会消耗大量的时间，而且它未必按总线的时钟频率工作。因而，一般来说，10 Mbps 的网络常用 16 位的 ISA 网卡，100 Mbps 的网络常用 32 位的 PCI 网卡。

网卡连接到微机上，要想网卡正常工作还需要对网卡进行配置。配置网卡时，主要有 3 个相关的参数：IRQ 中断号、I/O 端口地址和 DMA 通道号。要想让微机正常使用网卡，很显然不能让网卡的 IRQ 中断号或 I/O 端口地址或 DMA 通道号与别的微机冲突。老的网卡是需要手工跳线来选择 IRQ 中断号、I/O 端口地址和 DMA 通道号，新的网卡由于一般都支持 PnP 协议（即插即用），故它们的 IRQ 中断号、I/O 端口地址和 DMA 通道号由系统自动分配。

在一些特定的网络中，为了节省投资或其他一些目的需要无盘工作站。无盘工作站就是微机没有硬盘，它的启动需要网络服务器来完成。这时，网卡就需要远程启动 ROM（remote boot ROM）。远程启动 ROM 内固化有程序。当无盘工作站开机后，首先完成自检，然后执行远程启动 ROM 内固化的程序，该程序就会自动通过网络去寻找服务器。找到服务器后，就把服务器上为它准备的启动程序通过网络传送到它的内存中，然后执行。这样就完成了无盘工作站的启动。启动后的无盘工作站和其他有盘工作站一样，能在网络中享用网络资源。远程启动 ROM 是一块独立的芯片，需要时插在网卡上就可以。网卡上有一个芯片插槽就是为远程启动 ROM 准备的。

10.4.3 网线的规范与制作

现在的局域网络一般都为 10 MB/100 MB（有 100 MB/1 000 MB 自适应，也有 10 MB/100 MB/1 000 MB 自适应）自适应的以太网络，所以网线也就基本上会使用双绞线。双绞线一般分为 3 类、4 类、5 类、超 5 类等几种。3 类和 4 类双绞线应用在 10 MB 网络中。5 类双绞线主要用于 100 MB 网络，也可以向下兼容 10 MB 的网络，其工作方式基本上是半双工方式。超 5 类双绞线主要是为了适应千兆网络，因为大部分的 5 类双绞线无法满足千兆网络的要求。

应用最多的 5 类双绞线是由 4 对 8 根线组成的数据传输介质。它通常和 RJ45 水晶头搭配使用，有 STP 和 UTP 两种。这两种的差别是 STP 有金属屏蔽层，在数据传输时可减少电磁干扰，稳定性高；UTP 没有金属屏蔽层，但价格便宜。

符合正规 UTP 布线要求的主要有 T568A 和 T568B 两种不同的规范，如表 10-3 所示。不过，它们只是在双绞线颜色的排列上不同，最重要的规律是：将两个 UTP 水晶头直接看见 8 块金属簧片的面朝上，水晶头头部朝向自己，从右到左分别是 1～8 号脚之间连接。一定要遵循以下线对规范：1、2 线对是一个绕对线组；3、6 线对，4、5 线对，7、8 线对各是一个绕对线组。

表 10-3 T568A、T568B 排线规范

T568A 排线规范							
线号	1	2	3	4	5	6	7	8
颜色	绿白	绿	黄白	蓝	蓝白	黄	咖啡白	咖啡
T568B 排线规范							
线号	1	2	3	4	5	6	7	8
颜色	黄白	黄	绿白	蓝	蓝白	绿	咖啡白	咖啡

制作时需要专用工具压线钳。压线钳上有三处不同的功能。最前端是剥线口，用来剥开双绞线外壳。中间是压制 RJ45 头工具槽，用来将 RJ45 头与双绞线合成一体。离手柄最近端是锋利的切线刀，用来切断双绞线。接下来需要的材料是 RJ45 头和双绞线。由于 RJ45 头像水晶一样晶莹透明，所以也被俗称为水晶头。每条双绞线两头通过安装 RJ45 水晶头来与网卡和集线器（或交换机）相连。双绞线指封装在绝缘外套里的由两根绝缘导线相

互扭绕而成的四对线缆。它们相互扭绕是为了降低传输信号之间的干扰。

以前，在使用 HUB、交换机等集线设备连接多台微机时，所有的网线只能统一使用两种标准之一。而在未使用集线器、两块网卡间直接连接的情况下，网线一头采用 T568A 标准，另一头采用 T568B 标准。这是因为，根据规定，网卡的脚 1 和脚 2 为发送数据引脚，脚 3 和脚 6 为接收数据引脚。1、3 线和 2、6 线互换主要是使一块网卡用脚 1、脚 2 发送数据，另一块网卡正好用脚 3、脚 6 接收数据。现在，由于网卡已经具备自动识别功能，对网线的两种标准不再做强制要求。

10.5　语音接口技术

10.5.1　语音接口技术概述

近几年，语音电路发展极为迅速，在人机接口中的应用越来越广。作为输出口时，语音接口主要用于报告运行状态、运行结果、提示系统操作过程及故障报答等；作为输入口时，语音接口则主要用于语音的记录、语音库的建立和语音的识别。

现在语音处理合成芯片很多，大多均是先将语音经 A/D 转换后存入存储器中，放音时取出再经 D/A 转换输出。美国信息存储器件公司推出的 ISD 系列语音电路采用直接模拟存储技术，不需要专用开发工具、编程器，操作简单，接口灵活，因此深受欢迎。下面以 ISD1400 系列中的 ISD1420 芯片为例，介绍语音电路与微机的应用接口。

10.5.2　ISD1420 芯片

1. ISD1420 芯片的特点

（1）外围元件简单，仅需少量阻容元件、麦克风即可组成一个完整的录放系统。

（2）模拟信息存储，重放音质极好，并有一定的混响效果。

（3）待机时低功耗（仅 0.5 μA），典型放音电流为 15 mA。

（4）放音时间为 20 s，可扩充级联。

（5）可持续放音，也可分段放音，最小分段为 0.125 s/段（20 s/160 段），可分段数为 160 段。

（6）录放次数达 10 万次。

（7）断电信息可存储，无须备用电池，信息可保存 100 年。

（8）操作简单，无须专用编程器及语音开发器。

（9）高优先级录音，低电平或负边沿触发放音。

（10）单电源供电，典型电压为+5 V。

2. ISD1420 内部结构及工作原理

ISD1420 芯片的内部结构如图 10–11 所示。前置放大器对通过麦克风（MIC）送入的语音信号进行放大，并受自动增益电路（AGC）控制，保证输入信号大小变化时不失真。前置放大器输出（ANOUT）的信号可通过电容耦合送入（ANA IN）信号放大器，也可通过电容耦合直接输入其他模拟信号，如录音机等的线路输出，输入信号的典型值为 50 mV。信号放大器输出送入（五阶）滤波器，在采样时钟和模拟收发器的控制下进行比较采样，存入不易失真模拟存储器单元。

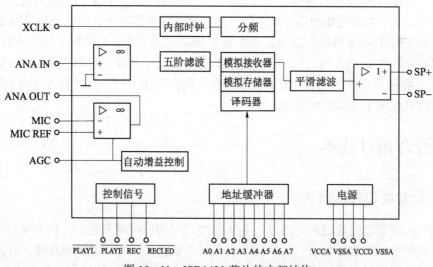

图 10-11　ISD1420 芯片的内部结构

录入信号输出经滤波器、输出放大器送到扬声器引脚 SP+ 和 SP-，从而完成语音的重放。

地址线（A0～A7）经地址缓冲器、译码器控制管理存储单元，控制逻辑控制芯片（$\overline{\text{PLAYL}}$、$\overline{\text{PLAYE}}$、$\overline{\text{REC}}$、$\overline{\text{RECLED}}$）的录、放和触发控制及输出指示等。

内部时钟及定时器、采样时钟为采样等提供时钟脉冲信号。

3. ISD1420 芯片的引脚

ISD1420 芯片的引脚如图 10-12 所示。

A0～A7：地址输入端。

VCCD：数字电路电源。

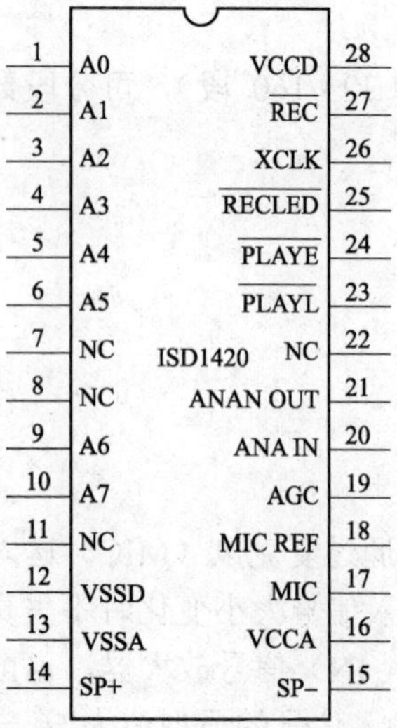

1　A0	VCCD　28
2　A1	$\overline{\text{REC}}$　27
3　A2	XCLK　26
4　A3	$\overline{\text{RECLED}}$　25
5　A4	$\overline{\text{PLAYE}}$　24
6　A5	$\overline{\text{PLAYL}}$　23
7　NC	NC　22
8　NC	ANAN OUT　21
9　A6	ANA IN　20
10　A7	AGC　19
11　NC	MIC REF　18
12　VSSD	MIC　17
13　VSSA	VCCA　16
14　SP+	SP-　15

ISD1420

图 10-12　ISD1420 芯片的引脚

VCCA：模拟电路电源。

VSSD：数字地。

VSSA：模拟地。

SP+：喇叭（+）。

SP-：喇叭（-）。

SCLK：外接时钟（可选）。

ANA IN：模拟量输入。

ANA OUT：模拟量输出。

AGC：自动增益控制。

MIC：驻极体话筒输入。

MIC REF：驻极体话筒参考输入。

$\overline{\text{PLAYE}}$：边沿触发放音。

$\overline{\text{PLAYL}}$：电平触发放音。

$\overline{\text{REC}}$：录音触发。

$\overline{\text{RECLED}}$：发光二极管接口。

NC：空脚。

10.6　蓝牙技术

10.6.1　蓝牙技术概述

蓝牙技术是一种支持设备短距离通信（一般 10 m 内）的无线电技术。蓝牙技术能在包括移动电话、PDA、无线耳机、笔记本电脑、相关外设等众多设备之间进行无线信息交换。利用蓝牙技术，能够有效地简化移动通信终端设备之间的通信，也能够成功地简化设备与 Internet 之间的通信，从而使数据传输变得更加迅速高效，为无线通信拓宽道路。蓝牙采用分散式网络结构及快跳频和短包技术，支持点对点及点对多点通信，工作在全球通用的 2.4 GHz ISM 频段。其数据传输速率为 1 Mbps。蓝牙技术采用时分双工传输方式实现全双工传输。

10.6.2　蓝牙系统的构成

蓝牙系统一般由无线射频单元（radio）、基带或链路控制单元（link controller）、链路管理单元（link manager）、蓝牙软件协议单元 4 个功能单元组成。

1．无线射频单元

蓝牙技术要求其天线部分体积十分小巧、重量轻，因此蓝牙天线属于微带天线。蓝牙技术的空中接口是建立在天线电平为 0 dB 的基础上的。空中接口遵循有关电平为 0 dB 的 ISM 频段的标准。它负责数据和语音的发送和接收，特点是短距离、低功耗。

2．基带或链路控制单元

基带链路控制器负责处理基带协议和其他一些底层常规协议，进行射频信号与数字或语音信号的相互转化，实现基带协议和其他的底层连接规程。它有 3 种纠错方案：1/3 比例前向纠错（FEC）码方案、2/3 比例前向纠错码方案和数据的自动请求重发方案。采用 FEC（前向纠错）方案的目的是减少数据重发的次数，降低数据传输负载。但是要实现数据的无差错传输，FEC 就必然要生成一些不必要的开销比特而降低数据的传送效率，这是因为数据包对于是否使用 FEC 是弹性定义的，报头总有占 1/3 比例的 FEC 码起保护作用，其中包含有用的链路信息。

3．链路管理单元（软件）

链路管理（LM）软件模块携带了链路的数据设置、鉴权、链路硬件配置和其他一些协议，负责管理蓝牙设备之间的通信，实现链路的建立、验证、配置等操作。链路管理单元能够发现其他远端链路管理单元并通过链路管理协议与之通信。链路管理单元提供如下服务：① 发送和接收数据；② 请求名称；③ 链路地址查询；④ 建立连接；⑤ 鉴权，链路模式协商和建立；⑥ 决定帧的类型；⑦ 将设备设为 sniff（呼吸）模式。

4．蓝牙软件协议单元

蓝牙的软件单元是一个独立的操作系统，不与任何操作系统捆绑。它必须符合已经制定好的蓝牙规范。蓝牙规范是为个人区域内的无线通信制定的协议，它包括两部分：第一部分为核心（core）部分，用以规定注入射频、基带、连接管理、业务搜寻、传输层及不同通信协议间的互用、互操作性等组件；第二部分为协议子集（profile）部分，用以规定不同蓝牙应用（也称使用模式）所需的协议和过程。

10.6.3　蓝牙的核心协议

蓝牙的核心协议由基带、链路管理协议（LMP）、逻辑链路控制与适应协议（L2CAP）和业务搜寻协议（SDP）等 4 部分组成。从应用的角度看，射频、基带和链路管理协议可以归为蓝牙的底层协议，它们对应用而言是十分透明的。基带和链路管理协议负责在蓝牙单元间建立物理射频链路，构成微微网。此外，链路管理协议还要完成鉴权和加密等安全方面的任务，包括生成和交换加密键、链路检查、基带数据包大小的控制、蓝牙无线设备的电源模块和时钟周期、微微网内蓝牙单元的连接状态等。

逻辑链路控制与适应协议完成基带与高层协议间的适配，并通过协议复用、分用及重组操作为高层协议提供数据业务和分类提取，它允许高层协议和应用接收或发送长达64 000 字节的逻辑链路控制与适应协议数据包。业务搜寻协议是极其重要的部分，它是所有使用模式的基础。通过业务搜寻协议，可以查询设备信息、业务及业务特征，并在查询之后建立两个或多个蓝牙设备间的连接。业务搜寻协议支持 3 种查询方式：按业务类别搜寻、按业务属性搜寻和业务浏览。

电缆替代协议：电缆替代协议（RFCOMM）像业务搜寻协议一样位于逻辑链路控制与适应协议之上。作为一个电缆替代协议，它通过在蓝牙的基带上仿真 RS232 的控制和数据信号，为那些将串行线用作传输机制的高级业务（如 OBEX 协议）提供传输能力。

电话控制协议：电话控制协议包括电话控制规范二进制协议（TCS BIN）和一套电话控制命令（AT command）。其中，电话控制二进制协议定义了在蓝牙设备间建立话音和数据呼叫所需的呼叫控制信令；电话控制命令则是一套可在所使用模式下用于控制移动电话和调制解调器的命令。

10.7　指纹识别技术

10.7.1　指纹识别技术概述

随着生物识别技术的不断发展，人们发现每个人的指纹具有唯一性和不变性，因此指纹识别技术逐步发展为一种新的身份识别方式，并且凭借着其良好的安全可靠性，逐步取代了传统身份识别方式。

10.7.2　指纹识别的原理

指纹识别系统主要有以下几个环节：指纹图像采集、指纹图像预处理、特征提取、指纹特征匹配。

指纹一般通过指纹采集器来提取的。目前常用的指纹采集器有 3 种：光学式指纹采集器、硅芯片式指纹采集器和超声波式指纹采集器。

1. 光学式指纹采集器

光学式指纹采集器主要是利用光的折射和反射原理。将手指放在光学镜片上，手指在内置光源照射下，光从底部射向三棱镜，并经棱镜射出，射出的光线在手指表面指纹凹凸不平的线纹上折射的角度及反射回去的光线明暗就会不一样；用棱镜将其投射在电荷耦合器件 CMOS 上或者 CCD 上，进而形成脊线（指纹图像中具有一定宽度和走向的纹线）呈黑色、谷线（纹线之间的凹陷部分）呈白色的数字化的、可被指纹设备算法处理的多灰度指纹图像。

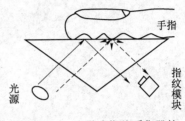

光学式指纹采集器的工作原理如图 10-13 所示。

光学式指纹传感器的优点主要有以下几个方面。

（1）抗静电能力强，系统稳定性较好，使用寿命长。

图 10-13　光学式指纹采集器的工作原理

（2）灵敏度特别高。

（3）能提供高分辨率的指纹图像（可以达到 500 dpi）。

其缺点也很明显，具体有以下几个方面。

（1）潜在指印会降低指纹图像的质量。

（2）台板涂层及 CCD 阵列会随时间推移产生损耗，可能导致采集的指纹图像质量下降。

（3）体积比较大，功耗控制不好。

2. 硅芯片式指纹采集器

大部分硅芯片式指纹采集器测量手指表面与芯片表面的直流电容场。这个电容场经 A/D 转换后成为灰度数字图像。

当指纹按压芯片表面时，内部电容感测器会根据指纹波峰与波谷产生的电容差形成指纹影像。如图 10-14 所示，可以把上面的凹凸认为是指纹的谷和脊，那么同传感器就会形成不同的电容差，这样传感器就可以根据这些不同的电容差画出指纹的纹理。

硅芯片式指纹采集器的优点有以下几个方面。

（1）图像质量较好，一般无畸变。

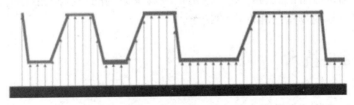

图 10-14　硅芯片式指纹采集器的工作原理

（2）尺寸较小，容易集成到其他设备中去。

（3）价格低廉。

其缺点有以下两个方面。

（1）耐用性和环境适应性差，尤其是在一些较恶劣的环境中，如在抗静电能力、抗腐蚀能力、抗压能力等方面的不足。

（2）图像面积小，可能降低识别的准确性，并导致用户使用起来不方便。

3. 超声波式指纹采集器

超声波式指纹采集器可能是最准确的指纹采集器，但是目前技术并不成熟，没有大规模地使用。这种采集器发射超声波，根据经过手指表面、采集器表面和空气的回波来测量反射距离，从而可以得到手指表面凹凸不平的图像。超声波可以穿透灰尘和汗渍等，从而得到更优质的

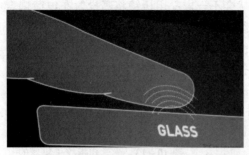

图 10-15 超声波式指纹采集器的工作原理

图像。它结合了光学式指纹采集器和硅芯片式指纹采集器的长处，如图像面积大、使用方便、耐用性好等。超声波式指纹采集器的工作原理如图 10-15 所示。

在指纹识别系统中，指纹图像的预处理是正确地进行特征提取、匹配等操作的基础。预处理的目的就是利用信号处理技术去除图像中的各种噪声干扰，把它变成一幅清晰的指纹图像，恢复指纹的脊线结构，以便可靠提取正确

的指纹特征。指纹预处理一般包括以下几个过程。

（1）对指纹图像进行归一化。

（2）提取指纹的方向图。

（3）基于此方向图进行灰度图像的滤波再进行二值化、细化。

特征值的提取包括全局特征和局部特征的提取。其中，全局特征描述了指纹的总体结构，主要包括指纹的纹形和模式区。指纹的纹形主要分为环形、弓形、螺旋形三种基本类型。模式区包含中心点、三角点和纹线数。这种分法只用在分类检索方面，以减少数据库的搜索空间。局部特征，即指纹上细节点的特征，包括分叉点、终结点、孤立点、环、岛、毛刺、桥等。

特征提取的任务是通过算法检测特征点的数量及每个特征点的类型、位置和所在区域的纹线方向。特征提取的结果一般保存为特征模板，它包括终结点或分叉点的类型、坐标及方向信息。

指纹匹配包括验证和辨识。验证就是通过把现场采集到的指纹与已经登记的指纹进行一对一的对比来确认身份的过程。辨识则是把现场采集到的指纹同指纹数据库中的指纹逐一对比，从中找出与现场指纹相匹配的指纹。

10.8 脑机接口技术

10.8.1 脑机接口技术概述

脑机接口（brain-computer interface，BCI）是近些年发展起来的一种人机接口，它同以往传统的依靠键盘、鼠标等外围设备与计算机进行交互的方式不同，是可以不依赖于脑的正常输出通路（即外围神经和肌肉）就可以实现的脑机（计算机或其他装置）通信系统。

BCI 的出现，使得用人脑信号直接控制外部设备的想法成为可能。要想实现脑机接口，必须有一种能够可靠反映人脑不同状态的信号，并且这种信号能够实时（或短时）被提取和分类。目前，可用于 BCI 的人脑信号的观测方法和工具有：EEG（脑电图），EMG（脑

磁图）和 FMRI（功能核磁共振图像）等。由于 EEG 具有相对简便等优势，因此大多数的
BCI 研究结构采用的是脑电信号。人体在接受外界刺激或在自主行为及意识的控制下，所
产生的神经电活动信号表现出不同的时空变化模式。将测量到的这些大脑神经系统的电活
动信号传送给计算机或相关装置，再经过有效的信号处理与模式识别后，计算机就能识别
出使用者的状态，并完成所希望的控制行为。

10.8.2　BCI 的结构

总的来说，BCI 的结构可以分为脑电信号测量装置、预处理装置、特征提取装置、分
类器和设备控制器几个部分。信号的测量一般是通过在头部戴一个装有电极的帽子来获取；
预处理包括信号的放大、对 EEG 信号的初步滤波及 A/D 转换；特征提取阶段是从经过了
预处理和数字化处理的 EEG 信号中提取出特定的特征，可以利用 FFT 或者是小波变换的
方法，降低特征的维数，使各个特征之间具有很小的相关性；特征提取到的信号交给分类
器进行分类，不同的 BCI 的分类不同，通常分为 2～5 类；分类器的输出即作为设备控制
器的输入，设备控制器的作用是将分类好的信号转换为实际的动作，如反馈屏幕上指针的
上下运动或在一个打字设备中选择某个字母。

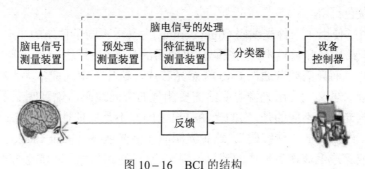

图 10-16　BCI 的结构

10.9　体感交互技术

10.9.1　体感交互技术概述

体感交互起源于游戏行业，指用户通过身体运动和身体感受等方式来完成人机交互。
体感交互一般需要借助数据手套、3D 头盔等硬件实现。但随着计算机图像识别、机器视觉
等技术的发展，出现了直接利用机器捕获的身体数据来实现人机交互的方法，如 Yoshihiro
等人提出的基于运动捕捉和碰撞检测的"virtual input devices"概念，使得体感交互无须昂
贵的硬件支撑也可以实现。微软公司开发的体感器 Kinect 无须任何手持设备即可完成三维
人机交互。它通过捕捉用户的肢体运动，完成骨骼节点的跟踪、动作捕捉、影像辨识、麦
克风输入等，并将采集的数据输入到游戏机或 PC 机来驱动虚拟模型的运动。

10.9.2　Kinect 的工作原理

Kinect 可以同时获取 RGB 和深度图像数据，支持实时的全身和骨骼的跟踪，可以识别

一系列的动作。Kinect 具有追焦功能。此外，Kinect 还有阵列式麦克风，并且可以同时捕获彩色影像、3D 深度影像和声音信号。

Kinect 不同于普通的摄像头，它带有 CMOS 红外传感器。该红外传感器利用黑白光谱来感知环境：纯黑代表无穷远，纯白代表无穷近，黑白之间的灰色地点对应物体到传感器的物理距离；它收集视野范围内的每一点，并形成一幅代表周围环境的景深图像，传感器以 30 帧/s 的速度生成深度图像流，实时 3D 再现周围环境，然后再通过先进的算法对 3D 图像进行场景识别、人物识别与骨骼节点的跟踪、手势识别甚至面部表情识别等，从而完成三维输入输出。

通过景深摄像头和 RGB 摄像头的配合，Kinect 可以将实物的 3D 影像投放到屏幕当中。可以同时拍摄彩色图像和红外图像，捕捉到用户的手势动作，然后根据微软公司给出的数据，再把这些手势语言转换成游戏控制。

Kinect 的光学部分包括两个主要部件：红外线发射器和红外线/VGA 摄像头组。红外线发射器发出一道"激光"来覆盖整个 Kinect 的可视范围，摄像头组接收反射光线来识别玩家。红外摄像头识别的图像是一个"深度场"（depth field），其中每一像素的颜色代表了那一点物体到摄像头的距离。比如，离摄像头近的身体呈亮红色、绿色等，而离摄像头远的物体则呈暗灰色。

在 Kinect 中，使用了一种光编码（light coding）技术。不同于传统的 ToF（time of flight，飞行时间）或者结构光测量技术，光编码技术使用的是连续的照明（而非脉冲），也不需要特制的感光芯片，而只需要普通的 CMOS 感光芯片，这让方案的成本大大降低。

光编码，顾名思义就是用光源照明给需要测量的空间编码，说到底还是结构光技术。但与传统的结构光技术不同的是，它的光源打出去的并不是周期性变化的二维的图像编码，而是一个具有三维纵深的"体编码"。这种光源叫作激光散斑（laser speckle），是当激光照射到粗糙物体或穿透毛玻璃后形成的随机衍射斑点。这些散斑具有高度的随机性，而且会随着距离的不同变换图案。也就是说，空间中任意两处的散斑图案都是不同的。只要在空间中打上这样的结构光，整个空间就都被做了标记，把一个物体放进这个空间，只要看看物体上面的散斑图案，就可以知道这个物体在什么位置。当然，在这之前要把整个空间的散斑图案都记录下来，所以要先做一次光源的标定。标定光源的方法是这样的：每隔一段距离，取一个参考平面，把参考平面上的散斑图案记录下来。假设用户活动空间是距离电视机 1～4 m 的范围，每隔 10 cm 取一个参考平面，那么标定下来后就已经保存了 30 幅散斑图像。需要进行测量的时候，拍摄一幅待测场景的散斑图像，将这幅图像与保存下来的 30 幅参考图像依次做互相关运算，这样就会得到 30 幅相关度图像。空间中有物体存在的位置，在相关度图像上就会显示出峰值。把这些峰值一层层叠在一起，再经过一些插值，就能够得到整个场景的三维形状。

 习题

1. 试说明键盘的主要工作原理。
2. PC/XT 键盘与 AT 键盘有什么不同？

3. 试说明鼠标的主要工作原理。

4. 打印机有几种类型？每种打印机的基本工作原理是什么？

5. PC 机的打印口有几个？每个口占用几个 I/O 端口地址？打印口采用什么标准？

6. 扫描仪的基本工作原理是什么？扫描仪的基本参数有哪些？

7. ADSL 的接入模型是什么样的？ADSL 采用的编码技术主要有哪几种？

8. 以太网的速率有哪几种？你会用 RJ 45 和双绞线制作 10 MB/100 MB 的网线吗？

9. 蓝牙系统由哪几部分组成？蓝牙的核心协议由哪几部分组成？

10. 常用的指纹采集设备有哪些？简述硅芯片指纹采集器的工作原理。

11. 脑机接口的结构可以分为哪几部分？

12. 简述 Kinect 的工作原理。

 研究型教学讨论题

通过对计算机接口技术发展历史的总结，结合新技术的发展方向，谈谈对未来计算机接口的设想。

参考文献

［1］光子计算机的研发［J］. 电脑与电信，2011（11）：28 – 28.

［2］张洁. 未来计算机与计算机技术发展展望［J］. 广东科技，2006（10）：140 – 141.

［3］吴楠，宋方敏. 量子计算与量子计算机［J］. 计算机科学与探索，2007（1）：5 – 20.

［4］金惠芳. 超线程及其实现技术分析. 计算机工程，2004（23）：93 – 95.

［5］林杰，余建坤. 比较分析 CPU 超线程技术与双核技术的异同. 计算机应用与软件，2011，28（12）：293 – 294，297.

［6］https://cn.engadget.com/2011/04/27/charles-babbages-difference-and-analytical-engines/.

［7］http://www.360doc.com/content/18/0606/23/18262444_760264058.shtml.

［8］https://www.ccf.org.cn/c/2018-01-30/622803.shtml.

［9］http://www.stdaily.com/zhuanti01/hgj/2018-08-24/content_703909.shtml.